U0178537

SolidWorks
机械设计经典实例

主　编　王　匀　陆广华　许桢英
副主编　张乐莹　武培军　孙松丽
参　编　刘　艳　倪文彬　瞿志俊

机 械 工 业 出 版 社

SolidWorks 是达索系统（Dassault Systemes S. A）下的子公司，专门负责研发与销售机械设计软件的视窗产品。功能强大、易学易用和技术创新是 SolidWorks 软件的三大特点，这使得其成为领先的、主流的三维 CAD 解决方案。可利用它快速、高效地进行机械设计，被广泛应用于机械、电子电气、建筑等行业。

本书第 1 章介绍了 SolidWorks 的入门基础知识，第 2 ~ 7 章介绍了机加工中标准件、常用件、典型零件等的建模设计，第 8 章介绍了机加工件的装配方法，第 9 章介绍了钣金件的设计，第 10 章介绍了典型零件工程图的生成，第 11 章介绍了机构的运动仿真和有限元分析。

本书既可作为本、专科院校的教材，也可作为企业技术人员培训的实训材料，同时也可供广大 SolidWorks 用户自学和参考。

图书在版编目（CIP）数据

SolidWorks 机械设计经典实例/王匀，陆广华，许桢英主编. —北京：机械工业出版社，2016. 3（2022. 1 重印）
ISBN 978-7-111-53111-1

Ⅰ. ①S… Ⅱ. ①王… ②陆… ③许… Ⅲ. ①机械设计 - 计算机辅助设计 - 应用软件 Ⅳ. ①TH122

中国版本图书馆 CIP 数据核字（2016）第 039357 号

机械工业出版社（北京市百万庄大街 22 号 邮政编码 100037）
策划编辑：黄丽梅 责任编辑：黄丽梅
版式设计：霍永明 责任校对：肖 琳
封面设计：陈 沛 责任印制：常天培
固安县铭成印刷有限公司印刷
2022 年 1 月第 1 版第 7 次印刷
169mm × 239mm · 18. 75 印张 · 361 千字
标准书号：ISBN 978-7-111-53111-1
ISBN 978-7-89405-975-8（光盘）
定价：65. 00 元（含 1CD）

电话服务 网络服务
客服电话：010-88361066 机 工 官 网：www. cmpbook. com
010-88379833 机 工 官 博：weibo. com/cmp1952
010-68326294 金 书 网：www. golden-book. com
 机工教育服务网：www. cmpedu. com

前　言

SolidWorks 是一款功能强大、易学易用的三维 CAD 软件，可运用其设计出机加工类、铸造类、钣金类、焊接类等零件，并可绘出相应的工程图，还可装配各种机器和部件并进行运动仿真和有限元分析。本书以中文版 SolidWorks2015 为平台，对机加工零件的设计、机器及部件的装配、钣金件的设计、工程图的生成、机构的运动仿真和有限元分析等进行了介绍，其方法对 SolidWorks 的各个版本均具有参考价值。本书选用机械设计中的常用件和典型零件作为案例，按照先易后难的顺序进行编写，各章节既相互独立又相互联系。

对于书中图形的源文件，如有需要，可通过 wyun114@gmail.com（王匀）、gh-lu@163.com（陆广华）与编者联系获得。

本书由王匀、陆广华、许桢英担任主编，张乐莹、武培军、孙松丽担任副主编，刘艳、倪文彬、瞿志俊参与了部分章节的编写。在本书的编写过程中还得到了其他许多同志的帮助，在此一并表示感谢！

由于时间仓促，本书难免存在不足之处，希望广大读者批评指正。

编　者

目　录

第 1 章　SolidWorks 入门基础

1.1　SolidWorks 概述

SolidWorks 为达索系统（Dassault Systemes S. A）下的子公司，专门负责研发与销售机械设计软件的视窗产品。达索公司负责系统性的软件供应，并为制造厂商提供具有 Internet 整合能力的支援服务。该集团提供涵盖整个产品生命周期的系统，包括设计、工程、制造和产品数据管理等各个领域中的最佳软件系统，著名的 CATIA 软件也出自该公司，目前达索公司的 CAD 产品市场占有率居世界前列。

1.1.1　SolidWorks 简介

SolidWorks 是一款功能强大的三维 CAD 设计软件，常用于产品的机械设计，并具有对设计模型进行模拟分析的功能，可大大提高产品的设计水平和缩短开发周期。

SolidWorks 目前已广泛应用于航空航天、机车、食品、机械、国防、交通、模具、电子通讯、医疗器械、娱乐工业、日用品/消费品、离散制造等行业，被全球 100 多个国家的企业、高校、科研院所等使用。美国的麻省理工学院、斯坦福大学，中国的清华大学、北京航空航天大学等都在进行相关教学，中国空间技术研究院也选择了 SolidWorks 作为其主要的三维设计软件，以最大限度地满足其对产品设计的高端要求。

SolidWorks 除了具有较强的草绘能力及实体造型功能，还可进行钣金件和焊接件设计、智能装配、三维模型直接生成二维工程图，具有干涉检测与强度校核等工程设计功能、动画仿真功能、运动分析与受力分析等。

1.1.2　SolidWorks 主要功能

SolidWorks 自发布以来已经先后推出了几十个版本，现就其主要功能做简单介绍。

1. 常用模块

（1）草图绘制模块

当创建一个零件时，首先需要做的就是生成草图。SolidWorks 不但能绘制 2D

草图，还能绘制 3D 草图。

（2）零件和特征模块

3D 零件是 SolidWorks 机械设计软件中的基本组件，通过这个模块，可以操作实体零件建模、对特征和面属性编辑、复制和移动等命令。

（3）装配模块

可以创建由许多零部件所组成的复杂装配体，这些零部件可以是零件或其他装配体，称为子装配。对于大多数的操作，两种零部件的行为方式是相同的。添加零部件到装配体，在装配体和零部件之间生成一连接。当 SolidWorks 打开装配体时，将查找零部件文件以在装配体中显示。

（4）工程图模块

SolidWorks 的工程图模块分为出详图和工程图。出详图就是为工程图添加尺寸、注解、材料明细表、修订表等，不仅可以为 2D 工程图添加，也可以为 3D 模型添加。使用 SolidWorks 的工程图模块，可按设定选项、打开工程图、生成工程图、自定义图纸格式、工程图中的 2D 草图、工程图文件、生成标准视图（模型视图和标准三视图）、生成派生视图（如局部、剖面、投影、断裂视图等）、对齐和显示视图、保存工程图、打印和发送工程图等步骤实现。

2. 行业应用模块

（1）钣金设计

SolidWorks 创建钣金的方式主要有：将实体零件转化为钣金零件；使用钣金特定的特征来生成零件为钣金零件；创建一个零件，将其抽壳后转换为钣金。

（2）模具设计

使用控制模具生成过程的集成工具来生成模具，并分析和纠正 SolidWorks 或输入的预制模零件模型的不足之处。模具工具覆盖从初始分析到生成切削分割的整个范围。

（3）焊接模块

焊接功能模块将焊件结构视为单一多实体零件。使用 2D 和 3D 草图来定义基本框架，然后生成包含草图线段组的结构构件，也可使用焊件工具栏上的工具添加角撑板、顶端盖等。

（4）步路（管道和布线）

可以使用 SolidWorks Routing 生成一特殊类型的子装配体，以在零部件之间创建管道、管筒或其他材料的路径。

（5）CircuitWorks

通过 CircuitWorks，可以使用由大多数电子电路计算机辅助设计（ECAD）系统写入的文件格式来创建 3D 模型。电子和机械工程师可以合作设计适合用于

SolidWorks 装配体中的印刷电路板（PCB）。

3. 高级模块

（1）运动仿真

运动算例是装配体模型运动的图形模拟。可将诸如光源和相机透视图之类的视觉属性融合到运动算例中。运动算例不更改装配体模型或其属性。它们模拟并动态显示模型的运动。

（2）有限元分析

SolidWorks Simulation 是一个与 SolidWorks 完全集成的设计分析系统。SolidWorks 提供了单一屏幕解决方案来进行应力分析、扭曲分析、热分析和优化分析。

（3）渲染模块

SolidWorks 的渲染主要是通过 PhotoView 360 和 PhotoWorks 来进行。

（4）SolidWorks FloXpress（流体力学分析）

SolidWorks FloXpress 是一个流体力学应用程序，可计算流体是如何穿过零件或装配体模型的。根据算出的速度场，可以找到设计中有问题的区域，以便在制造零件之前对零件进行改进。

（5）SolidWorks DFMXpress（制造性分析模块）

DFMXpress 是一种用于核准 SolidWorks 零件可制造性的分析工具。使用 DFMXpress 识别可能导致加工问题或增加生产成本的设计区域。

4. 辅助模块

（1）Drive WorksXpress（设计自动化工具）

使用 Drive WorksXpress 可以自动化设计过程，从设置的基于规则的项目中生成模型的无限多变体并反复运行。

（2）SolidWorks Sustainability

SolidWorks Sustainability 可以轻松地在 SolidWorks 应用程序中实现“可持续化设计”，可以比较来自同类材料中的结果，借此得出最佳的可持续化设计。

（3）SolidWorks Utilities

SolidWorks Utilities 是一套工具，可以详细检查实体模型的几何体，并与其他模型做比较。

1.2　SolidWorks 用户界面

SolidWorks 的操作界面是用户对文件进行操作的基础，图 1-1 所示为选择了新建【零件】文件后 SolidWorks 的初始工作界面，其中包括菜单栏、工具栏、特征管理设计树及状态栏等。在绘图区中已经预设了三个基准面和位于三个基准面交点的原点，这是零件建模最基本的参考。

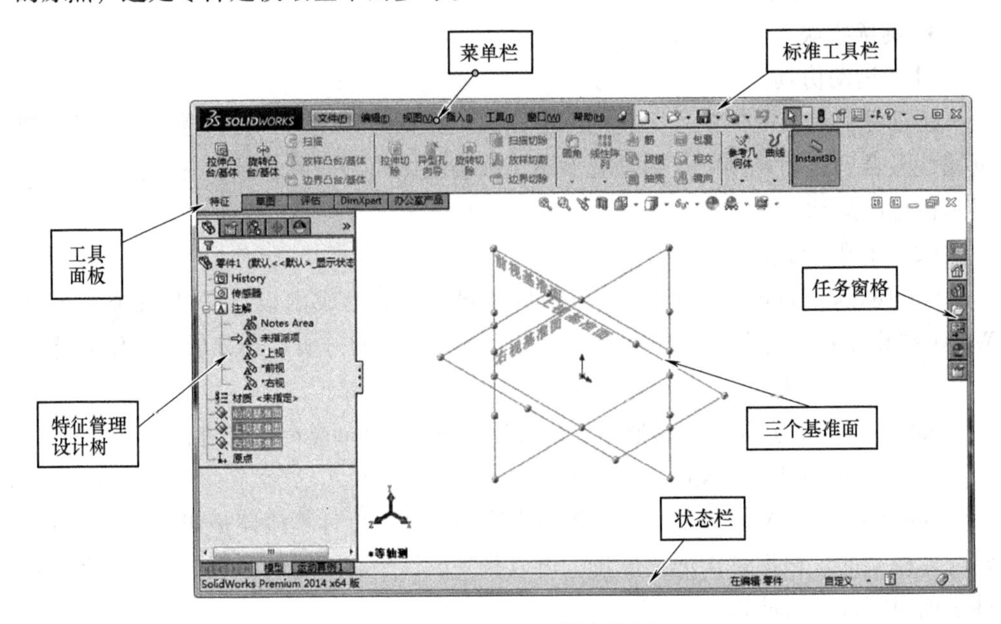

图 1-1　SolidWorks 操作界面

1.2.1　菜单栏

在系统默认的情况下，SolidWorks 菜单栏是隐藏的，可将鼠标指针移动到 SolidWorks 徽标上重新显示。

如果要菜单保持可见，则单击菜单栏中的图标，使之变为打开状态即可。菜单栏包括【文件】、【编辑】、【视图】、【插入】、【工具】、【窗口】、【帮助】七个菜单，如图 1-2 所示。

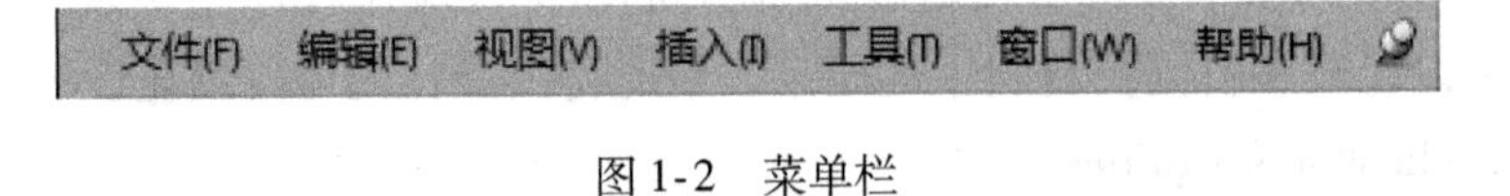

图 1-2　菜单栏

在每个菜单底部都有【自定义菜单】命令，选择该命令，进入自定义菜单状态，此时所有的菜单命令都会显示出来。在菜单命令前面有一个复选框，只要勾选复选框，菜单就会显示出来；取消复选框，对应的菜单就会隐藏起来。各菜单项的主要功能介绍如下：

1. 【文件】菜单

该菜单项是对文件的常规操作，主要包括新建、打开、关闭、保存、页面设置、打印、Print3D 等基本命令，如图 1-3 所示。

2. 【编辑】菜单

该菜单项是用来对文件进行编辑，主要包括无法撤销、不能重做、选择所有、剪切、复制、粘贴、删除、重建模型、压缩与解压缩、系列零件设计表、折弯系数表、对象等命令，如图 1-4 所示。

3. 【视图】菜单

该菜单项是用来对文件当前视图进行操作，主要包括屏幕截获、显示、修改、隐藏所有的类型（包括基准面、基准轴、基准点、临时轴、原点、坐标点、曲线、分型线、光源及相机等）、焊缝、质心、草图几何关系、注解链接变量、注解链接错误、工具栏、工作区、全屏等，如图 1-5 所示。

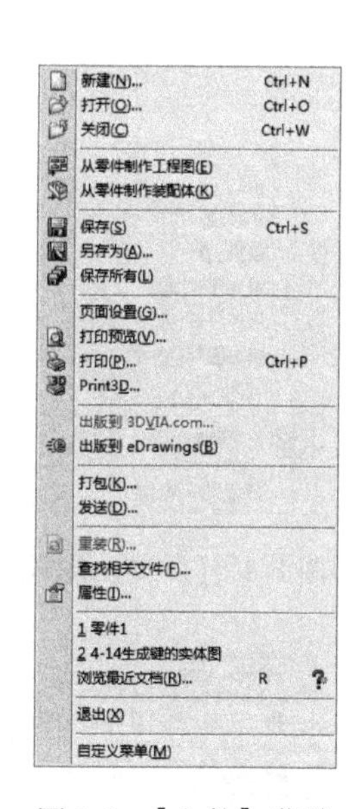

图 1-3 【文件】菜单

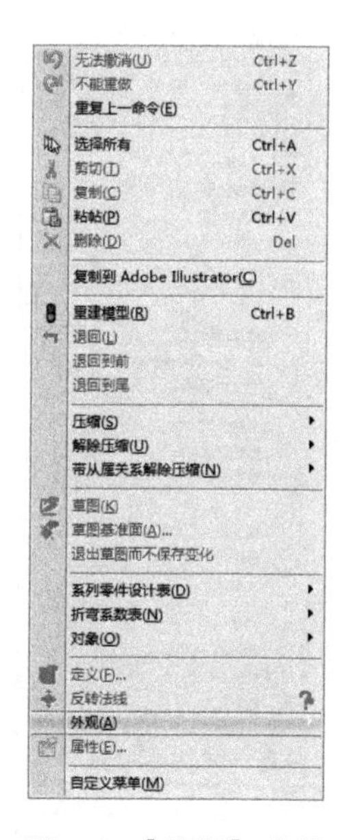

图 1-4 【编辑】菜单

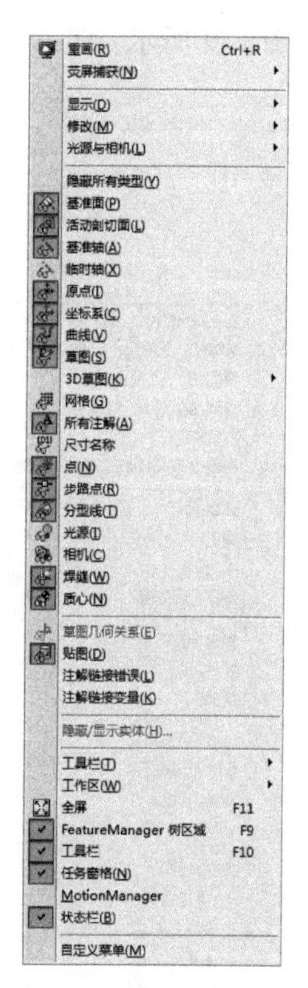

图 1-5 【视图】菜单

4. 【插入】菜单

该菜单项是用来创建特征和绘制图形等，主要包括零件的特征建模、参考几何体、钣金、焊件、模具的编辑、草图的绘制、3D 草图的绘制及注解等，如图 1-6 所示。

5. 【工具】菜单

该菜单项是用来对文件进行修改和编辑，主要包括草图绘制工具、草图编辑工具、草图设定、样条曲线工具、标注尺寸、几何关系、测量、截面属性、特征统计、方程式、插件、自定义等，如图 1-7 所示。

6. 【窗口】菜单

该菜单项被用于设置文件在工作区的排列方式以及显示工作区的文件列表等，主要包括视口、新建窗口、横向平铺、纵向平铺、排列图标、关闭所有等，如图 1-8 所示。

7. 【帮助】菜单

该菜单项是用来提供在线帮助以及软件信息等，主要包括 SolidWorks 帮助、SolidWorks 指导教程、搜索、新增功能、从 2D 过渡到 3D、检查更新、激活许可等，如图 1-9 所示。

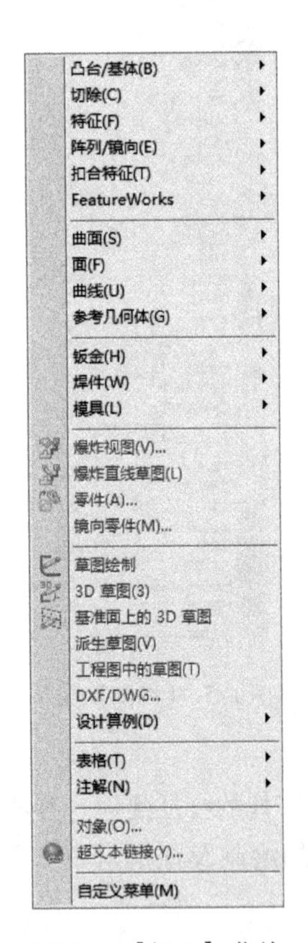

图 1-6 【插入】菜单

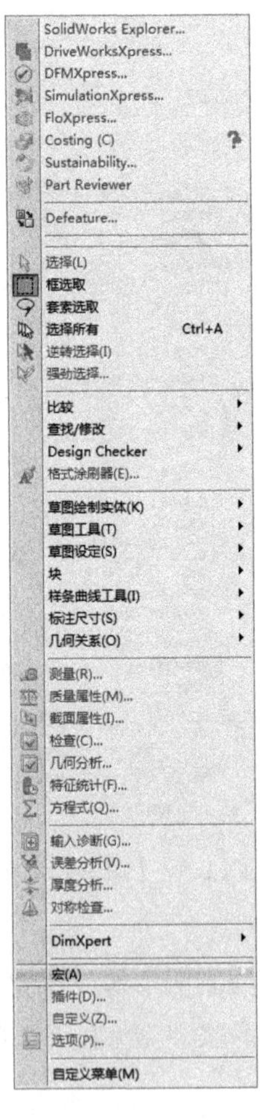

图 1-7 【工具】菜单

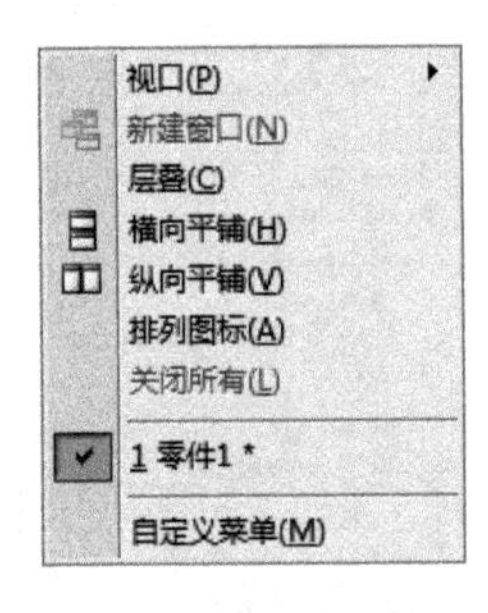

图 1-8 【窗口】菜单

图 1-9 【帮助】菜单

1.2.2 工具栏

在 SolidWorks2015 中有丰富的工具栏，包括常用工具栏、标准工具栏、快捷栏和关联工具栏 4 种。现对每种工具栏的使用及功用做简单介绍。

1. 常用工具栏

常用工具栏又称 CommandManager 工具栏。常用的种类有【特征】工具栏、【草图】工具栏、【曲面】工具栏、【钣金】工具栏、【焊接】工具栏、【模具工具】工具栏等，如图 1-10 ~ 图 1-15 所示，在不同的工作环境中显示不同的种类。若在界面没有显示想要的工具栏，可将鼠标指针置于某一常用工具栏名称上单击鼠标右键，在弹出的快捷菜单中选择相应的工具栏即可。将鼠标指针置于常用工具栏上拨动鼠标滚轮，可以在显示的各常用工具栏之间切换；或者直接用鼠标单击该工具栏的名称，也可以显示该工具栏。

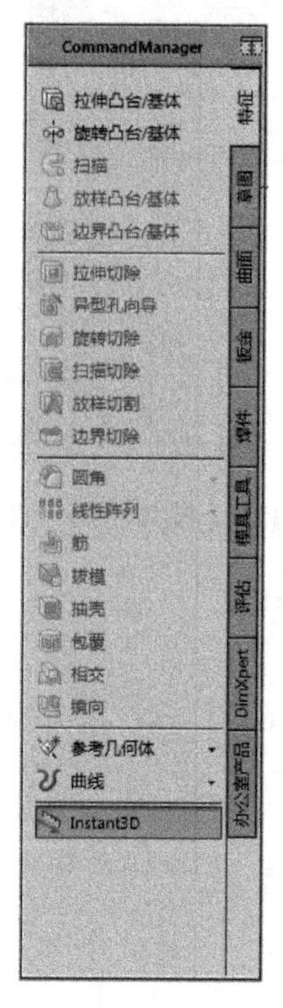

图 1-10 【特征】工具栏

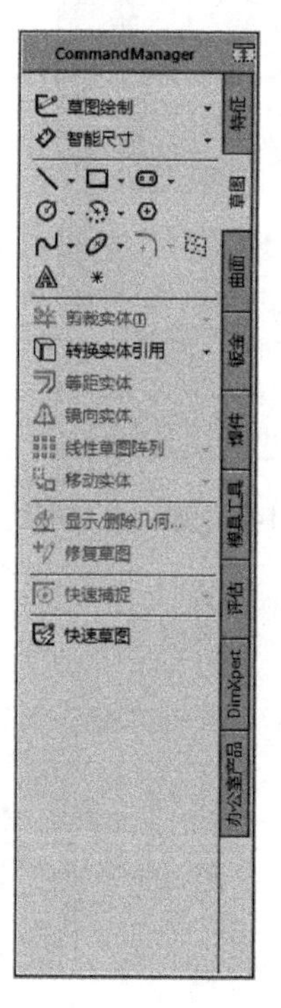

图 1-11 【草图】工具栏

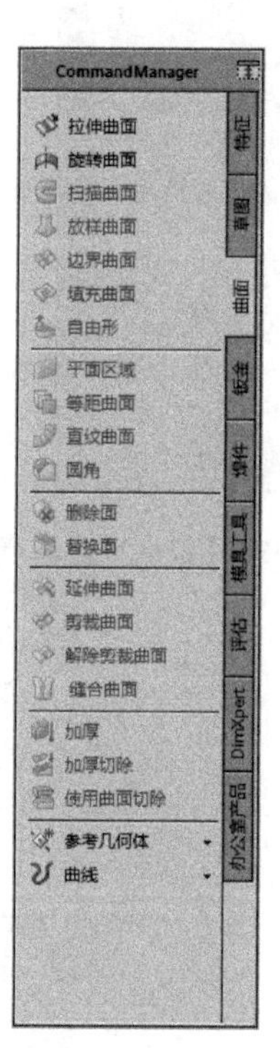

图 1-12 【曲面】工具栏

在 SolidWorks 中，用户在操作过程中，如果工具栏的部分按钮不常用，可以自行设置添加和删除命令按钮，下面介绍命令按钮的添加和删除方法。

选择【工具】→【自定义】命令，或者用鼠标右键单击任意工具栏，在弹出的快捷菜单中选择【自定义】命令，就会弹出【自定义】对话框，如图 1-16 所示。

根据实际需要勾选【工具栏】选项卡中的复选框，单击【自定义】对话框中的【确定】按钮，确认所选择的工具栏设置，则会在系统操作界面上显示选择的工具栏。如果要隐藏某些工具栏，可将【工具栏】选项卡中的相应工具栏复选框取消选中，然后单击【确定】按钮即可。

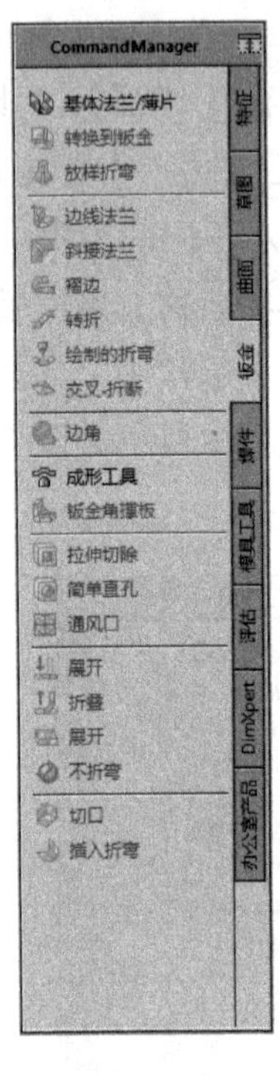

图 1-13 【钣金】工具栏

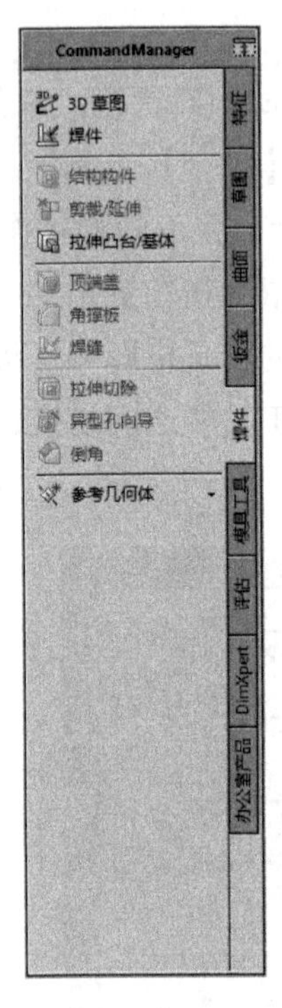

图 1-14 【焊件】工具栏

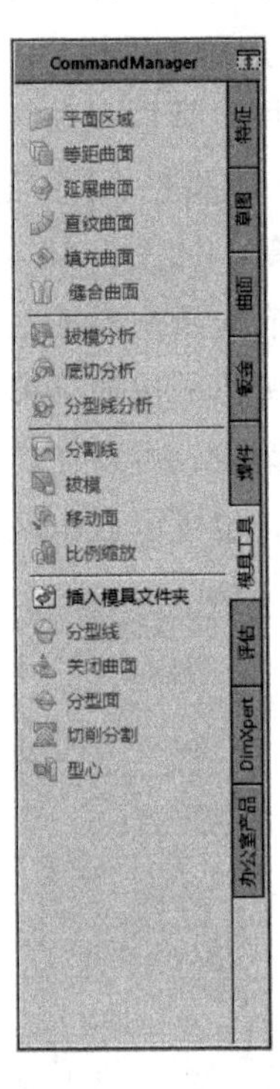

图 1-15 【模具工具】工具栏

图 1-16 【自定义】对话框

利用自定义命令可以添加、删除并且重排工具栏中的命令按钮，可以将最常用的命令按钮添加到特定的工具栏上，也可以合理地安排命令按钮的顺序。首先在【类别】中选择要添加命令的类别，在【按钮】选择需要添加的命令按钮，按住鼠标左键拖动到要放置的工具按钮位置，即可把需要的命令按钮放到工具栏里面，如图 1-17 所示。

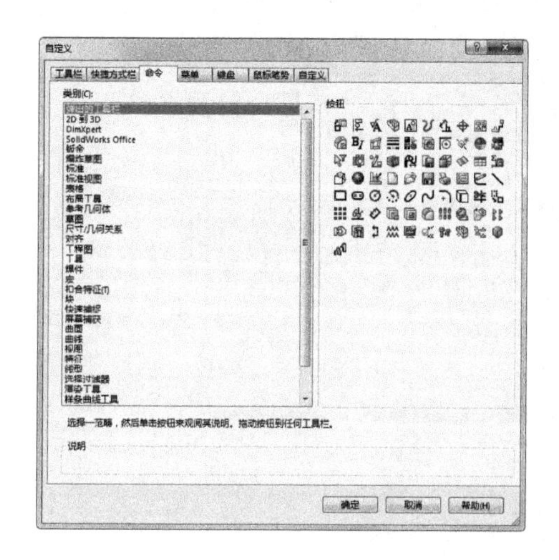

图 1-17　调整工具栏中的按钮

如果要删除命令按钮，可在【工具栏】里面，用鼠标左键按住命令按钮，拖动鼠标到【自定义】对话框【命令】选项中的【按钮】选项组，这样就可以移除命令按钮，它和添加命令按钮的操作是逆向的。移动工具栏是通过拖动工具栏的起点或边沿，当鼠标指针变成平移 ✥ 时，就可以拖动工具栏到任何位置。若想将工具栏移回到其先前位置，双击标题栏即可。

2. 标准工具栏

标准工具栏主要包括 SolidWorks 使用过程中的一些常用命令，如新建、打开、保存、打印、撤销、选择、重新建模、文件属性、选项等，其主要按钮都可以在菜单文件中找到相应的命令，如图 1-18 所示。

图 1-18　标准工具栏

3. 快捷栏

通过可自定义的快捷栏，可以为零件、装配体、工程图和草图模式创建常用的几组命令。下面介绍添加快捷键的方法。

选择【工具】→【自定义】命令，或者用鼠标右键单击任意工具栏，在弹出的快捷菜单中选择【自定义】命令，就会弹出【自定义】对话框，如图 1-16 所示。单击【快捷方式栏】，如图 1-19 所示，在【工具栏】选择需要的功能模块（钣金、爆炸草图、标准、草图、曲面、曲线等），然后在【按钮】区用鼠标左键选中需要的快捷键拖到需要放置的工具栏位置即可。

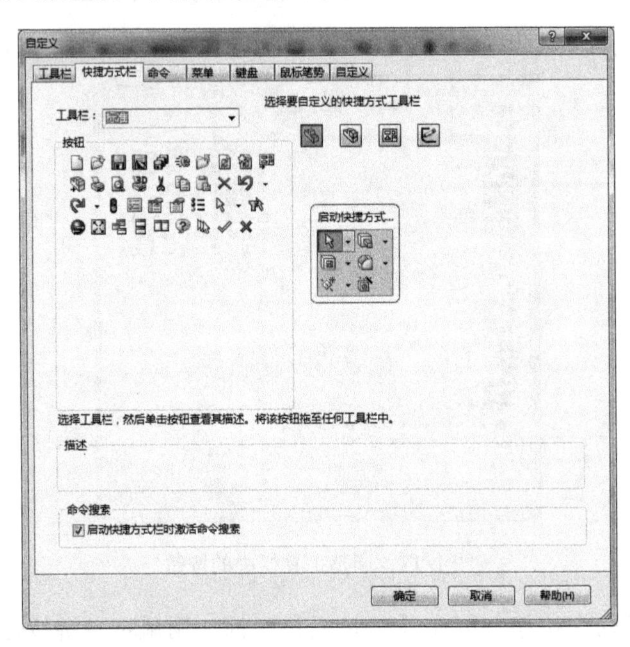

图 1-19 【快捷方式栏】对话框

4. 关联工具栏

当在图形区域或设计树中选择项目时，就会弹出关联工具栏，如图 1-20 所示。通过它可以访问在这种情况下经常执行的操作。关联工具栏可用于零件、装配体及草图的绘制。

通过访问关联工具栏，用户可以转入画图或是修改特征等操作。

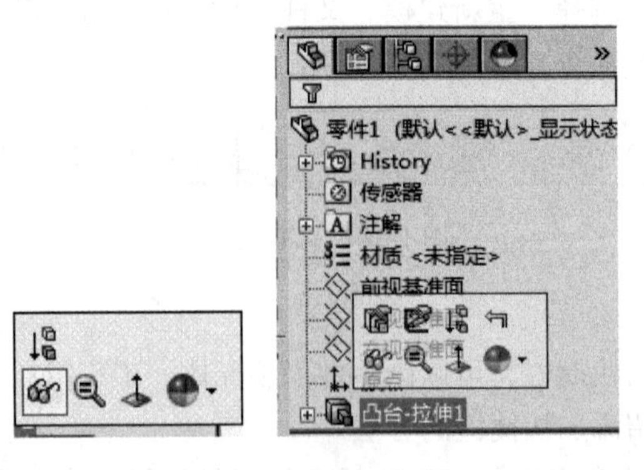

图 1-20 关联工具栏

1.2.3 管理器窗口

管理器窗口包括特征管理器（Feature Manager）、属性管理器（Property Manager）、配置管理器（Configuration Manager）、尺寸管理器（Dimxpert Manager）和显示管理器（Display Manager）5个选项卡，其中特征管理器和属性管理器用得最多，下面对其进行详细讲解。

1. 特征管理器

特征管理器（Feature Manager）包括场景要素、特征树、回退控制棒和注解等。提供激活零件、装配体或工程图的大纲视图，可以更方便地查阅模型或装配体及检查工程图中的各个图样和视图。特征管理器设计树和图形区域为动态链接，可在任一窗格中选择特征、草图、工程视图和构造几何体，可视地显示出零件或装配体中的所有特征。当一个特征创建好后，便加入到Feature Manager设计树中，由于Feature Manager设计树是按照零件和装配体建模的先后顺序，以树状形式记录特征，所以可以通过该设计树了解零件建模和装配体装配顺序以及其他特征数据，并通过Feature Manager设计树进行编辑特征。设计树各节点与图形区的操作对象互相联动，为用户的操作带来了极大方便。

设计树最下方的线栏称为回退控制棒。代表当前模型操作时序的最终位置。可以将其回退到模型建立的中间步骤，使模型暂时回到当时的状态，从而在设计树的中间步骤展开工作，用户所做的任何操作都记录在设计树中。因此，特征管理器设计树的操作是应用SolidWorks的重点，需要在实践中不断总结，进而熟练掌握。

Feature Manager设计树中包含三个基准平面，分别是前视基准面、上视基准面、右视基准平面。这三个基准面是系统默认的绘图平面，用户可以直接在上面画草图。

通过特征管理器设计树的操作，可以实现如下功能：

（1）选择特征

特征管理设计树按照时间次序记录各种特征的建模过程，设计树中每个节点代表一个特征，单击该节点前的+，特征节点就会展开，显示特征构建的要素。在设计树中用鼠标单击特征节点，图形区中与该节点对应的特征就会高亮显示。同样，在工作区中用鼠标选择某一特征，设计树中对应的节点也会高亮显示。因此，在设计树中选择特征名称与在工作区模型上选择对应的特征是同步联动的关系。

当处理复杂零件时，利用设计树可以方便地选择欲操作的特征对象。在选择时按住Ctrl键，可以逐一选择多个特征；当选择两个间隔的特征时，可按住Shift键，其间的特征都将被选取。

（2）改变特征的生成顺序

可通过拖动设计树中特征节点的名称，改变特征的构建次序。由于模型特征构建次序与模型的几何拓扑结构密切相关，因此改变特征的生成顺序直接影响着最终零件的几何形状。

（3）显示特征的尺寸

用鼠标左键双击设计树中的特征节点或者特征节点目录下的草图时，图形区中相应的特征或者草图的尺寸就会显示出来。

（4）更改特征名称

用鼠标左键双击特征节点，可以编辑节点名称。SolidWorks 会自动为建立的特征赋予名称，但这些名称一般采用特征类型名称加上建立序号的方式，如“拉伸1”“拉伸 2”“拉伸-切除 1”“拉伸-切除 2”等，不能直观地表达特征的形状和功能，尤其在零件中特征数目庞大的情况下，特征的名称就会显得十分杂乱，此时可为特征取一个有实际意义的名称。

（5）压缩、隐藏特征

单击或用鼠标右键单击特征节点名称，系统弹出关联工具栏和快捷菜单，选择【压缩】命令或【隐藏】命令，可以对特征进行压缩、隐藏等操作。

2. 属性管理器

可通过属性管理器（PropertyManager）选择一实体或命令来查看或者修改其属性。当选择属性管理器中所定义的实体或命令时，管理器会打开，它由标题栏、确认栏、选项栏、参数栏等组成。

1.2.4　绘图区

绘图区是用户界面上最大的一块区域，是用来设计、建模的区域，也是模型显示的区域，用户可以通过绘图区观察已经完成的零件或正在编辑的零件。图 1-21 所示的绘图区，包括了前导视图工具栏和系统默认的三个基准面。

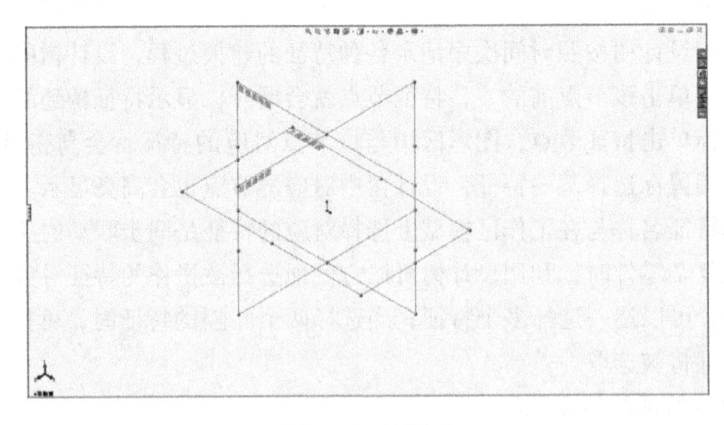

图 1-21　绘图区

1.2.5　任务窗格

打开或新建 SolidWorks 文件时，默认状态下才会出现任务窗格，其中 7 个图标分别是 SolidWorks 论坛、SolidWorks 资源、设计库、文件探索器、视图调色板、外观/布景/贴图、自定义属性，如图 1-22 所示。

SolidWorks论坛
SolidWorks资源
设计库
文件探索器
视图调色板
外观/布景/贴图
自定义属性

图 1-22　任务窗格

1.2.6　状态栏

状态栏位于 SolidWorks 窗口的底部，显示出与用户当前执行命令相关的信息。下面列举几种常见状态栏的显示内容。

1）当用户将鼠标指针移到工作界面某一图标上时，会在状态栏显示出图标的定义。

2）当用户在绘制草图截面时，会显示出草图的状态，如是否过定义，并显示指针坐标。

3）当用户在测量特征时，会反馈出测量的信息。

4）当用户在进行装配时，会显示出正在装配体中编辑零件的信息。

1.2.7　鼠标功能

1）左键：可以选择功能选项或者操作对象，如几何体、菜单按钮和特征管理器设计树中的特征等。

2）右键：激活显示快捷菜单。快捷菜单的内容取决于指针所处的位置。

3）中键：只能在图形区使用，一般用于旋转、平移和缩放。在零件图和装配体的环境下，按住鼠标中键不放，移动鼠标就可以实现旋转；在零件图和装配体的环境下，先按住 Ctrl 键，然后按住鼠标中键不放，移动鼠标就可以实现平移；在工程图的环境下，按住鼠标中键，就可以实现平移；先按住 Shift 键，然后按住鼠标中键移动鼠标就可以实现缩放，如果是带滚轮的鼠标，直接转动滚轮就可以实现缩放。

4）鼠标笔势：可以使用鼠标笔势作为执行命令的一个快捷键，鼠标笔势的设置为单击菜单栏中的【选项】下拉菜单，选择【自定义】命令，如图 1-23 和图 1-24 所示。鼠标笔势的使用是按住鼠标右键并在绘图区域拖动，在弹出的笔势选择指南中选择命令按钮即可，在选择过程中要一直按住鼠标右键。

5）鼠标指针：通过鼠标指针形状的改变，表明使用者正在选取什么或系统建议选取什么。当指针经过模型时，指针形状就会示意用户的选择。

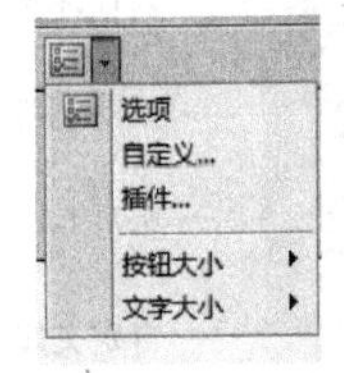

图 1-23 【自定义】命令

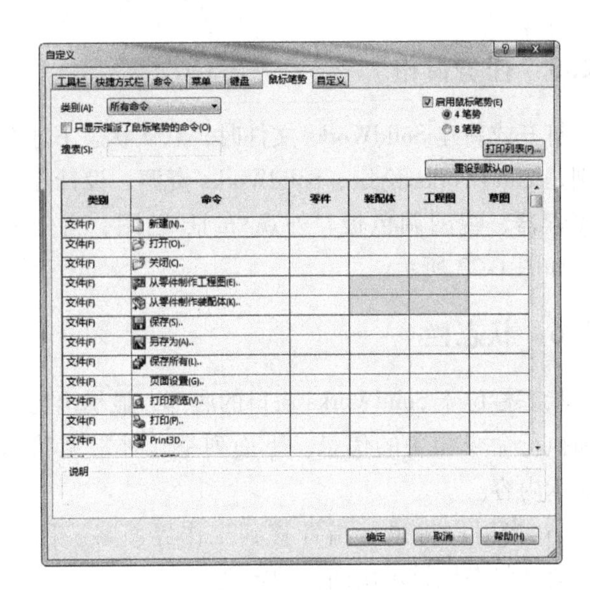

图 1-24 【鼠标笔势】的设置

6）鼠标滚轮：将指针置于模型欲放大或缩小的区域，前后拨动滚轮，即可实现模型的放大或缩小；将指针置于模型上，按下滚轮不松开，前后、左右移动鼠标，可实现模型的翻转；双击滚轮，可实现模型的全屏显示。

1.3 基本操作

本节主要讲述 SolidWorks 的一些基本操作，对如何提高绘图效率和绘图质量提供一些技巧，让用户在学习和使用软件时能养成良好的绘图习惯。

1.3.1 文档基本操作

文档操作内容主要包括新建文件、打开文件、保存文件、关闭和删除文件。本节将详细介绍如何创建一个新的 SolidWorks 文件以及保存文件等。

1. 启动与退出 SolidWorks

在安装好 SolidWorks 之后，在 Windows 环境下选择【开始】→【所有程序】→【SolidWorks】命令，或者直接用鼠标左键双击桌面上的 SolidWorks 快捷方式图标，系统便开始启动该软件，启动结束后系统进入 SolidWorks 界面，如图 1-25 所示。

选择【文件】→【退出】命令，或单击操作界面上的【关闭】按钮 即可安全退出 SolidWorks 系统。

2. 新建文件

选择【文件】→【新建】命令，或者单击工具栏中的【新建】按钮 ，弹出

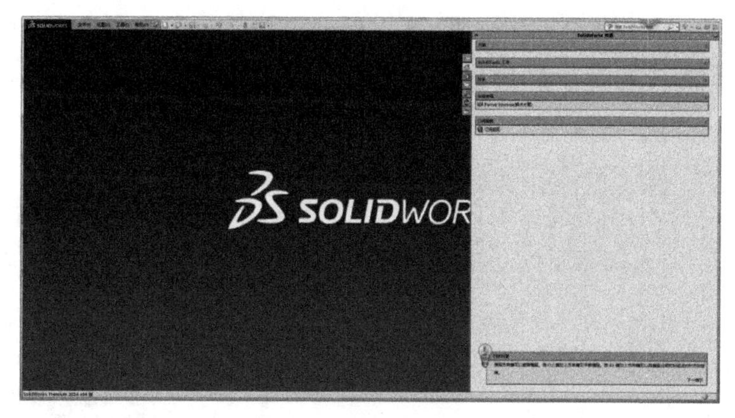

图 1-25　SolidWorks 界面

【新建 SolidWorks 文件】对话框，如图 1-26 所示。不同类型文件，其工作环境是不同的，在该对话框的【模板】中有三种类型图标【零件】、【装配体】、【工程图】，尾缀分别为 part、assembly、a0（或 a1、a2、a3、a4、a4p），选择其中一个类型的图标，单击【确定】按钮，即可进入相应的绘图模块。

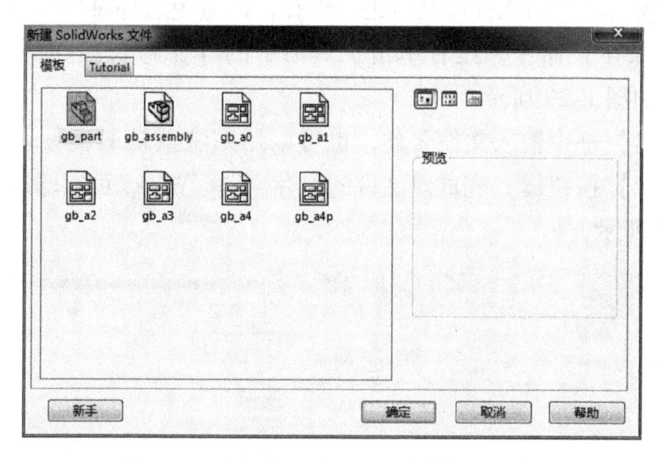

图 1-26　【新建 SolidWorks 文件】对话框

3. 打开和保存文件

对已经储存的文件，可以使用 SolidWorks 重新打开，以进行编辑和修改。打开的方法是选择【文件】→【打开】命令，或者单击工具栏中的【打开】按钮，弹出【打开】对话框，如图 1-27 所示。

在对话框的右下角有 SolidWorks 的快速过滤按钮：【零件】按钮、【装配体】按钮、【工程图】按钮、【顶层装配体】按钮，单击某个按钮，使之下沉，则只查找该类型的文件。

单击选择对话框右上角的【显示预览窗格】按钮，可以预览要打开的图形，如果确认无误，单击【打开】按钮。SolidWorks 可打开的文件格式有很多，其【文件类型】下拉列表如图 1-28 所示。最后单击【打开】按钮即可打开文件并对其进行编辑。

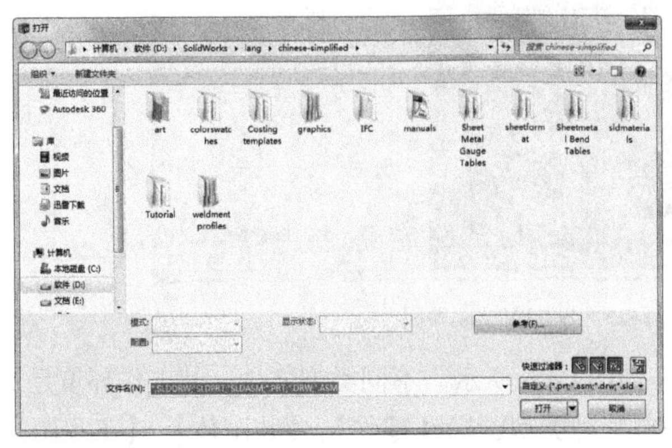
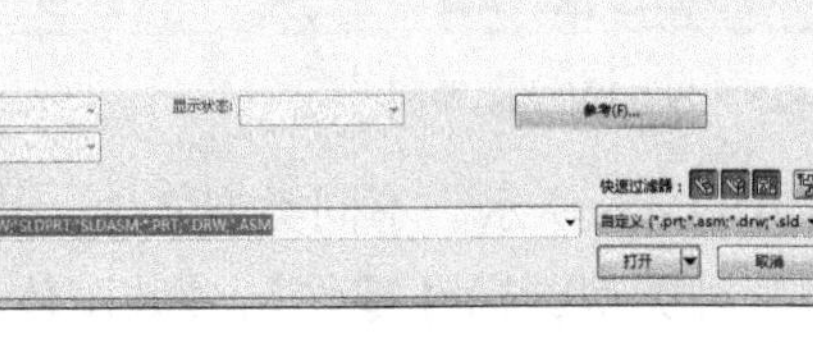

图 1-27 【打开】对话框

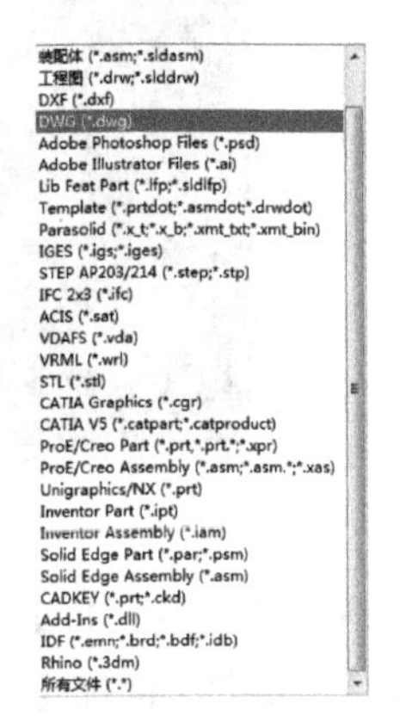

图 1-28 【文件类型】下拉列表框

正在编辑或编辑好的文件应及时进行保存，以避免意外事件造成数据丢失。选择【文件】→【保存】命令，或者单击工具栏中的【保存】按钮，弹出【另存为】对话框，如图 1-29 所示。

在【文件名】框中输入文件名称，也可以用系统默认的文件名，设定保存类型，单击【保存】按钮，完成对文件的保存。SolidWorks 可以输出保存为多种格式，如图 1-30 所示。

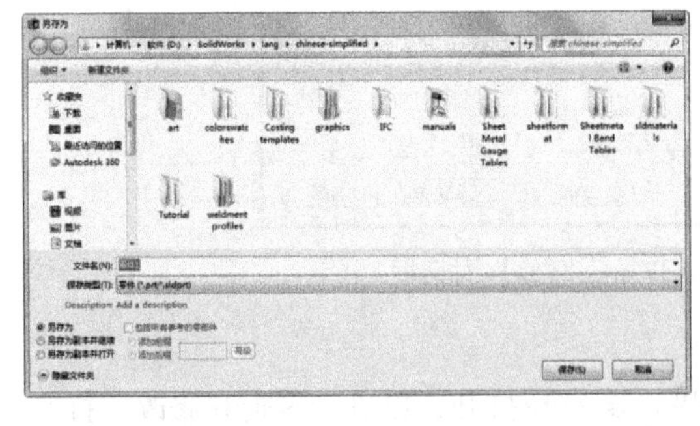

图 1-29 【另存为】对话框

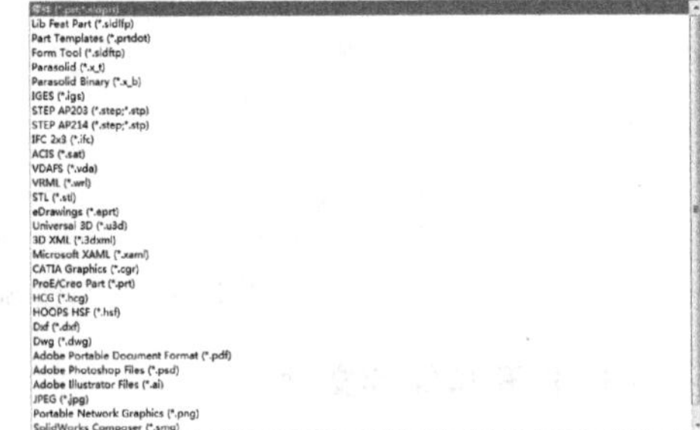

图 1-30 SolidWorks 支持的保存格式

1.3.2 工作环境设置

SolidWorks 提供了大量的设计资源，用户可以根据自己的需要建立工作环境和进行自定义。要掌握 SolidWorks，必须熟悉该软件的工作环境和系统的设置。在系统默认状态下，有些工具栏是隐藏的，它的功能不可能一一罗列在界面上供用户调用，这就要求用户根据自己的需要设置常用的工具栏，并且还可以在所设置的工具栏中任意添加或删除各种命令按钮，以提高工作效率。

1. 设置背景

在 SolidWorks 中，可以设置个性化的操作界面，主要是改变视图的背景。图 1-31 所示为用户在默认状态下的背景，图 1-32 所示为设置为白色后的效果。

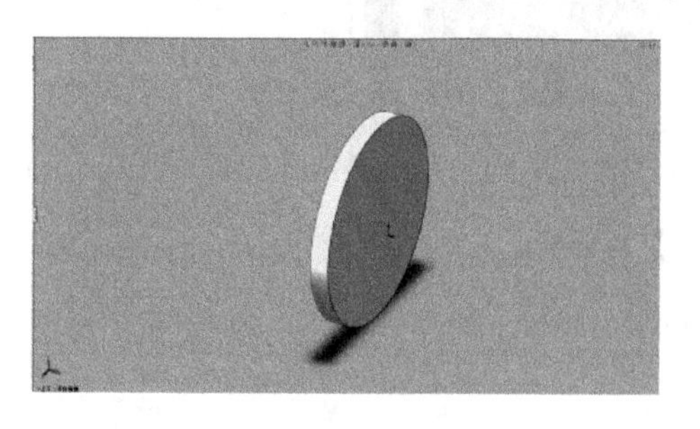

图 1-31　默认背景

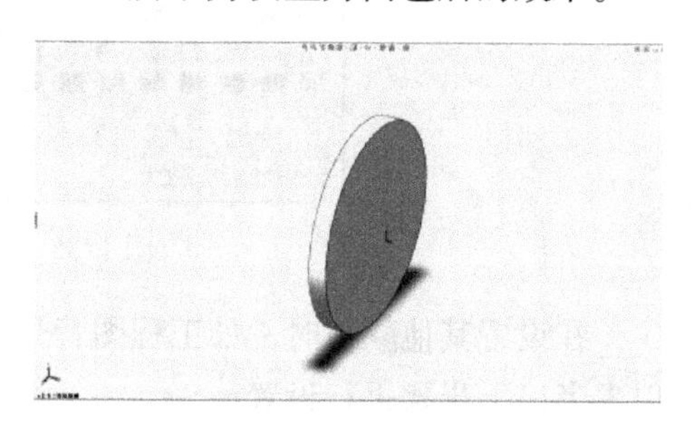

图 1-32　背景为白色

具体操作步骤如下：

1）选择【工具】→【选项】命令，系统弹出【系统选项（S）-普通】对话框，系统默认选择【系统选项】对话框，如图 1-33 所示。

2）单击对话框中的【系统选项】→【颜色】，出现图 1-34 所示的【系统选项（S）-颜色】对话框。在右侧【颜色方案设置】列表中选择【视区背景】选项，然后单击右侧的【编辑】按钮。

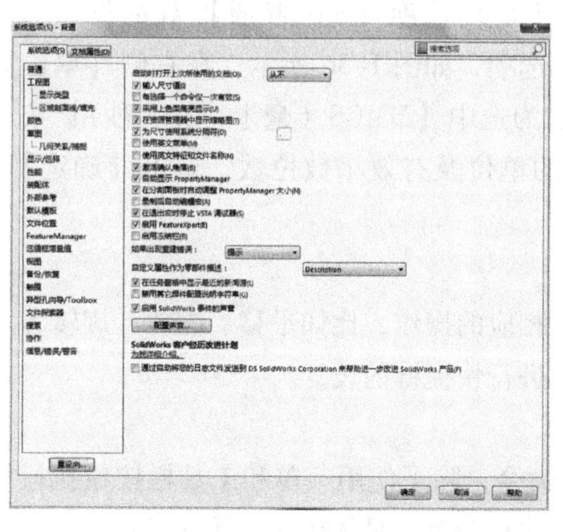

图 1-33　【系统选项（S）-普通】对话框

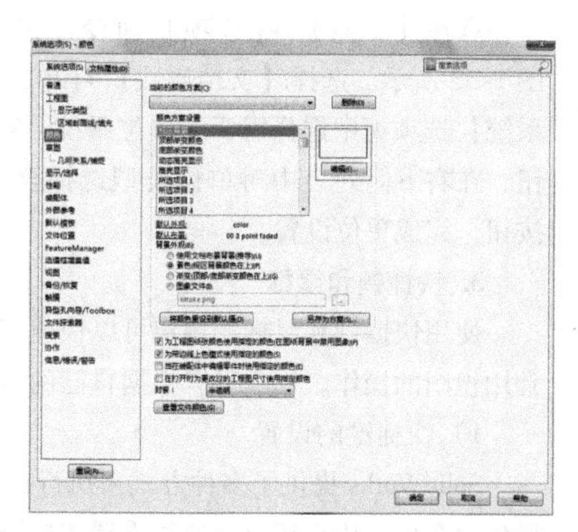

图 1-34　【系统选项（S）-颜色】对话框

3）系统弹出图 1-35 所示的【颜色】对话框，根据需要选择要设置的颜色，然后单击【颜色】对话框中的【确定】按钮，为视区背景设置合适的颜色。

4）单击【系统选项（S）-颜色】对话框中的【确定】按钮，完成背景颜色设置。

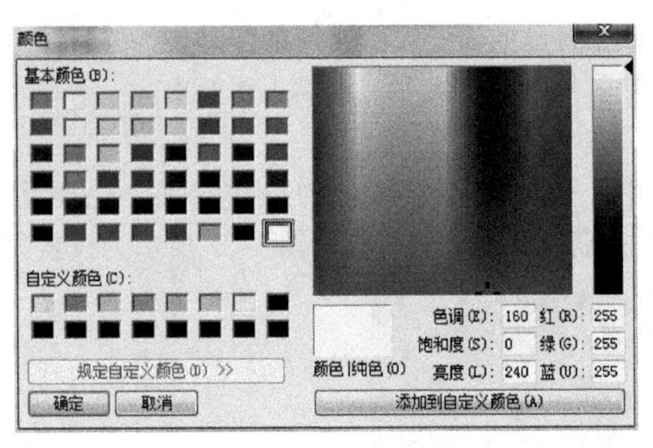

图 1-35　【颜色】对话框

在设置其他颜色时，如工程图背景、特征、实体、标注、注解、草绘等，都可以参考以上步骤进行设置。

2. 设置单位

【单位】选项用来指定激活的零件装配体或工程图文件所使用的线性单位类型和角度单位类型。如果选择了【自定义】选项，则可以激活其余的选项。除个别选项外，建议不要轻易对【系统选项】和【文档属性】选项卡中的各选项进行设置。在绘制图形前，需要设置系统的单位，包括输入类型的单位及有效位数。系统默认单位为 mm、g、s（毫米、克、秒），用户可以根据需要使用自定义方式设置其他类型的单位系统以及有效数位等。对【单位】选项进行设置的具体步骤如下：

选择【工具】→【选项】命令，弹出【系统选项（S）-普通】对话框，如图 1-33 所示。选择【文档属性】→【单位】选项，如图 1-36 所示，在右侧【单位系统】选项组中选择需要的单位系统，默认为选中【MMGS（毫米、克、秒）】按钮，在右下侧列表中对单位类型选择合适的单位及有效小数位数，单击【确定】按钮，完成单位设置。

3. 快捷键和鼠标

使用快捷键和鼠标，用户可以快速完成相应的操作，比如平移、缩放、旋转等常用视图的操作。用户可以根据自己的需要进行快捷键的设置。

1）快捷键的设置

SolidWorks 提供了多种方式来执行操作命令，除了使用菜单和工具栏按钮执行操作命令外，用户还可以通过设置快捷键来执行命令，具体操作步骤如下：

- 选择【工具】→【自定义】命令，或者右击工具栏任意设置，在快捷菜单中选择【自定义】命令，此时系统弹出【自定义】对话框。
- 单击【自定义】对话框中的【键盘】标签，切换到【键盘】选项卡，如图 1-37 所示。

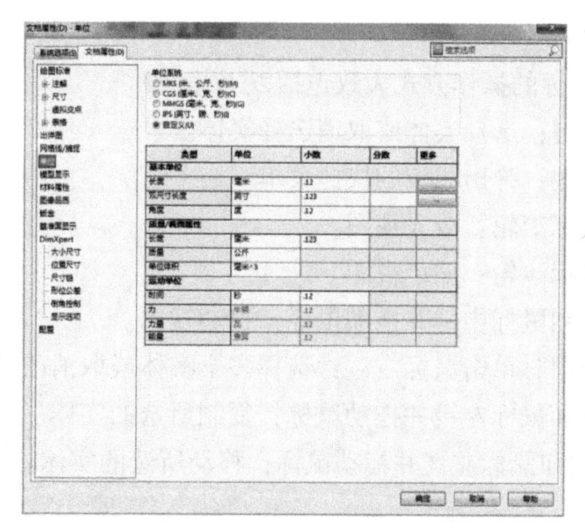

图 1-36 【文档属性（D）-单位】对话框

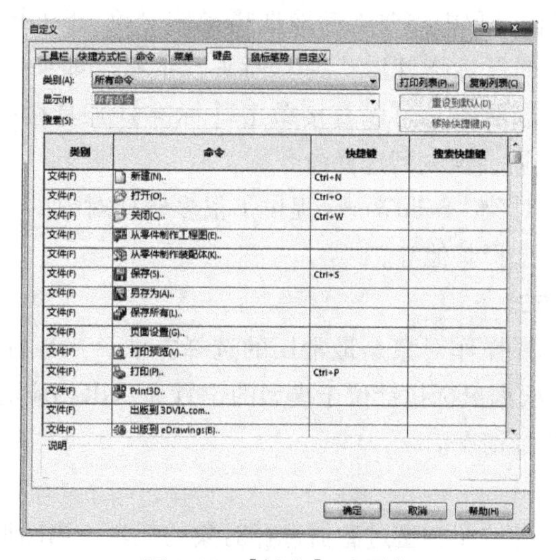

图 1-37 【键盘】选项卡

- 在【类别】和【显示】列表框中均选择【所有命令】菜单项，在中间的【命令】列表框中选择【圆】命令（可通过【搜索】栏快速选中【圆】命令）。
- 在【快捷键】列表框中输入快捷键（不要输入已被使用的快捷键名称），则在【快捷键】栏中可显示设置的快捷键。
- 如果要移除快捷键，按照上述方式选择要删除快捷键的命令，单击对话框中的【移出快捷键】按钮，则可删除该设置的快捷键；如果要恢复系统默认的快捷键设置，单击对话框中的【重设到默认】按钮，则可取消所有自行设置的快捷键，恢复到系统默认设置。
- 单击对话框中的【确定】按钮，完成快捷键的设置。

2）鼠标的操作

SolidWorks 中鼠标的操作方式大致包括以下几种：

- 单击鼠标左键：选择实体或取消选择实体。
- 单击鼠标右键：弹出相应的快捷菜单。
- 向上滚动鼠标滚轮：放大视图。
- 向下滚动鼠标滚轮：缩小视图。
- 按住 Ctrl 键和鼠标中键并拖动鼠标：移动视图。
- 按住 Ctrl 键同时单击鼠标右键：选择多个实体或取消已经选择的实体。
- 按住 Ctrl 键和鼠标左键并拖动鼠标：复制所选的实体。
- 按住 Shift 键和鼠标左键并拖动鼠标：移动所选的实体。

1.3.3　选择对象

SolidWorks 在建模过程中需要不断地选择操作对象。SolidWorks 默认的工作状态就是选择状态，此时鼠标指针形状为“箭头”形状。如果用户希望从其他的命令状态转换到选择命令状态，可以直接单击【标准】工具栏中的【选择】图标，或按下 ESC 键，系统就会恢复到选择命令。

为了正确地选择对象，SolidWorks 提供了很多选择对象的方法，包括选择类型显示、选择过滤器、选择其他等。

1. 选择类型及方式

直接在模型上选择操作对象是最常用的选择方法。当鼠标指针移动到模型上时，SolidWorks 就会根据鼠标指针位于模型的位置显示出相应的鼠标指针形状，辅助用户判断当前的选择情况。

2. 选择过滤器

选择过滤器是一种按照类型过滤器选择对象的工具。当图形区存在较复杂的几何实体、尺寸、注释等要素时，要准确地选择一个对象很难，有时会同时选中多个不需要的对象。这时采用选择过滤器可以将对象限制在一个特定的类型内，从而简化选择过程，更容易准确地选择到对象。

从【自定义】对话框插入选择过滤器工具栏，或者按下快捷键 F5，系统会弹出【选择过滤器】工具栏，其中列出了各种过滤工具，如图 1-38 所示。

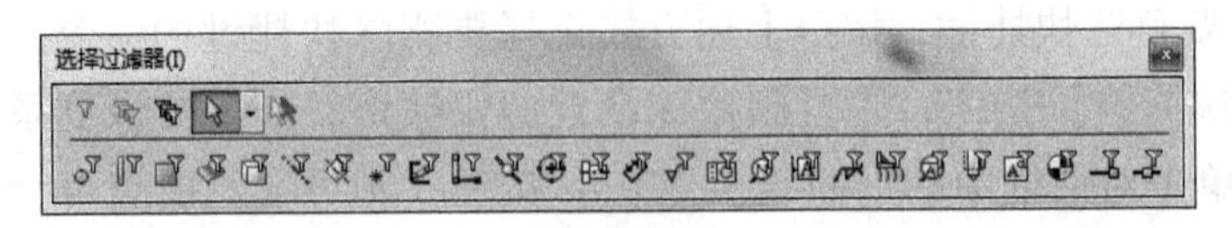

图 1-38　【选择过滤器】工具栏

第2章　标准件及常用件

【内容提要】

在各种机器及仪表中，经常使用的用于紧固、连接和传动等的零件，国家对它们的部分结构和尺寸进行了标准化，所以，习惯上称这类零件为常用件，如键、销、齿轮等。它们的特点是结构简单，可以通过拉伸、旋转、切除等基本的实体建模工具及有限的建模步骤来实现。本章将通过几个简单零件的设计，介绍SolidWorks中基本三维实体建模工具的应用，这是进行复杂零件实体建模设计的基础。

【本章要点】

★ 螺纹联接件

★ 弹簧类零件

★ 键

★ 销

2.1　螺纹联接件

螺栓的建模方法如下：

1. 生成螺栓外形轮廓

1）启动SolidWorks，选择菜单命令【文件】→【新建】或单击【新建】按钮，打开【新建SolidWorks文件】对话框，然后选择【零件】，再单击【确定】按钮。

2）绘制螺栓外形轮廓。在打开的【Feature Manager设计树】中单击【前视基准面】，选择【草图绘制】按钮，进入草图绘制界面。单击【草图】工具栏中的【多边形】按钮，以系统坐标原点为圆心草绘一个正六边形，使六边形的一个角点在原点的正上方，单击【多边形】属性管理器中的【关闭对话框】按钮。

3）标注尺寸。执行菜单命令【工具】→【标注尺寸】→【智能尺寸】，或单击【草图】工具栏中的【智能尺寸】按钮，标注图2-1所示尺寸。

4）拉伸实体。执行菜单命令【插入】→【凸台/基体】→【拉伸】，或单击【特征】工具栏中的【拉伸凸台/基体】按钮，系统弹出【凸台-拉伸】属性管理器。设置【深度】为30mm，单击【确定】按钮，效果如图2-2所示。

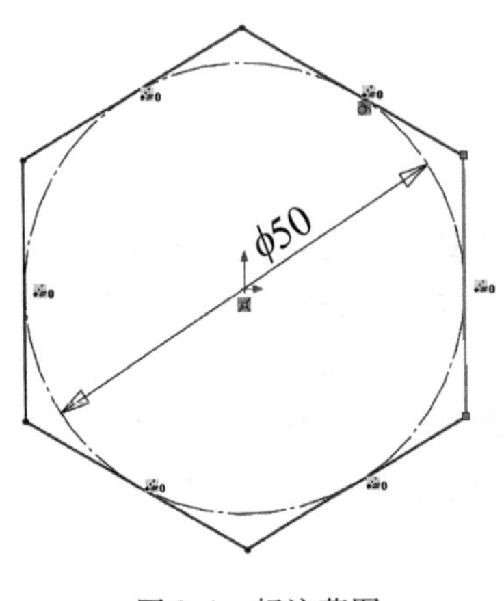

图2-1　标注草图

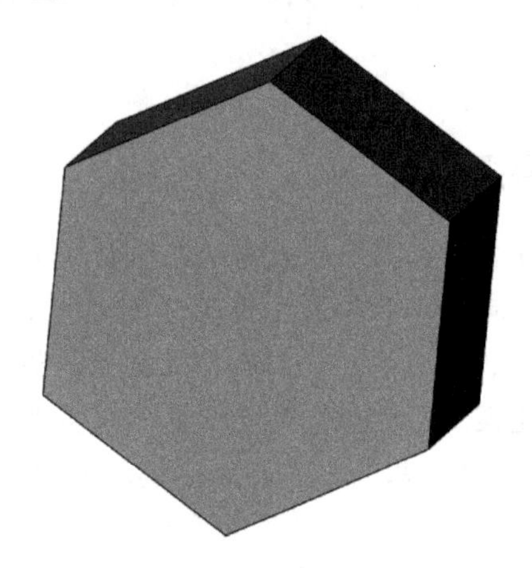
图2-2　拉伸实体

5）设置基准面。在【Feature Manager设计树】中选择【右视基准面】，然后单击【标注视图】工具栏中的【正视于】按钮，将该基准面作为绘制图形的基准面。

6）绘制草图。单击【草图】工具栏中的【中心线】按钮和【直线】按钮，绘制旋转切除特征的草图轮廓。单击【草图】工具栏中的【智能尺寸】按钮，标注尺寸，结果如图2-3所示。

7）旋转切除实体。执行菜单命令【插入】→【切除】→【旋转】，或者单击【特征】工具栏中的【旋转切除】按钮。保持【切除-旋转】属性管理器中各项的默认值不变，即【旋转类型】为【给定深度】，旋转【角度】为360°，选择水平中心线作为旋转切除的旋转轴，然后单击【确定】按钮。

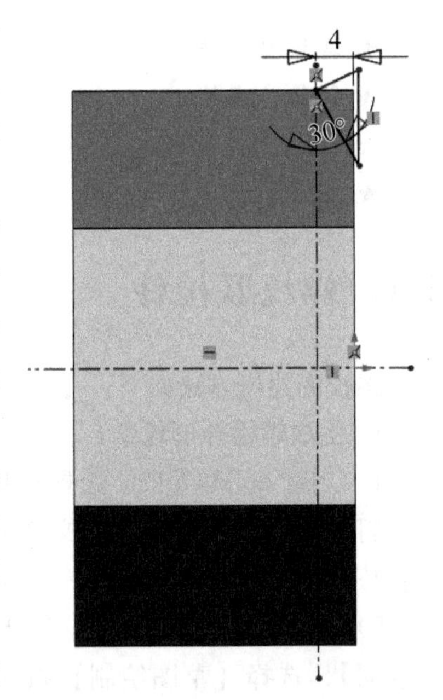

图2-3　旋转切除的草图轮廓

8）设置视图方向。单击【标准视图】工具栏中的【等轴测】按钮，将视图以等轴测方向显示。结果如图2-4所示。

9）设置基准面。单击图2-4中的表面1，然后单击【标准视图】工具栏中的

【正视于】按钮，将该基准面作为绘制图形的基准面。

10）绘制草图。单击【草图】工具栏中的【圆】按钮，以原点为圆心绘制一个圆。单击【草图】工具栏中的【智能尺寸】按钮，标注圆的直径为 36mm。

11）拉伸实体。执行菜单命令【插入】→【凸台/基体】→【拉伸】，或单击【特征】工具栏中的【拉伸凸台/基体】按钮，系统弹出【凸台-拉伸】属性管理器。设置【深度】为 210mm，单击【确定】按钮，结果如图 2-5 所示。

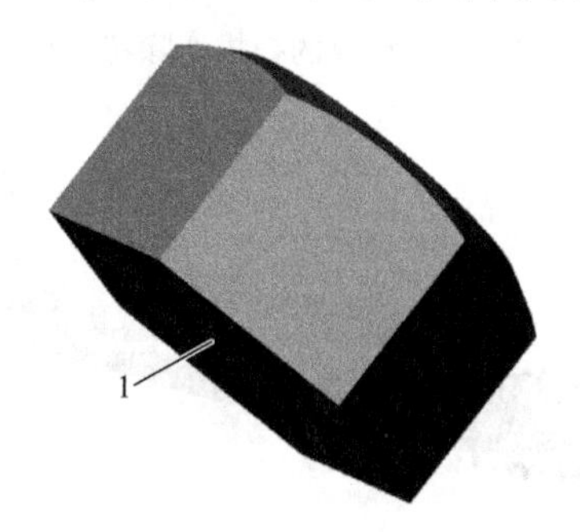

图 2-4　旋转切除后的实体

图 2-5　螺栓外形轮廓

12）设置视图方向。单击【标准视图】工具栏中的【等轴测】按钮，将视图以等轴测方向显示。

2. 生成螺纹

1）设置螺旋线基准面。单击图 2-5 中螺栓主体的端面，然后单击【标准视图】工具栏中的【正视于】按钮，将该表面作为绘制草图的基准面。

2）绘制草图。单击【草图】工具栏中的【圆】按钮，以原点为圆心绘制一个直径为 32mm 的圆。

3）生成螺旋线。执行菜单命令【插入】→【曲线】→【螺旋线/涡状线】，或单击【曲线】工具栏中的【螺旋线/涡状线】按钮，系统弹出【螺旋线/涡状线】属性管理器。对该属性管理器进行设置，如图 2-6 所示，单击【确定】按钮，效果如图 2-7 所示。

4）绘制草图。绘制图 2-8 所示的草图轮廓，作为扫描切除特征的截面草图。

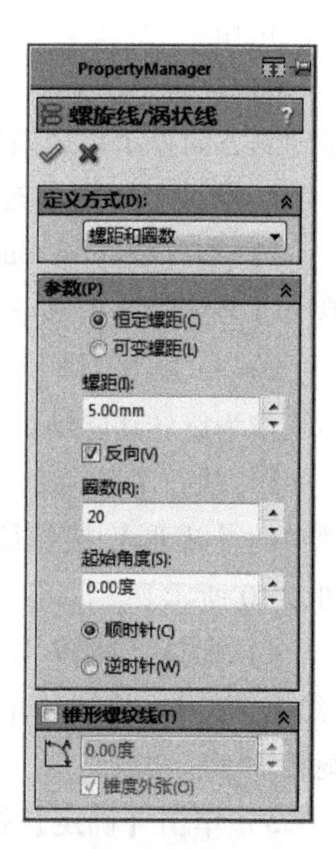

图 2-6　螺旋线参数设置

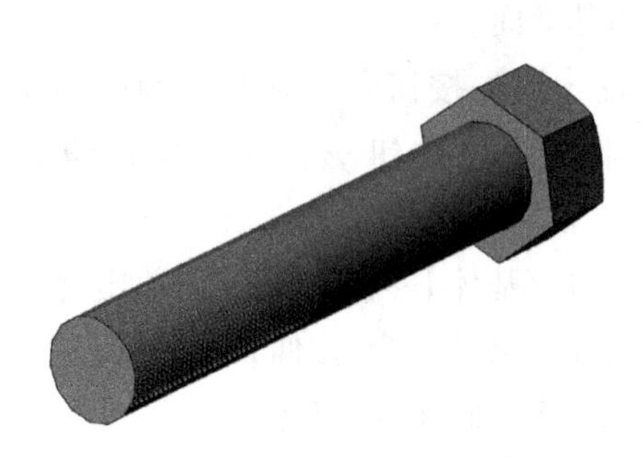

图 2-7 作为扫描路径的螺旋线

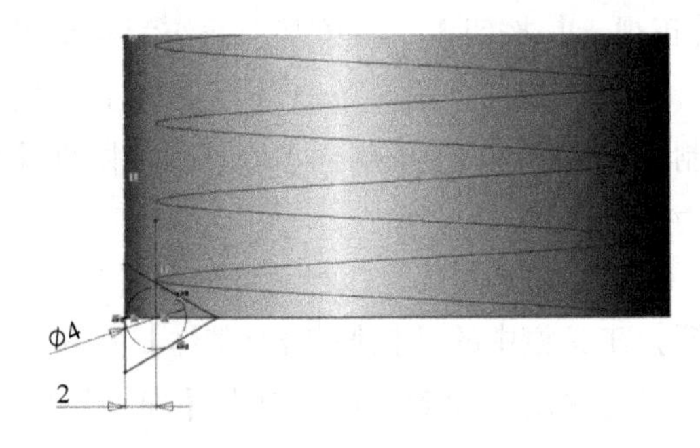

图 2-8 生成螺纹的扫描切除特征草图轮廓

5）扫描切除实体。单击【特征】工具栏中的【扫描切除】按钮，在弹出的【切除-扫描】属性管理器中，在【轮廓】选择框中，用鼠标选择步骤 4）绘制的草图；在【路径】选择框中，选择图 2-7 绘制的螺旋线。单击【确定】按钮。

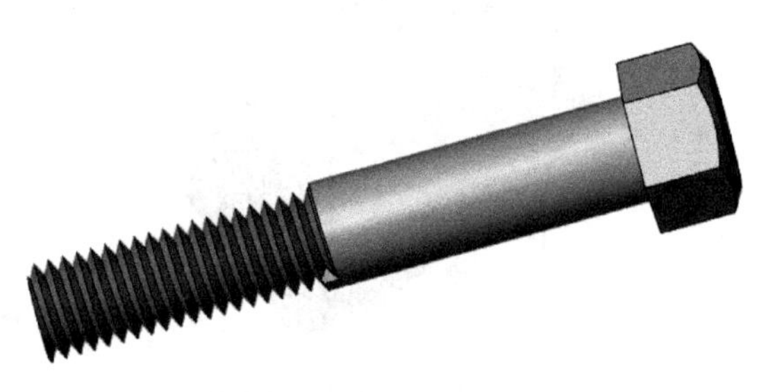

图 2-9 通过扫描切除特征创建的螺纹

6）设置视图方向。单击【标准视图】工具栏中的【等轴测】按钮，将视图以等轴测方向显示，结果如图 2-9 所示。

3. 生成退刀槽和圆角

1）在【Feature Manager 设计树】中选择【上视基准面】作为草图绘制平面，单击【草图绘制】按钮，新建一张草图。

2）单击【草图】工具栏中的【中心线】按钮，绘制一条通过原点的垂直中心线作为旋转切除特征的旋转轴。

3）执行菜单命令【工具】→【草图绘制实体】→【矩形】，或单击【草图】工具栏中的【矩形】按钮，绘制作为旋转切除特征的草图轮廓，并标注尺寸。如图 2-10 所示。

4）保持【旋转-切除】属性管理器中各项的默认值不变，即【旋转类型】为【给定深度】，旋转【角度】为 360°，在草图上选择垂直的中心线作为旋转切除的旋转轴。

5）单击【确定】按钮，生成退刀槽，效果如图 2-11 所示。

6）生成圆角特征。单击【特征】工具栏中的【圆角】按钮，或选择菜单命令【插入】→【特征】→【圆角】。

7）在弹出的【圆角】属性管理器中，选择【圆角类型】为【恒定大小】，设置圆角【半径】为 1mm。然后在右面的图形显示区域中选择退刀槽的边线和螺栓基体与螺柱的接触边线，参数设置如图 2-12 所示。

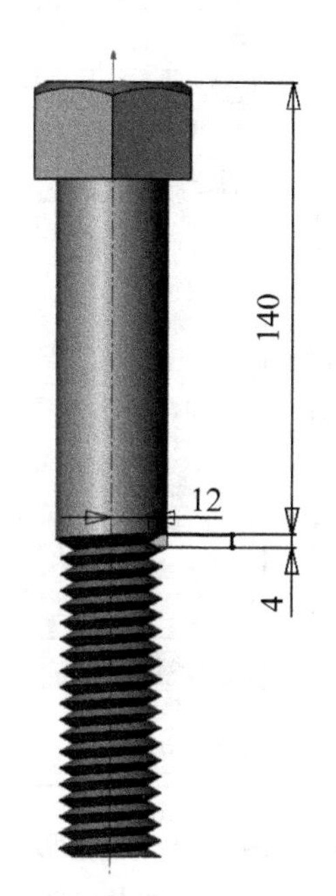

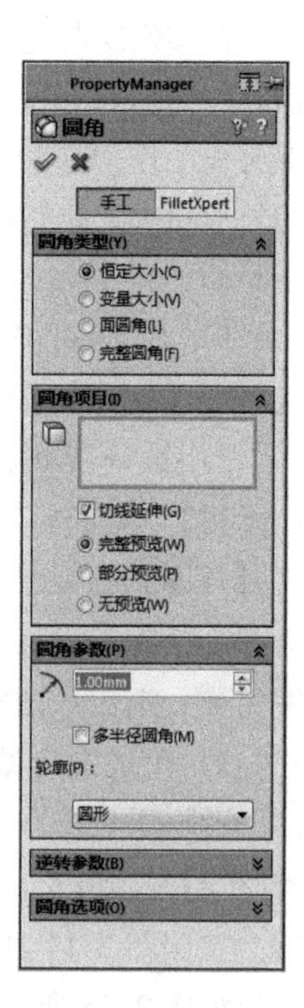

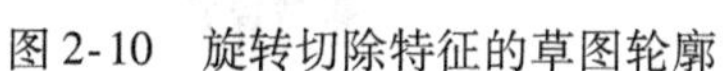

图 2-10　旋转切除特征的草图轮廓　　图 2-11　退刀槽效果　　图 2-12　圆角参数设置

8）单击【确定】按钮✔，生成圆角特征。

9）单击【标准】工具栏中【保存】按钮，或执行菜单命令【文件】→【保存】，将零件保存为“螺栓 . sldprt”。

至此，整个 M36 × 210 螺栓的制作就完成了，最后效果如图 2-13 所示。

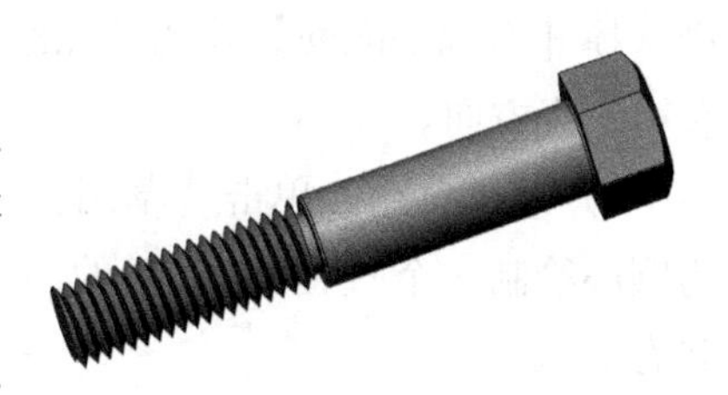

图 2-13　M36 × 210 螺栓的最后效果

2.2　创建弹簧类零件

2.2.1　创建压簧零件

不变螺距弹簧的创建方法与螺纹的创建过程相似，相对来说比较简单。而实际应用上的弹簧往往都是变螺距的，其创建方法与不变螺距弹簧有较大区别。其创建的关键在于“螺旋扫描轨迹”的创建和“变节距点”的定义，因此下面将以变螺距的压缩弹簧为例，介绍螺旋弹簧创建的基本流程。

在实例绘制过程中，主要运用了螺旋线/涡状线、扫描和拉伸切除等特征。首先绘制一个圆形草图，然后生成螺旋线，作为弹簧的外形路径；再绘制一个圆，作为弹簧的外形轮廓；执行扫描命令，生成弹簧实体。具体的绘制步骤如下：

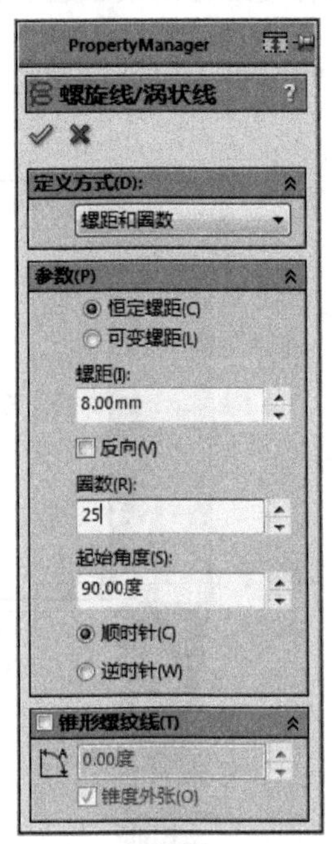

图 2-14 螺旋线/涡状线参数设置

1）启动 SolidWorks，选择菜单命令【文件】→【新建】或单击【新建】按钮，创建一个新的零件文件。

2）绘制弹簧路径草图。在打开的【FeatureManager 设计树】中选择【前视基准面】作为草图绘制平面。单击【草图】工具栏中的【圆】按钮，以系统坐标原点为圆心绘制一个直径为 50mm 的圆，单击【关闭对话框】按钮，退出草图绘制状态。

3）生成螺旋线。执行菜单命令【插入】→【曲线】→【螺旋线/涡状线】，或单击【曲线】工具栏中的【螺旋线/涡状线】按钮，系统弹出【螺旋线/涡状线】属性管理器。按照图 2-14 所示进行设置，单击【确定】按钮，效果如图 2-15 所示。

4）设置基准面。在左侧的【Feature Manager 设计树】中选择【右视基准面】作为草图绘制平面，单击【正视于】按钮，使绘图平面转为正视方向。

5）绘制草图。单击【草图】工具栏中的【圆】按钮，以螺旋线左上端点为圆心绘制一个直径为 3mm 的圆。单击【关闭对话框】按钮，退出草图绘制状态。

6）扫描实体。执行菜单命令【插入】→【凸台/基体】→【扫描】，或者单击【特征】工具栏中的【扫描】按钮，此时系统弹出【扫描】属性管理器。在【轮廓】选择框中，用鼠标选择绘制的圆；在【路径】选择框中，用鼠标选择生成的螺旋线，单击【确定】按钮，得到图 2-16 所示图形。

7）切平端面。在【FeatureManager 设计树】中选择【上视基准面】作为草图绘制平面，单击【正视于】按钮，使绘图平面转为正视方向。单击【草图】工具栏中的【边角矩形】按钮，分别以螺旋线上、下端点为边，螺旋线的中心线为对称中心，绘制图 2-17 所示的两个矩形。

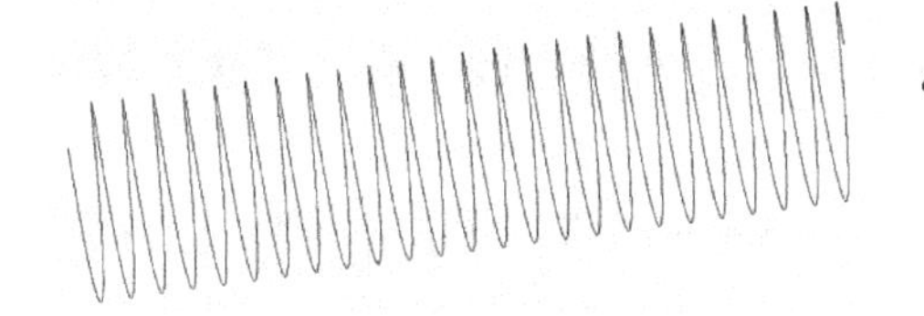

图 2-15　生成的螺旋线

图 2-16　扫描生成的弹簧

8）单击【拉伸切除】按钮，在弹出的【切除-拉伸】属性管理器中按图 2-18 所示设置，单击【确定】按钮，效果如图 2-19 所示。

图 2-17　拉伸切除生成切平端面

图 2-18　拉伸切除参数设置

图 2-19　拉伸切除完的弹簧

2.2.2　拉伸弹簧的创建

拉伸弹簧的创建方法与螺纹的创建过程相似，关键在于螺旋扫描轨迹的创建。在本节实例绘制过程中，主要运用了螺旋线/涡状线、扫描等特征。在创建螺旋线时用 3D 草图绘制拉簧拉钩部分的扫描草图，采用圆形阵列方法复制拉簧的另一部分，最后组合实体完成拉簧的创建，具体创建步骤如下：

1）启动 SolidWorks，选择菜单命令【文件】→【新建】或单击【新建】按钮，创建一个新的零件文件。

2）绘制弹簧路径草图。在打开的【Feature Manager 设计树】中选择【右视基准面】作为草图绘制平面。单击【草图】工具栏中的【圆】按钮，以系统坐标原点为圆心绘制一个直径为 10mm 的圆，单击【关闭对话框】按钮。

3）生成螺旋线。执行菜单命令【插入】→【曲线】→【螺旋线/涡状线】，或单击【曲线】工具栏中的【螺旋线/涡状线】按钮，系统弹出【螺旋线/涡状线】属性管理器。在【定义方式】卷展栏中选择【螺距和圈数】，设置【螺距】为 1.5mm，设置【圈数】为 10.2，设置【起始角度】为 0，选中【顺时针】单选按钮。单击【确定】按钮，效果如图 2-20 所示。

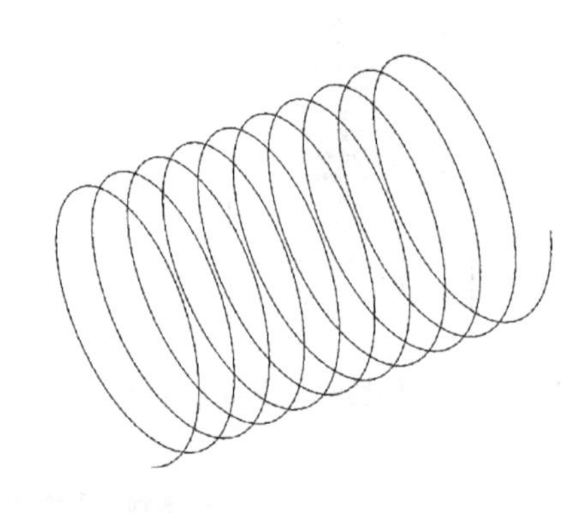

图 2-20　螺旋线曲线

4）绘制草图 2。选择【前视基准面】作为草图绘制平面。单击【草图】工具栏中的【圆】按钮绘制一个圆，用【中心线】工具绘制一条通过原点的竖线、一条过原点的水平线和一条角度线。单击【草图】工具栏中的【智能尺寸】按钮，标注 90°尺寸时，要先删除竖线的【竖直】约束，这个角度尺寸在进行圆周阵列时作旋转轴用。当然也可以不用这个尺寸角度。

5）用【剪裁实体】工具修剪草图，修剪后的草图如图 2-21 所示。单击【关闭对话框】按钮，退出草图绘制状态。

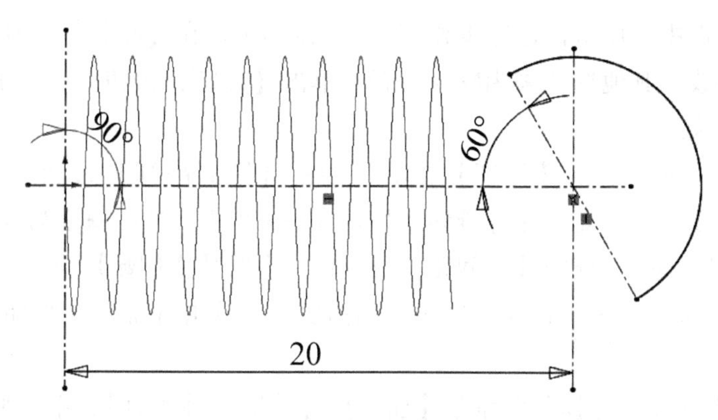

图 2-21　绘制草图 2

6）绘制 3D 草图 1。选择菜单命令【插入】→【3D 草图】，系统进入 3D 草图绘制界面。单击【转换实体引用】按钮，在绘图区中选择螺旋线和草图 2 圆弧，单击【确定】按钮将螺旋线和草图 2 圆弧转化为【3D 草图 1】图元 。单击【草图】工具栏中的【样条曲线】按钮，绘制一条连接螺旋线和圆弧的曲线 。点击工具栏【显示/删除几何关系】按钮，选择【添加几何关系】按钮分别添加螺旋线和样条曲线，以及圆弧和样条曲线的相切约束，如图 2-22 所示。单击【关闭对话框】按钮，退出草图绘制状态。

7）绘制草图 3。选择【上视基准面】作为草图绘制平面。单击【草图】工具栏中的【圆】按钮绘制一个直径为 1mm 的圆，如图 2-23 所示。用【添加几何关系】工具，将圆心与 3D 草图作【穿透】约束。单击【关闭对话框】按钮，退出草图绘制状态。

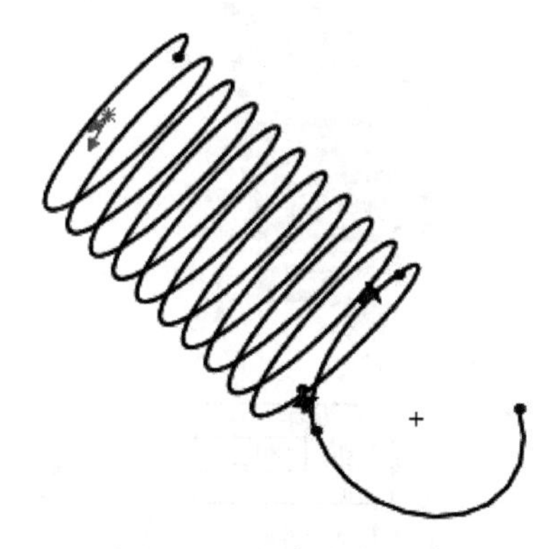

图 2-22　添加相切约束

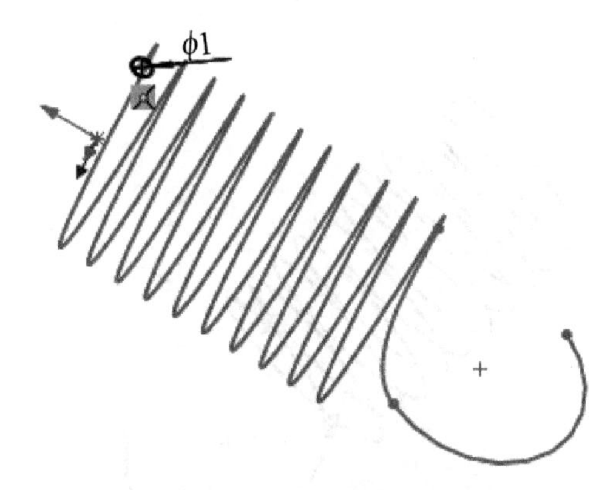

图 2-23　绘制扫描轮廓

8）扫描实体。执行菜单命令【插入】→【凸台/基体】→【扫描】，或者单击【特征】工具栏中的【扫描】按钮，此时系统弹出【扫描】属性管理器。在

【轮廓】选择框中，用鼠标选择步骤 7）中绘制的圆；在【路径】选择框中，用鼠标选择 3D 曲线，其他选项采用默认设置。单击【确定】按钮✔，完成扫描建模，如图 2-24 所示。

9）圆周阵列。单击【特征】工具栏中的【圆周阵列】按钮，系统弹出【圆周阵列】属性管理器。在【旋转轴】选择框中单击，选择框变为红色，在绘图区选择角度尺寸 90°。选中【等间距】复选框，设置【实例数】为 2，在【要阵列的实体】选择框中单击，在绘图区选择扫描实体。单击【确定】按钮✔，完成圆周阵列。

10）组合实体。选择菜单命令【插入】→【特征】→【组合】，系统弹出【组合】属性管理器。选择【操作类型】为【添加】，在【要组合的实体】选择框中选择【实体 1】和【实体 2】，如图 2-25 所示。单击【确定】按钮✔完成组合。建好的拉簧模型如图 2-26 所示。

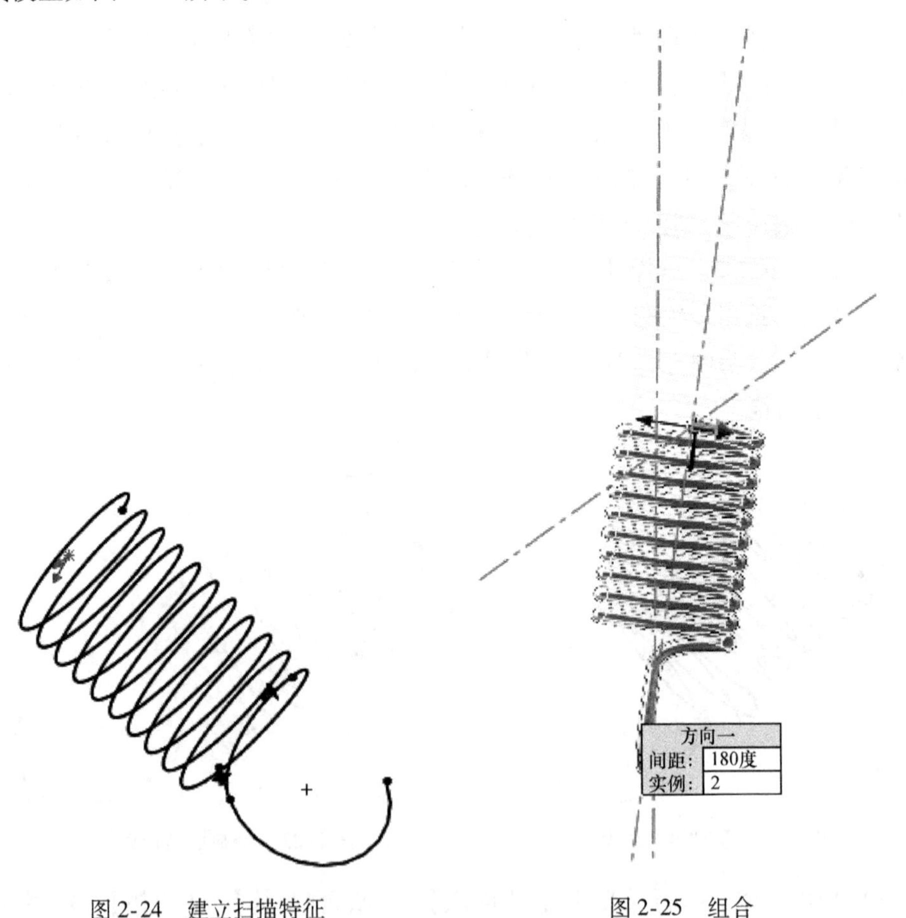

图 2-24　建立扫描特征　　　　图 2-25　组合

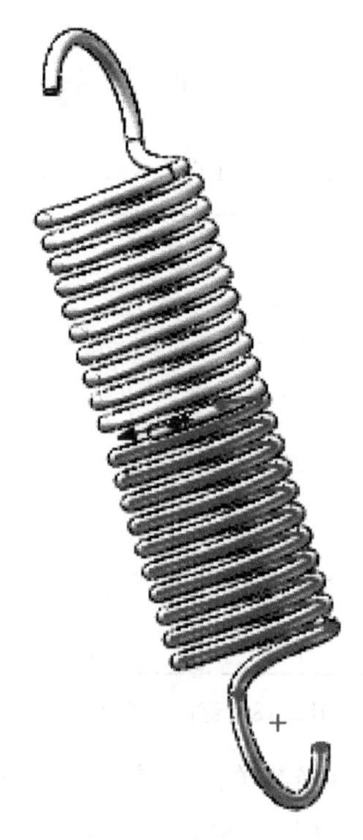

图 2-26　完成的拉簧模型

2.3　键

键是机械产品中经常使用的零件，常用来连接轴和装在轴上的转动零件（如齿轮、带轮等），起传递转矩的作用。

根据使用场合和各自结构特点的不同，键可以分为平键、半圆键、楔键及花键等几类。本节主要介绍圆头平键的创建。

键是非常典型的拉伸类零件，键的所有造型都可用拉伸的方法很容易地创建。拉伸特征是将一个用草图描述的截面，沿指定的方向（一般情况下是沿垂直于截面方向）延伸一段距离后所形成的特征。拉伸是 SolidWorks 模型中最常见的类型，具有相同截面、有一定长度的实体，如长方体、圆柱体等都可以由拉伸特征来形成。

键的创建方法比较简单，首先绘制键零件的草图轮廓，然后通过 SolidWorks 中的拉伸工具即可完成。图 2-27 所示为键的基本创建过程。

本节以图 2-28 所示二维工程图为参照，在 SolidWorks 中完成键的三维建模操作，具体步骤如下：

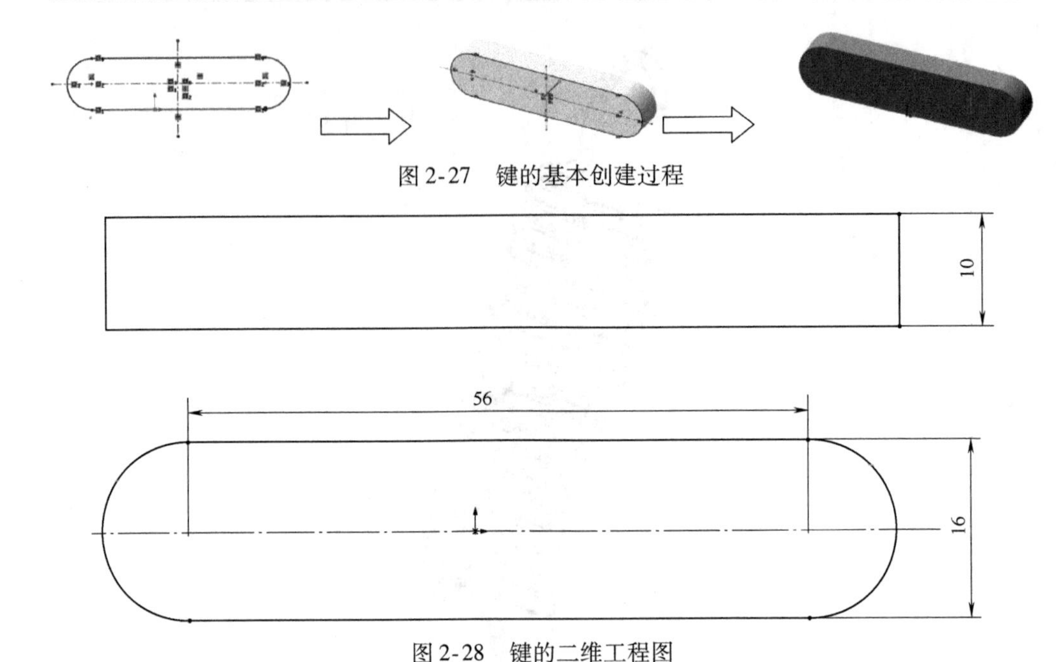

图 2-27　键的基本创建过程

图 2-28　键的二维工程图

1）启动 SolidWorks 后，选择菜单命令【文件】→【新建】或单击【新建】按钮，打开【新建 SolidWorks 文件】对话框，然后选择【零件】，再单击【确定】按钮。

2）在【草图】工具栏中单击【草图绘制】按钮，弹出【编辑草图】属性管理器，选择【前视基准面】作为草绘平面进入草绘环境，如图 2-29 所示（或在打开的模型树中选择【前视基准面】作为草绘平面，然后再在【草图】工具栏中单击【草图绘制】按钮，进入草绘环境）。

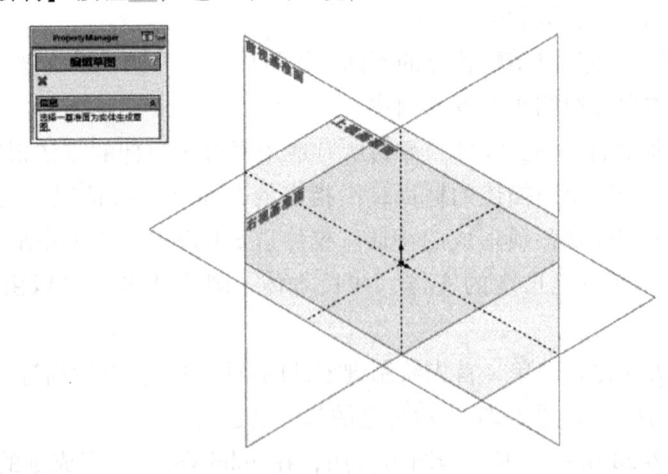

图 2-29　选择草绘平面

3）选择菜单命令【工具】→【草图绘制实体】→【边角矩形】，或单击工具栏中的【边角矩形】按钮□绘制键草图的矩形轮廓，如图 2-30 所示。

4）选择菜单命令【工具】→【标注尺寸】→【智能尺寸】，或单击工具栏中的【智能尺寸】按钮◇标注草图矩形轮廓的实际尺寸，如图 2-31 所示。

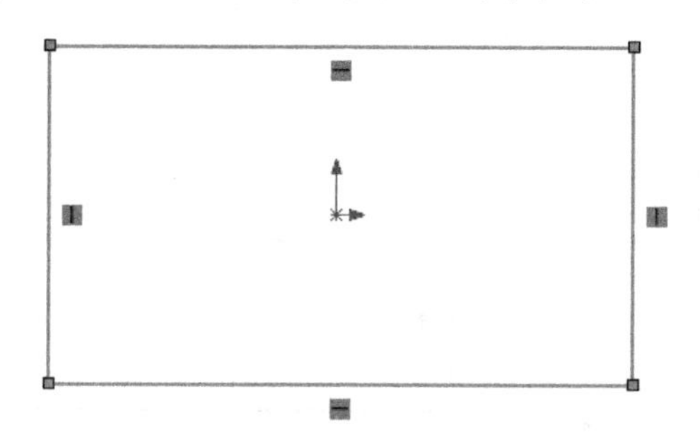

图 2-30　用【边角矩形】绘制键的矩形轮廓

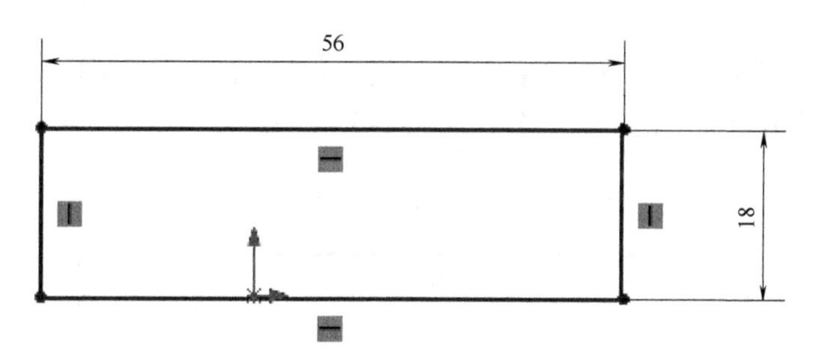

图 2-31　标注草图矩形轮廓尺寸

5）选择菜单命令【工具】→【草图绘制实体】→【圆】，或单击工具栏中的【圆】按钮⊙捕捉草图矩形轮廓的宽度边线中点（光标显示），以边线中点为圆心画圆，如图 2-32 所示。

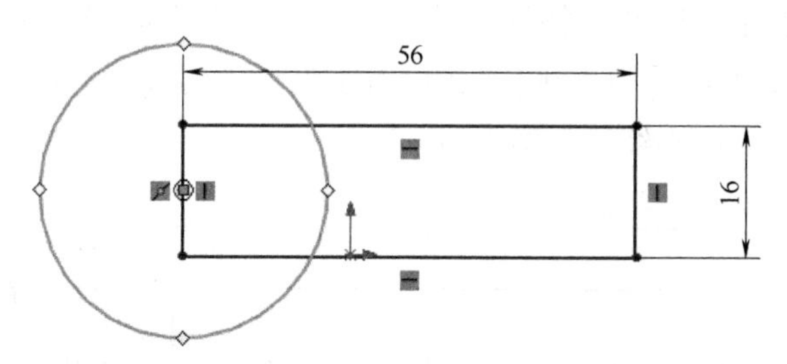

图 2-32　以边线中点为圆心画圆

6）系统弹出【圆】属性管理器，如图 2-33 所示。在【圆】属性管理器中，保持其余选项的默认值不变，只在参数输入框中输入圆的半径值 8mm，点击

【确定】按钮，生成的圆如图 2-34 所示。

图 2-33　【圆】属性管理器

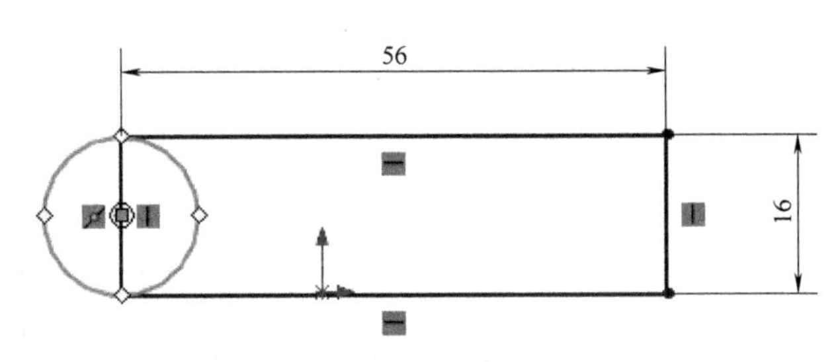

图 2-34　输入半径生成圆

7）选择菜单命令【工具】→【草图工具】→【剪裁】，或单击工具栏中【剪裁实体】按钮裁剪草图中的多余部分，如图 2-35 所示。

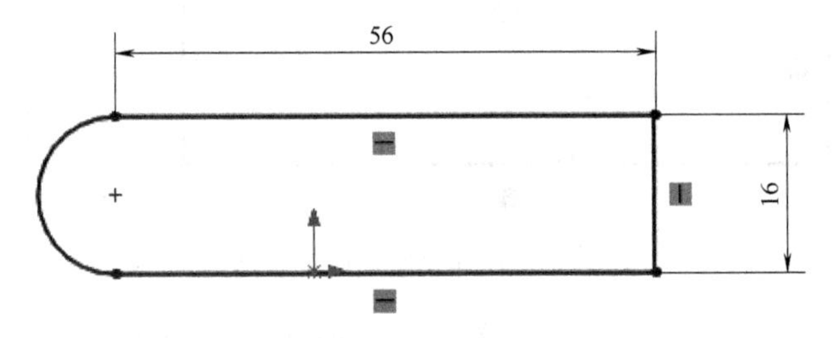

图 2-35　剪裁多余草图实体

8）绘制键草图右侧特征。利用 SolidWorks 中的【镜向】工具来绘制，也可重复步骤 5）~7）绘制草图右侧特征。首先，绘制镜向中心线。选择菜单命令【工具】→【草图绘制实体】→【中心线】，或单击工具栏中的【中心线】按钮绘制一条通过矩形中心的垂直中心线，如图 2-36 所示。

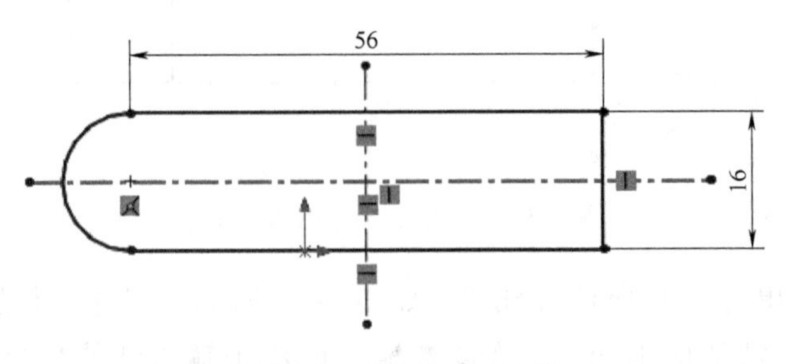

图 2-36　绘制镜向中心线

9）单击草图左侧半圆，按住 Ctrl 键并单击中心线，选择菜单命令【工具】→【草图工具】→【镜向】或单击工具栏中的【镜向实体】按钮，生成镜向特征，如图 2-37 所示。

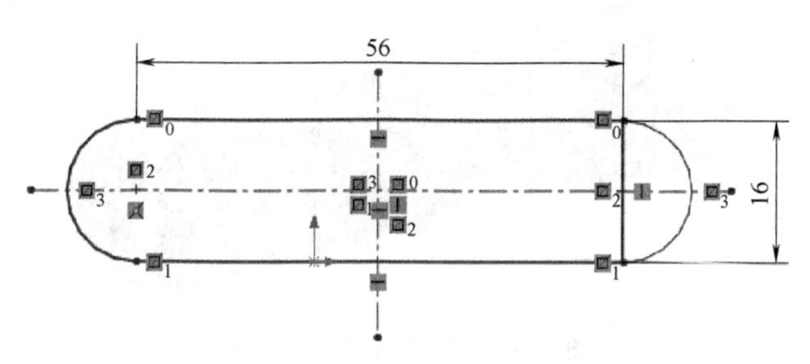

图 2-37　通过【镜向】工具创建草绘图镜向特征

10）选择菜单命令【工具】→【草图工具】→【剪裁】，或单击工具栏中的【剪裁实体】按钮剪裁草图中的多余部分，完成键草图轮廓特征的创建，如图 2-38 所示。

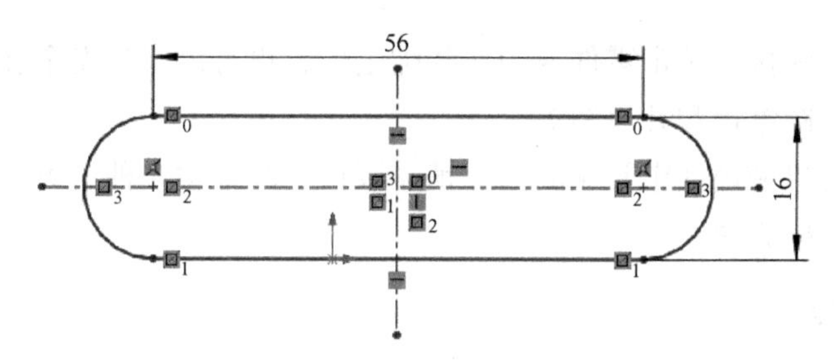

图 2-38　完成后的键草图轮廓特征

11）创建拉伸特征。选择菜单命令【插入】→【凸台/基体】→【拉伸】，或单击【特征】工具栏中的【拉伸凸台/基体】按钮弹出【凸台-拉伸】属性管理器，同时显示拉伸状态，如图 2-39 所示。

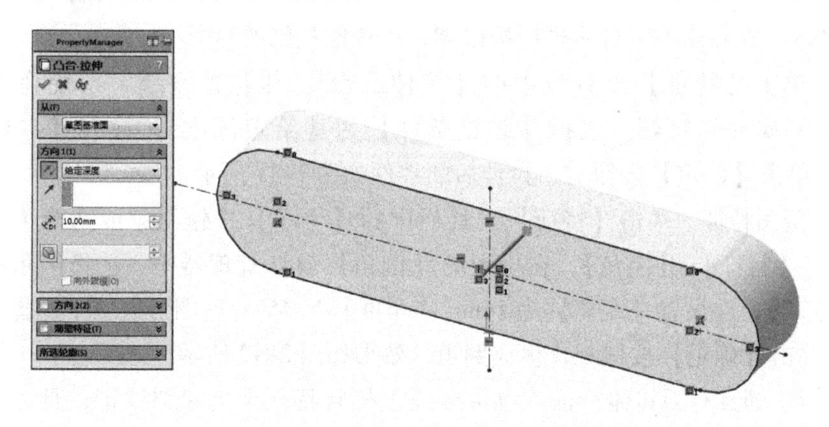

图 2-39　【拉伸】属性管理器

选择【终止条件】为【给定深度】，设置【深度】为 10.00mm，生成的实体模型如图 2-40 所示。

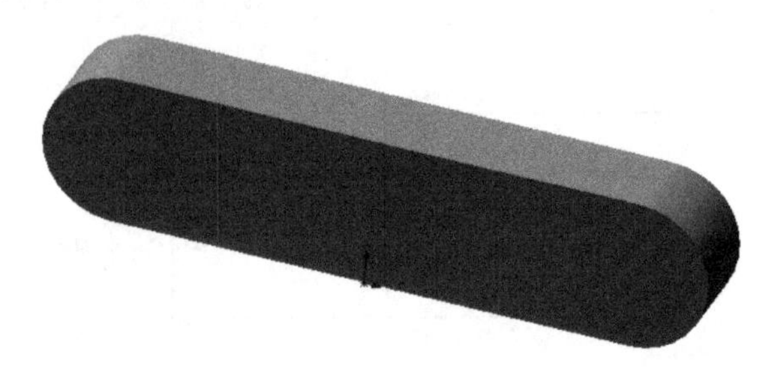

图 2-40　生成的键实体模型

2.4　销

销一般用以联接、锁定零件或用作装配定位，也可以作为安全装置的零件。常用的有圆柱销、圆锥销和开口销等。

下面分别就机械设计中常见的圆柱销、圆锥销和销轴 3 种销类零件的设计来讲述销类零件的建模方法。

2.4.1　圆柱销

1）启动 SolidWorks，选择菜单命令【文件】→【新建】或单击【新建】按钮，创建一个新的零件文件。

2）在打开的【FeatureManager 设计树】中选择【前视基准面】作为草图绘制平面。单击【草图】工具栏中的【圆】按钮，以原点为圆心，绘制一个直径为 6mm 的圆。单击【关闭对话框】按钮，生成圆柱销的草图。

3）单击【特征】工具栏中的【拉伸凸台/基体】按钮，系统弹出【凸台-拉伸】属性管理器。选择【终止条件】为【给定深度】，设置【深度】为 20mm，单击【确定】按钮，拉伸后的零件如图 2-41 所示。

4）倒角特征。单击【特征】工具栏中的【倒角】按钮，或选择菜单命令【插入】→【特征】→【倒角】，在出现的【倒角】属性管理器中，选择倒角类型为【角度距离】，并设置【距离】为 1mm，【角度】为 45°。在图形区域中选择销实体棱边，单击【确定】按钮，生成倒角，效果如图 2-42 所示。

提示：销具有回转体特征，也可以通过旋转特征来创建圆柱销，具体步骤如图 2-43 所示。

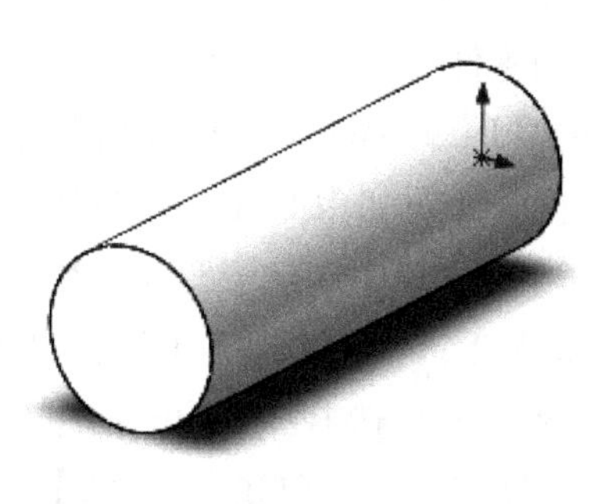

图 2-41　拉伸后的销特征

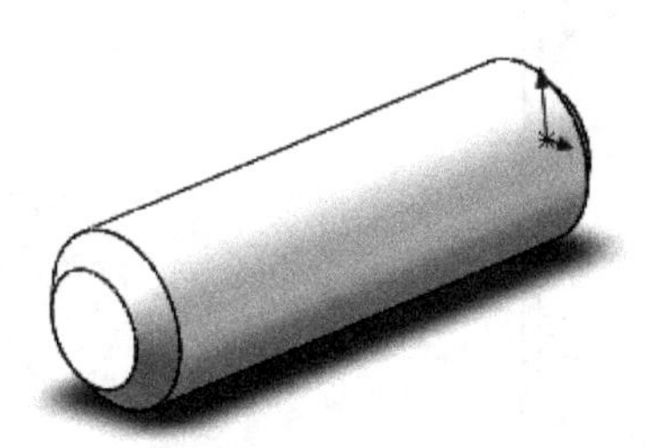

图 2-42　倒角后的销

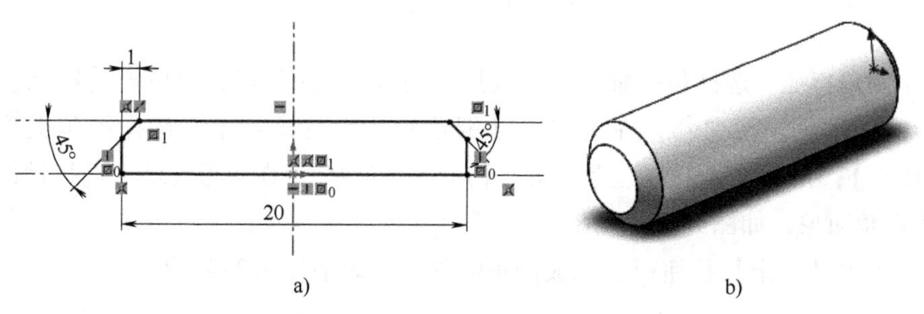

图 2-43　旋转法创建键的基本过程

a）绘制草图　b）旋转实体

2.4.2　圆锥销

圆锥销与圆柱销的不同之处在于，圆锥销带有一定的锥度。因此，在使用拉伸工具创建圆锥销时，应采用【拔模】的拉伸方式。具体的创建步骤如下：

1）启动 SolidWorks，选择菜单命令【文件】→【新建】或单击【新建】按钮，创建一个新的零件文件。

2）在打开的【FeatureManager 设计树】中选择【前视基准面】作为草图绘制平面。单击【草图】工具栏中的【圆】按钮，以原点为圆心，绘制一个直径为 6mm 的圆。单击【关闭对话框】按钮，生成圆锥销的草图。

3）单击【特征】工具栏中的【拉伸凸台/基体】按钮，系统弹出【凸台-拉伸】属性管理器。选择【终止条件】为【给定深度】，设置【深度】为 20mm，拔模斜度为 2°，单击【确定】按钮，拉伸后的零件如图 2-44 所示。

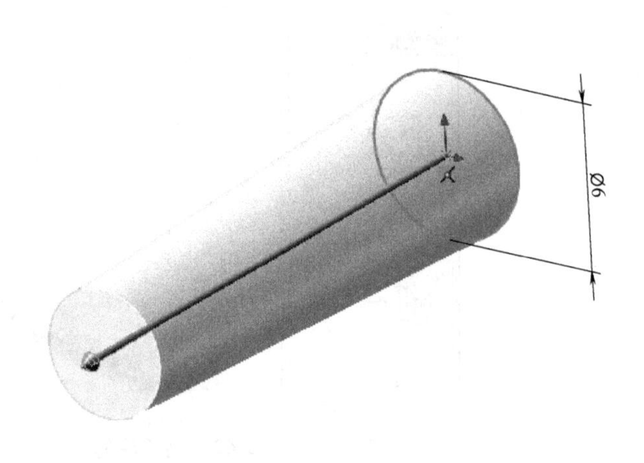

图 2-44　拉伸实体

4）倒角特征。选择菜单命令【插入】→【特征】→【倒角】，或单击【特征】工具栏中的【倒角】按钮，在出现的【倒角】属性管理器中，选择倒角类型为【角度距离】，并设置【距离】为 1mm，【角度】为 45°。在图形区域中选择销两端面作为倒角对象，如图 2-45 所示。

5）单击【确定】按钮，完成倒角的创建，效果如图 2-46 所示。

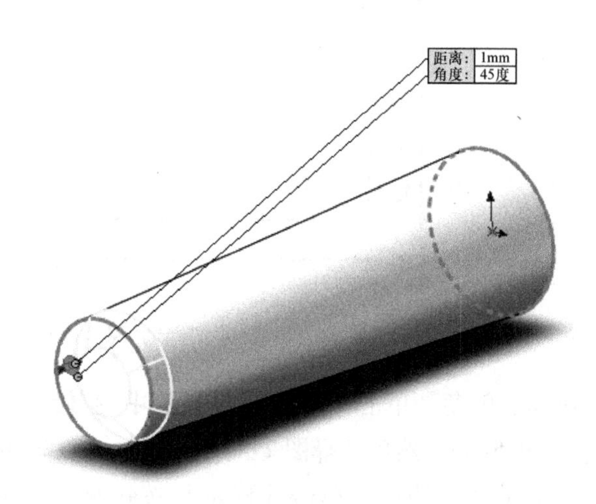

图 2-45　【倒角】属性管理器

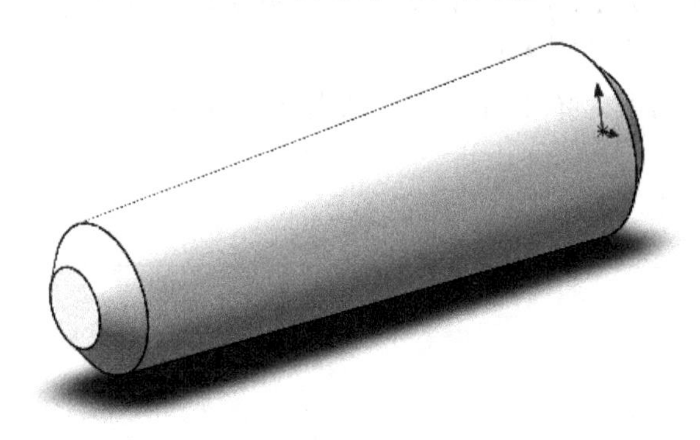

图 2-46　圆锥销

2.4.3　销轴

销轴是典型的回转体，可以通过旋转基体生成。下面具体介绍销轴的创建过程。

1）启动 SolidWorks，选择菜单命令【文件】→【新建】或单击【新建】按钮，创建一个新的零件文件。

2）在打开的【FeatureManager 设计树】中选择【前视基准面】作为草图绘制平面。单击【标准视图】工具栏中的【正视于】按钮，使绘图平面转为正视方向。单击【草图】工具栏中的【中心线】按钮，在草图绘制平面上绘制一条通过系统坐标原点的水平中心线，作为旋转轴线。

3）单击【草图】工具栏中的【直线】按钮，绘制图 2-47 所示的草图，然后单击【智能尺寸】按钮，标注尺寸。

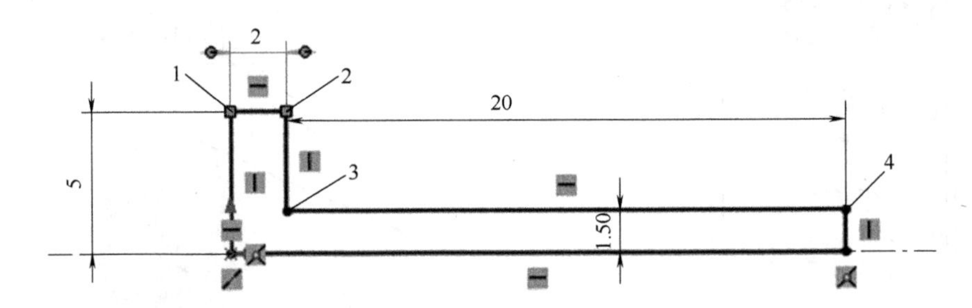

图 2-47　绘制销轴的基本草图

4）圆角、倒角。单击【草图】工具栏中的【绘制圆角】按钮，设置【圆角半径】为 0.5mm，然后选择图 2-47 中的点 1、点 2 和点 3，或分别选择点 1、点 2 和点 3 所在的两条边线，单击【确定】按钮，完成圆角特征。单击【草图】工具栏中的【绘制倒角】按钮，在弹出的属性管理器中选择【倒角参数】为【角度距离】，然后设置【距离】为 0.5mm、【角度】为 45°。选择图 2-47 中的点 4 或点 4 所在的两条边线。单击【确定】按钮，完成倒角特征，效果如图 2-48 所示。

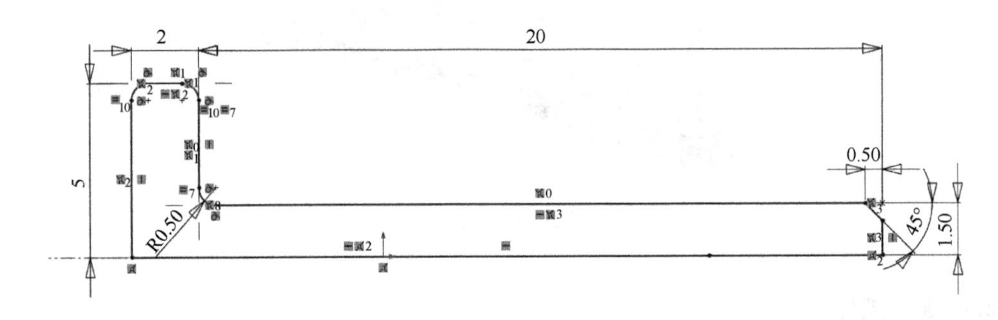

图 2-48　倒角、圆角草图特征

5）选择绘制的草图。单击【特征】工具栏中的【旋转凸台/基体】按钮，选择水平中心线作为【旋转轴】，在弹出的【旋转】属性管理器中，设置【旋转类型】为【给定深度】，【角度】为 360°，保持其他选项的默认值不变。单击【确定】按钮，完成旋转特征的创建。

6）设置视图方向。单击【标准视图】工具栏中的【等轴测】按钮，将视图以等轴测方向显示，如图 2-49 所示。

图 2-49　旋转后的销轴实体

提示：销轴可以看作由两段轴段组成的实体特征。可以通过二次拉伸操作来实现销轴主体部分的创建，再进行倒角、圆角等操作即可完成。

第3章　齿轮类零件

【内容提要】

齿轮是现代机构中应用最为广泛的一种传动机构，因具有传递功率范围大、传动效率高、传动比准确、使用寿命长、工作可靠等优点，被广泛应用于汽车、飞机、仪表等机械装置中。齿轮传动应用范围广，类型也很多，主要有圆柱齿轮传动、锥齿轮传动、蜗轮蜗杆传动等。

绘制齿轮的方法很多，除了常用的基于草绘图形的建模外，还可借助 Toolbox 进行建模和用 GearTrax 插件建模等。本章重点介绍用 SolidWorks 中的 Toolbox 进行建模的方法。

【本章要点】

★ 直齿圆柱齿轮

★ 斜齿圆柱齿轮

★ 锥齿轮

3.1　直齿圆柱齿轮

1. 零件的创建

1）启动 SolidWorks 后，选择菜单命令【文件】→【新建】或单击【新建】按钮打开【新建 SolidWorks 文件】对话框，然后选择【零件】，再单击【确定】按钮。

2）单击任务窗口的【设计库】按钮，出现图 3-1 所示对话框。

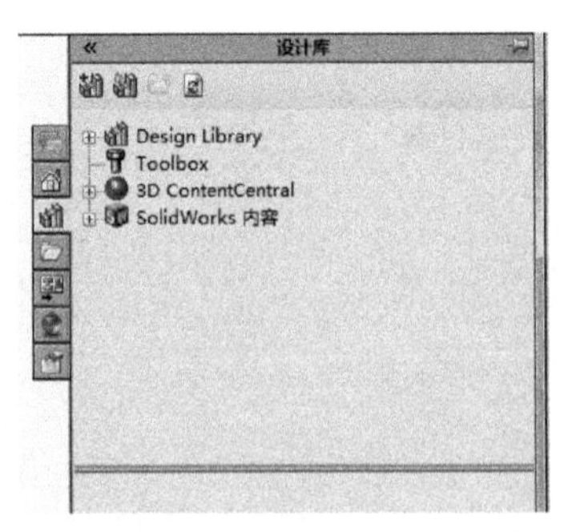

图 3-1　【设计库】对话框一

3）单击设计库中的【Toolbox】命令，在弹出的对话框中单击【现在插入】，如图 3-2、图 3-3 所示。

4）双击【GB】按钮，在图 3-4 所示的对话框中双击【动力传动】按钮，弹出图 3-5 所示的对话框，在弹出的对话框中双击【齿轮】按钮，弹出图 3-6 所示的对话框。

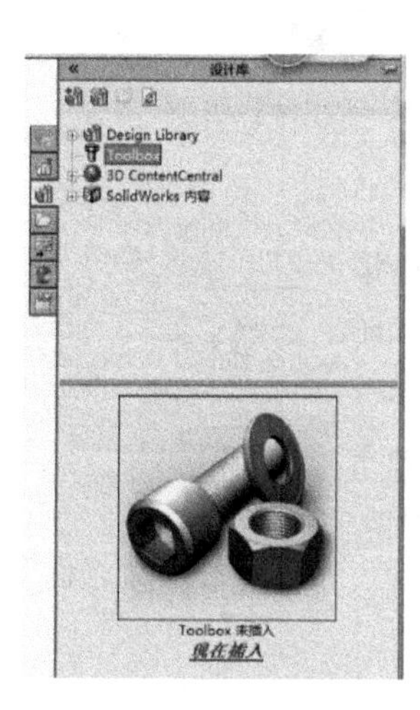

图 3-2 【设计库】对话框二

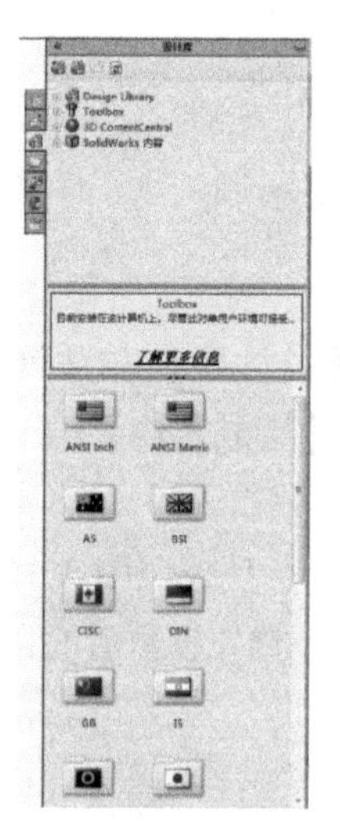

图 3-3 【设计库】对话框三

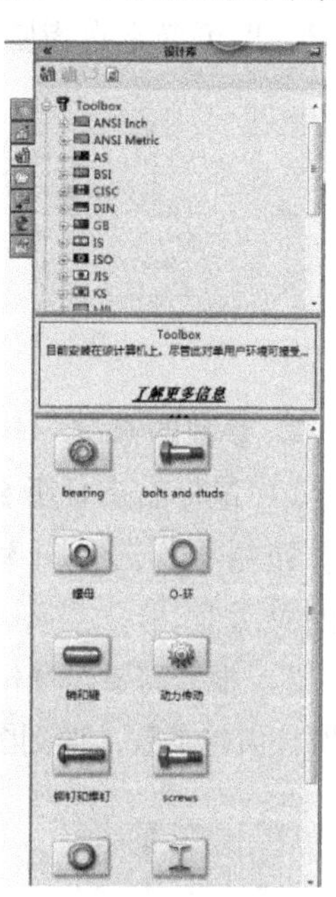

图 3-4 【设计库】对话框四

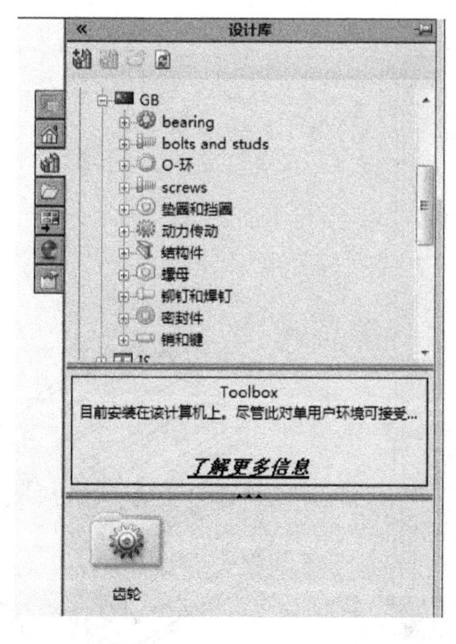

图 3-5 【设计库】对话框五

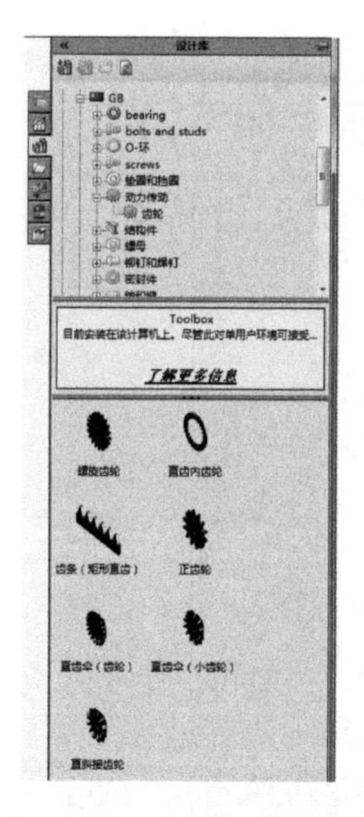

图 3-6 【设计库】对话框六

5）在弹出的对话框中拖动【正齿轮】按钮到绘图界面，出现图 3-7 所示的对话框，单击【是（Y）】按钮。

6）在图中任意位置单击鼠标左键或单击【插入零件】对话框中的【确定】按钮✔，即可确定直齿圆柱齿轮在图中的位置，如图 3-8 所示。

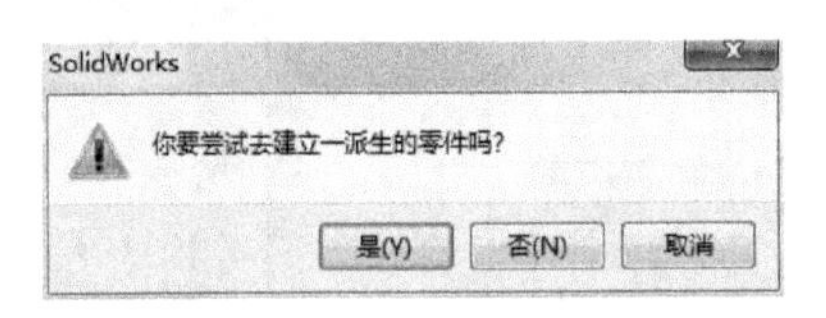

图 3-7　SolidWorks 对话框

图 3-8　直齿圆柱齿轮

2. 参数的修改

1）鼠标右击任务窗口的【设计库】对话框中的【正齿轮】按钮，选中图 3-9 中的【生成零件】，出现图 3-10 所示的对话框。

2）根据需要设置相应的参数，现按照图 3-11 所示设置直齿圆柱齿轮参数，得到图 3-12 所示修正参数后的直齿圆柱齿轮。

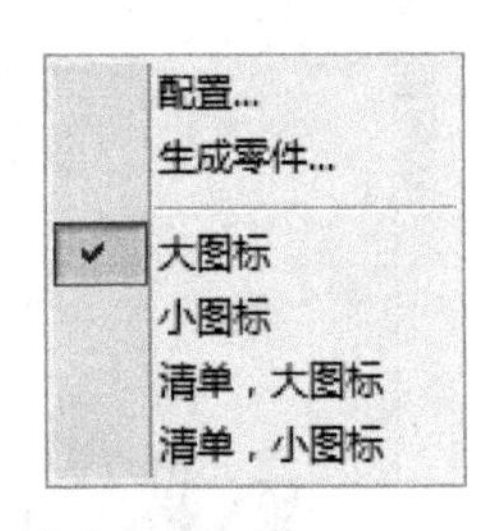

图 3-9　对话框

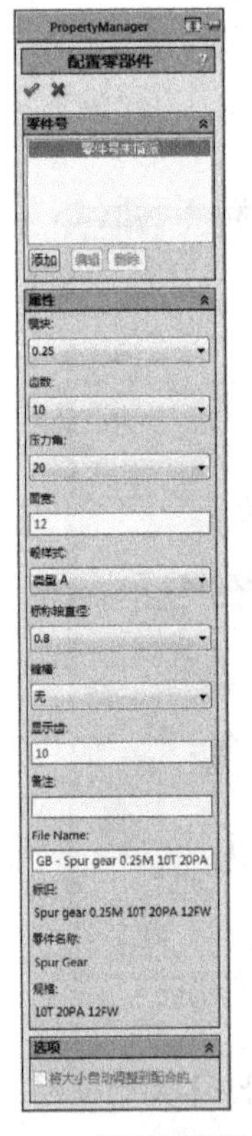

图 3-10　【配置零部件】对话框一

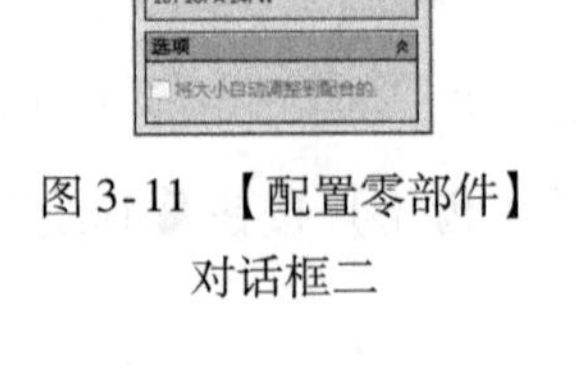

图 3-11　【配置零部件】对话框二

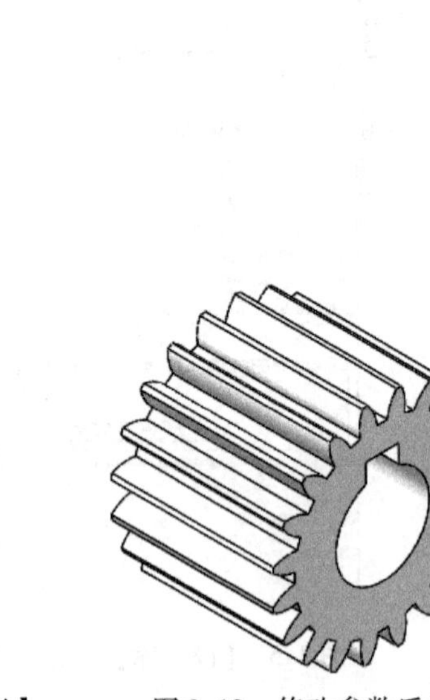

图 3-12　修改参数后的直齿圆柱齿轮

3.2　斜齿圆柱齿轮

1. 零件的创建

1）启动 SolidWorks 后，选择菜单命令【文件】→【新建】或单击【新建】按钮，打开【新建 SolidWorks 文件】对话框，然后选择【零件】，再单击【确定】按钮。

2）单击任务窗口的【设计库】按钮，出现图 3-13 所示对话框。

3）单击设计库中的【Toolbox】命令，在弹出的对话框中单击【现在插入】，如图 3-14、图 3-15 所示。

图 3-13　【设计库】对话框一

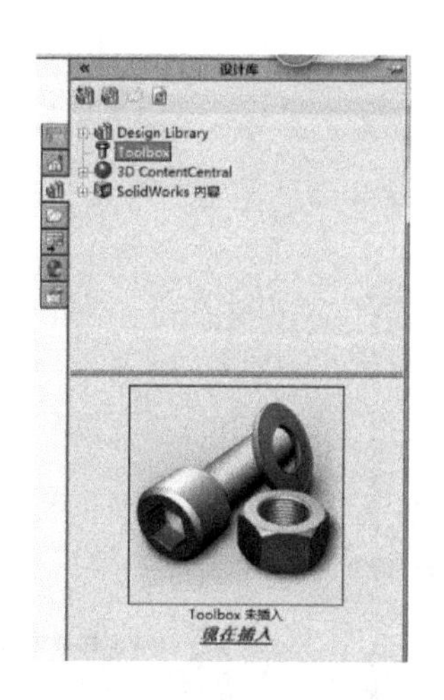

图 3-14　【设计库】对话框二

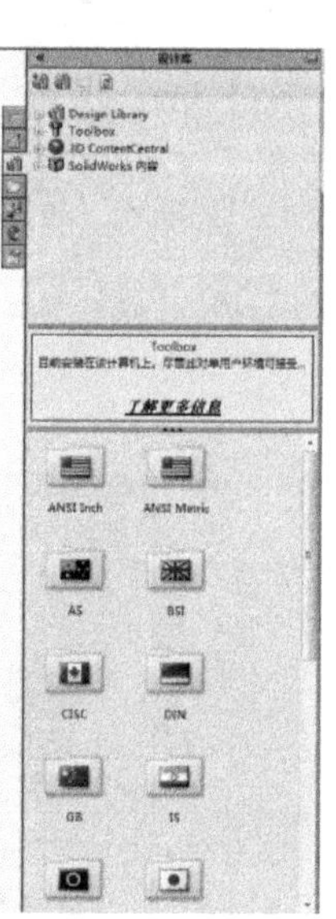

图 3-15　【设计库】对话框三

4）双击【GB】按钮，在图 3-16 所示的对话框中双击【动力传动】按钮，弹出图 3-17 所示的对话框，在弹出的对话框中双击【齿轮】按钮，弹出图 3-18 所示的对话框。

5）在弹出的对话框中拖动【螺旋齿轮】按钮到绘图界面，出现图 3-19 所示对话框，单击【是（Y）】按钮。

6）在图中任意位置单击鼠标左键或单击【插入零件】对话框中的【确定】按钮，即可确定斜齿圆柱齿轮在图中的位置，如图 3-20 所示。

2. 参数的修改

1）鼠标右击任务窗口【设计库】对话框中的【螺旋齿轮】按钮，选中

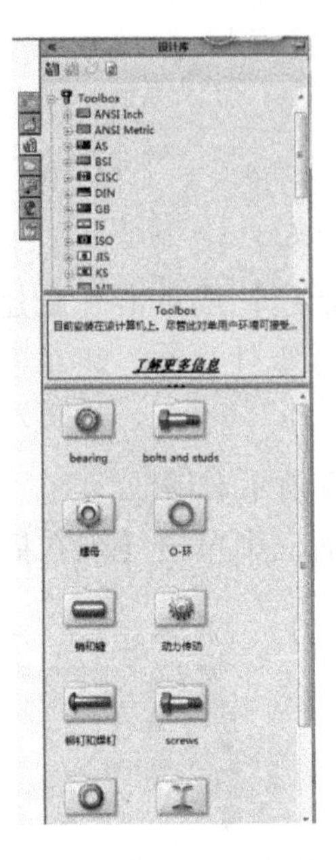

图 3-16 【设计库】对话框四

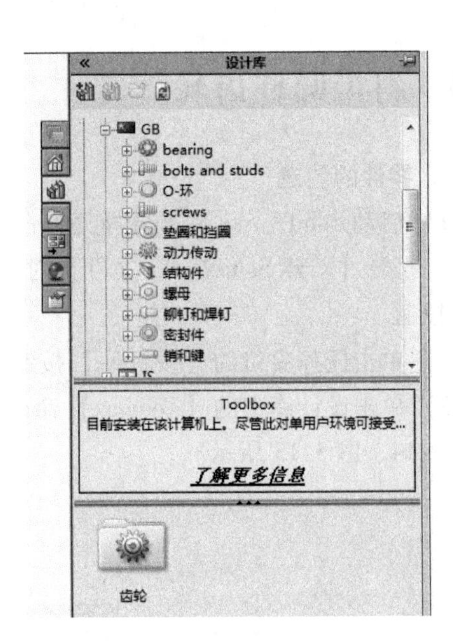

图 3-17 【设计库】对话框五

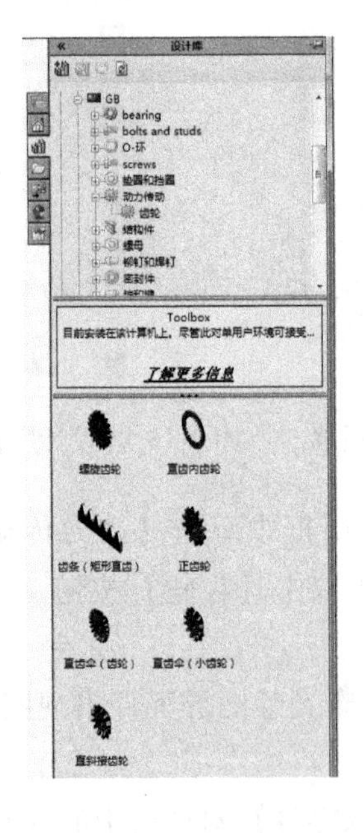

图 3-18 【设计库】对话框六

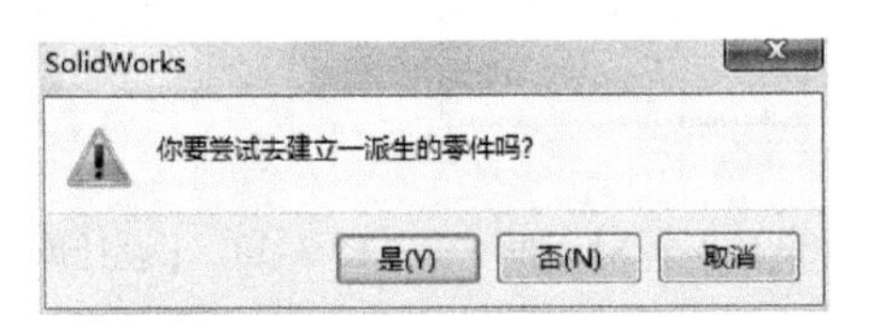

图 3-19 SolidWorks 对话框

图 3-20 斜齿圆柱齿轮

图 3-21 中的【生成零件】，出现图 3-22 所示的对话框。

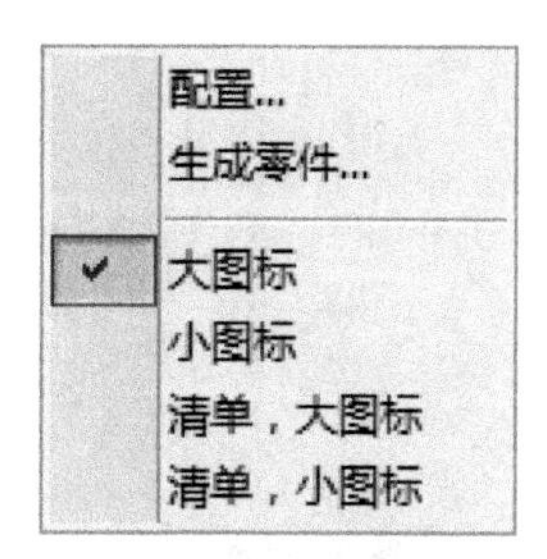

图 3-21　对话框

2）根据需要设置相应的参数，现按照图 3-23 所示设置斜齿圆柱齿轮参数，得到图 3-24 所示修正参数后的斜齿圆柱齿轮。

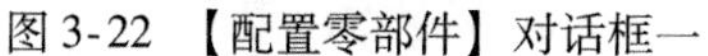
图 3-22　【配置零部件】对话框一

图 3-23　【配置零部件】对话框二

图 3-24　修改参数后的斜齿圆柱齿轮

3.3　锥齿轮

1. 零件的创建

1）启动 SolidWorks 后，选择菜单命令【文件】→【新建】或单击【新建】按钮，打开【新建 SolidWorks 文件】对话框，然后选择【零件】，再单击【确定】按钮。

2）单击任务窗口的【设计库】按钮，出现图 3-25 所示对话框。

3）单击设计库中的【Toolbox】命令，在弹出的对话框中单击【现在插入】，如图 3-26、图 3-27 所示。

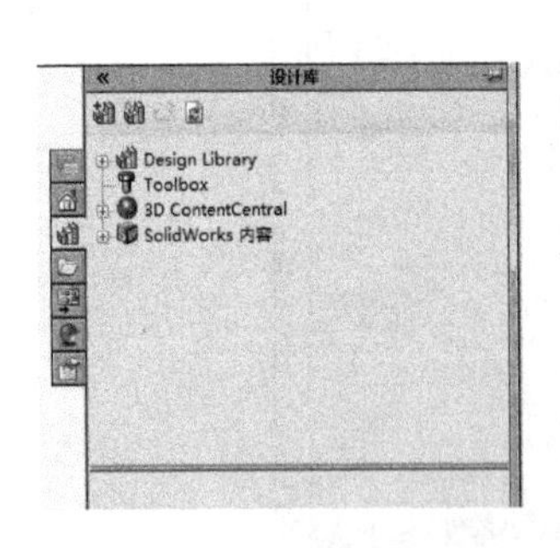

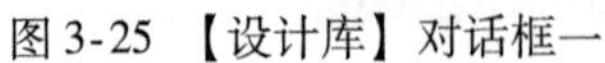

图 3-25 【设计库】对话框一

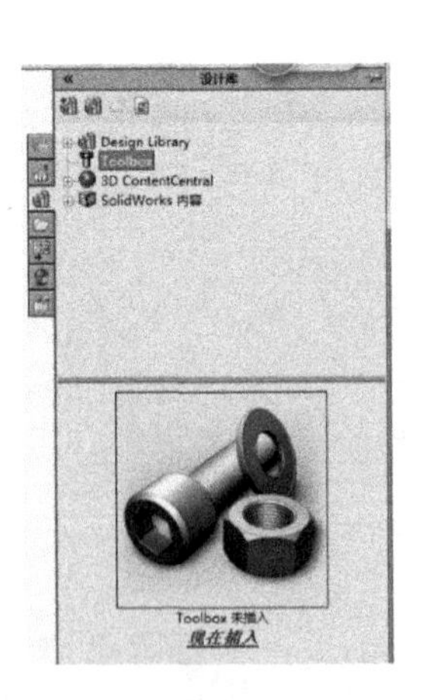

图 3-26 【设计库】对话框二

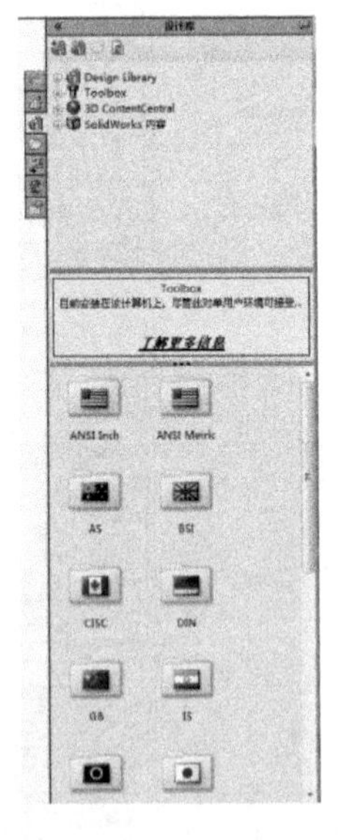

图 3-27 【设计库】对话框三

4）双击【GB】按钮，在图 3-28 所示的对话框中双击【动力传动】按钮，弹出图 3-29 所示的对话框，在弹出的对话框中双击【齿轮】按钮，弹出图 3-30 所示对话框。

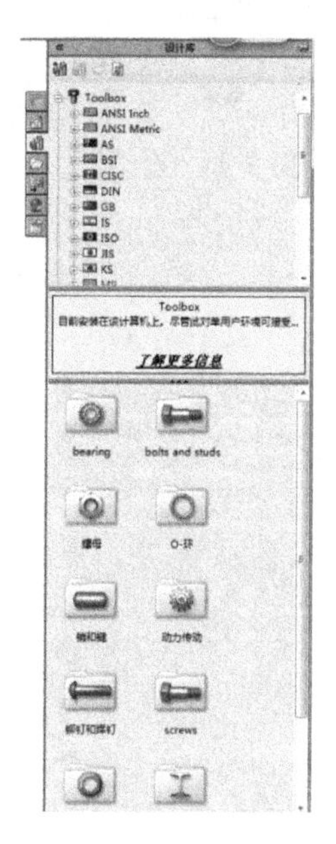

图 3-28　【设计库】对话框四

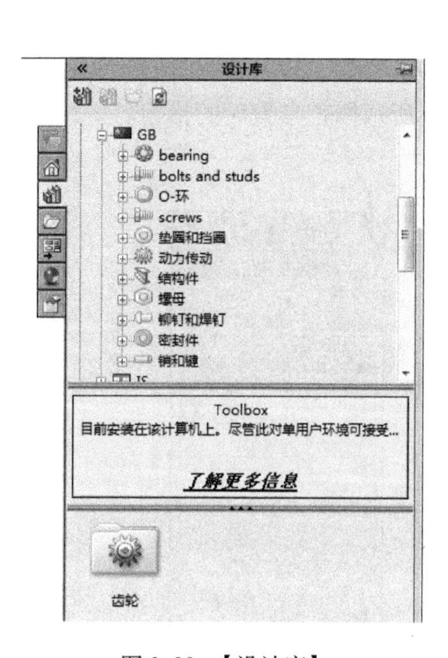

图 3-29　【设计库】对话框五

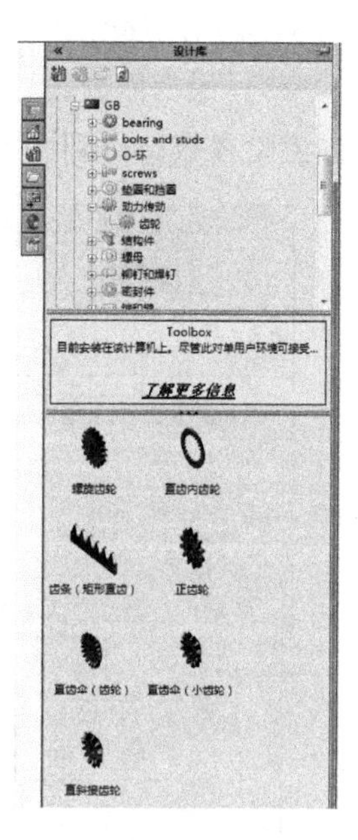

图 3-30　【设计库】对话框六

5）在弹出的对话框中拖动【直齿伞（齿轮）】按钮到绘图界面，出现图 3-31 所示对话框，单击【是（Y）】按钮。

6）在图中任意位置单击鼠标左键或单击【插入零件】对话框中的【确定】按钮，即可确定锥齿轮在图中的位置，如图 3-32 所示。

图 3-31　SolidWorks 对话框

图 3-32　锥齿轮

2. 参数的修改

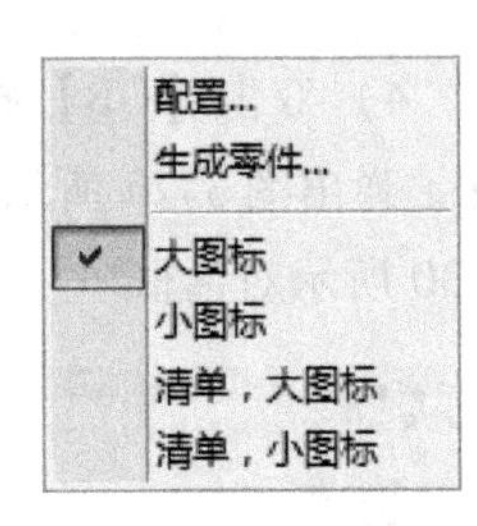

图 3-33　对话框

1）鼠标右击任务窗口【设计库】对话框中的【直齿伞(齿轮)】按钮，选中图 3-33 中的【生成零件】，出现图 3-34 所示属性管理器。

2）根据需要设置相应的参数，现按照图 3-35 所示设置锥齿轮参数，得到图 3-36 所示修正参数后的锥齿轮。

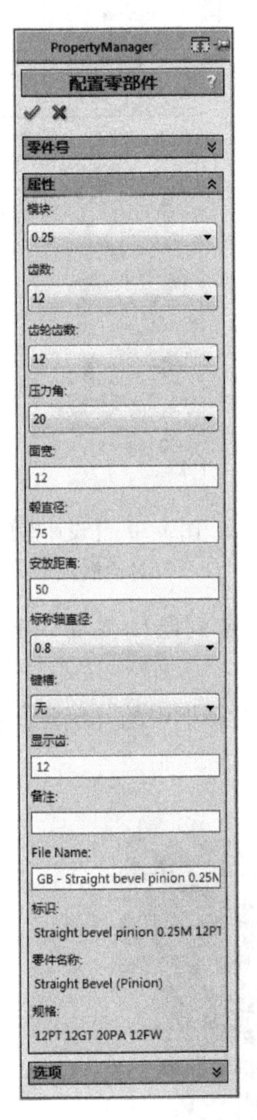

图 3-34　【配置零部件】属性管理器一

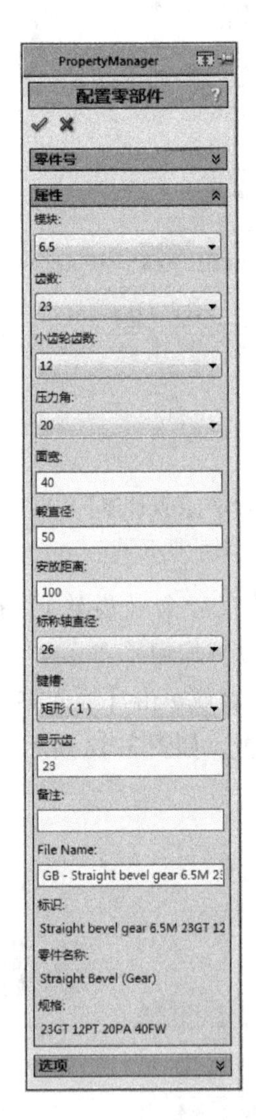

图 3-35　【配置零部件】属性管理器二

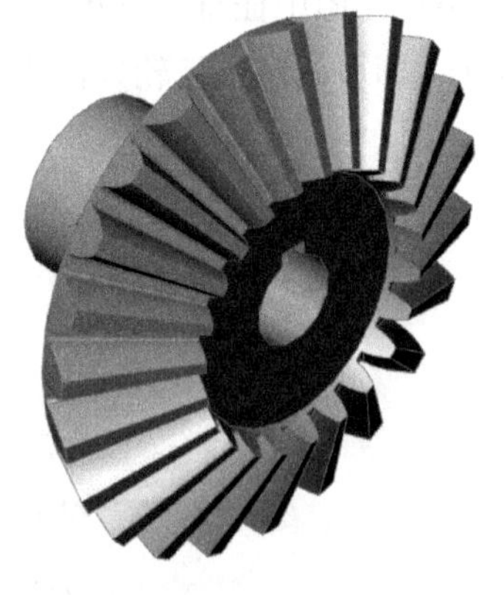

图 3-36　修正参数后的锥齿轮

第4章　轴套类零件

【内容提要】

轴套类零件是机器中的重要零件之一，用来支持旋转的机械零件，包括回转轴、套筒等，主要以回转体为主。轴套类零件大多数由数段共轴回转体组成，其特征之一是长度方向的尺寸一般比径向尺寸大。根据设计、安装、加工等要求的不同，主要有轴肩、退刀槽、砂轮越程槽、键槽、倒角、圆角、轴端螺纹孔和中心孔等。

本章将结合上述轴套类零件的特点，综合运用SolidWorks中的拉伸、切除、倒角及倒圆等实体建模工具来完成典型轴套类零件的创建。通过本章实例的学习，可以掌握轴套类零件的基本创作方法，达到触类旁通的目的。

【本章要点】

★ 丝杠

★ 轴衬

★ 柱塞套

★ 阶梯轴

4.1　丝杠

首先绘制丝杠主体轮廓草图并拉伸实体，然后通过螺旋线扫描绘制丝杠的螺纹，再绘制丝杠两端的轴及其他结构。

4.1.1　绘制丝杠主体

1）启动SolidWorks后，选择菜单命令【文件】→【新建】或单击【新建】按钮，打开【新建SolidWorks文件】对话框，然后选择【零件】，再单击【确定】按钮。

2）绘制草图。在左侧的【FeatureManager设计树】中选择【前视基准面】作为草图绘制基准面。单击【草图】工具栏中的【圆】按钮，以原点为圆心绘制一个直径为10mm的圆。

3）拉伸实体。单击【特征】工具栏中的【拉伸凸台/基体】按钮，在弹出的【凸台-拉伸】属性管理器中，设置【深度】为280mm，然后单击【确定】按钮完成实体拉伸，如图4-1所示。

4）设置视图方向。单击【标准视图】工具栏中的【等轴测】按钮，将视图以等轴测方向显示。

图4-1　拉伸后的实体

5）单击圆柱体的左端面，然后单击【标准视图】工具栏中的【正视于】按钮，使绘图平面转为正视方向。单击【草图】工具栏中的【圆】按钮，在草图绘制平面上以原点为圆心绘制一个直径为10mm的圆。

6）生成螺旋线。选择菜单命令【插入】→【曲线】→【螺旋线/涡状线】。选择【定义方式】为【螺距和圈数】，选择【恒定螺距】，然后将【螺距】设为4mm，选中【反向】，【圈数】设为55，起始角度设为90°。

7）单击【确定】按钮，生成图4-2所示的恒定螺距圆柱螺旋线。

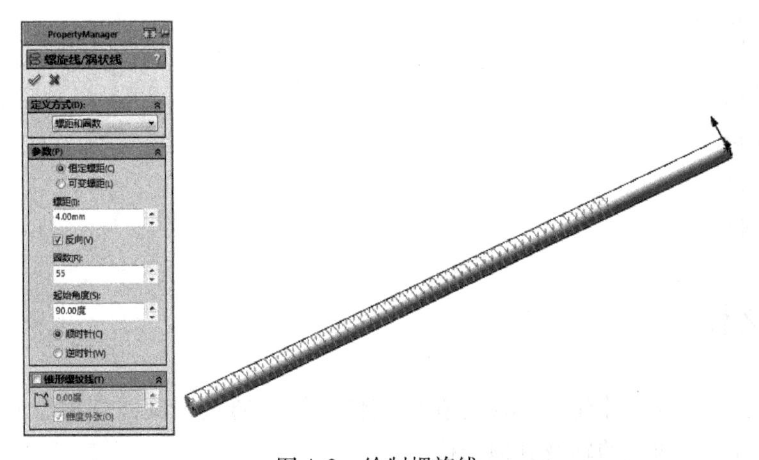

图4-2　绘制螺旋线

8）设置螺纹草图基准面。在左侧的【FeatureManager设计树】中选择【右视基准面】作为草图绘制基准面。然后单击【标准视图】工具栏中的【正视于】按钮，使绘图平面转为正视方向。

9）绘制螺纹草图。单击【草图】工具栏中的【直线】按钮，以螺旋线左上端点为起点绘制一个梯形螺纹轮廓线，如图4-3所示。单击【确定】按钮退出草图绘制状态。

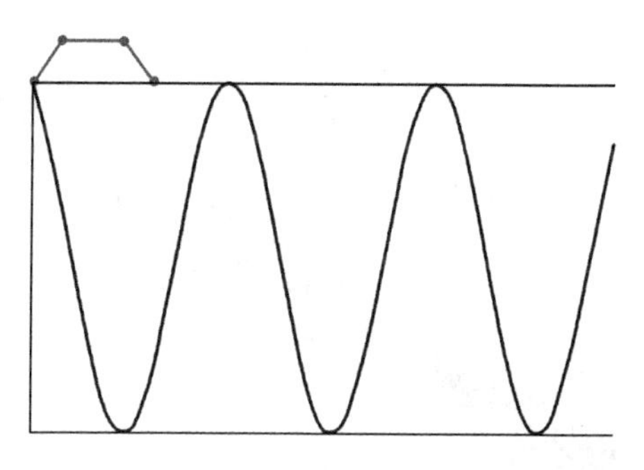

图 4-3　绘制的梯形螺纹轮廓线

10）扫描实体。执行菜单命令【插入】→【凸台/基体】→【扫描】，或单击【特征】工具栏中的【扫描】按钮，系统弹出【扫描】属性管理器。在【轮廓】选择框中，用鼠标在绘图区选择梯形螺纹草图。在【路径】选择框中，选择生成的螺旋线草图。单击【确定】按钮，扫描后的丝杠主体如图 4-4 所示。

图 4-4　扫描后的实体

4.1.2　绘制两侧端轴

1）设置基准面。选择【右视基准面】作为草图绘制基准面。然后单击【标准视图】工具栏中的【正视于】按钮，使绘图平面转为正视方向。

2）绘制草图。单击【草图】工具栏中的【直线】按钮，在基准面上绘制图 4-5 所示的草图，然后单击【草图】工具栏中的【智能尺寸】按钮标注尺寸，退出草绘。

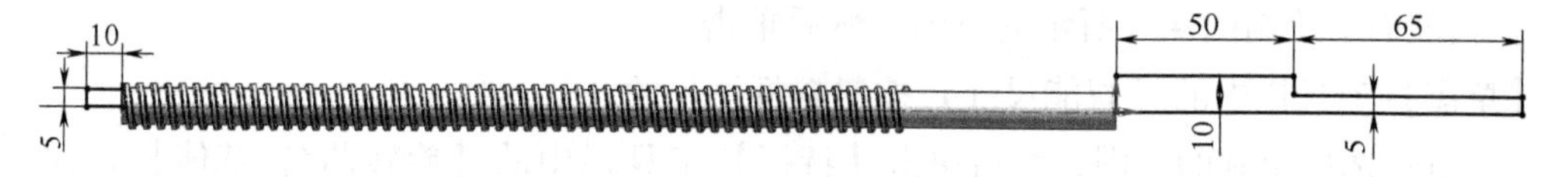

图 4-5　绘制两侧端轴草图

3）旋转实体。选择绘制的草图，然后单击【特征】工具栏中的【旋转凸台/基体】按钮，在弹出的【旋转】属性管理器中，设置【旋转类型】为【给定深度】、【角度】为 360°，选中【合并结果】复选框。单击【确定】按钮完成实体旋转，效果如图 4-6 所示。

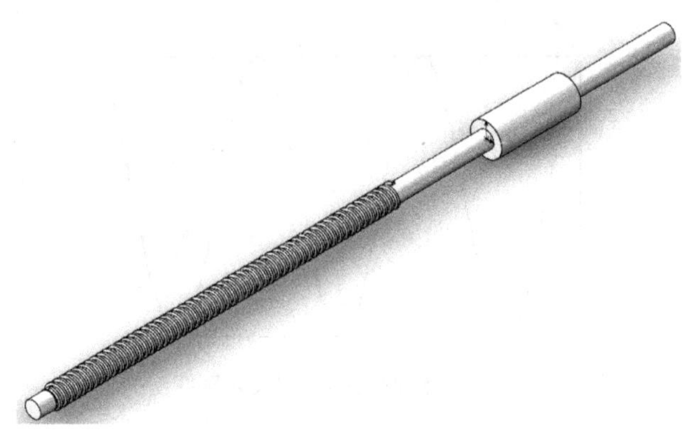

图 4-6 旋转后的丝杠实体

4.2 轴衬

轴衬是用来支撑轴的，以减少磨损。轴衬的结构相对简单，可以采用旋转的方法生成。本例完成的轴衬剖视图如图 4-7 所示。

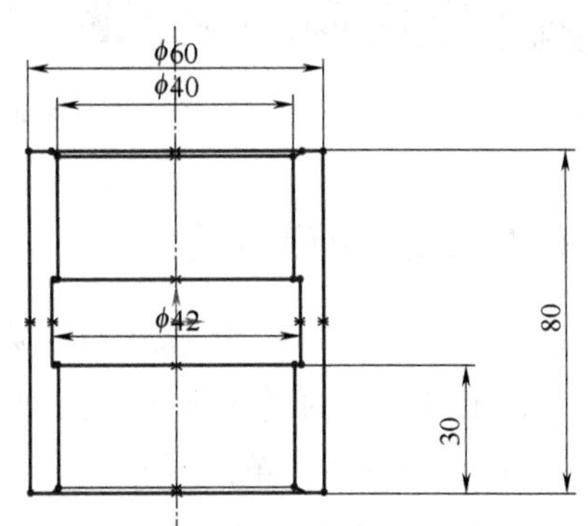

图 4-7 轴衬剖视图

具体的绘制步骤如下：

1）启动 SolidWorks 后，选择菜单命令【文件】→【新建】或单击【新建】按钮，打开【新建 SolidWorks 文件】对话框，然后选择【零件】，再单击【确定】按钮。

2）在左侧的【FeatureManager 设计树】中选择【前视基准面】作为草图绘制基准面。单击【草图】工具栏中的【直线】按钮，在基准面上绘制图 4-8 所示的草图，然后单击【草图】工具栏中的【智能尺寸】按钮标注尺寸。

3）选择绘制的草图，然后单击【特征】工具栏中的【旋转凸台/基体】按钮，在弹出的【旋转】属性管理器中，设置【旋转类型】为【给定深度】、【角度】为 360°；选择中心线作为旋转轴，保持其他选项的默认值不变。单击【确定】按钮，完成旋转特征的创建。

4）设置视图方向。单击【标准工具栏】中的【等轴测】按钮，将视图以等轴测方向显示，如图 4-9 所示。

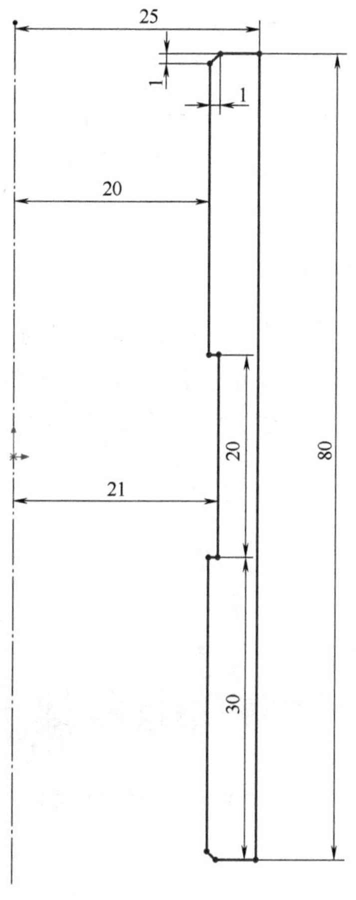

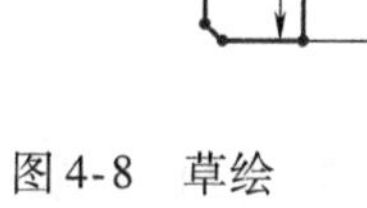

图4-8　草绘

图4-9　生成的轴衬半剖图

4.3　柱塞套

柱塞套是经常遇到的机械零件，应用十分广泛。其结构简单，和轴衬一样属于旋转体，因此也可以采用旋转特征来实现。

具体的绘制步骤如下：

1）启动SolidWorks后，选择菜单命令【文件】→【新建】或单击【新建】按钮，打开【新建SolidWorks文件】对话框，然后选择【零件】，再单击【确定】按钮。

2）在左侧的【FeatureManager设计树】中选择【前视基准面】作为草图绘制基准面。单击【草图】工具栏中的【直线】按钮，在基准面上绘制图4-10所示的草图，然后单击【草图】工具栏中的【智能尺寸】按钮标注尺寸。

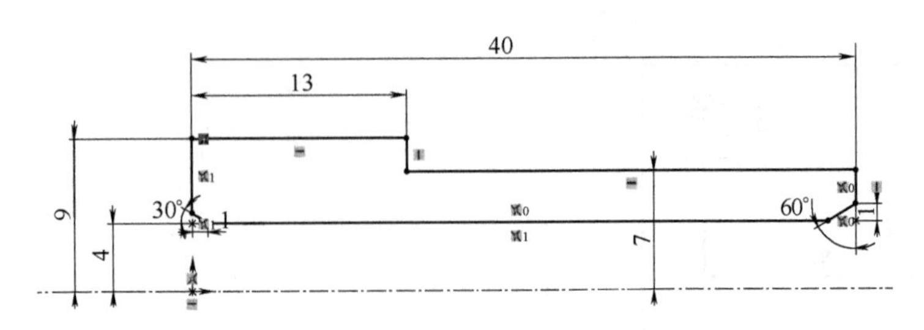

图 4-10　绘制基体草图

3）单击【特征】工具栏中的【旋转凸台/基体】按钮，在弹出的【旋转】属性管理器中，设置【旋转类型】为【给定深度】、【角度】为 360°；选择通过原点的中心线作为旋转轴，保持其他选项的默认值不变。单击【确定】按钮，完成旋转特征的创建。

4）单击【特征】工具栏中的【参考几何体】→【基准面】按钮，以前视基准面为参考，设置【距离】为 9mm，单击【确定】按钮，完成基准面 1 的创建，效果图如图 4-11 所示。

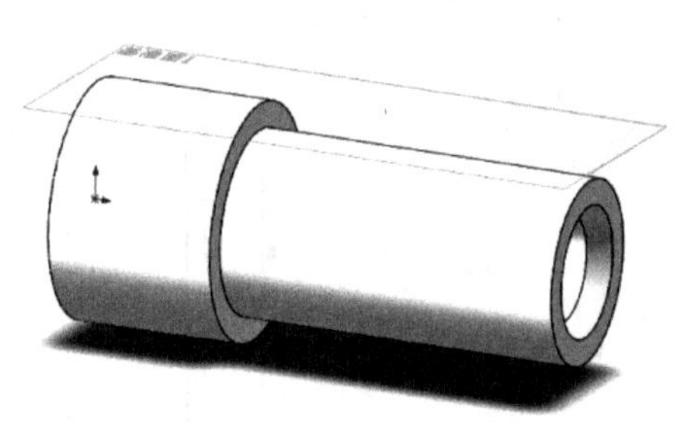

图 4-11　创建基准面 1

5）选择基准面 1 作为草图绘制平面。单击【标准视图】工具栏中的【正视于】按钮，使绘图平面转为正视方向。利用【草图】工具，绘制图 4-12 所示的草图。

6）单击【拉伸切除】按钮，在弹出的【切除-拉伸】属性管理器中选择【终止条件】为【给定深度】，设置【深度】为 3mm，单击【确定】按钮，效果如图 4-12 所示。

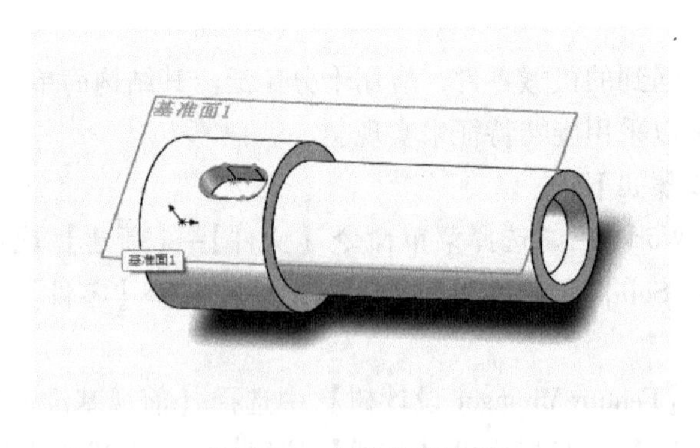

图 4-12　创建凹槽特征

7）选择凹槽底面为基准面。单击【特征】工具栏中的【异型孔向导】按钮，弹出图4-13所示的【孔规格】属性管理器。设置【孔类型】为【直螺纹孔】，【标准】选择【ISO】，【大小】选择【M4】，【终止条件】为【成形到下一面】，孔位置选择凹槽靠近细轴端的弧面圆心。单击【确定】按钮，完成底部螺纹孔的创建。如图4-13所示。

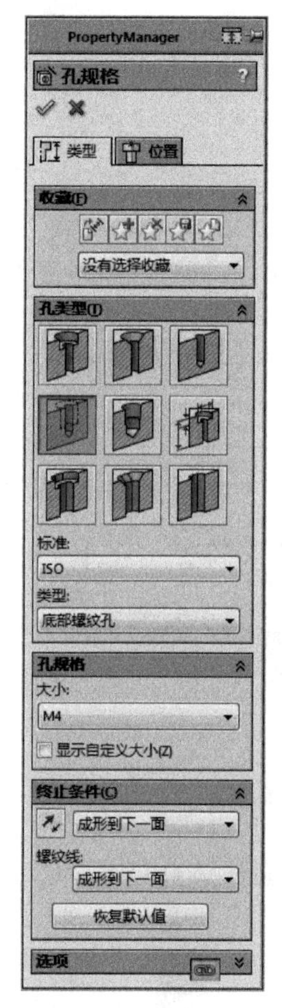

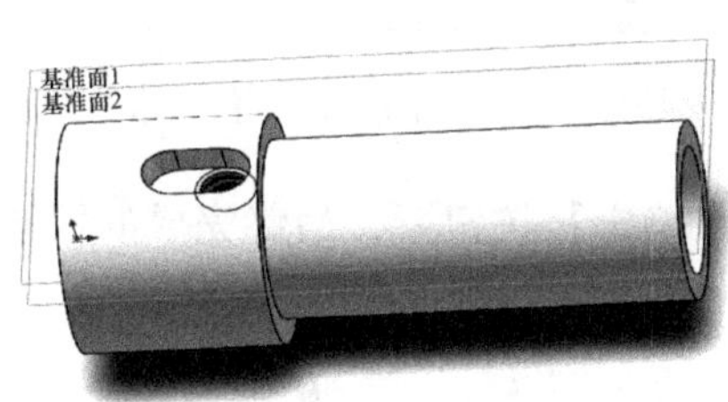

图4-13　创建底部螺纹孔

8）单击【特征】工具栏中的【参考几何体】→【基准面】按钮，以前视基准面为参考，设置【距离】为9mm，选中【反转】复选框。单击【确定】按钮，完成基准面2的创建。

9）选择基准面2作为基准面。单击【特征】工具栏中的【异型孔向导】按钮，弹出【孔规格】属性管理器。设置【孔类型】为【锥形沉头孔】，【标准】选择ISO，【大小】选择M3，【终止条件】为【成形到下一面】，孔位置选择凹槽靠近细轴端的弧面圆心，其余参数按照图 4-14 所示的【孔规格】属性管理器进行设置。

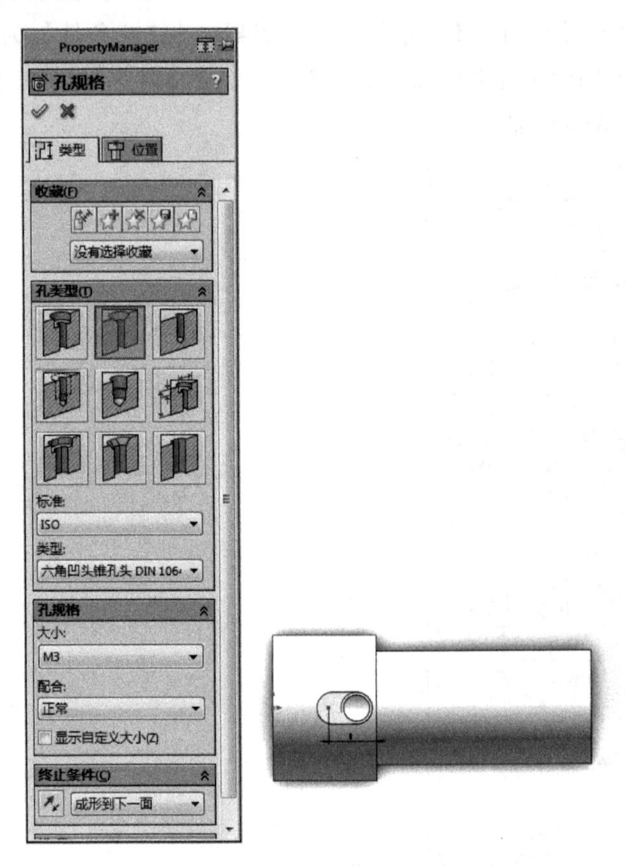

图 4-14　【孔规格】属性管理器

10）单击【确定】按钮✓，最终完成的柱塞套如图 4-15 所示。

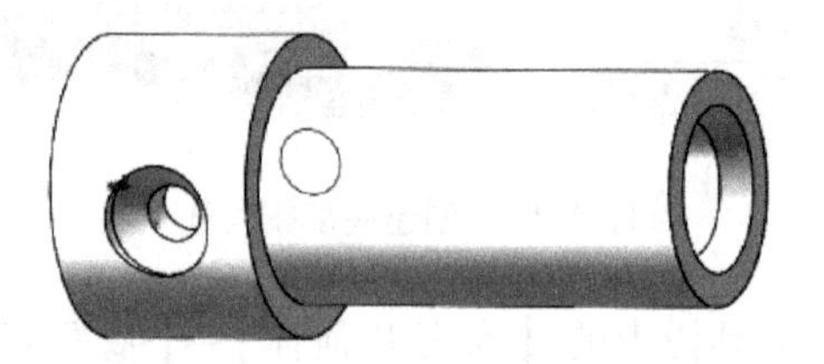

图 4-15　柱塞套

4.4　阶梯轴

阶梯轴是机器中应用最为广泛的一种轴，其主要功能是支撑旋转零件（如齿轮、蜗轮等)、传递运动和动力。它由截面直径不同的各轴段组成，在轴向有键槽、轴肩、越程槽和退刀槽等结构。

具体步骤如下：

1）启动 SolidWorks 后，选择菜单命令【文件】→【新建】或单击【新建】按钮，打开【新建 SolidWorks 文件】对话框，然后选择【零件】，再单击【确定】按钮。

2）在左侧的【FeatureManager 设计树】中选择【前视基准面】作为草图绘制基准面。单击【草图】工具栏中的【直线】按钮，在基准面上绘制图4-16所示的草图，然后单击【草图】工具栏中的【智能尺寸】按钮标注尺寸。

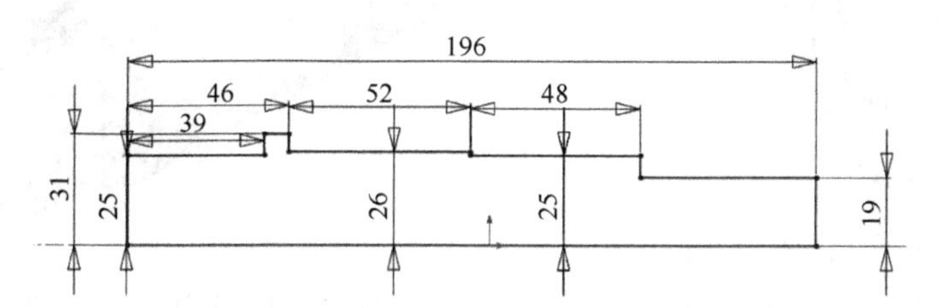

图4-16　绘制阶梯轴轮廓草图

3）选择菜单命令【插入】→【凸台/基体】→【旋转】或单击【特征】工具栏中的【旋转凸台/基体】按钮，在弹出的【旋转】属性管理器中，按图4-17所示进行参数设置，保持其他选项的默认值不变。单击【确定】按钮，完成旋转特征的创建，结果如图4-18所示。

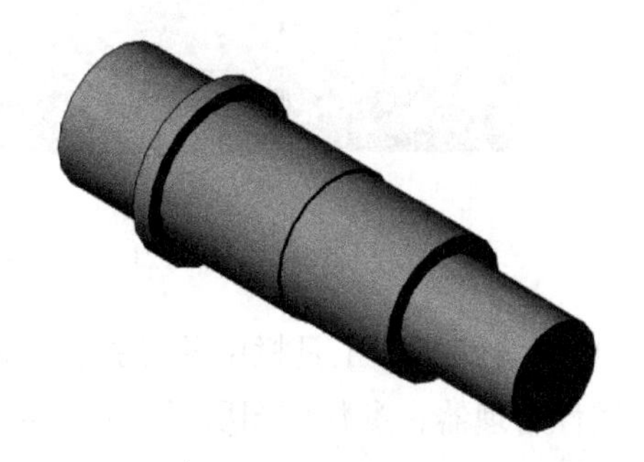

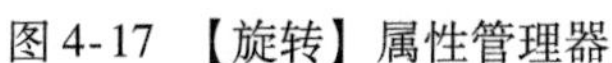
图4-17　【旋转】属性管理器

图4-18　旋转体

4）在左侧的【FeatureManager 设计树】中单击【前视基准面】，再单击【特征】工具栏中的【参考几何体】→【基准面】按钮，或者选择菜单栏【插入】→【参考几何体】→【基准面】，弹出图4-19所示【基准面】属性管理器，按图中参数进行设置，最后单击【确定】按钮，得到图4-20所示键槽1草图辅助基准面。

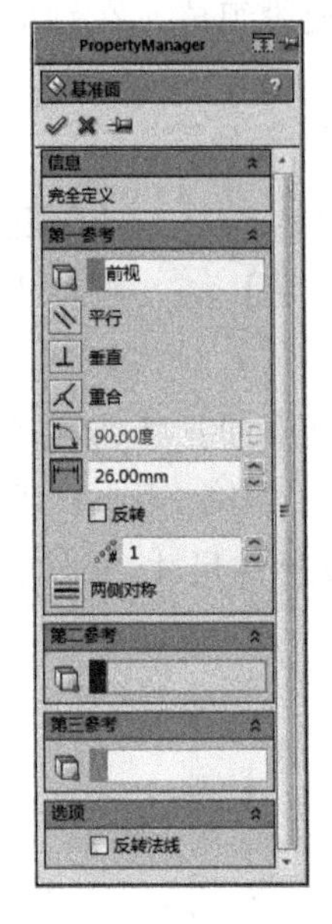

图 4-19　【基准面】属性管理器

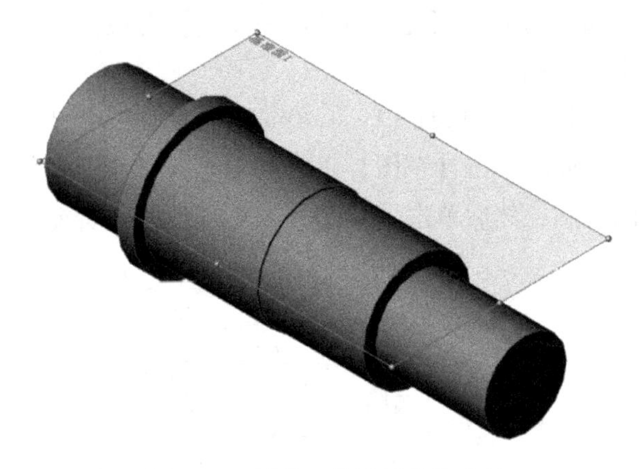

图 4-20　键槽 1 草图辅助基准面

5）在模型树中选中步骤 4）创建的【基准面 1】，单击【正视于】按钮，单击【草图】工具栏中的【草图绘制】按钮进入草绘环境。使用【草图】工具栏中的各种工具按钮，绘制图 4-21 所示键槽 1 轮廓草图，退出草图。

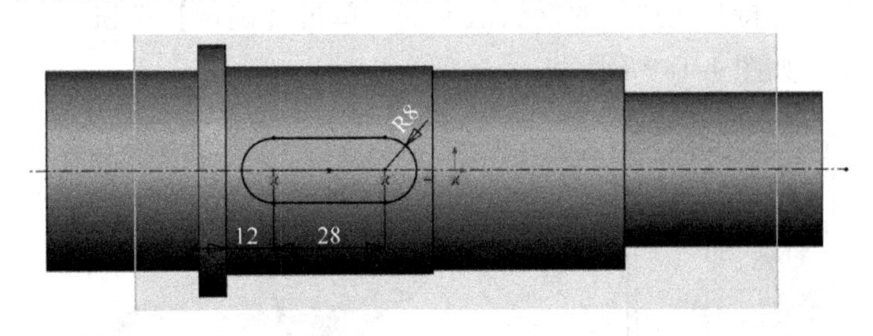

图 4-21　键槽 1 轮廓草图

6）单击【特征】工具栏中的【拉伸切除】按钮，弹出图 4-22 所示【切除-拉伸】属性管理器，参数按图所示设置，单击【确定】按钮，得到图 4-23 所示键槽 1 特征。

7）在左侧的【FeatureManager 设计树】中单击【前视基准面】，再单击【特征】工具栏中的【参考几何体】→【基准面】按钮，或者选择菜单栏【插入】→【参考几何体】→【基准面】命令，弹出图 4-24 所示【基准面】属性管理器，按图中参数进行设置，最后单击【确定】按钮，得到图 4-25 所示键槽 2 草图辅助基准面。

图4-22　【切除-拉伸】属性管理器

图4-23　键槽1特征

图4-24　【基准面】属性管理器

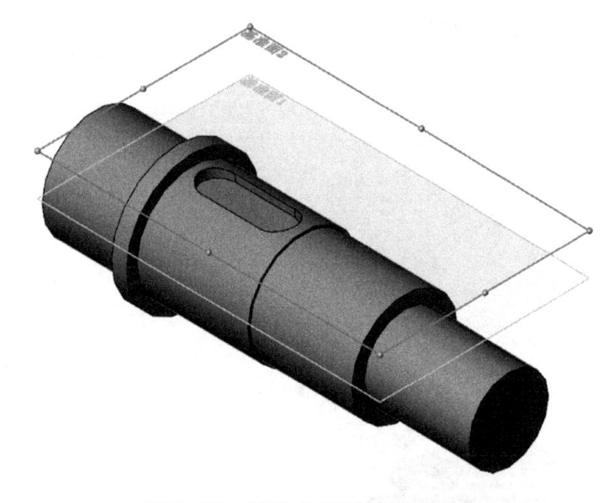

图4-25　键槽2草图辅助基准面

8）在模型树中选中步骤7）创建的【基准面2】，单击【正视于】按钮，单击【草绘】工具栏【草图绘制】按钮进入草绘环境。使用【草图】工具栏中的各种工具按钮，绘制图4-26所示键槽2轮廓草图。

9）单击【特征】工具栏中的【拉伸切除】按钮，弹出图4-27所示【切除-拉伸】属性管理器，参数按图所示设置，单击【确定】按钮，得到图4-28所示键槽特征，退出草图。

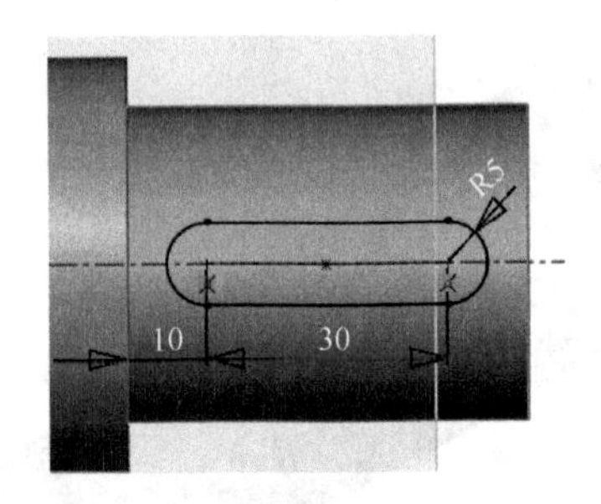

图 4-26　键槽 2 轮廓草图

图 4-27　【切除-拉伸】属性管理器

10）单击【特征】工具栏中的【圆角】按钮，或者选择菜单命令【插入】→【特征】→【圆角】，弹出图 4-29 所示【圆角】属性管理器，参数按图中尺寸进行设置，选中阶梯轴两端的边界线，单击【确定】按钮，得到图 4-30 所示阶梯轴。

图 4-28　键槽 2 特征

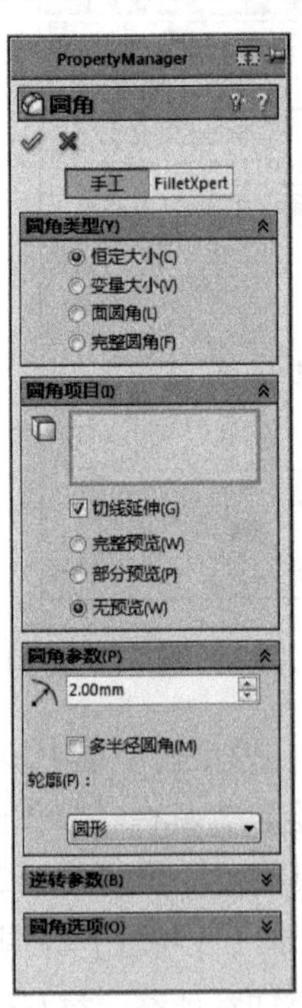

图 4-29　【圆角】属性管理器

图 4-30　阶梯轴

第5章　盘盖类零件

【内容提要】

盘盖类零件是各种零件中最基本的零件，在设备中应用甚广，主要起传递动力、转换方向、支撑、连接、轴向定位、密封等作用，其结构参数需要根据具体的情况进行设计，有些零件，如法兰盘，可以通过查相关机械设计手册和具体情况结合确定基本参数。

常见的盘盖类零件有带轮、凸轮、法兰盘、端盖等。其主要形体是回转体，径向尺寸一般大于轴向尺寸。主要通过放样、包覆、方程式等操作方法，同时也要运用倒角、圆角、镜向、阵列等操作方法实现零件的创建。本章主要介绍带轮、凸轮、齿轮、法兰盘等的绘制过程。

【本章要点】

★ 带轮
★ 凸轮
★ 法兰盘
★ 端盖
★ 连接法兰
★ 下水道过滤盖
★ 定位压盖
★ 泵盖

5.1　带轮

带传动由主动轮、从动轮和张紧在两轮上的环形传动带组成。带传动中，带被张紧而压在两个带轮上，主动轮通过摩擦带动传动带以后，再通过摩擦带动从动轮。这样，主动轴的运动和转矩就通过带传给了从动轴。

带传动的运动特点是运载平稳、噪音小，并有吸振、缓冲作用；过载时，带与带轮之间将发生打滑而不会损坏其他零件，具有过载保护作用。带传动结构简单，制造、安装及维护方便，故广泛应用于各种机械中。

5.1.1　带传动的类型

根据工作原理的不同，带传动可以分为摩擦带传动和啮合带传动两类。

1. 摩擦带传动

摩擦带传动是依靠带与带轮之间的摩擦力传递运动的。按带的截面形状不同可分为4种类型：平带、V带（又称三角带）、多楔带和圆形带。

（1）平带传动　平带横截面为矩形。内表面与轮缘接触为工作表面。其结构简单，带轮也容易制造，在传动中心距较大的场合应用较多。平带可适用于平行轴交叉传动和交错轴的半交叉传动。

（2）V带传动　V带截面为梯形，工作面为两侧面，它是应用最广泛的带传动。在同样的张紧力下，V带传动较平带传动能产生更大的摩擦力。

（3）多楔带传动　多楔带是多个V带的组合，兼有平带和V带的优点。其工作接触面数多、摩擦力大、柔韧性好，适合结构紧凑而传递功率较大的场合。

（4）圆形带传动　圆形带的横截面为圆形。其结构简单，多用于小功率传动。

2. 啮合带传动

啮合带传动是依靠带轮上的齿或孔啮合来传递运动的。啮合带传动有两种类型。

（1）同步带传动　利用带上的齿与带轮上的齿啮合传递运动和力，带与带轮间为啮合传动，没有相对滑动，可保持主、从动轮线速度同步。

（2）齿孔带传动　带上的孔和轮上的齿相啮合，同样可以避免带与带轮之间的相对滑动，使主、从动轮保持同步运动。

各种皮带轮的创建方法基本相同，只是带轮上的凹槽不同。因此下面将以最常用的V形带轮为例来讲述带轮的造型方法。其他类型的带轮造型过程大致相同，读者可自行练习。

5.1.2　带轮的两种建模方法

带轮的主体属于回转体特征，因此造型时应该想到可以利用旋转特征进行造型。另外，在实际创建中还常用双面拉伸的方法来进行造型，这样可以使造型过程更为简洁。下面分别采用这两种方法来进行V形带轮的造型。

1. 旋转法

旋转法创建带轮主体需先绘制要旋转的草图，然后再进行旋转得到主体特征，具体过程如下：

1）启动SolidWorks，选择菜单命令【文件】→【新建】，或单击【新建】按钮，创建一个新的零件文件。

2）在打开的【FeatureManager设计树】中选择【前视基准面】作为草图绘制

平面。单击【正视于】按钮，使绘图平面转为正视方向。

3）绘制草图 1。单击【中心线】按钮，绘制一条过原点的水平线，作为旋转实体的轴线。再绘制一条竖线作为草图镜向的轴线。单击【直线】按钮，绘制图 5-1 所示的草图。单击【智能尺寸】按钮，对草图进行尺寸设定与标注，单击按钮退出草图绘制状态。

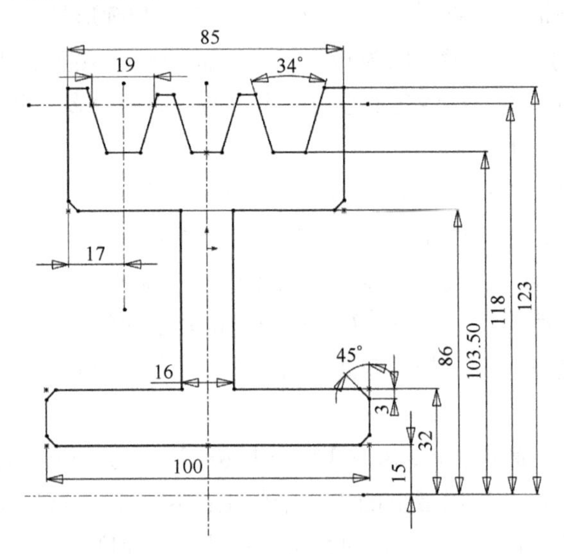

图 5-1　V 形带轮草图

4）选择草图 1，单击工具栏中的【旋转凸体/基体】按钮，在弹出的【旋转】属性管理器中设置【角度】为 360°，旋转轴线选择过原点的水平中心线，效果如图 5-2 所示。

图 5-2　旋转生成的带轮实体

5）生成简单直孔。选择【面1】作为生成孔基准面。选择菜单命令【插入】→【特征】→【孔】→【简单直孔】，在弹出的【孔】属性管理器中，选择【完全贯穿】，设置【孔直径】为25mm，单击【确定】按钮✔，结果如图5-3所示。

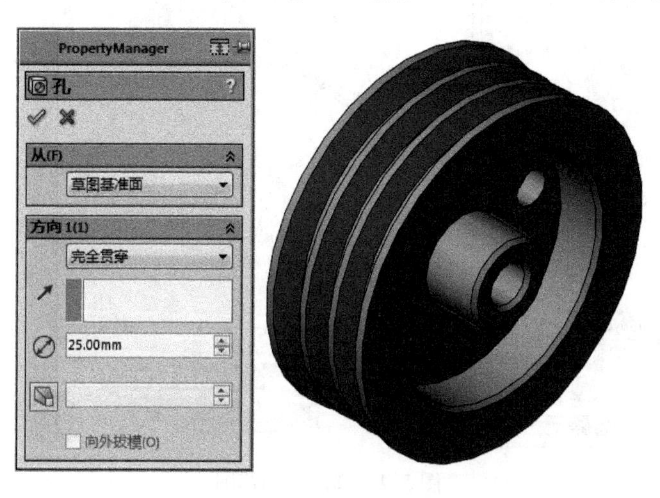

图5-3　生成简单直孔

6）单击【Feature Manager设计树】中的【孔1】，在弹出的快捷菜单中选择【编辑草图】命令，选择系统自动进入孔草图编辑状态。在打开的【Feature Manager设计树】中选择【右视基准面】作为草图绘制平面。单击【标准视图】工具栏中的【正视于】按钮，将该基准面作为绘制图形的基准面。

7）单击【中心线】按钮绘制一条过原点的水平线。单击【圆】按钮，以系统坐标原点为圆心草绘一个直径为118mm的圆。选中【圆】属性管理器中的【作为构造线】复选框。用鼠标拖动孔中心线到水平线和圆的交点，给孔定位。

8）选择孔草图圆，选择菜单命令【工具】→【草图工具】→【圆周阵列】，在弹出的【圆周阵列】属性管理器中，首先选中直径为25mm的圆，然后选中【等间距】复选框，设置【实例数】为8，如图5-4所示。单击【确定】按钮✔完成草图圆周阵列。

9）单击按钮退出草图绘制状态，效果如图5-5所示。

10）绘制键槽草图。在打开的【Feature Manager设计树】中选择【右视基准面】作为草图绘制平面。单击【标准视图】工具栏中的【正视于】按钮，使绘图平面转为正视方向。单击【直线】按钮，绘制图5-6所示的草图。单击【智能尺寸】按钮，对草图进行尺寸设定与标注，单击按钮退出草图绘制状态。

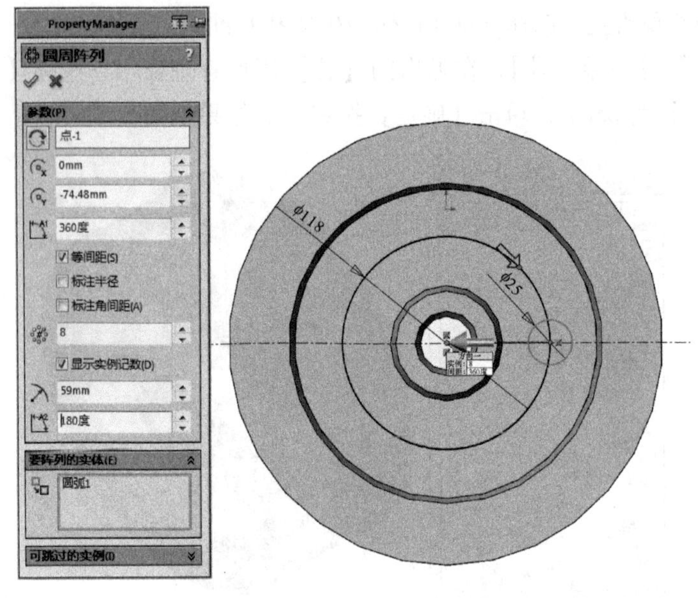

图 5-4　圆周阵列草图

图 5-5　圆周阵列草图

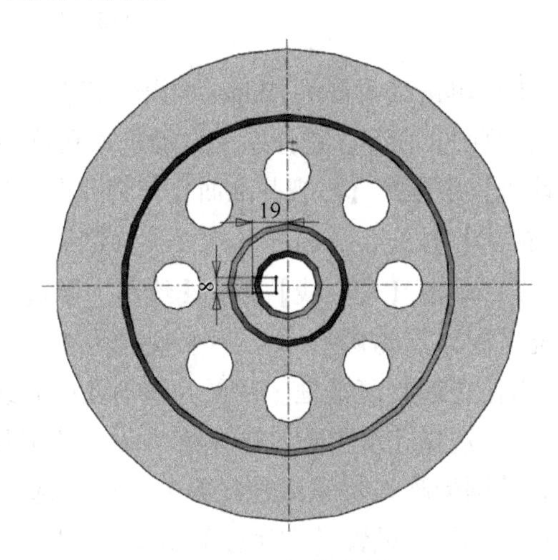

图 5-6　键槽草图

11）创建键槽。单击【特征】工具栏中的【拉伸切除】按钮，在弹出的【切除-拉伸】属性管理器中选择【终止条件】为【两侧对称】，设置【深度】为 120mm，单击【确定】按钮，生成键槽特征。效果如图 5-7 所示。

上面在创建带轮主体时是先绘制出全部草图，然后旋转生成，这样做的缺点是需要确定的尺寸太多。考虑到带轮是一个对称零件，所以还可以先画一半草图，旋转生成半个带轮，然后镜向生成整个带轮。

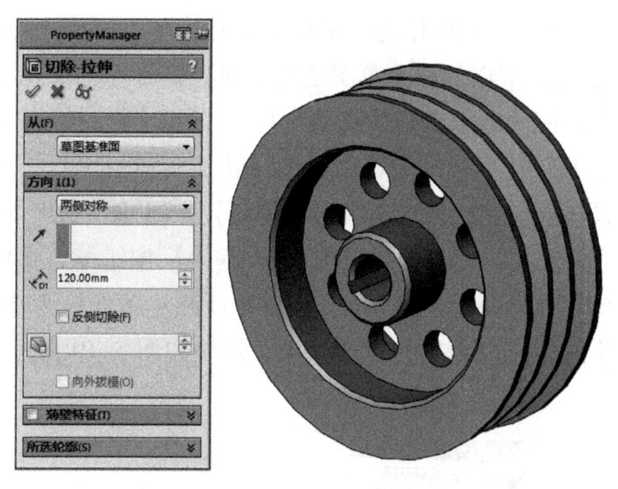

图5-7　V形带轮效果图

2. 拉伸法

拉伸法是将上面方法中的旋转特征分解为几个特征分别创建，这样做的优点在于结构比较清晰，具体操作如下：

1）启动 SolidWorks，选择菜单命令【文件】→【新建】，或单击【新建】按钮，创建一个新的零件文件。

2）选择【前视基准面】作为草图绘制平面。单击工具栏中的【圆】按钮，以系统坐标原点为圆心绘制一个直径为49mm 的圆，单击【确定】按钮，完成拉伸草图的绘制，如图5-8 所示。

3）执行菜单命令【插入】→【凸台/基体】→【拉伸】，或单击【特征】工具栏中的【拉伸凸台/基体】按钮，此时系统弹出【凸台-拉伸】属性管理器。设置【终止条件】为【给定深度】，设置【深度】为7mm，单击【确定】按钮，完成拉伸特征的创建，如图5-9 所示。

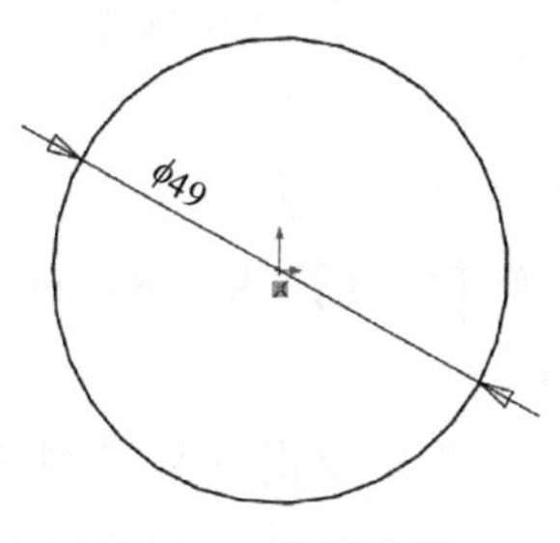

图5-8　拉伸草图

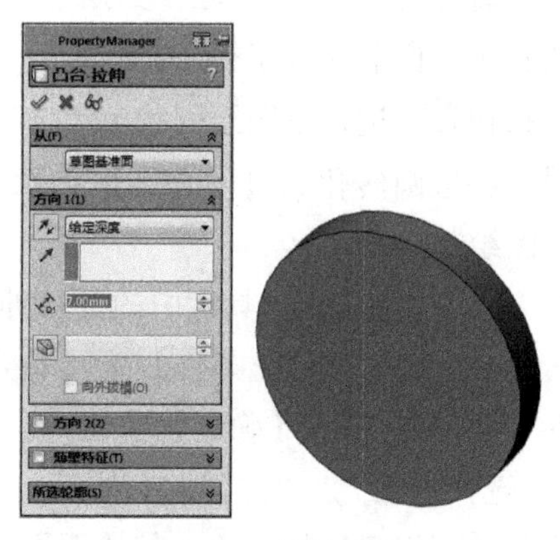

图5-9　拉伸实体

4）选择拉伸实体的一端面作为草图绘制平面。在打开的【Feature Manager 设计树】中选择【前视基准面】作为草图绘制平面。单击【标准视图】工具栏中的【正视于】按钮，使绘图平面转为正视方向。单击【草图绘制】按钮，进入草图绘制状态。选择拉伸实体的边圆，单击【转换实体引用】按钮，将边圆转化为【草图 2】图元。单击绘图区右上角【确定】按钮，退出草图绘制状态。

5）单击【特征】工具栏中的【拉伸凸台/基体】按钮，弹出【凸台-拉伸】属性管理器。【方向】设置为箭头向外，设置【终止条件】为【给定深度】，设置为 3. 06mm，设置【拔模角度】为 73. 00°，效果如图 5-10 所示。单击【确定】按钮。

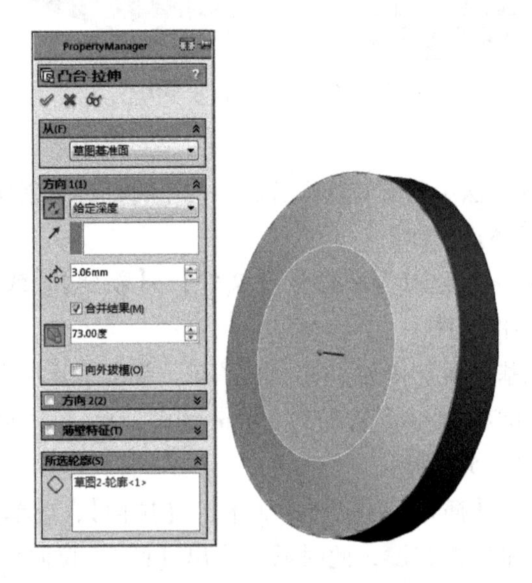

图 5-10　设置拉伸属性

6）选择步骤 5）中拔模后较小的一端面作为草图绘制平面。单击弹出的【标准视图】工具栏中的【正视于】按钮，使绘图平面转为正视平面。单击【草图绘制】按钮，进入草图绘制状态。选择较小端面的边圆，单击【转换实体引用】按钮，将边圆转化为【草图 3】单元。单击绘图区右上角的【确定】按钮，退出草图绘制状态。

7）单击【特征】工具栏中的【拉伸凸台/基体】按钮，弹出【凸台-拉伸】属性管理器。设置【终止条件】为【给定深度】，设置【深度】为 3. 89mm，效果如图 5-11 所示。单击【确定】按钮，效果如图 5-12 所示。

8）选择步骤 7）中拉伸的实体端面作为草图绘制平面。单击【标准视图】工具栏中的【正视于】按钮，使绘图平面转为正视方向。单击【草图绘制】按钮，进入草图绘制状态。选择图5-12所示的边圆1，用【转换实体引用】工具将其转化为【草图4】图元。单击绘图区右上角【确定】按钮，退出草图绘制状态。

图5-11　设置拉伸属性

图5-12　拉伸实体

9）单击【特征】工具栏中的【拉伸凸台/基体】按钮，弹出【凸台-拉伸】属性管理器。设置【终止条件】为【给定深度】，设置【深度】为3.06mm，设置【拔模角度】为73.00°，选中【向外拔模】复选框，出现图5-13所示的预览图。单击【确定】按钮。

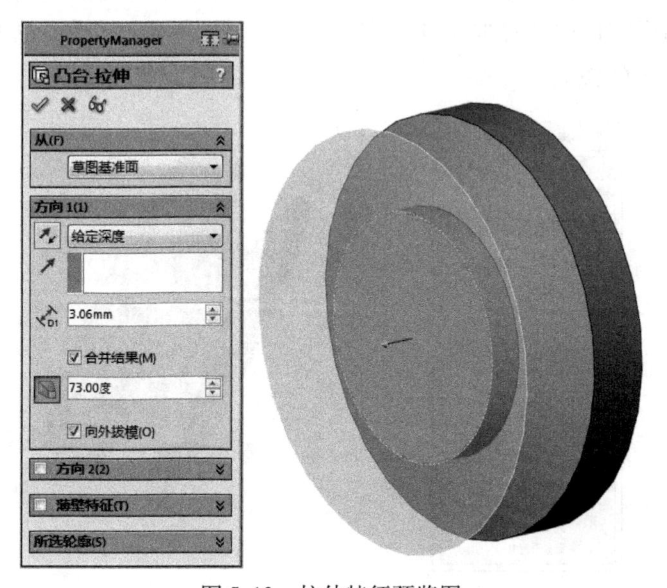

图5-13　拉伸特征预览图

10）参照步骤 8）和 9）的操作，设置【深度】为 1mm，不设置拔模参数。效果如图 5-14 所示。

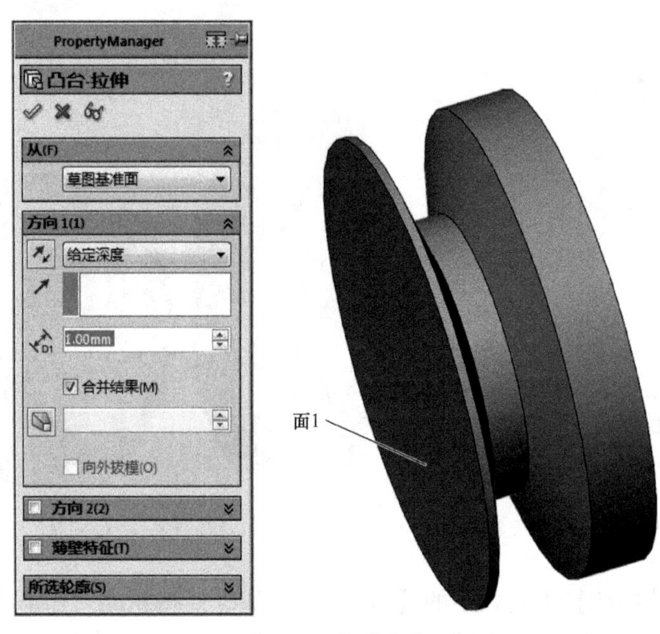

图 5-14　拉伸实体

11）单击【特征】工具栏中的【镜向】按钮，弹出【镜向】属性管理器。选择图 5-14 所示的【面 1】作为【镜向面/基准面】，单击【要镜向的实体】选择框，然后在图形窗口中选择要拉伸的实体，效果如图 5-15 所示。单击【确定】按钮✔。完成实体的镜向。

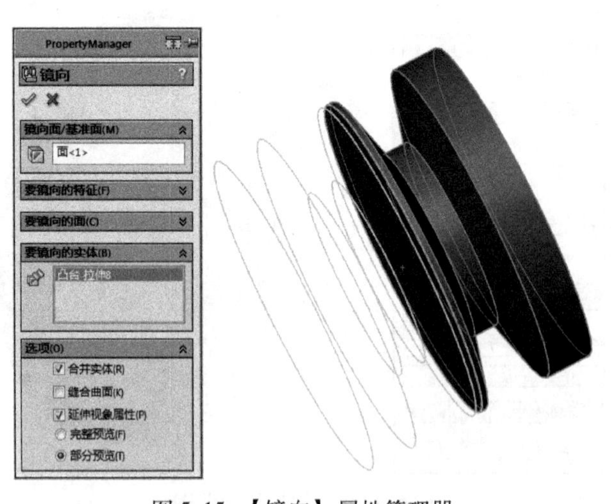

图 5-15　【镜向】属性管理器

12）选择镜向实体最左（或右）的大端面为草绘平面，单击弹出的【标准视图】工具栏中的【正视于】按钮，使绘图平面转为正视平面。用【草图】绘制工具绘制草图，然后单击【智能尺寸】按钮进行标注，如图 5-16 所示，完成后退出草绘。

13）单击【拉伸切除】按钮，在弹出的【切除-拉伸】属性管理器中选择【终止条件】为【完全贯穿】，单击【确定】按钮。创建的 V 形带轮模型如图 5-17所示。

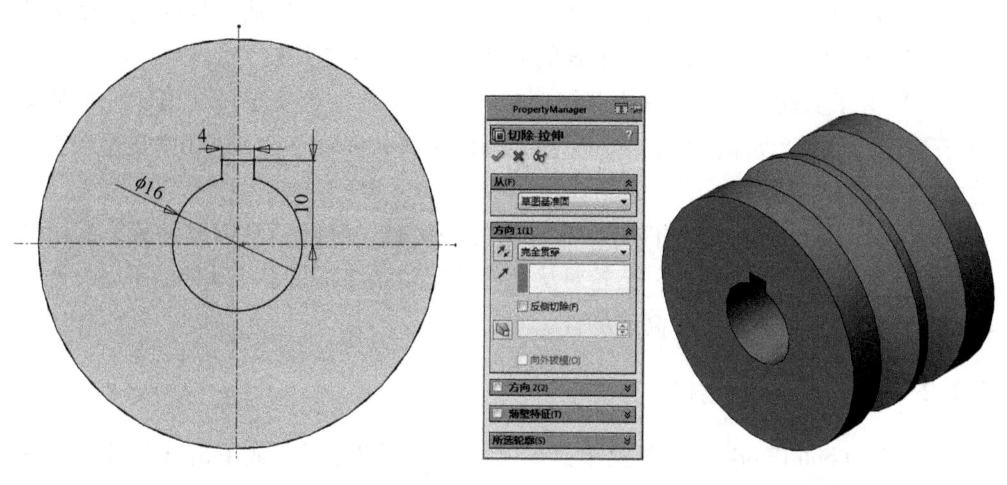

图 5-16　键槽草图　　　图 5-17　V 形带轮效果图

14）单击【保存】按钮将该文件保存以备后用。

带轮的主体属于结构对称的实体，因此在拉伸造型时也可以先进行单面拉伸来创建带轮主体的一侧，然后利用镜向的方法创建另一侧。这就需要在造型的一开始便建立对称的概念，选取好对称面。

5.2　凸轮

5.2.1　凸轮机构的应用和分类

根据凸轮和从动件的不同形式和形状，凸轮机构可按如下方法分类：

1. 按凸轮的形状分类

（1）盘形凸轮　这种凸轮是一个绕固定轴旋转并且具有变化向径的盘形零件。当其绕其定轴转动时，可推动从动件在垂直于凸轮转轴的平面内运动。它是凸轮的最基本形式，结构简单，应用最广。

（2）移动凸轮　当盘形凸轮的回转中心趋于无穷远时，凸轮相对机架做直线运动，这种凸轮称为移动凸轮。

（3）圆柱凸轮　将移动凸轮卷成圆柱体即成为圆柱凸轮。在这种凸轮机构中，凸轮与从动件之间的相对运动是空间运动，故属于空间凸轮机构。

2. 按从动件的形状分类

（1）尖顶从动件　从动件的尖端能够与任意复杂形状的凸轮轮廓保持接触，从而使从动件实现任意规律的运动。这种从动件结构简单，但尖端处易磨损，故只适用于速度较低和传动力不大的场合。

（2）曲面从动件　为了克服尖顶从动件的缺点，可以把从动件的端部做成曲面，称为曲面从动件。这种结构形式的从动件在生产中应用较多。

（3）滚子从动件　为了减小摩擦磨损，在从动件端部安装一个滚轮，把从动件与凸轮之间的滑动摩擦变成滚动摩擦，因此摩擦破损较小，可以用来传递较大的动力，应用较为广泛。

（4）平底从动件　从动件与凸轮之间为线接触，接触处易形成油膜，润滑状况好。此外，在不计摩擦时，凸轮对从动件的作用始终垂直于从动件的平底，受力较稳，传动效率高，常用于高速场合。

5.2.2　圆柱凸轮的建模

1）启动 SolidWorks，选择菜单命令【文件】→【新建】，或单击【新建】按钮，创建一个新的零件文件。选择【上视基准面】作为草图绘制平面。以原点为圆心，绘制直径为 80mm 的圆。

2）单击【特征】工具栏中的【拉伸凸台/基体】按钮，此时系统弹出【凸台-拉伸】属性管理器。设置【终止条件】为【给定深度】，设置【深度】为 100mm，单击【确定】按钮。效果如图 5-18 所示。

3）选择【前视基准面】作为草图绘制平面。单击【直线】按钮，绘制一斜线段，如图 5-19 所示。注意斜线段的长度要超过圆柱投影轮廓线。

4）选择菜单命令【插入】→【曲线】→【分割线】，系统弹出【分割线】属性管理器。选择【分割类型】为【投影】，在图形显示区域中选择当前草图作为【要投影的草图】，选择圆柱面作为【要分割的面】，如图 5-20 所示。

5）单击【确定】按钮，完成分割线的创建。单击【标准视图】工具栏中的【线框架】按钮，显示建立的分割线，如图 5-20 所示。

图 5-18　建立拉伸特征

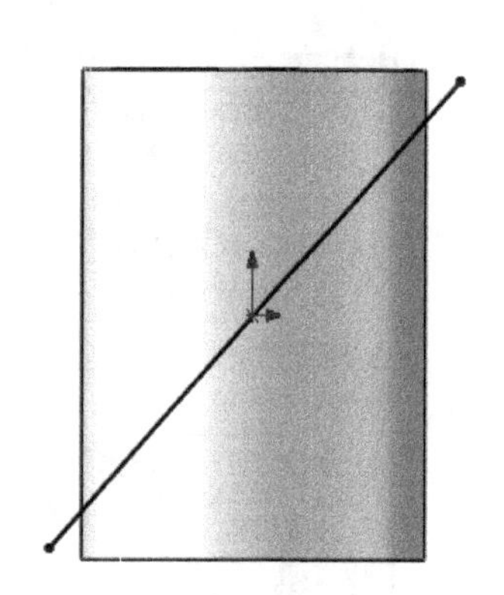

图 5-19　绘制斜线段

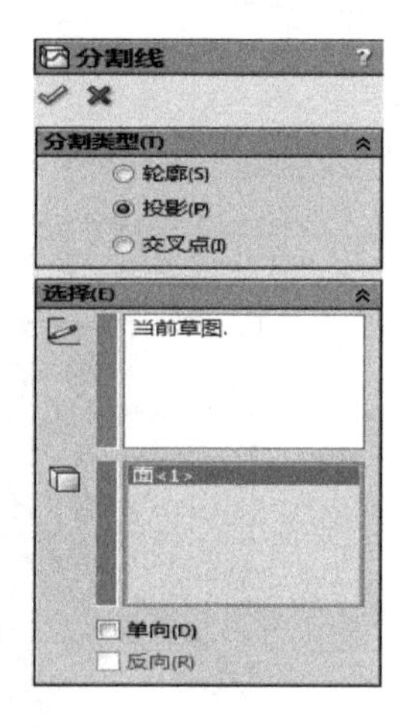

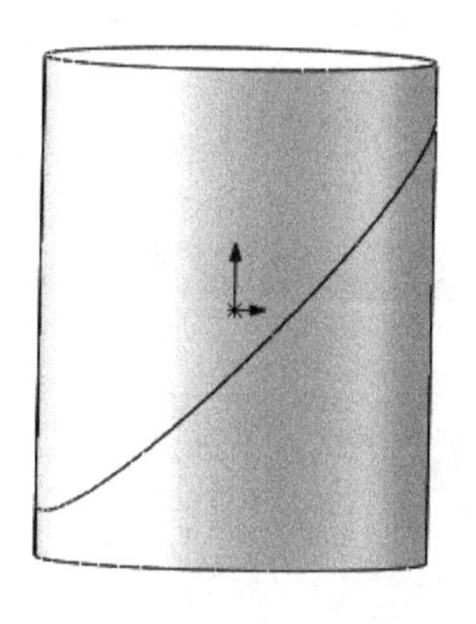

图 5-20　生成分割线

6）选择菜单命令【插入】→【曲面】→【直纹曲面】，在【类型】中选择【正交于曲面】，设置为 5mm（即凸轮槽深 5mm），按下方向按钮，使生成的曲面向内。选择刚才得到的分割线作为基准线，绘图窗口出现直纹曲面的预览，如图 5-21所示。单击【确定】按钮生成环状的直纹曲面，该直纹曲面正交于圆柱面。

7）选择菜单命令【插入】→【切除】→【加厚】，选择步骤 6）中建立的直纹曲面。设置加厚样式为单边加厚，加厚【厚度】为 8mm（即槽宽 8mm），如图 5-22 所示。

8）单击【确定】按钮，生成凸轮槽，如图 5-23 所示。单击【保存】按钮，将该文件保存以备后用。

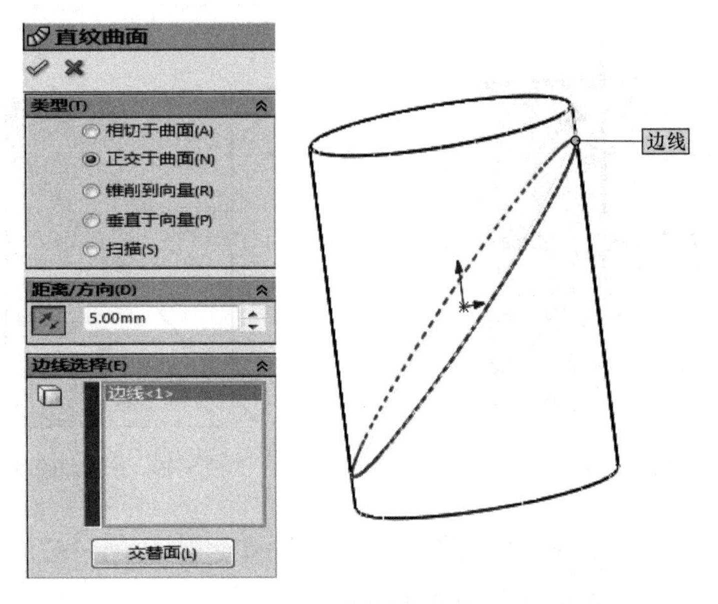

图 5-21　绘制直纹曲面

图 5-22　【切除-加厚】属性管理器

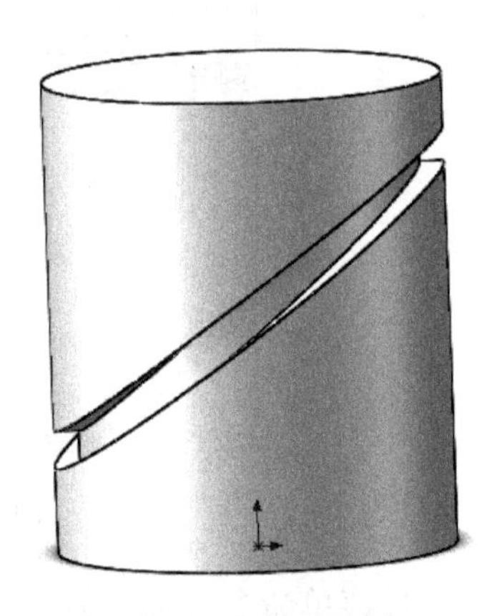

图 5-23　圆柱凸轮

5.2.3　盘形凸轮建模的两种方法

1. 用 Toolbox 生成盘形凸轮

SolidWorks 的 Toolbox 中含有凸轮建模工具。用户可创建带完全定义运动路径和推杆类型的凸轮。【凸台-图圆】对话框中有【设置】、【运动】及【生成】选项卡，可帮助用户为凸轮设定相关参数。凸轮可为圆形或线性，共有 14 种运动类型可供选择。用户还可设定推杆轨迹的切除方式，可以给定深度切除或切透整个凸轮。

1）激活 SolidWorks Toolbox。选择菜单命令【工具】→【插件】，从已安装的兼容软件产品清单中选择 SolidWorks Toolbox 和 SolidWorks Toolbox Browers，并选中两选项的【活动插件】和【启动】复选框。

2）单击 SolidWorks Toolbox 工具栏中的【凸轮】按钮，或选择菜单命令【Toolbox】→【凸轮】，系统弹出【凸轮-圆形】对话框。对话框中有三个选项卡，分别为【设置】、【运动】和【生成】，如图5-24所示。

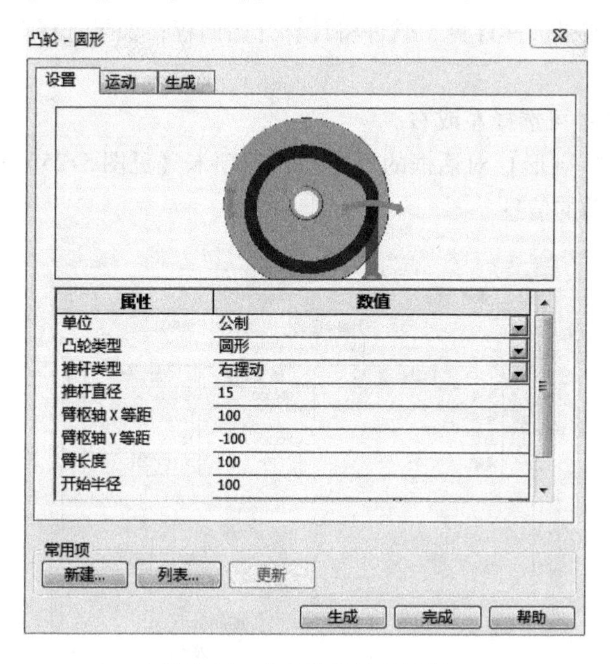

图5-24　凸轮设置的对话框

3）在【设置】选项卡中，用户可指定有关凸轮的基本信息，如单位、凸轮类型及推杆类型。【属性】和【数值】栏中的项目根据所选择的凸轮类型和推杆类型而变化。

4）当选择【凸轮类型】为【圆形】时，推杆类型有平移、左等距、右等距、左摆动或右摆动等。其他参数的含义如下：

- 推杆直径：与凸轮上切除的凹槽直径相等。
- 开始半径：凸轮旋转中心到推杆中心的距离。
- 开始角度：推杆和水平直线通过凸轮中心的角度。
- 对于平移推杆，用户可直接输入数值；对于等距或摆动推杆，开始角度可以为计算或调整。如果选择计算，软件将计算开始角度；如果选择调整，可直接键入数值。
- 旋转方向：可选择顺时针或逆时针。

5）当选择【凸轮类型】为【线性】时，推杆类型有平移、倾斜、摆动拖尾或摆动引导等。其他参数的含义如下：

- 推杆直径：与凸轮上切除的凹槽直径相等。
- 开始深度：凸轮基体角落到推杆中心的竖直距离。
- 开始回程：凸轮基体角落到推杆中心的水平距离。
- 对于平移或倾斜推杆，可以直接输入数值；对于摆动推杆，开始回程可以是计算或调整。如果选择计算，软件将计算开始回程；如果选择调整，可直接键入数值。
- 凸轮运动：可选择左或右。

6）在【凸轮-圆形】对话框的【运动】选项卡（见图 5-25）中，可以指定推杆如何绕凸轮运动的信息。

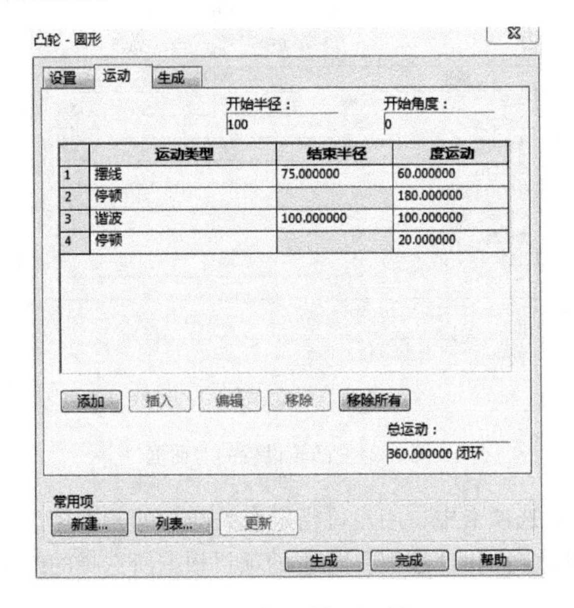

图 5-25　【运动】选项卡

7）单击【运动】选项卡中的【添加】按钮，弹出【运动生成细节】对话框。在此对话框中，可添加或编辑凸轮的运动定义，如图 5-26 所示。

要为运动定义设定数值，可以从【运动类型】清单中选择 14 种支持的运动类型之一，然后为圆形凸轮设定【结束半径】和【度运动】数值。

- 结束半径：运动定义完成时从凸轮旋转中心到推程中心的距离。
- 度运动：凸轮旋转通过此运动定义的距离。

对于线性凸轮，要设定【结束升度】和【行程距离】数值。

- 结束升度：运动定义完成时从凸轮基体角落到推杆中心的垂直距离。

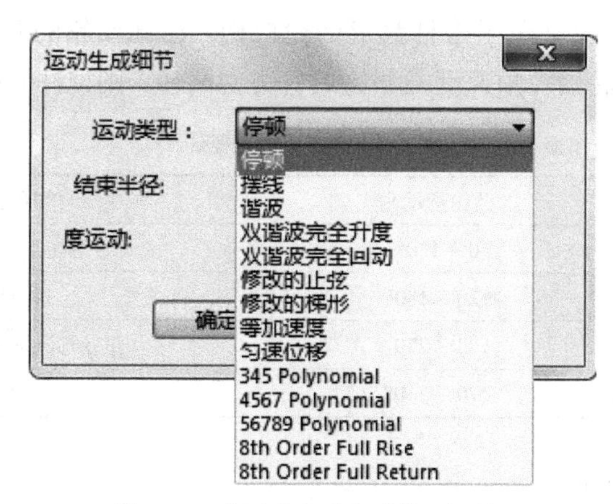

图5-26　【运动生成细节】对话框

- 形程距离：凸轮移动通过此运动定义的距离。

设置好参数后，单击【确定】按钮返回到【凸轮-圆形】对话框的【运动】选项卡。

8）在【凸轮-圆形】对话框中单击【列表】按钮，弹出【最常用的】对话框，如图5-27所示。该对话框包含了圆形和线性凸轮的范例模板。单位可以选择公制或英制。选择需要的名称，然后单击【装入】按钮，将范例数据装入凸轮对话框中。

最常用的

	名称	模板
1	范例1-公制圆周	☑
2	范例2-英寸圆周	☑
3	范例3-公制线性	☑
4	范例4-英寸线性	☑
5	范例5-英寸圆周包裹	☑

装入　编辑　删除　完成

图5-27　【最常用的】对话框

9）装入各参数之后，单击凸轮设置对话框中的【生成】按钮，SolidWorks自动根据设置的尺寸参数生成一个凸轮零件，如图5-28所示。

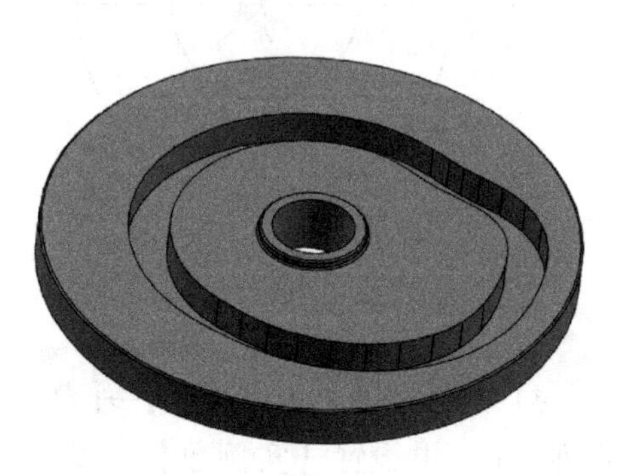

图5-28　圆形凸轮

2. 用旋转和拉伸切除生成圆形凸轮

凸轮由两个特征组成：一个旋转特征和一个拉伸切除特征。如果已经知道凸轮的精确运动轨迹，还可以用旋转特征和拉伸切除来绘制凸轮。

下面绘制一偏置直动滚子推杆盘形凸轮机构。已知凸轮的基圆半径 $r_0=15\text{mm}$，偏距 $e=7.5\text{mm}$，凸轮以等角速度 ω 沿逆时针方向回转，则推杆的运动规律见表 5-1。

表 5-1　推杆运动规律

序　　号	凸轮运动角	推杆运动规律
1	0°~120°	等速上升 $h=16\text{mm}$
2	120°~180°	推杆远休
3	180°~270°	正弦加速度下降 $h=16\text{mm}$
4	270°~360°	推杆近休

具体的绘制步骤如下：

1）启动 SolidWorks，选择菜单命令【文件】→【新建】，或单击【新建】按钮创建一个新的零件文件。选择【前视基准面】作为草图绘制平面。单击【草图】工具栏中的【草图绘制】按钮，进入草图绘制状态。

2）单击【草图】工具栏中的【中心线】按钮，绘制两条长度为 100mm 且过原点的相交中心线。单击【草图】工具栏中的【圆】按钮，以原点为圆心绘制半径分别为 7.5mm 和 15mm 的两个圆作为偏距圆和基圆，如图 5-29 所示。

3）单击【草图】工具栏中的【直线】按钮，用鼠标捕捉偏距圆的右象限点 A，向上绘制一条垂直直线与基圆交于点 B，并连接圆心 O 与交点 B 绘制一条半径 OB，如图 5-30 所示。

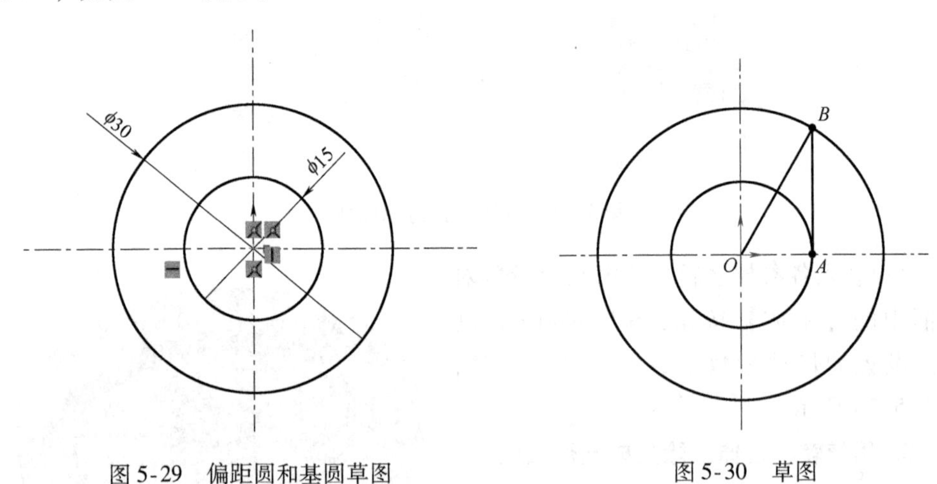

图 5-29　偏距圆和基圆草图　　　　图 5-30　草图

4）选择菜单命令【工具】→【草图工具】→【圆周阵列】，将半径 OB 以圆心为阵列中心，并设置【实例数】为 24，【角度】为 360°，进行圆周阵列，效果如图 5-31所示。

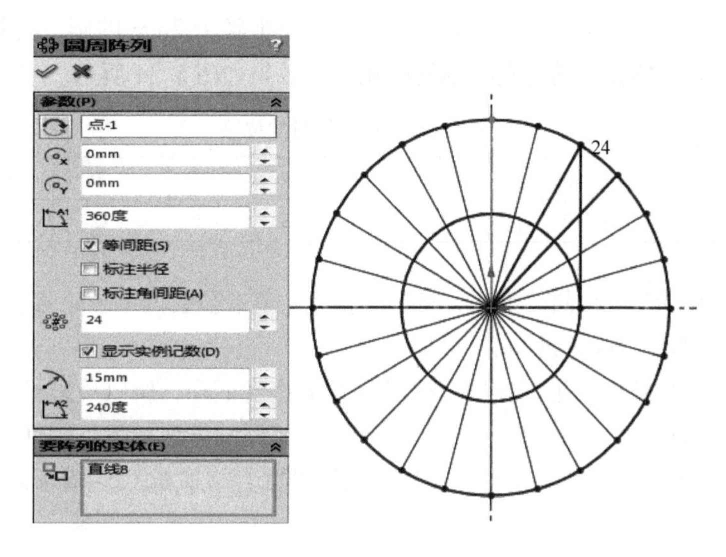

图 5-31　圆周阵列半径 OB

5）根据推杆的运动规律，删除推杆远休和推杆近休两个阶段的阵列半径，图形效果如图 5-32 所示。

6）过推杆在推程及回程两个阶段的阵列半径与基圆的交点作切线与偏距圆相切，效果如图 5-33 所示。

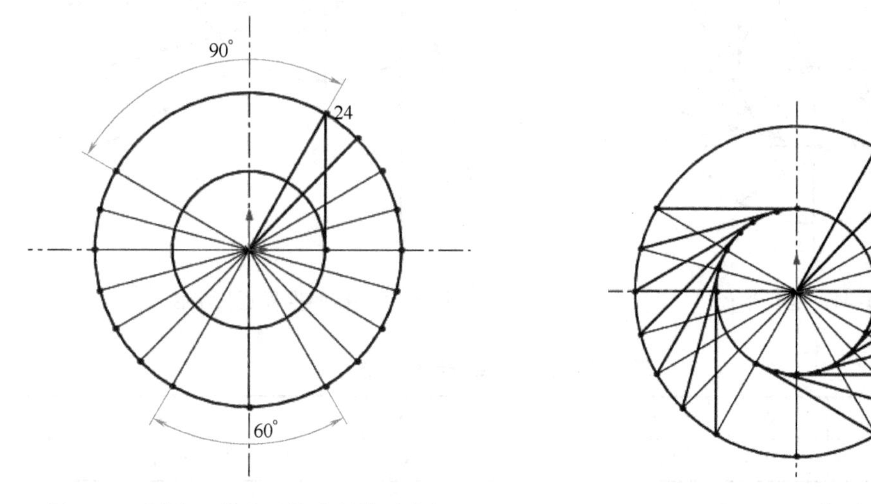

图 5-32　删除远休及近休阶段阵列半径　　图 5-33　草图

7）根据已知条件，推杆在推程时做等速运动，所以可以计算得到推杆在推程时的位移，见表 5-2。由计算可以知道，当凸轮转过 15°的时候，凸轮的推杆位移为 2mm。进一步根据倒转法设计凸轮的原理，单击【草图】工具栏中的【圆】按钮，以各半径与基圆的交点为圆心，绘制一个半径为 2mm 的圆，再用【直线】工具将半径 1mm 延长使其与刚绘制的圆相交，效果如图 5-34 所示。

表 5-2　推杆在推程时的位移

运动角/(°)	0	15	30	45	60	75	90	105	120
推程/mm	0	2	4	6	8	10	12	14	16

8）以与步骤 7）相同的方法，将这个推程中其余位置的半径延长相应的长度，并求得交点，然后删除辅助圆。

9）根据已知条件，推杆在回程时做正弦加速度下降，所以可以计算得到推杆在倒转运动中的位移，见表 5-3。以与步骤 7）相同的方法，将整个回程中各个位置的半径延长相应的长度，求得交点后删除辅助圆，结果如图 5-35 所示。

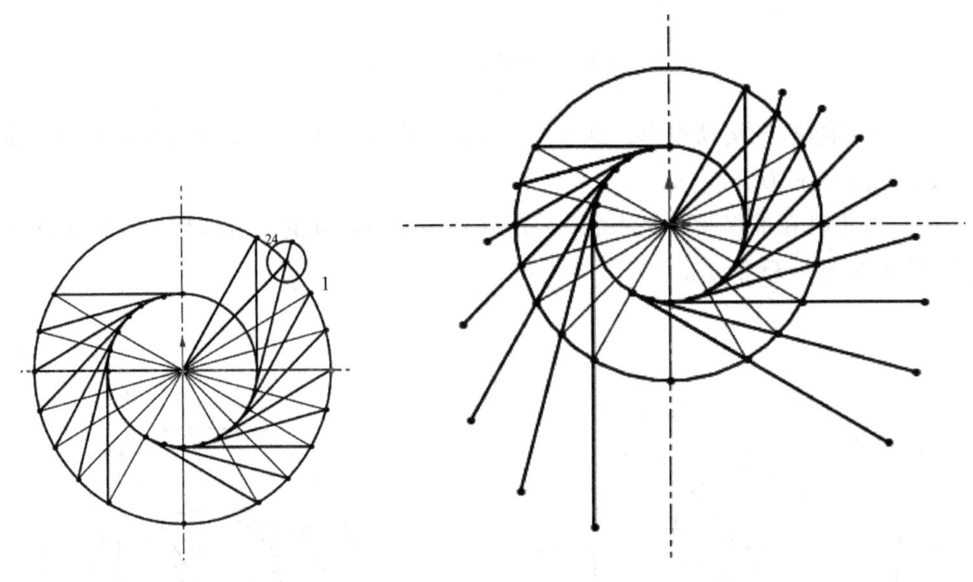

图 5-34　延长半径　　　　图 5-35　按照推程延长半径

表 5-3　推杆在回程时的位移

运动角/(°)	0	15	30	45	60	75	90
推程/mm	16	15.539	12.872	8	3.128	0.461	0

10）单击【草图】工具栏中的【样条曲线】按钮，依次连接步骤 8）和步骤 9）阵列半径延长后的端点，绘制两条样条曲线，如图 5-36 所示。

11）单击【草图】工具栏中的【圆】按钮，绘制一个以原点为圆心，半径为 29.94mm 的圆。然后用【剪裁实体】工具剪裁多余的圆弧，绘制推杆远休阶段的凸轮轮廓线，并完成整个凸轮轮廓线的绘制，效果如图 5-37 所示。

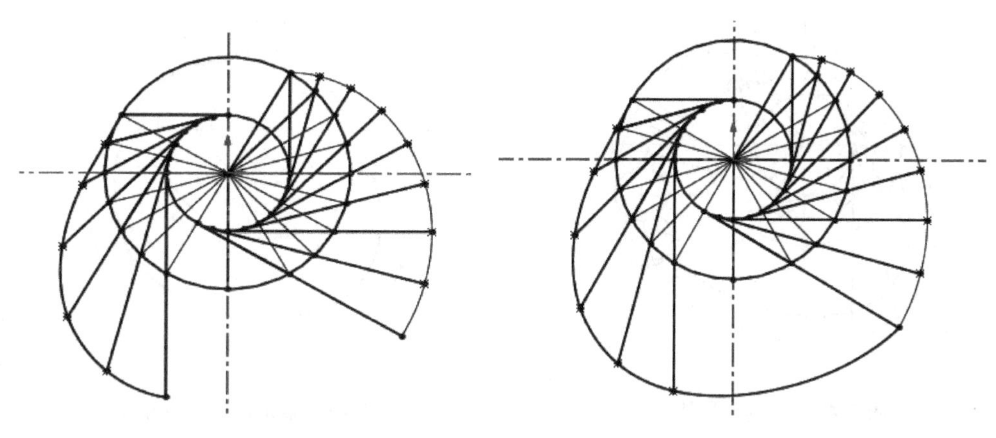

图 5-36　绘制样条曲线　　　　图 5-37　绘制远休阶段轮廓线

12）选择【等距实体】工具，设置【等距距离】为 4mm，将基圆、推杆远休阶段的轮廓线以及推杆回程阶段的轮廓线向内偏移 4mm，效果如图 5-38 所示。

13）单击【草图】工具栏中的【圆】按钮，绘制 9 个半径为 4mm 的圆，效果如图 5-39 所示。

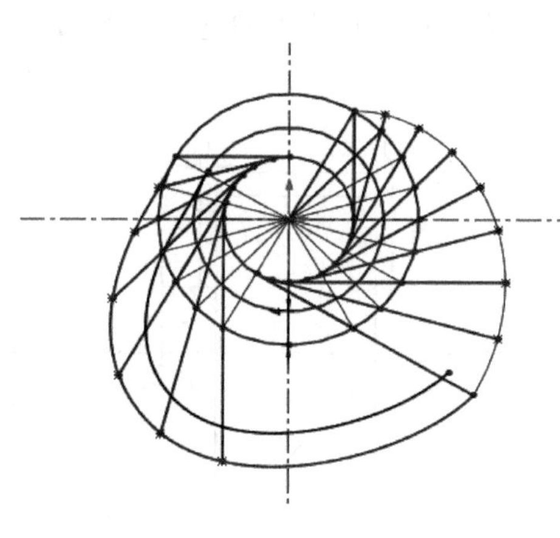

图 5-38　等距实体

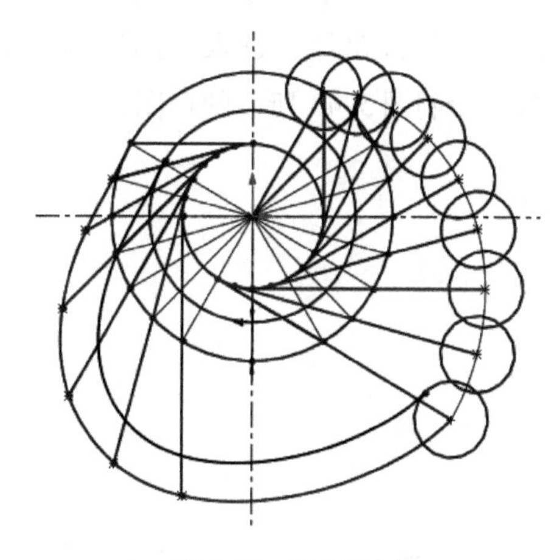

图 5-39　绘制草图

14）单击【草图】工具栏中的【样条曲线】按钮，依次连接步骤 11）中绘制的圆与延长后的阵列半径的交点，绘制这些圆的包络线，如图 5-40 所示。

15）删除辅助线，仅保留凸轮的轮廓线。为显示出效果，将其余辅助线转化为【构造线】。单击【草图】工具栏中的【圆】按钮，以原点为圆心，绘制一个半径为 4mm 的圆，效果如图 5-41 所示。

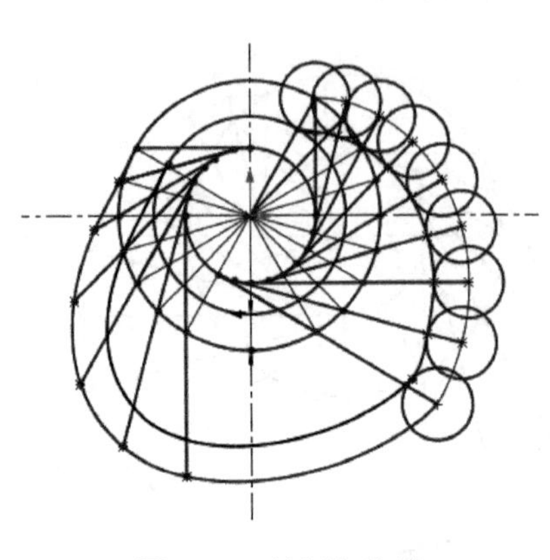

图 5-40　绘制包络线

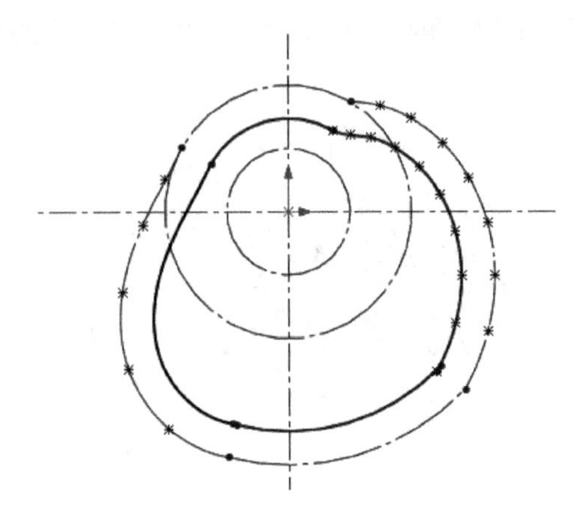

图 5-41　盘形凸轮轮廓草图

16）拉伸实体。执行菜单命令【插入】→【凸台或基体】→【拉伸】，或单击特征工具栏中的【拉伸凸台/基体】按钮，弹出【凸台-拉伸】属性管理器。设置【终止条件】为【给定深度】，设置【深度】为10mm，单击【确定】按钮，完成凸轮基体的创建，如图5-42所示。

17）选择【右视基准面】作为草图绘制平面，单击【草图】工具栏中的【草图绘制】按钮，进入草图绘制状态。单击【草图】工具栏中的【直线】按钮，绘制图5-43所示的草图，并标注尺寸。

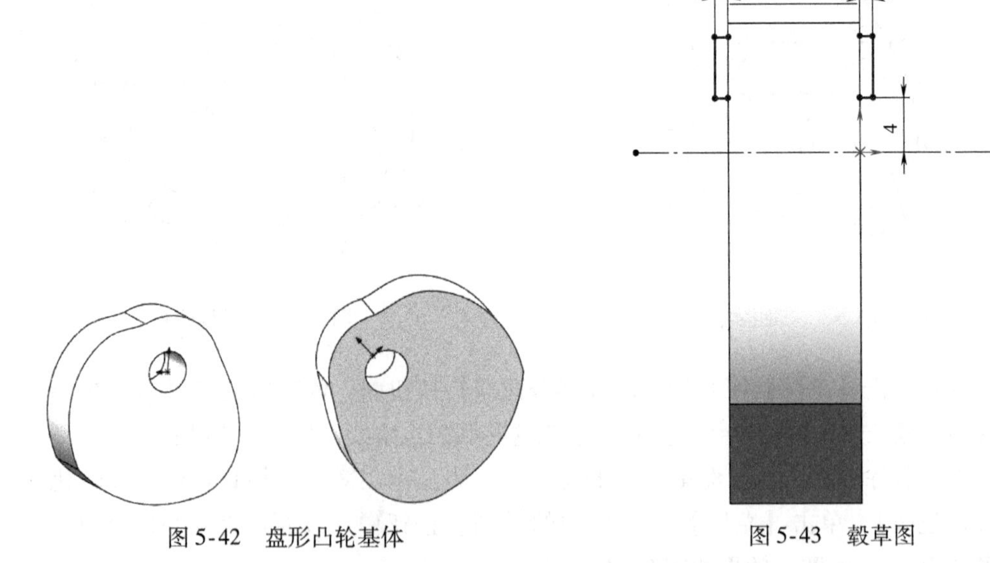

图 5-42　盘形凸轮基体

图 5-43　毂草图

18）单击工具栏中的【旋转凸台/基体】按钮，在弹出的【旋转】属性管理器中选择【旋转类型】为【给定深度】，设置【角度】为 360°，旋转轴线选择过原点的水平中心线。效果如图 5-44 所示。

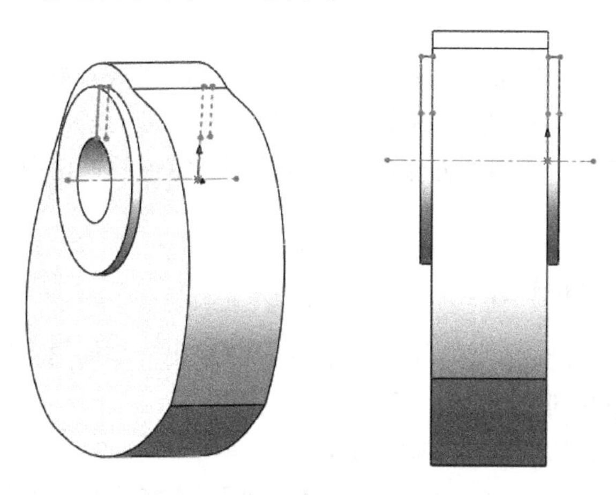

图 5-44　生成毂特征

19）绘制键槽草图。选择【前视基准面】作为草图绘制平面。单击【直线】绘制工具按钮，绘制图 5-45 所示的草图。单击【智能尺寸】按钮，对草图进行尺寸设定与标注，单击【退出草图】按钮退出草图绘制状态。

20）创建键槽。单击【拉伸切除】按钮，在弹出的【切除-拉伸】属性管理器中选择【终止条件】为【两侧对称】，设置【深度】为 40mm，单击【确定】按钮，生成键槽特征。生成的偏置直动滚子推杆盘形凸轮效果如图 5-46 所示。

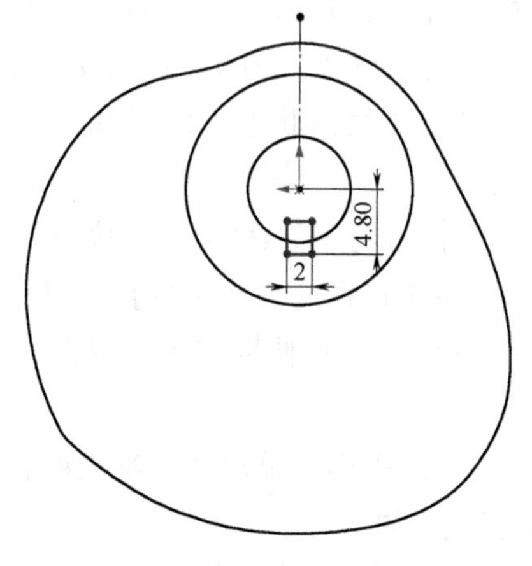

图 5-45　键槽草图

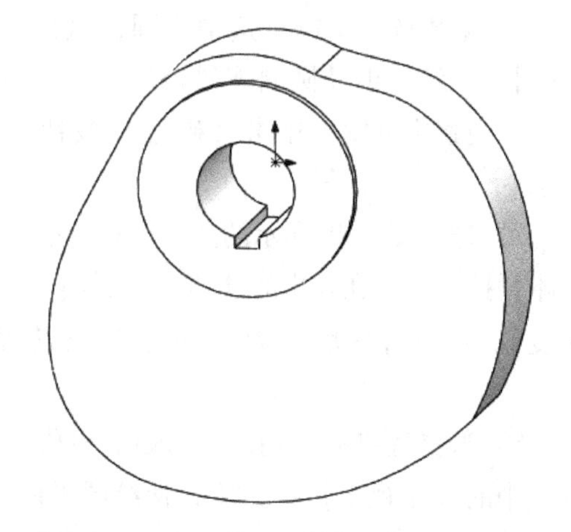

图 5-46　偏置直动滚子推杆盘形凸轮效果

通过本例的学习，读者可以理解凸轮轮廓线的绘制原理，并可掌握绘制非标准轮廓凸轮的方法。

5.3 法兰盘

法兰盘是机械设计中常见的典型零件，主要由阶梯状的圆柱和均匀分布的圆孔组成。本节分别通过拉伸切除和旋转特征来实现法兰盘的创建。作为盘盖类零件的典型实例，可以把它们的制作方法应用于其他同类零件的创建中，达到举一反三的目的。

5.3.1 拉伸切除实体法

首先绘制法兰盘的底座草图并拉伸，然后绘制法兰盘轴部并拉伸切除轴孔，最后对局部进行倒角和圆角处理。

完成法兰盘的具体的绘制步骤如下：

1）启动 SolidWorks，选择菜单命令【文件】→【新建】，或单击【新建】按钮，创建一个新的零件文件。

2）在【Feature Manager 设计树】中选择【前视基准面】作为草图绘制平面。单击【草图】工具栏中的【圆】按钮，以系统坐标原点为圆心草绘一个直径为 150mm 的大圆，并在原点水平位置的左侧绘制一个直径为 12mm 的小圆。

3）单击【智能尺寸】按钮标注小圆的尺寸位置，小圆圆心与原点间距为 55mm。

4）圆周阵列草图。选中小圆，执行菜单命令【工具】→【草图工具】→【圆周阵列】，系统弹出【圆周阵列】属性管理器。设置【实例数】为 6，其他设置保持默认，观察预览图，单击【确定】按钮，退出草图绘制状态，效果如图 5-47 所示。

5）选中图 5-48 所示的法兰盘底座草图，单击【特征】工具栏中的【拉伸凸台/基体】按钮，在弹出的【凸台-拉伸】属性管理器中选择【终止条件】为【给定深度】，设置【深度】为 30mm，单击【确定】按钮，拉伸后底座如图 5-49 所示。

6）选择底座的一端面作为轴部和孔部的草图绘制平面。单击【标准视图】工具栏中的【正视于】按钮，使绘图平面转为正视方向。

7）单击【草图】工具栏中的【圆】按钮，绘制以系统坐标原点为圆心两个直径分别为 50mm 和 20mm 的同心圆，如图 5-50 所示。

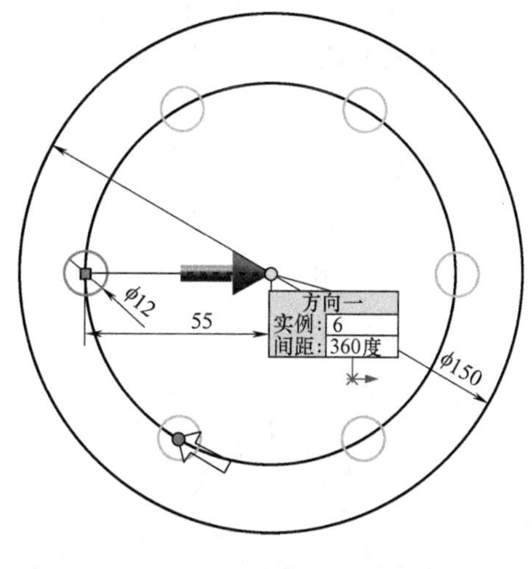

图 5-47　圆周阵列预览图

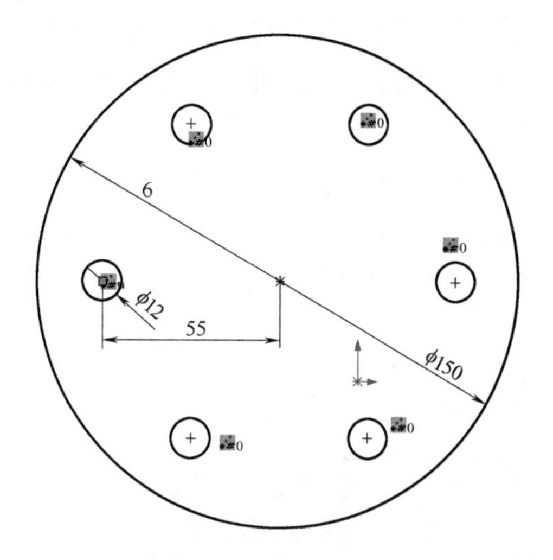

图 5-48　法兰盘底座草图

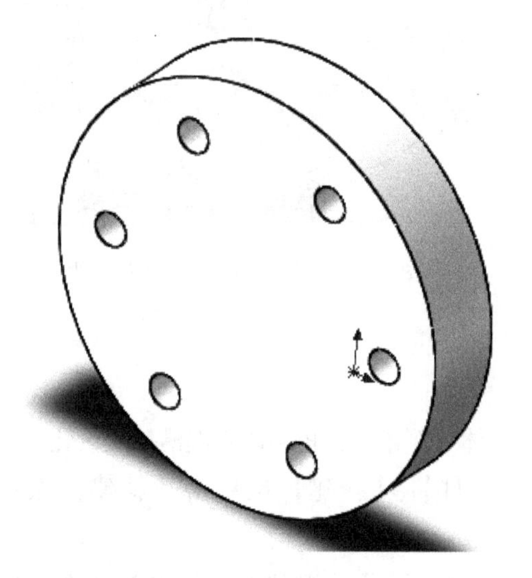

图 5-49　拉伸后的底座

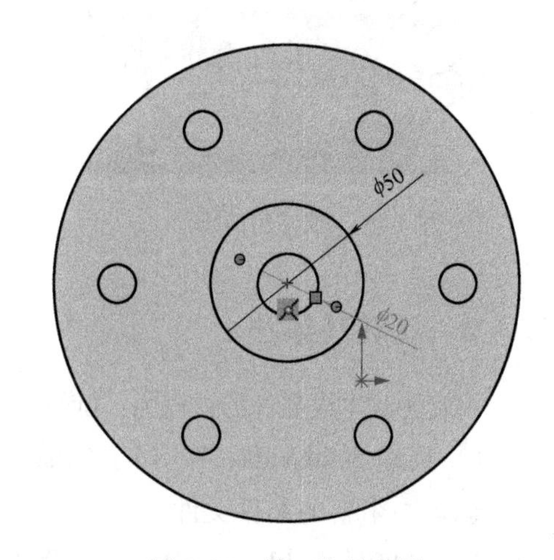

图 5-50　轴、孔的草图

8）单击【拉伸凸台/基体】按钮，选择【终止条件】为【给定深度】，设置【深度】为 55mm，单击【确定】按钮。拉伸后的底座如图 5-51 所示。

9）倒角。单击【特征】工具栏中的【倒角】按钮，或选择菜单命令【插入】→【特征】→【倒角】。在弹出的【倒角】属性管理器中，选择倒角类型为【角度距离】，并设置【距离】为 2mm，【角度】为 45°。在图形区域中选中实体棱边，单击【确定】按钮，完成倒角。

10）圆角。单击【特征】工具栏中的【圆角】按钮，或选择菜单命令【插入】→【特征】→【圆角】。在出现的【圆角】属性管理器中，选择【圆角类型】为【恒定大小】，设置圆角【半径】为2mm，其他选项取默认值。在图形区域中选择棱边，单击【确定】按钮，完成圆角。

11）设置视图方向。单击【标准工具栏】中的【等轴测】按钮，将视图以等轴测方向显示，如图5-52所示。单击标准工具栏中的【保存】按钮，或执行菜单命令【文件】→【保存】，将零件保存为“法兰盘 . sldprt”。

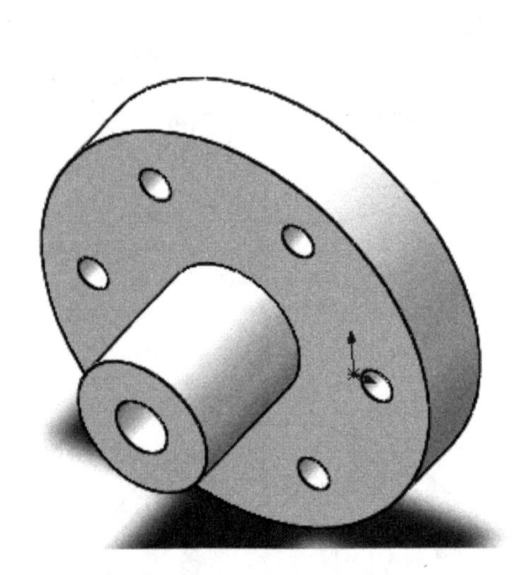

图5-51　拉伸后的图形

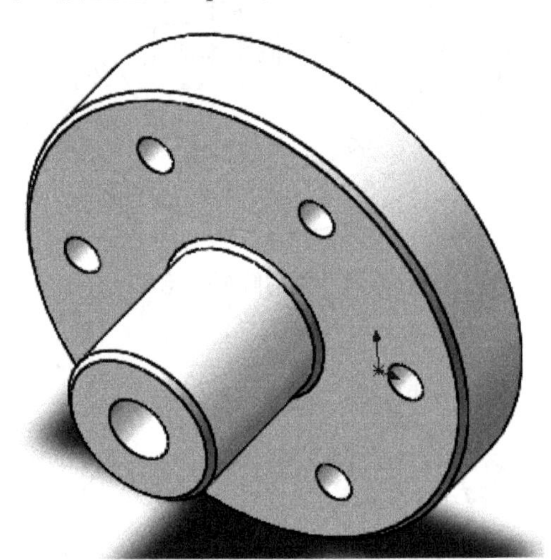

图5-52　倒角、圆角后的法兰盘

5.3.2　旋转基体法

用旋转法生成零件的过程为：旋转生成基体→倒角、圆角→切除键槽→生成孔。

1）启动SolidWorks，选择菜单命令【文件】→【新建】或单击【新建】按钮，创建一个新的零件文件。

2）在打开的【FeatureManager设计树】中选择【前视基准面】作为草图绘制平面。单击【草图】工具栏中的【中心线】按钮，在草图绘制平面中心绘制一条通过原点的水平中心线作为旋转中心线。

3）单击【草图】工具栏中的【直线】按钮，绘制图5-53所示的草图，并单击【智能尺寸】按钮，标注尺寸。

4）圆角、倒角。单击【草图】工具栏中的【绘制圆角】按钮，设置【圆角半径】为2mm，然后选择图中点2，或选择点2所在的两条边线，然后单击【确定】按钮，完成圆角特征。单击【草图】工具栏中的【绘制倒角】按钮，在弹出的【绘制倒角】属性管理器中选择【倒角参数】为【角度距离】，然后设置

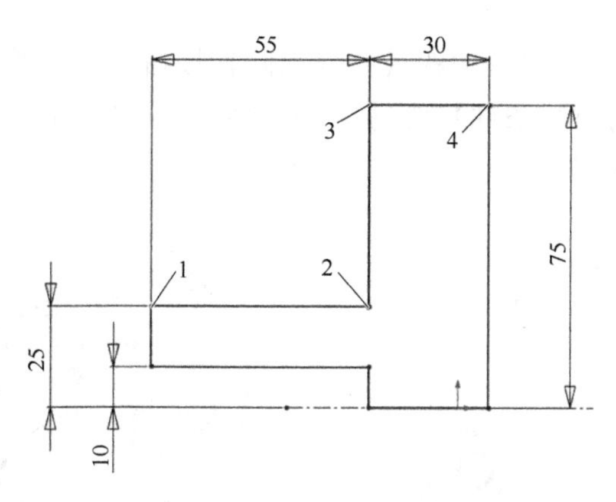

图5-53　绘制法兰盘草图及尺寸标注

【距离】为2mm，【角度】为45°，选择点1、点3和点4所在边线作为圆角对象，单击【确定】按钮，完成倒角特征。效果如图5-54所示。

5）选择草图。单击【特征】工具栏中的【旋转凸台/基体】按钮，在弹出的【旋转】属性管理器中，选择【旋转类型】为【给定深度】，设置【角度】为360°；选择水平中心线作为【旋转轴】，保持其他选项的默认值不变。单击【确定】按钮，完成旋转特征的创建。

6）设置视图方向。单击【标准工具栏】中的【等轴测】按钮，将视图以等轴测方向显示，如图5-55所示。

7）选择【前视基准面】作为草图绘制平面。单击【草图】工具栏中的【圆】按钮，在原点水平位置的左侧55mm处绘制一个直径为12mm的小圆。

8）圆周阵列草图。选中小圆，执行菜单命令【工具】→【草图工具】→【圆周阵列】，弹出【圆周阵列】属性管理器。设置【实例数】为6，其他设置保持默认值，单击【确定】按钮，退出草图绘制状态。效果如图5-56所示。

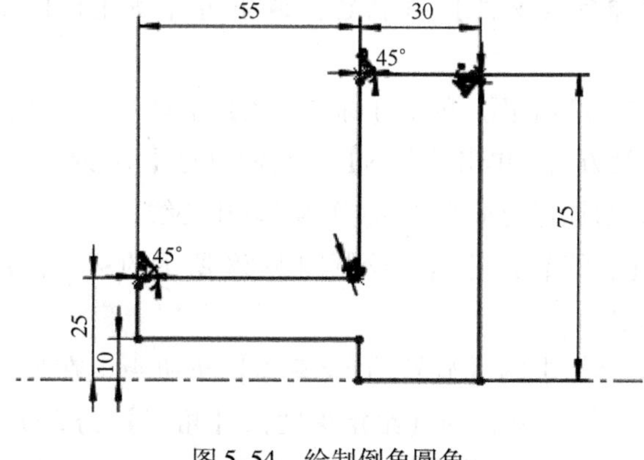

图5-54　绘制倒角圆角

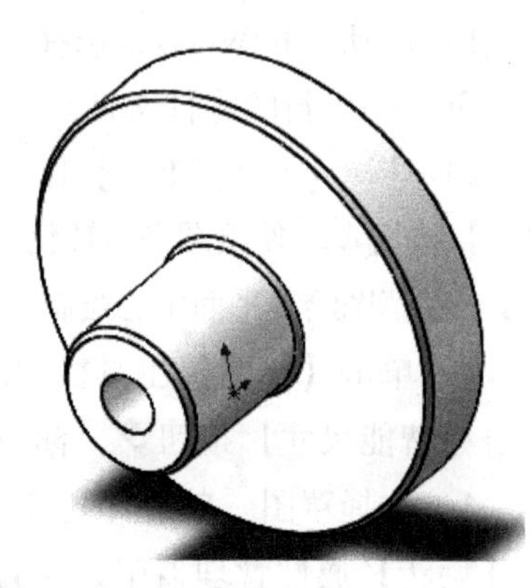

图5-55　旋转后的法兰盘

9）单击【特征】工具栏中的【拉伸切除】按钮，在弹出的【切除-拉伸】属性管理器中选择【终止条件】为【完全贯穿】，单击【确定】按钮。拉伸切除后的法兰盘如图 5-57 所示。

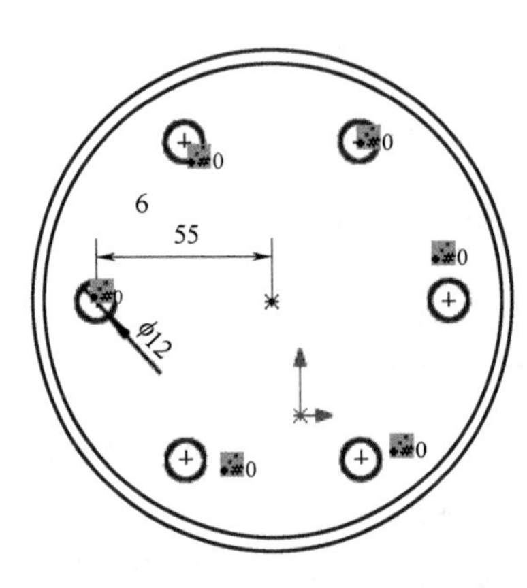

图 5-56　阵列安装孔

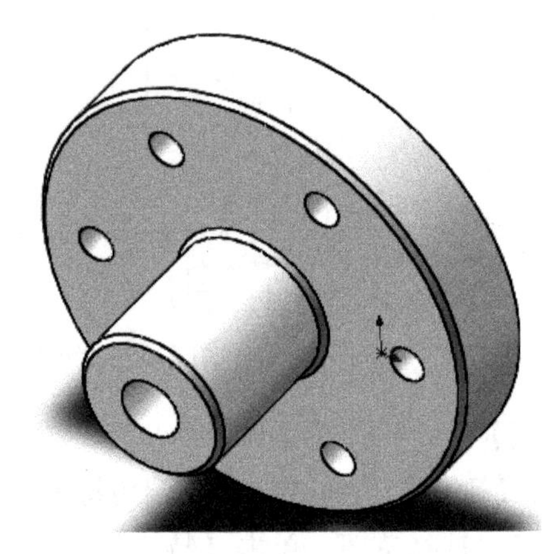

图 5-57　拉伸后的法兰盘

5.4　端盖

端盖是变速箱中的一个重要零件。通常情况下，端盖的结构较简单，在变速箱中可以用于固定轴承等零件，同时也可以起到一定的密封作用。本例首先绘制旋转特征的半截面草图，通过旋转生成端盖实体，然后用拉伸切除工具创建安装孔，最后通过阵列、倒角、圆角操作完成全部特征的创建。如前所述，也可以采用拉伸基体的方法，两种方法的最终结果相同。

具体的建模步骤如下：

1）启动 SolidWorks，选择菜单命令【文件】→【新建】或单击【新建】按钮，创建一个新的零件文件。

2）选择【前视基准面】作为草图绘制平面。单击【标准视图】工具栏中的【正视于】按钮，使绘图平面转化为正视方向。单击【草图】工具栏中的【中心线】按钮，在草图绘制平面中心绘制一条通过原点的水平中心线作为旋转中心线。

3）单击【草图】工具栏中的【直线】按钮，绘制图 5-58 所示的草图，并单击【智能尺寸】按钮，标注尺寸。

4）选择草图。单击【特征】工具栏中的【旋转凸台/基体】按钮，在弹出的【旋转】属性管理器中，设置【旋转类型】为【给定深度】，【角度】为 360°；选择水平中心线作为旋转轴，其他选项的默认值保持不变，如图 5-59 所示。单击

【确定】按钮✓。效果如图 5-60 所示。

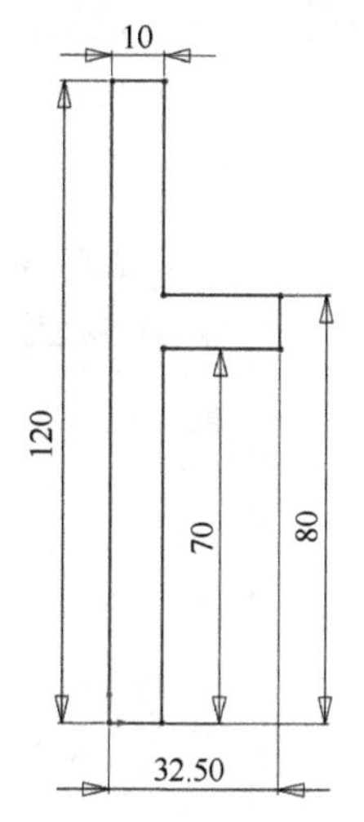

图 5-58　绘制旋转截面的草图轮廓

图 5-59　【旋转】属性管理器

5）选择【右视基准面】作为草图绘制平面，单击【草图】工具栏中的【草图绘制】按钮，进入草图绘制。单击【草图】工具栏中的【圆】按钮，绘制一个直径为 200mm 的圆。在出现的【圆】属性管理器中的【选项】栏中选择单选按钮【作为构造线】，如图 5-61 所示，单击【关闭对话框】按钮✓，将其作为构造线。单击【草图】工具栏中的【中心线】按钮，从构造线绘制的圆中心画出中心线。在构造圆和中心线的交点处绘制一个直径为 20mm 的圆，作为安装孔草图，如图 5-62 所示。

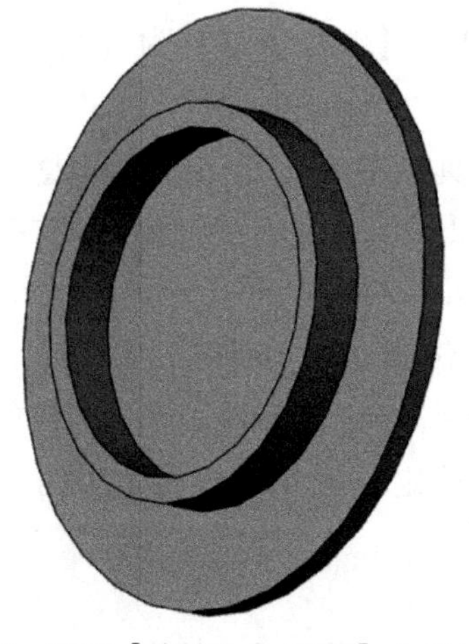

图 5-60　通过【旋转凸台/基体】生成的端盖

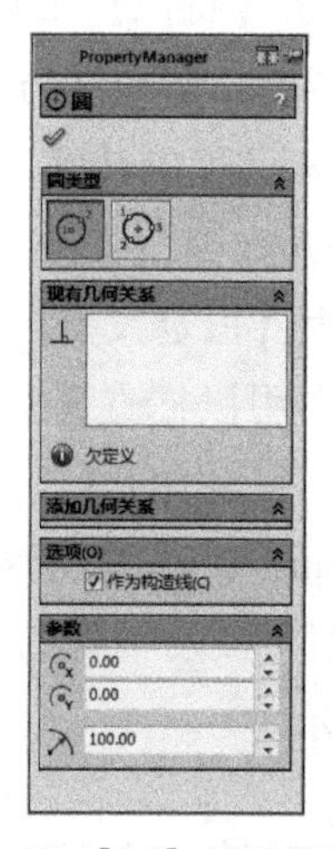

图 5-61　【圆】属性管理器

6）执行菜单命令【工具】→【草图工具】→【圆周阵列】或单击【草图】工具栏中的【圆周草图阵列】按钮，系统弹出【圆周阵列】属性管理器。设置【实例数】为 4，其他设置保持默认，如图 5-63 所示，单击【确定】按钮，退出草图绘制状态。效果如图 5-64 所示。

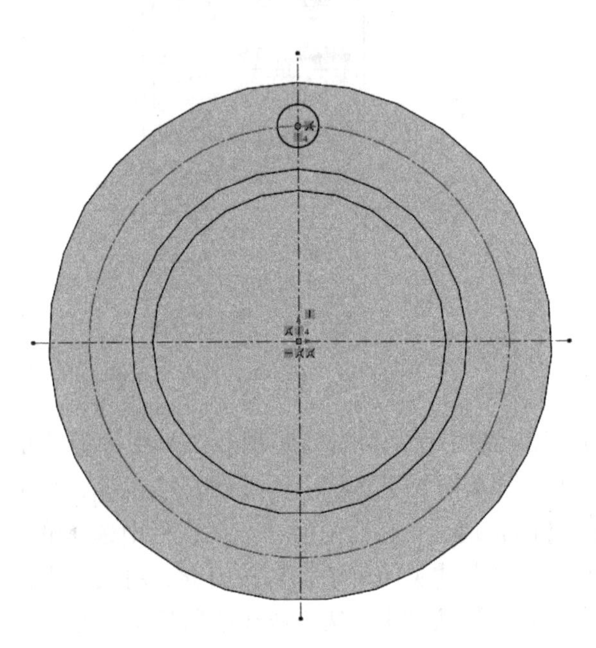

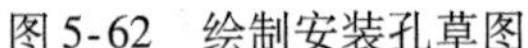

图 5-62　绘制安装孔草图

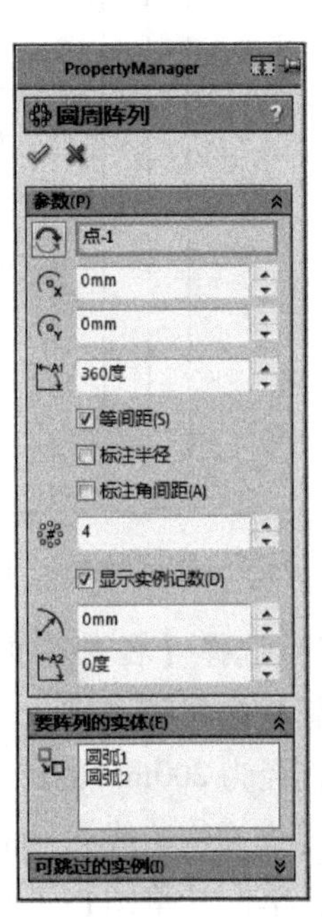

图 5-63　【圆周阵列】属性管理器

7）单击【特征】工具栏中的【拉伸切除】按钮，在弹出的【切除-拉伸】属性管理器中，选择【方向】为反向，选择【终止条件】为【完全贯穿】，如图 5-65 所示。单击【确定】按钮。

8）倒角和圆角实体。单击【特征】工具栏中的【圆角】按钮，设置【圆角类型】为【恒定大小】，圆角【半径】为 2mm，如图 5-66 所示。在右面的圆形显示区域中用鼠标选择底座与轴端的接触外边线，单击【确定】按钮。单击【特征】工具栏中的【倒角】按钮，选择倒角类型为【角度距离】，设置【距离】为 2mm，【角度】为 45°，如图 5-67 所示。在圆形区域中选择底座的两端面边线 3 和边线 4 以及轴端的外边线 1，单击【确定】按钮。倒角后的垫片效果如图 5-68所示。

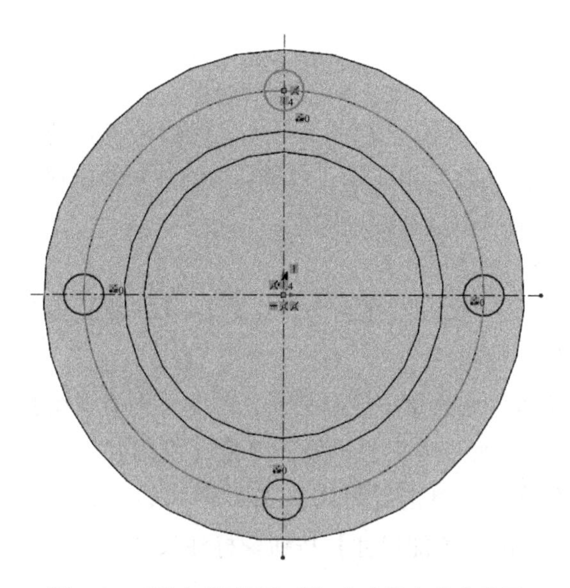

图 5-64　通过【圆周阵列】生成的安装孔草图

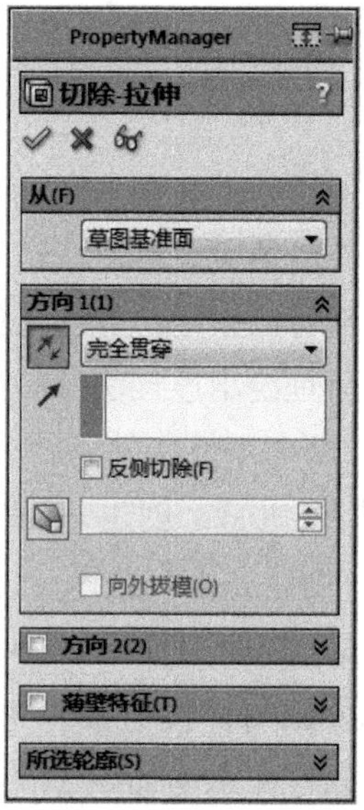

PropertyManager
切除-拉伸
从(F)
草图基准面
方向 1(1)
完全贯穿
反侧切除(F)
向外拔模(O)
方向 2(2)
薄壁特征(T)
所选轮廓(S)

图 5-65　【切除-拉伸】属性管理器

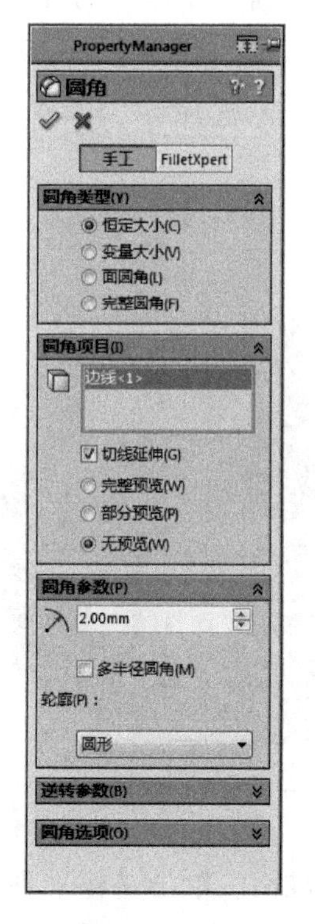

图 5-66　【圆角】属性管理器

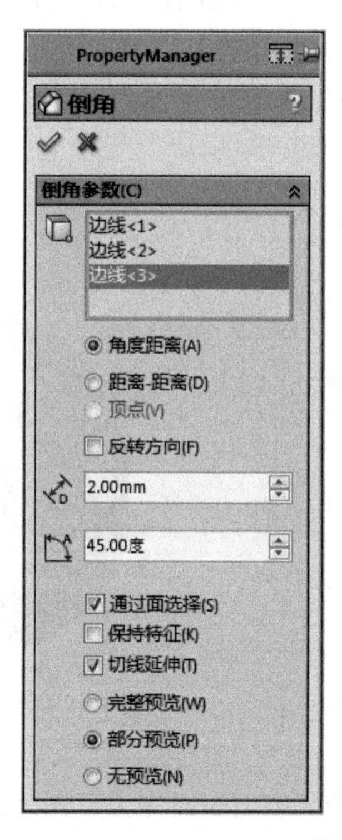

图 5-67　【倒角】属性管理器

图 5-68　倒角后的端盖

5.5　连接法兰

本例绘制不规则形状的法兰盘，两法兰面互不平行，法兰底面为规则的回转体，顶面沿轴线对称。从结构上看，连接法兰由底座、弯臂和顶部三部分组成。底座和顶部可以采用拉伸特征创建，弯臂可以通过扫描实现。

下面是绘制连接法兰的操作步骤。

1）新建零件文件。启动 SolidWorks，选择菜单命令【文件】→【新建】或单击【新建】按钮，创建一个新的零件文件。

2）创建底座。选择【上视基准面】作为草图绘制平面，单击【标准视图】工具栏中的【正视于】按钮，使绘图平面转为正视平面，单击【草图】工具栏中的【草图绘制】按钮，进入草图绘制。单击【草图】工具栏中的【圆】按钮，绘制底座草图如图 5-69 所示，单击【智能尺寸】按钮标注尺寸。单击【确定】按钮。

3）单击【特征】工具栏中的【拉伸凸台/基体】按钮，在弹出的【凸台-拉伸】属性管理器中选择【终止条件】为【给定深度】，设置【深度】为 10mm，单击【确定】按钮，效果如图 5-70 所示。

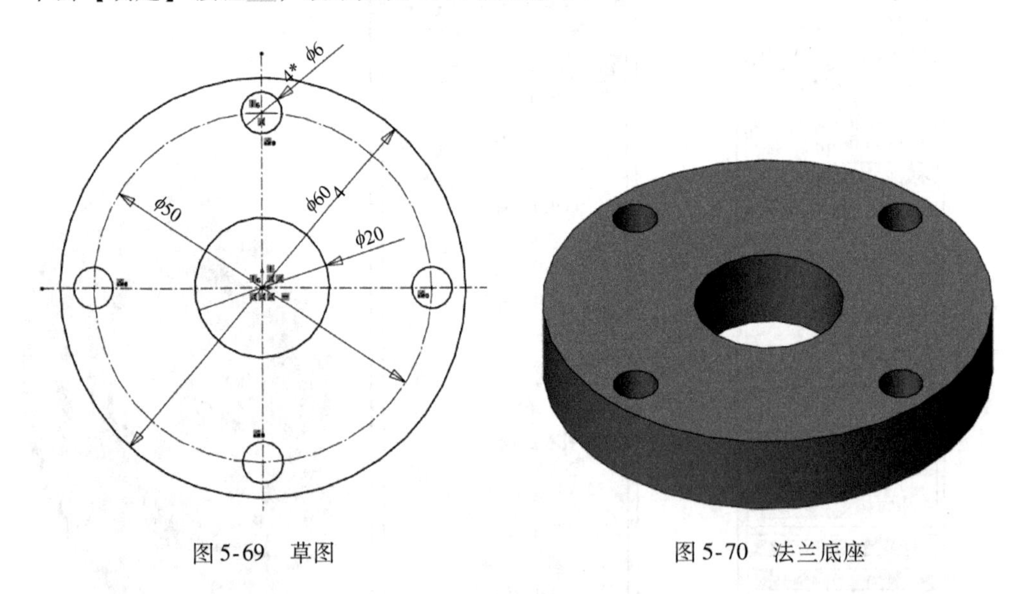

图 5-69　草图　　　　图 5-70　法兰底座

4）创建弯臂轮廓。选择底座上表面作为草图绘制基准面。单击【标准视图】工具栏中的【正视于】按钮，使绘图平面转为正视方向。单击【草图】工具栏中的【草图绘制】按钮，进入草图绘制。单击【转换实体引用】按钮，将底座孔投影线转化为草图实体。单击【草图】工具栏中的【圆】按钮，绘制直径为 30mm 的圆。单击【关闭对话框】按钮，如图 5-71 所示。

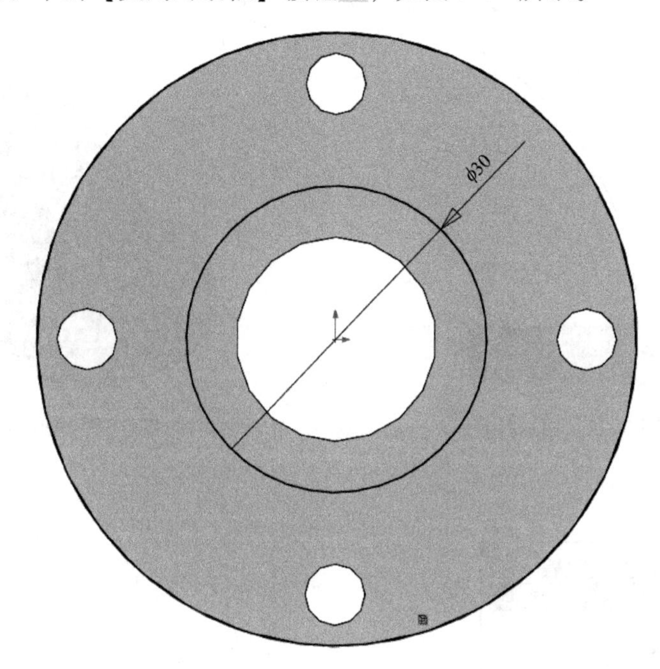

图 5-71　弯臂轮廓

5）绘制弯臂扫描路径。选择【前视基准面】作为草图绘制基准面。单击【标准视图】工具栏中的【正视于】按钮，使绘图平面转为正视方向。单击【草图】工具栏中的【中心线】按钮，绘制两条辅助中心线，其中一条为水平，另一条与其成 60°夹角。单击【草图】工具栏中的【圆】按钮，绘制一个通过原点，直径为 110mm 的圆。利用【直线】工具绘制与圆弧相切，且长度为 18mm 的线段。利用【剪裁实体】工具，剪裁得到图 5-72 所示的草图。

6）扫描弯臂。单击【特征】工具栏中的【扫描】按钮，在弹出的【扫描】属性管理器中，在【轮廓】选择框中，用鼠标选择弯臂草图，在【路径】选择框中，用鼠标选择上一步绘制的扫描路径，单击【确定】按钮，效果如图 5-73 所示。

7）创建顶部草图，选择图 5-73 所示的面 1，单击【特征】工具栏中【参考几何体】下的【基准面】按钮，设置【距离】为 2mm，选中【反转】复选框，参数设置如图 5-74 所示，单击【确定】按钮，完成基准面 1 的创建。

8）选择基准面 1 作为草图绘制平面，单击【标准视图】工具栏中的【正视于】按钮，使绘图平面转为正视方向。利用【草图】工具，绘制图 5-75 所示的草图。

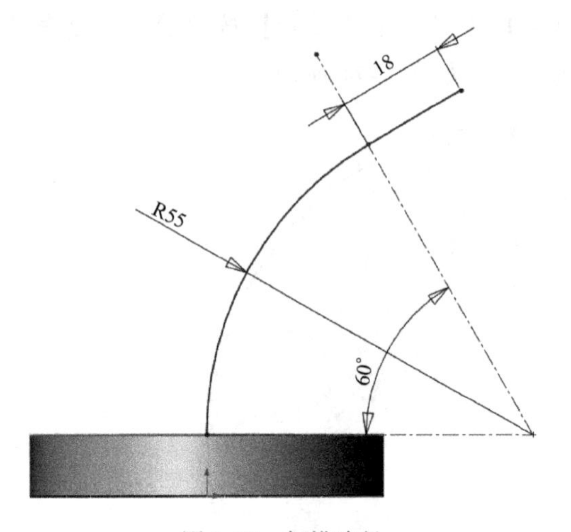

图 5-72　扫描路径

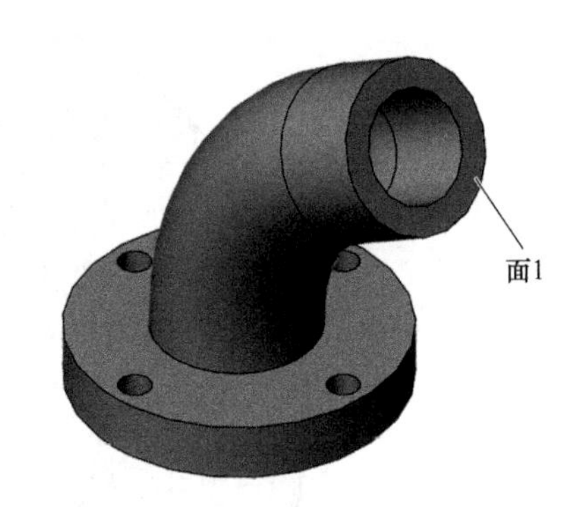

图 5-73　扫描弯臂特征

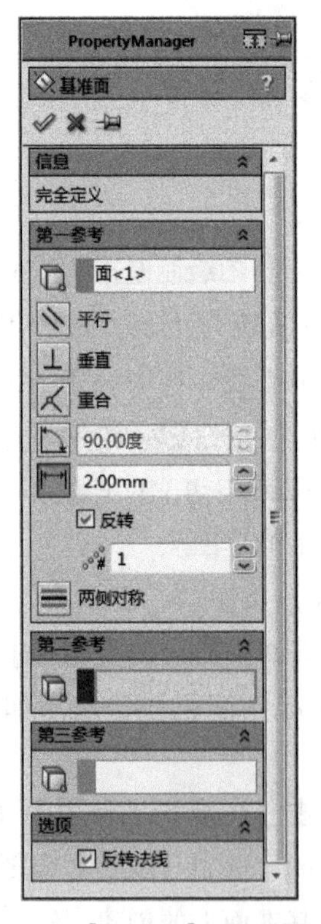

图 5-74　【基准面】属性管理器

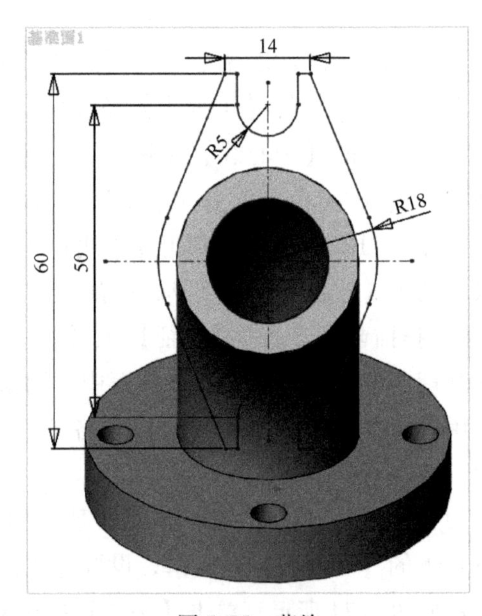

图 5-75　草绘

9）单击【特征】工具栏中的【拉伸凸台/基体】按钮，在弹出的【凸台-拉伸】属性管理器中选择【终止条件】为【给定深度】，设置【深度】为 6mm，设置【方向】为【反向】，选择【合并结果】复选框，如图 5-76 所示。

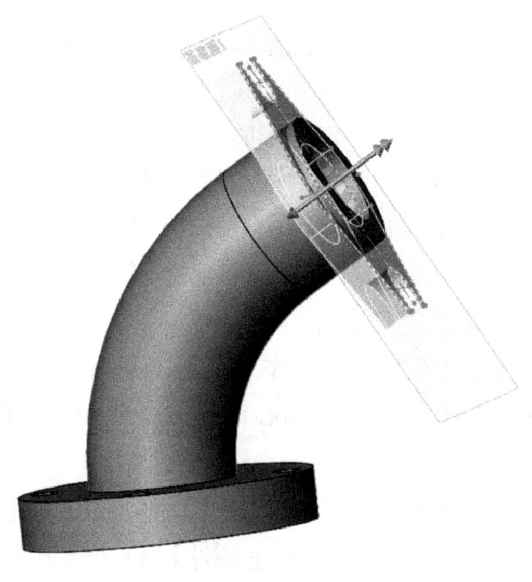

图 5-76　拉伸顶部特征

10）单击【确定】按钮，选择【菜单】工具栏【视图】下的【隐藏所有类型】，最终创建的连接法兰如图 5-77 所示。

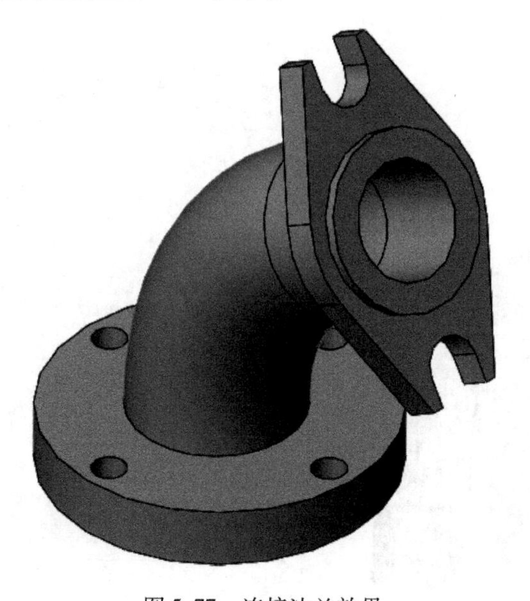

图 5-77　连接法兰效果

5.6　下水道过滤盖

根据下水道过滤盖漏孔随圆周半径方向有规律变化的特征，首先用拉伸工具生成过滤盖基体，然后用随形阵列拉伸切除四分之一端面漏孔，通过圆周阵列完成最后效果。通过本例可以了解随形阵列的基本原理和使用随形阵列的基本方法。这里着重讲解了随形阵列中初始参数的设置与草图绘制约束间的关系。

下面是绘制下水道过滤盖的操作步骤。

1）启动 SolidWorks，选择菜单命令【文件】→【新建】或单击【新建】按钮，创建一个新的零件文件。

2）选择【前视基准面】作为草图绘制平面，单击【草图】工具栏中的【圆】按钮，以系统坐标原点为圆心草绘一个直径为 180mm 圆的四分之一的扇形。单击【确定】按钮。

3）单击【特征】工具栏中的【拉伸凸台/基体】按钮，在弹出的【凸台-拉伸】属性管理器中选择【终止条件】为【给定深度】，设置【深度】为 10mm。单击【确定】按钮，效果如图 5-78 所示。

4）选择上表面作为草图绘制平面，单击【标准视图】工具栏中的【正视于】按钮，使绘图平面转为正视方向。单击【草图】绘制按钮，进入草图绘制，绘制图 5-79 所示草图。

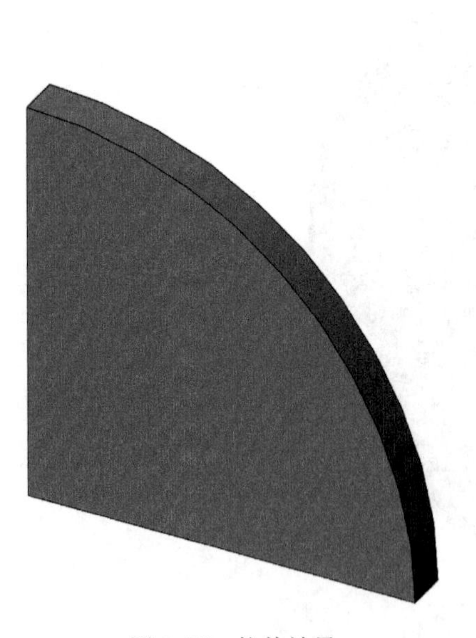

图 5-78　拉伸效果

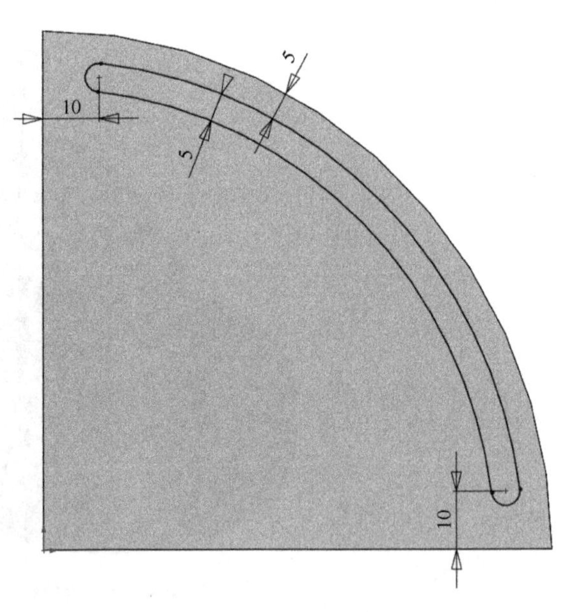

图 5-79　漏孔草图

5）单击【拉伸切除】按钮，在弹出的【切除-拉伸】属性管理器中选择【终止条件】为【完全贯穿】，单击【确定】按钮，效果如图 5-80 所示。

6）单击【线性阵列】按钮，系统弹出【线性阵列】属性管理器，选择阵列【方向 1】为扇形的一条直角边，设置【间距】为 10mm，【实例数】为 7，【要阵列的特征】选择【切除-拉伸 1】，选择【随形变化】复选框，选择阵列【方向 2】为扇形圆弧边缘到被拉伸切除的漏孔外边缘的距离 5，设置【间距】为 10mm，【实例数】为 7，参数设置如图 5-81 所示，单击【确定】按钮，效果如图 5-82 所示。

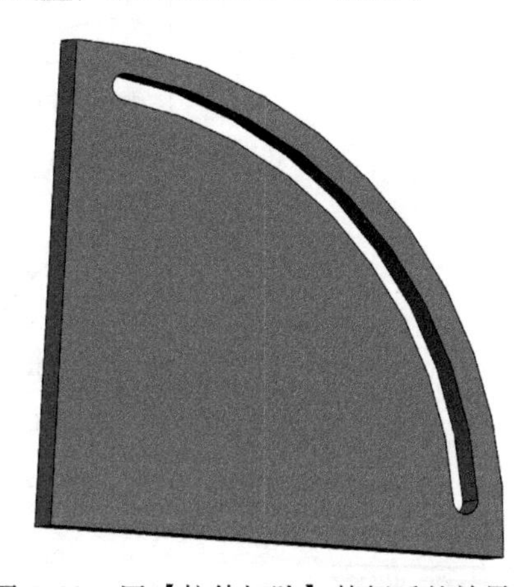

图 5-80　用【拉伸切除】特征后的效果

7）单击【特征】工具栏【圆周阵列】按钮，在弹出的【圆周阵列】属性管理器中，【阵列轴】选择扇形圆弧厚度方向的直角边，设置【角度】为 360°，【实例数】为 4，选择【等间距】复选框，【要阵列的特征】选择【阵列（线性）1】和【凸台-拉伸 1】，参数设置如图 5-83 所示，单击【确定】按钮，效果如图 5-84 所示。

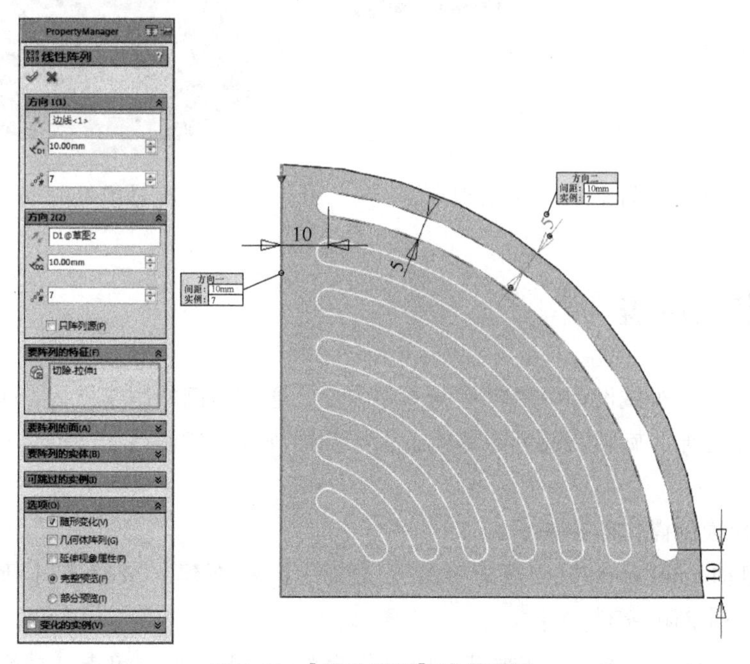

图 5-81　【线性阵列】参数设置

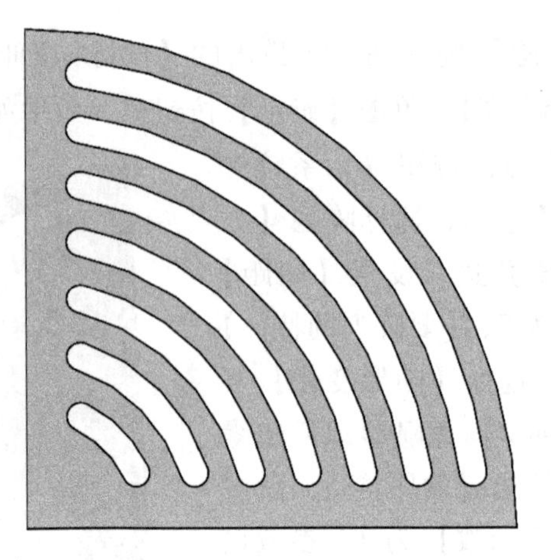

图 5-82 【线性阵列】特征

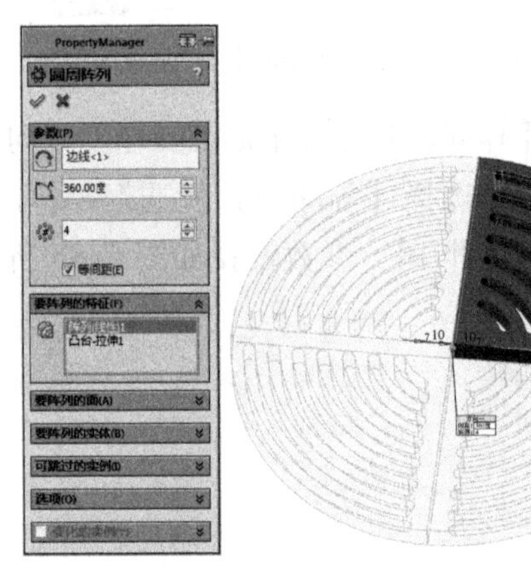

图 5-83 【圆周阵列】属性管理器

图 5-84 【圆周阵列】特征

5.7 定位压盖

定位压盖是机械设计中最常见的一类零件，通过本例的制作过程，读者可以学到综合运用拉伸、旋转特征创建基体，采用圆周阵列创建筋特征、创建盘盖类零件的方法。

具体建模的操作步骤如下：

1）启动 SolidWorks，选择菜单命令【文件】→【新建】或单击【新建】按钮 ，创建一个新的零件文件。

2）创建底座。选择【前视基准面】作为草图绘制平面。单击【标准视图】工具栏中的【正视于】按钮，使绘图平面转化为正视方向。利用【草图】工具栏中的【圆】工具、【直线】工具，绘制图 5-85 所示底座草图，单击【智能尺寸】按钮标注尺寸。单击【关闭对话框】按钮。

3）拉伸特征。单击【特征】工具栏中的【拉伸凸台/基体】按钮，在弹出的【凸台-拉伸】属性管理器中选择【终止条件】为【给定深度】，设置【深度】为 20mm，同时选中图中五个孔，参数设置如图 5-86 所示，单击【确定】按钮，效果如图 5-86所示。

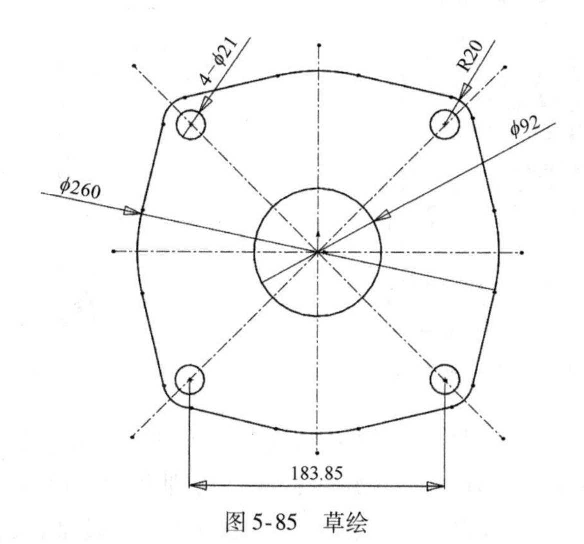

图 5-85　草绘

图 5-86　创建底座

4）绘制旋转草图。选择【右视基准面】作为草图绘制平面，单击【标准视图】工具栏中的【正视于】按钮，使绘图平面转为正视方向。单击【草图】工具栏中的【直线】按钮，绘制两个矩形。选择菜单命令【工具】→【草图工具】→【倒角】，在弹出的【绘制倒角】属性管理器中，选择倒角参数为【角度距离】，设置【距离】为 1.50mm，【角度】为45°，参数设置如图 5-87 所示，选择矩形的顶点，单击【确定】按钮。单击【智能尺寸】按钮，标注尺寸，效果如图 5-88 所示。

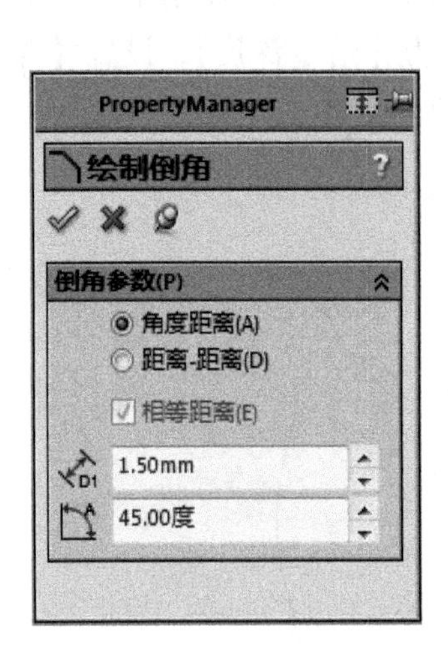

图 5-87 【绘制倒角】属性管理器

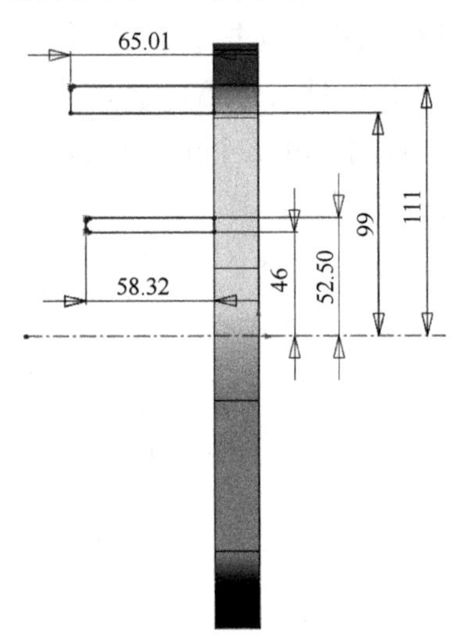

图 5-88 草绘

5）旋转生成环柱。选择上一步绘制的草图，单击【特征】工具栏中的【旋转凸台/基体】按钮，在弹出的【旋转】属性管理器中，设置【旋转类型】为【给定深度】，【角度】为 360°；选择水平中心线作为旋转轴，选择【合并结果】复合选项，保持其他选项的默认值不变，参数设置如图 5-89 所示。单击【确定】按钮，完成环柱特征的创建，效果如图 5-90 所示。

图5-89 【旋转】属性管理器

图 5-90 旋转生成环柱

6）单击【标准视图】工具栏中的【隐藏线可见】按钮，生成隐藏线可见框架视图。选择【上视基准面】作筋草图绘制平面。单击【草图】工具栏中的【直线】按钮，绘制一条直线，直线中的两个端点分别在内环柱和外环柱的投影边线上，如图 5-91 所示。

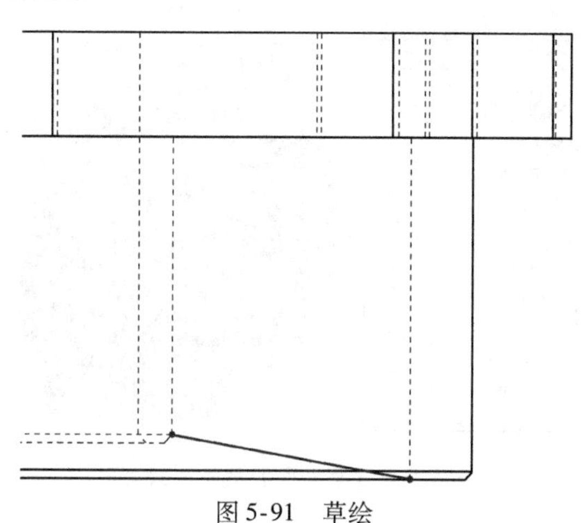

图 5-91　草绘

7）单击【特征】工具栏中的【筋】按钮，设置【厚度】为两侧对称，且【厚度】为 10mm。单击【确定】按钮，生成【筋】特征。

8）单击【圆周阵列】按钮，在弹出的【圆周阵列】属性管理器中，【阵列轴】选择 ϕ92 孔的内表面，设置【角度】为 360°，【实例数】为 4，选择【等间距】复选框，【要阵列的特征】选择上一步创建的【筋】，参数设置如图 5-92 所示，单击【确定】按钮，效果如图 5-92 所示。

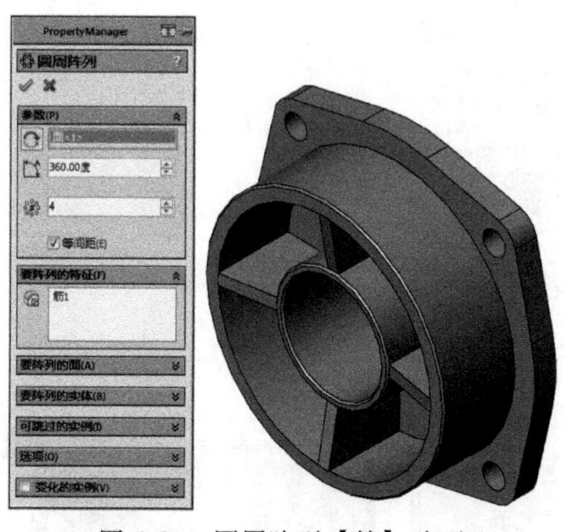

图 5-92　圆周阵列【筋】阵列

9）单击【特征】工具栏中的【参考几何体】按钮，选择【基准面】按钮，或选择菜单命令【插入】→【参考几何体】→【基准面】。在【基准面】属性管理器中，选择【上视基准面】作为创建基准面的参考平面，设置【距离】为130mm，参数设置及效果如图5-93所示，单击【确定】按钮。

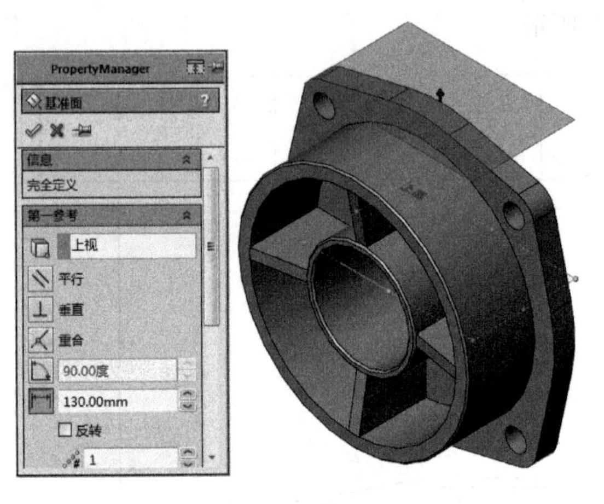

图5-93 【基准面】属性管理器

10）选择【基准面1】作为基准面，单击【正视于】按钮，使绘图平面转为正视方向。

11）单击【特征】工具栏中的【异型孔向导】按钮，在弹出的【孔规格】属性管理器中，设置【孔类型】为【直螺纹孔】，【标准】选择【ISO】，【大小】选择【M10×1.0】，【终止条件】选择【成形到下一面】，参数设置如图5-94所示。孔位置选择图5-94所示的点。单击【确定】按钮，完成螺纹孔的创建。

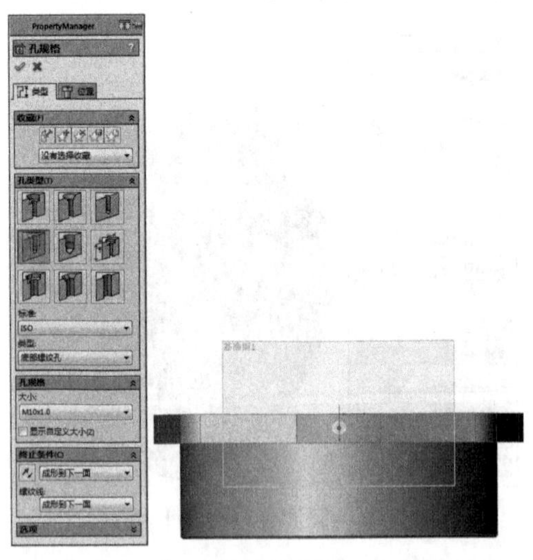

图5-94 【孔规格】属性管理器

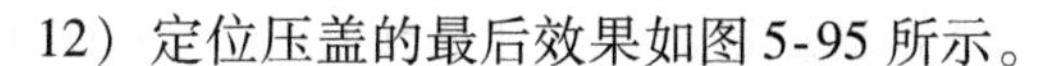

12）定位压盖的最后效果如图 5-95 所示。

图 5-95　定位压盖

5.8　泵盖

本节学习齿轮泵泵盖的建模方法。齿轮泵泵盖的结构简单，基体通过拉伸可以完成。螺纹孔可以采用异型孔向导来实现。通过学习，读者可以掌握用异型孔向导创建螺纹孔、轴孔等结构的方法。

具体建模的操作步骤如下：

1）启动 SolidWorks，选择菜单命令【文件】→【新建】或单击【新建】按钮，创建一个新的零件文件。

2）选择【前视基准面】作为草图绘制平面。单击【标准视图】工具栏中的【正视于】按钮，使绘图平面转为正视方向。利用【草图】工具栏中的【圆】工具、【直线】工具，绘制底座草图，单击【智能尺寸】按钮标注尺寸。单击【确定】按钮，效果如图 5-96 所示。

3）拉伸特征。单击【特征】工具栏中的【拉伸凸台/基体】按钮，在弹出的【凸台-拉伸】属性管理器中选择【终止条件】为【给定深度】，设置【深度】为 20mm，单击【确定】按钮，效果如图 5-97 所示。

4）选择泵盖基体的一个端面作为基准面。单击【特征】工具栏中的【异型孔向导】按钮，在弹出的【孔规格】属性管理器中，设置【孔类型】为【柱形沉头孔】，选择【标准】为【ISO】，选择【类型】为【六角凹头 ISO 4762】，【大小】为【M6】，打开【显示自定义大小】复选框，设置【通孔直径】为 6.6mm，【柱形沉头孔直径】为 11mm，【柱形沉头孔深度】为 6.4mm，【终止条件】为【完全贯穿】，参数设置如图 5-98 所示。孔位置选择草图 5-96 中 6 个 *R*13 圆弧的圆心。单击【确定】按钮✓，完成螺纹孔的创建，如图 5-99 所示。

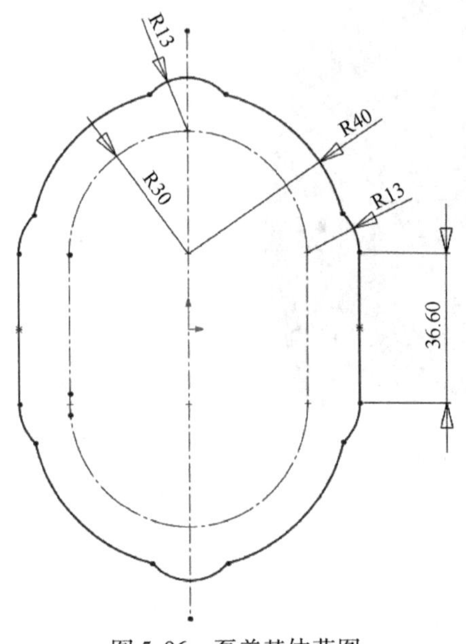

图 5-96　泵盖基体草图

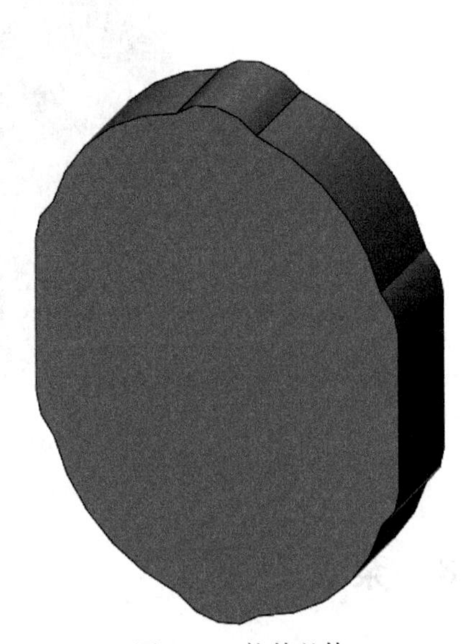

图 5-97　拉伸基体

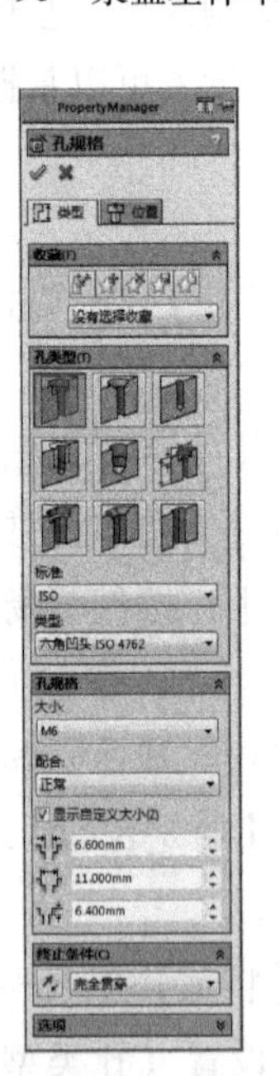

图 5-98　【孔规格】属性管理器

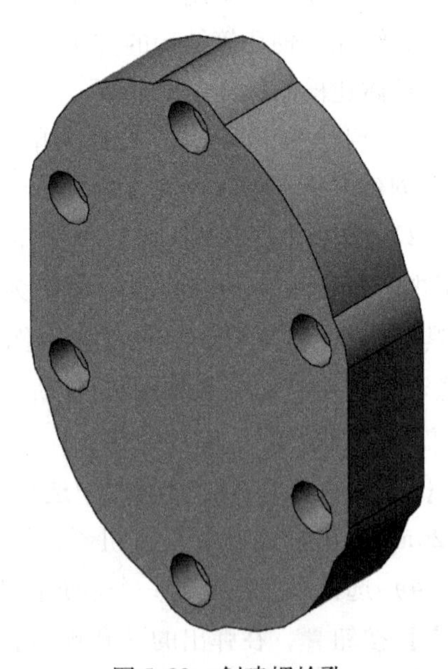

图 5-99　创建螺栓孔

5）选择创建螺栓孔的端面作为草图绘制平面，单击【标准视图】工具栏中的【正视于】按钮，使绘图平面转为正视方向。利用【草图】工具栏中的【圆】工具、【直线】工具，绘制草图，单击【智能尺寸】按钮。单击【确定】按钮，效果如图5-100所示。

6）单击【特征】工具栏中的【拉伸凸台/基体】按钮，在弹出的【凸台-拉伸】属性管理器中选择【终止条件】为【给点深度】，设置【深度】为20mm，选择【合并结果】复选框，参数设置如图5-101所示，单击【确定】按钮，效果如图5-101所示。

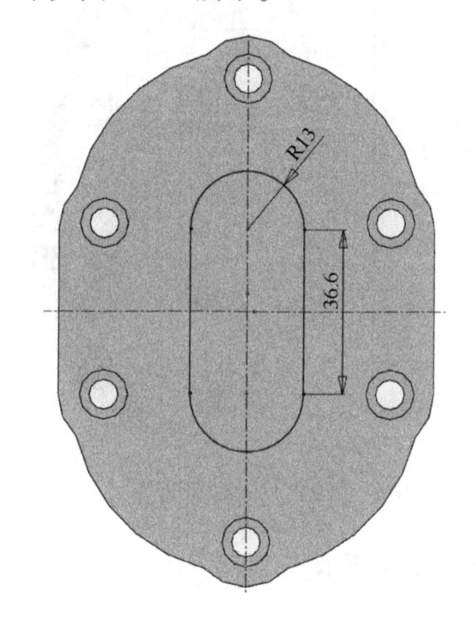

图5-100　草图效果

图5-101　拉伸特征

7）选择拉伸特征的背面作为基准面，单击【标准视图】工具栏中的【正视于】按钮，使基准面转为正视方向。

8）单击【特征】工具栏中的【异型孔向导】按钮，在弹出的【孔规格】属性管理器中，【孔类型】选择【直螺纹孔】，【标准】选择为【ISO】，【大小】为【M8×1.0】，设置【盲孔深度】为18.00mm。单击选择【显示自定义大小】复选框，设置【通孔直径】为6.000mm，【底端角度】为120°，参数设置如图5-102所示。选择图5-100中两个*R*13半圆弧的圆心来定位孔中心。单击【确定】按钮，完成螺纹孔的创建，如图5-102所示。

9）圆角特征。单击【特征】工具栏中的【圆角】按钮，或选择菜单命令【插入】→【特征】→【圆角】，在出现的【圆角】属性管理器中，选择【圆角类型】为【恒定大小】，设置圆角【半径】为2mm，其他选项默认，参数设置如图5-103

所示。在图形区域中选择图 5-103 所示的边线，单击【确定】按钮✔，完成圆角操作。

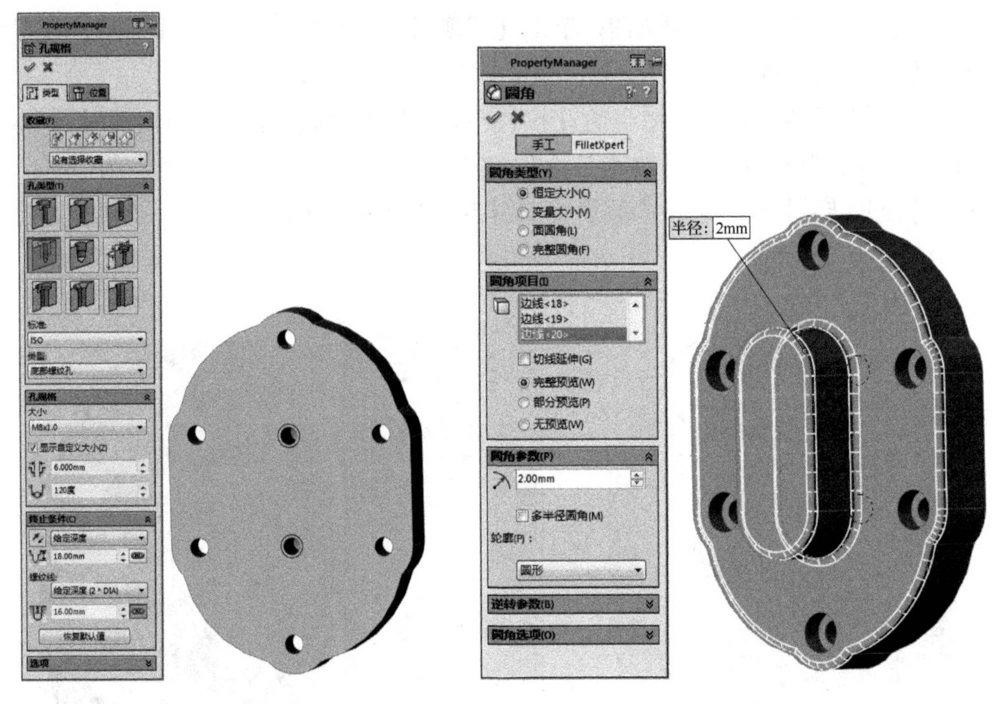

图 5-102　创建螺纹孔　　　　图 5-103 【圆角】属性管理器

至此，泵盖的建模过程完成，最终效果如图 5-104 所示。

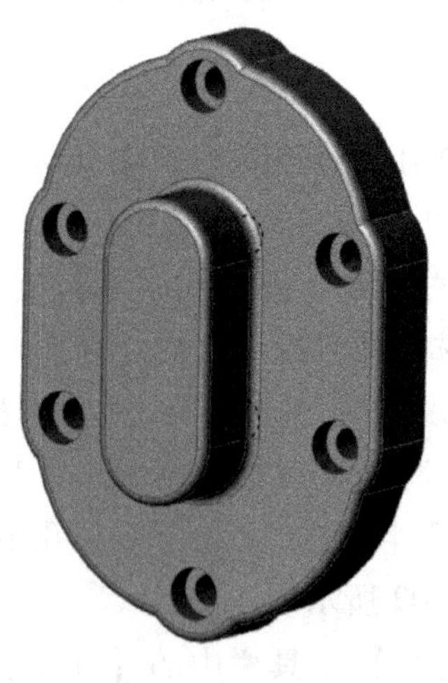

图 5-104　泵盖零件效果

第 6 章　叉架类零件

【内容提要】

叉架类零件作为机械中用途较广的一类零件，主要用于在机器的操作系统及变速系统中完成某种动作来实现变速、变向、停止或支撑其他零件，常见的有拨叉、连杆、支架、摇臂、杠杆等零件。该类零件结构较为复杂，外形不规则，但都由支撑部分、工作部分和连接部分组成，多数为不对称零件，具有肋、板、杆、筒、座、凸台、凹坑、铸（锻）造圆角、拔模斜度等常见结构。本章将介绍几种常见的叉架类零件，然后对每一类零件介绍其造型分析和创建方法。

【本章要点】

★ 支架
★ 拨叉
★ 连杆
★ 摇臂

6.1　支架

支架零件一般都用来支撑其他零件，起到连接和支撑的作用，下面分析支架零件的特征及创建思路。

6.1.1　支架类零件的特征分析

图 6-1　支架结构

如图 6-1 所示，支架零件主要包括 3 大部分：工作部分、连接部分和支撑部分。其中工作部分包括凸台特征（拉伸特征）、凸台上的孔特征（拉伸剪切特征或者孔特征）、筒特征（拉伸特征或者旋转特征），以及上面的 3 个安装孔特征（拉伸特征和拉伸剪切特征）。连接部分由支撑壁（拉伸特征和拉伸剪切特征）和加强筋（筋特征）构成。支撑部分包括安装板（拉伸特征）和安装槽（拉伸剪切特征），为了更好地接触还创建了凹槽（拉伸剪切特征）。

6.1.2 支架类零件的创建思路

支架的创建是先进行工作部分筒特征的创建，然后依次为用基础特征创建其上的安装孔和凸台，为了减少特征数量，这一部分也可以通过拉伸方法一次创建，后面就采用了这种方法。工作部分创建完成后，以此为定位参考来定位支撑部分的位置，然后通过拉伸特征创建出安装板，并运用拉伸剪切特征创建其上的安装槽和凹槽特征。等工作部分和支撑部分都创建完成后，再创建连接部分将两者连接起来，最后创建支撑壁上的筋特征。对于其中的倒角特征和圆角特征，可以分散处理，也可以集中处理。

6.1.3 支架类零件的创建方法

具体的创建步骤如下：

1）启动 SolidWorks，选择菜单命令【文件】→【新建】，或单击【新建】按钮，创建一个新的零件文件。在【FeatureManager 设计树】中选择【前视基准面】作为草图绘制平面。

2）绘制轴承孔部分。单击【草图】工具栏中的【圆】按钮，以系统坐标原点为圆心草绘一个直径为 92mm 的圆。单击【草图】工具栏中的【中心线】按钮，在草图绘制平面中心绘制一条通过原点的垂直中心线和一条与之成 60°角的斜辅助线。单击【圆】按钮绘制 3 个小圆，其圆心在大圆上并沿圆周成三等分分布。单击【草图】工具栏中的【剪裁实体】按钮，剪裁多余的线条，最后效果如图 6-2 所示。单击【关闭对话框】按钮，退出草图绘制。

3）单击【特征】工具栏中的【拉伸凸台/基体】按钮，在弹出的【凸台-拉伸】属性管理器中选择【终止条件】为【给定深度】，设置【深度】为 44mm，单击【确定】按钮，拉伸后的效果如图 6-3 所示。

4）绘制底座基体。在【FeatureManager 设计树】中选择【右视基准面】作为草图绘制平面。单击【草图】工具栏中的【直线】按钮，绘制图 6-4 所示的草图，并单击【智能尺寸】按钮，标注尺寸。

5）单击【特征】工具栏中的【拉伸凸台/基体】按钮，在弹出的【凸台-拉伸】属性管理器中选择【终止条件】为【两侧对称】，设置【深度】为 140mm，单击【确定】按钮，拉伸效果如图 6-5 所示。

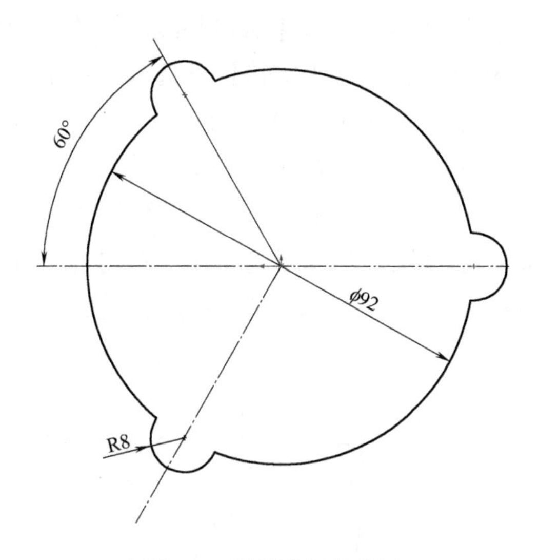

图 6-2　轴承孔部分草图

图 6-3　拉伸后的实体

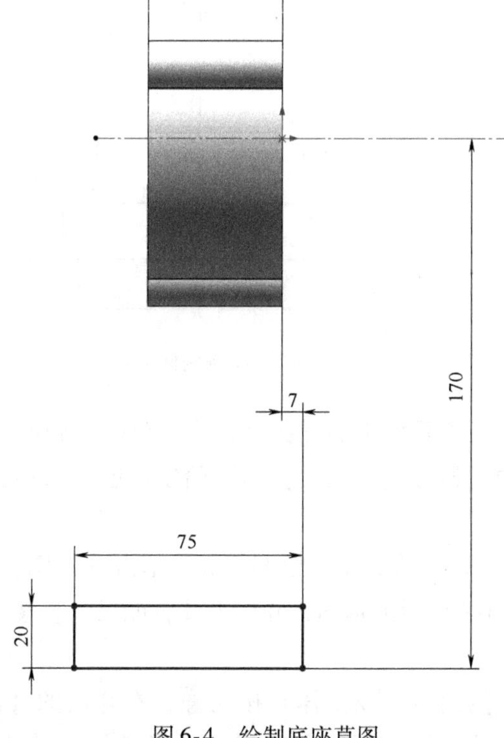

图 6-4　绘制底座草图

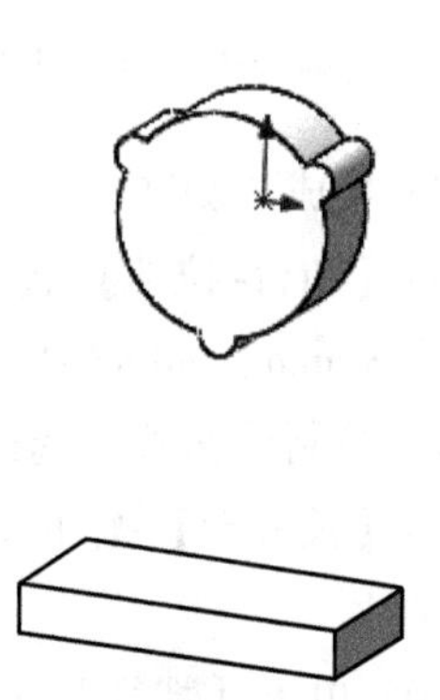

图 6-5　拉伸后的底座基体

6）绘制筋板。单击【特征】工具栏中的【参考几何体】按钮，在弹出的快捷菜单中选择【基准面】（如图 6-6 所示），或选择菜单命令【插入】→【参考几何体】→【基准面】。在【基准面】属性管理器中选择【前视基准面】作为创建基准面的参考平面，设置【距离】为 3mm，不选中【反转】复选框。单击【确定】按钮✔，创建完成的基准面如图 6-6 中的【基准面 1】所示。

7）选取【基准面 1】作为草图绘制平面，单击标准工具栏中的【正视于】按钮，使绘图平面转为正视方向。单击【草图】工具栏中的【直线】按钮和【绘制圆角】按钮，在草图绘制平面上绘制图 6-7 所示的草图。单击【智能尺寸】按钮，对草图进行尺寸设定与标注，单击【退出草图】按钮退出草图绘制。

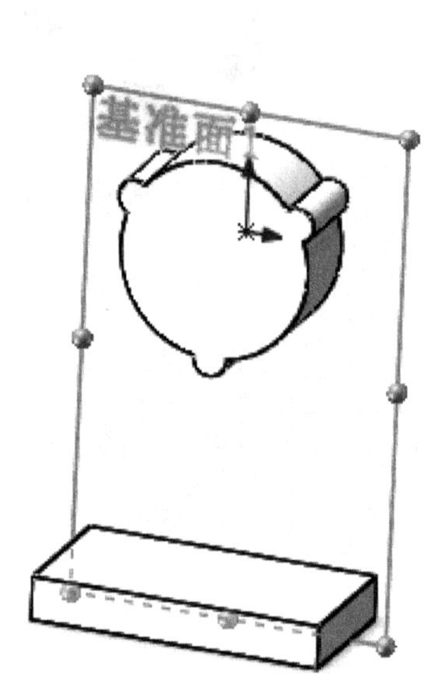

图 6-6　创建的基准面 1

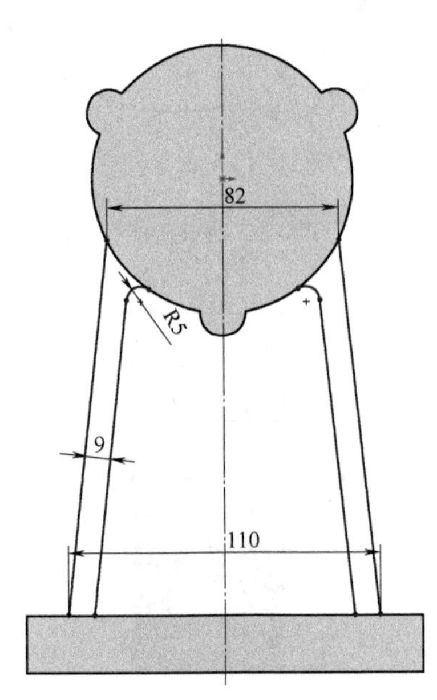

图 6-7　绘制两侧筋板草图

8）生成两侧筋板。单击【特征】工具栏中的【拉伸凸台/基体】按钮，在弹出的【凸台-拉伸】属性管理器中选择【终止条件】为【给定深度】，设置【深度】为 30mm。如图 6-8 所示。

9）绘制后筋板。选择【右视基准面】作为草图绘制平面。单击【草图】工具栏中的【长方形】按钮，绘制图 6-9 所示的草图，并单击【智能尺寸】按钮，标注尺寸。

10）单击【特征】工具栏中的【拉伸凸台/基体】按钮，在弹出的【凸台-拉伸】属性管理器中，设置【方向 1】和【方向 2】的【终止条件】为【成形到一面】，选择两个方向相对应的两侧筋板的内表面，最终效果如图 6-10 所示。

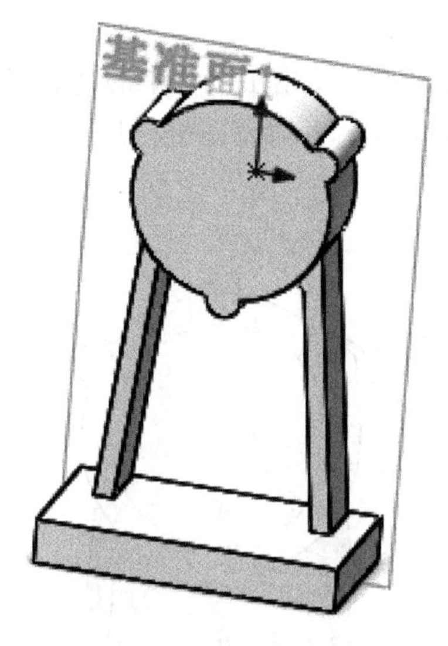

图6-8 拉伸两侧筋板

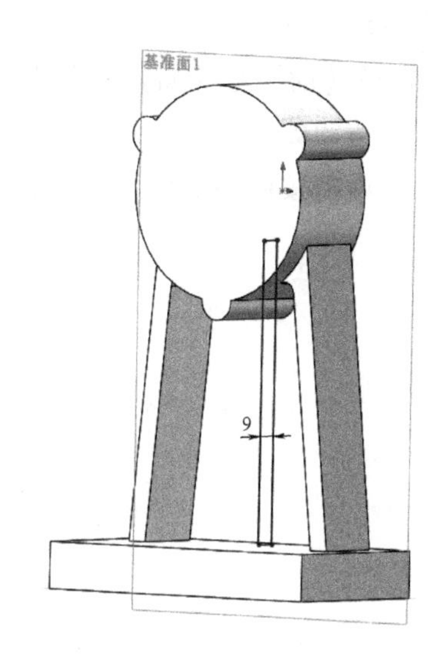

图6-9 草图

11）生成顶部螺纹孔基台。选择【上视基准面】作为草图绘制平面。单击工具栏中的【直线】按钮和【绘制圆角】按钮，在草图绘制平面上绘制图6-11所示的草图。单击【智能尺寸】按钮，对草图进行尺寸设定与标注，单击按钮退出草图绘制。

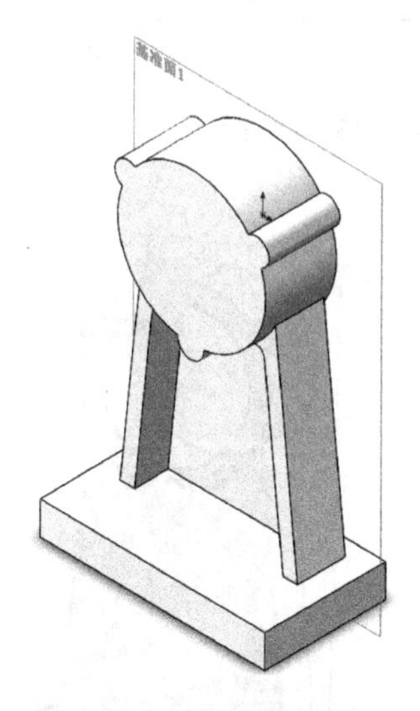

图6-10 拉伸后筋板特征

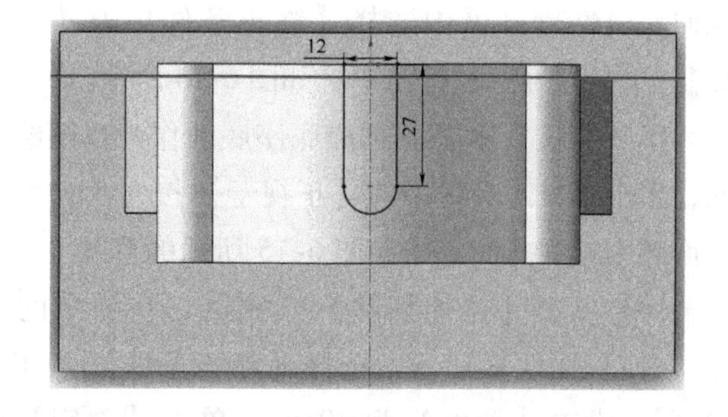

图6-11 基台草图

12）单击【特征】工具栏中的【拉伸凸台/基体】按钮，在弹出的【凸台-拉伸】属性管理器中选择【终止条件】为【给定深度】，设置【深度】为52mm，效果如图 6-12 所示。

13）选择【前视基准面】作为草图绘制平面。单击工具栏中的【直线】按钮和【圆】按钮，在草图绘制平面上绘制草图，并对草图进行尺寸标注，如图 6-13 所示。单击按钮退出草图绘制。

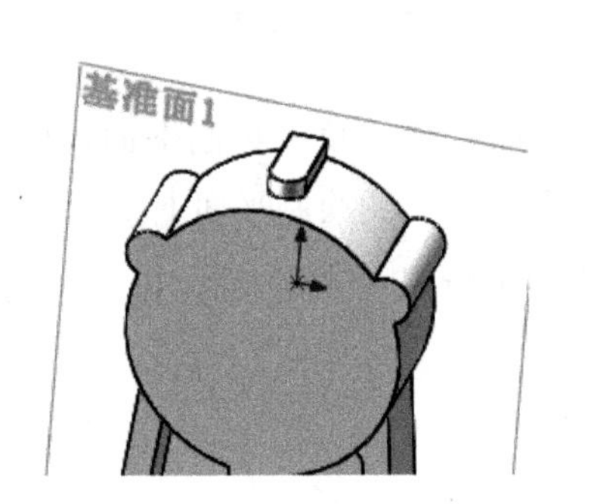

图 6-12　基台效果图

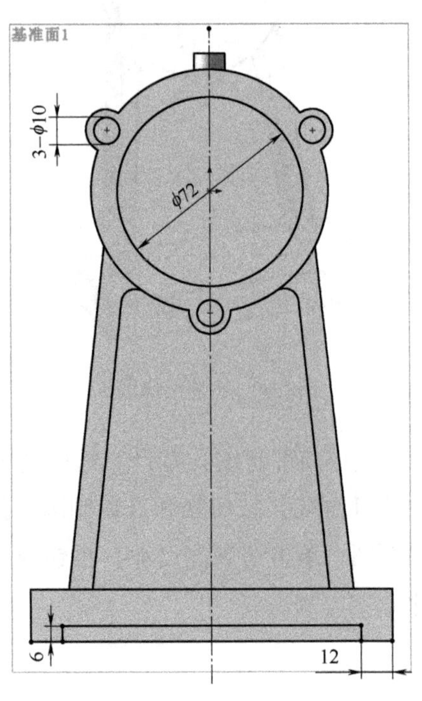

图 6-13　草图

14）单击【拉伸切除】按钮，在弹出的【切除-拉伸】属性管理器中选择【终止条件】为【完全贯穿】。单击【确定】按钮，如图 6-14 所示。

图 6-14　拉伸切除特征

15）生成 U 形槽。选择底座底面作为草图绘制平面，单击标准工具栏中的【正视于】按钮，使绘图平面转为正视方向。绘制图 6-15 所示的草图。

16）单击【拉伸切除】按钮，在弹出的【切除-拉伸】属性管理器中选择【终止条件】为【给定深度】，设置【深度】为 40mm。单击【确定】按钮，效果如图 6-16 所示。

17）生成圆角特征。单击【特征】工具栏中的【圆角】按钮，或选择菜单命令【插入】→【特征】

→【圆角】命令。

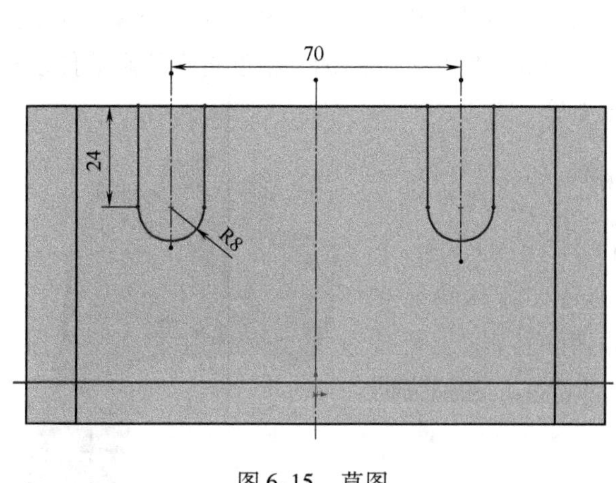

图6-15　草图

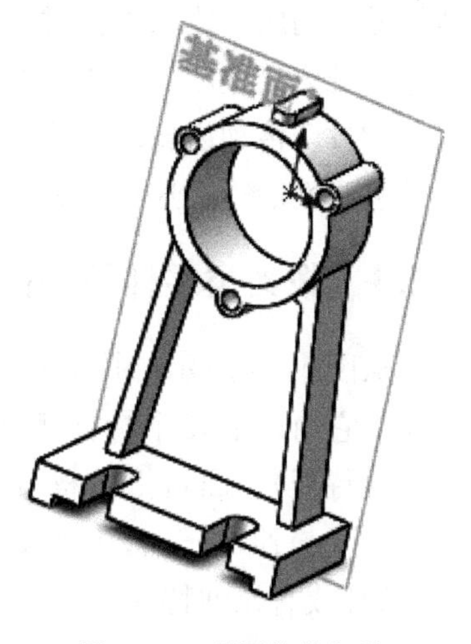

图6-16　利用拉伸切除特征生成U形槽

18）在弹出的【圆角】属性管理器中，选择【圆角类型】为【恒定大小】，设置圆角【半径】为3mm。在图形显示区域中用鼠标选择图6-17所示的边线，单击【确定】按钮，生成圆角特征，如图6-18所示。

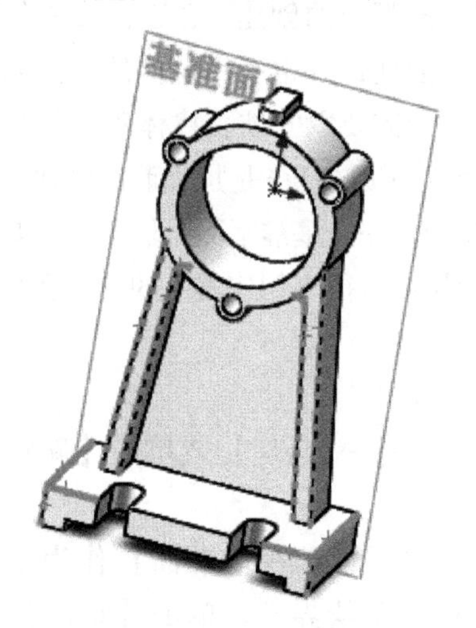

图6-17　选择圆角边线

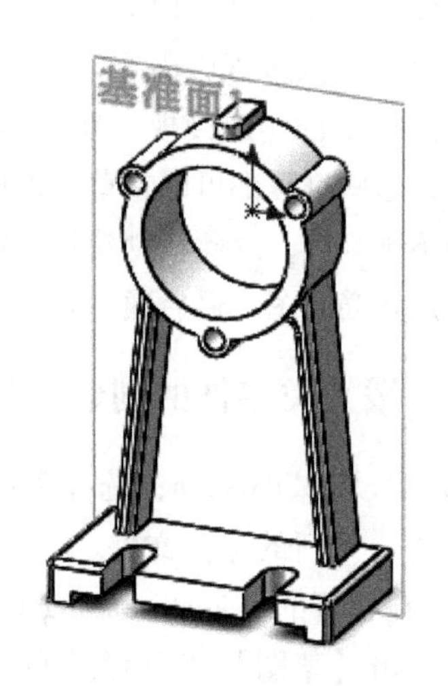

图6-18　生成的圆角特征

6.2　拨叉

拨叉零件和拨叉体零件广泛用于汽车、拖拉机、坦克等行走机械的变速箱中，其工艺装备的设计与制造成本是影响整体成本的一个重要部分。拨叉零件一般采用铸铁材料制成。拨叉工作时，以轴孔为基准，在光轴上左右滑动拨动传动齿轮。在车床、铣床、镗床、钻床等各类机床及其他设备中，传动装置的变速通常是利用拨叉机构拨动传动齿轮改变传动比来实现的。拨叉零件的加工精度将直接影响传动机构的装配性能、变速性能和运行噪声等。

6.2.1 拨叉类零件的特征分析

从图 6-19 所示的拨叉结构可以看出，对于一个拨叉，它由以下几个特征组成：凸台（拉伸特征或者旋转特征）、凸台上的槽（拉伸切除特征）、圆弧板特征（拉伸特征）、连接板（拉伸特征）和加强筋（筋特征或者拉伸特征）。

图 6-19 拨叉结构

6.2.2 拨叉类零件的创建思路

根据拨叉的结构特征，可以分析出其创建思路：首先运用拉伸特征创建安装孔所在的柱体，在其上创建凸台特征，为了定位方便，这里采用拉伸特征来创建凸台更方便一些。

创建完安装孔柱体以后，下一步的任务是圆弧板的创建。创建圆弧板的关键是其定位，在定位过程中需要以安装孔为参照，因此最好也采用拉伸的方法来创建圆弧板。然后是创建连接板，在创建连接板过程中需要以安装孔柱体和圆弧板的轮廓为参照，这些过程都可以在草绘器中完成。最后一步的任务是加强筋的创建，由于连接板的不规则性，因此在创建加强筋时需要先创建一个基准平面，然后在该基准平面中草绘加强筋草图。最后通过孔工具或者剪切拉伸特征来创建其上的安装孔特征。

6.2.3 拨叉类零件的创建方法

1）启动 SolidWorks，选择菜单栏命令【文件】→【新建】或单击【新建】按钮，创建一个新的零件文件。

2）在打开的【FeatureManger 设计树】中选择【前视基准面】作为草图绘制平面，单击【草图】工具栏【草图绘制】，进入草绘界面。单击【草图】工具栏中的【圆】按钮，以圆点为圆心绘制一个直径为 36mm 的圆。

3）执行菜单命令【插入】→【凸台/基体】→【拉伸】，或单击特征工具栏中的【拉伸凸台/基体】按钮，此时系统弹出图 6-20 所示【凸台-拉伸】属性管理器。设置【终止条件】为【给定深度】，设置【深度】为 72mm。单击【确定】按钮。

4）绘制【草图 2】。选择【右视基准面】作为草图绘制平面，单击【标准视

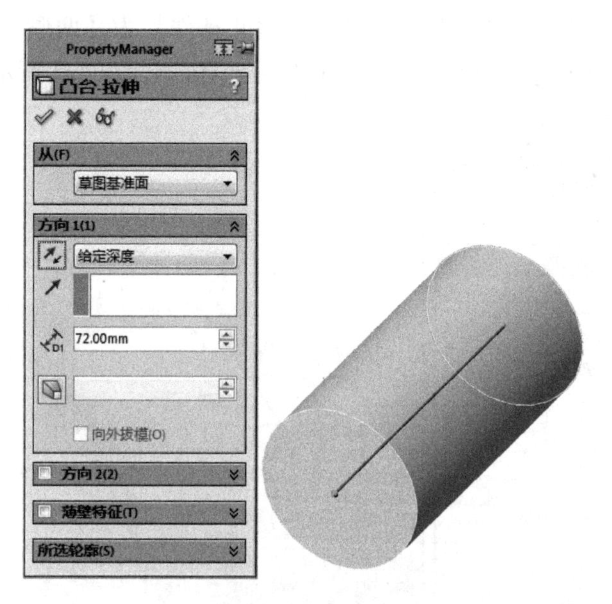

图6-20 【凸台-拉伸】属性管理器

图】工具栏中的【正视于】按钮，使绘制平面转为正视方向，单击【草图】工具栏【草图绘制】按钮，进入草绘界面。单击工具栏中的【直线】按钮，绘制一个长方形。

5）单击【绘制圆角】按钮，设置【圆角半径】为5mm，用鼠标选中长方形上边线所在的两端点，单击【确定】按钮，完成圆角。单击【智能尺寸】按钮，进行尺寸设定和标注，效果如图6-21所示，退出草图绘制。

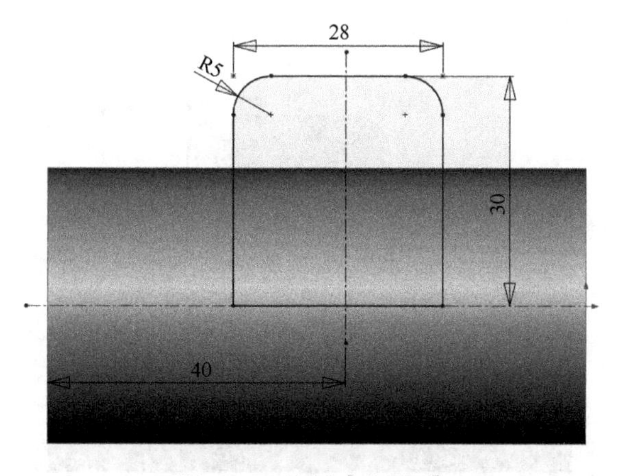

图6-21　绘制【草图2】

6）绘制承托轴套。单击【特征】工具栏中的【拉伸凸台/基体】按钮，在弹出的【凸台-拉伸】属性管理器中选择【终止条件】为【两侧对称】，设置【深度】为 36mm。单击【确定】按钮，拉伸后的柱体如图 6-22 所示。

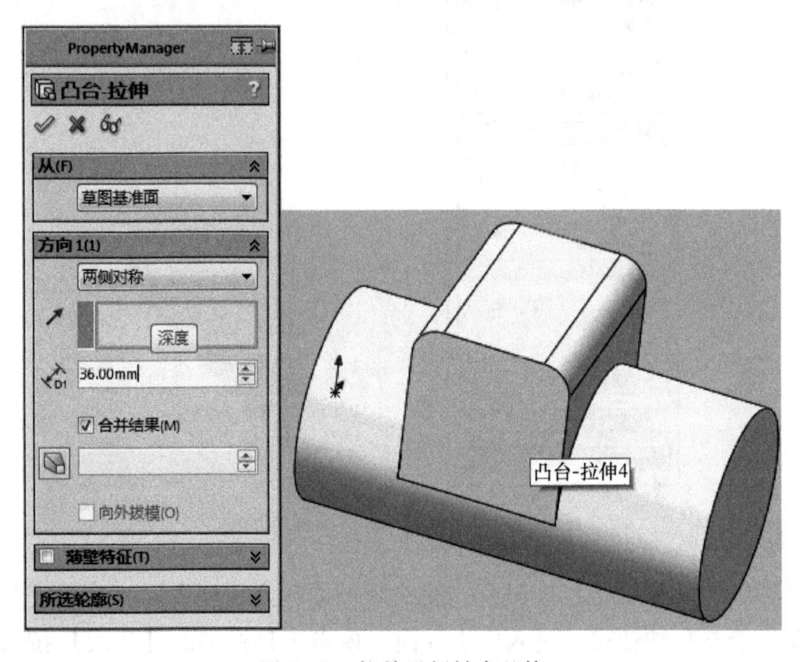

图 6-22　拉伸承托轴套基体

7）绘制【草图 3】。选择【右视基准面】作为草图平面，单击【草图】工具栏中的【草图绘制】按钮，进入草绘界面，用【直线】工具绘制图 6-23 所示草图，单击【确定】按钮，退出草图绘制。

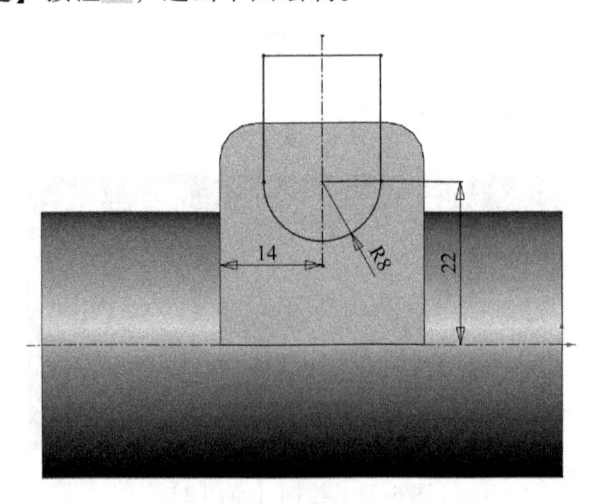

图 6-23　绘制【草图 3】

8）建立【切除-拉伸1】。单击【拉伸切除】按钮，在弹出的【切除-拉伸】属性管理器中选择【终止条件】为【两侧对称】，设置【深度】为36mm，参数设置如图6-24所示。单击【确定】按钮，拉伸切除后的承托轴套如图6-25所示。

图6-24 【切除-拉伸】属性管理器

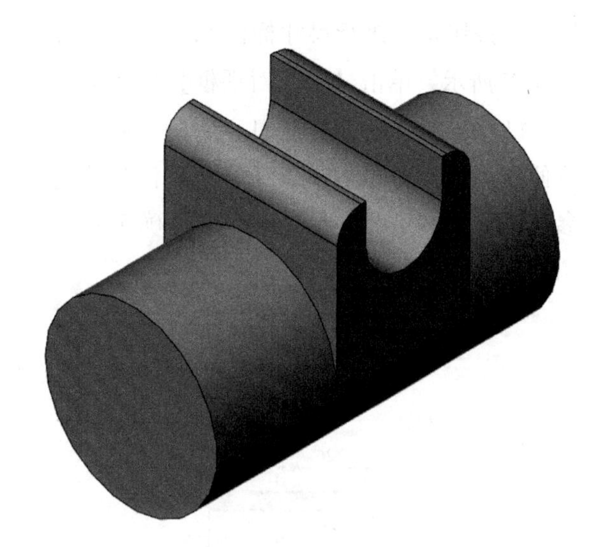

图6-25 拉伸切除后的承托轴套

9）建立草图【基准面1】。单击【参考几何体】按钮，在弹出的下拉菜单中选择【基准面】按钮，或选择菜单命令【插入】→【参考几何体】→【基准面】。在【基准面】属性管理器中，选择【前视基准面】作为创建基准面的参考平面，设置【距离】5mm，单击【确定】按钮，得到图6-26所示基准面1。

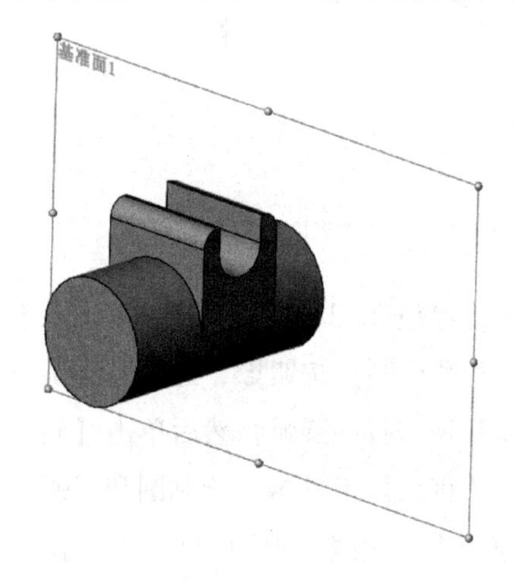

图6-26 建立草图【基准面1】

10）绘制拨叉 U 形口草图。选择【基准面 1】作为草图绘制基准面，单击【草图】工具栏中的【草图绘制】按钮进入草绘界面。单击【草图】工具栏中的【圆】按钮，绘制两个直径分别为 50mm 和 22mm 的同心圆。用【直线】工具绘制小圆的两条竖直切线，单击【剪裁实体】按钮修剪草图，单击【智能尺寸】按钮，进行尺寸标注和同心圆圆心位置的固定，修剪并标注后的草图如图 6-27所示，单击【关闭对话框】按钮，退出草图绘制。

11）单击【特征】工具栏中的【拉伸凸台/基体】按钮，在弹出的【凸台-拉伸】属性管理器中选择【终止条件】为【两侧对称】，设置【深度】为 14mm，参数设置如图 6-28 所示，单击【确定】按钮，拉伸后的拨叉 U 形口特征如图 6-29所示。

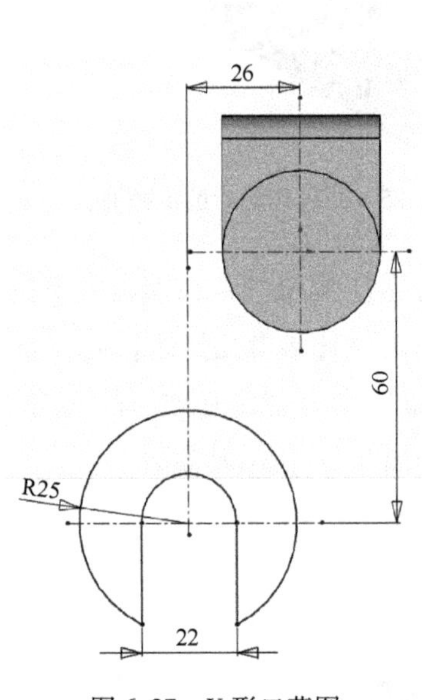

图 6-27　U 形口草图

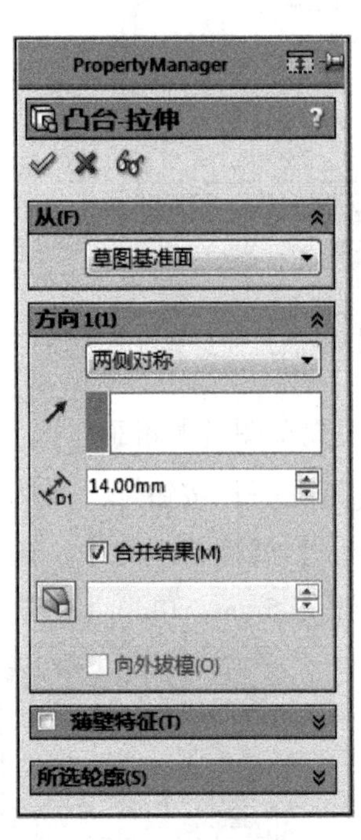

图 6-28　【凸台-拉伸】属性管理器

12）绘制支撑板草图。选择【基准面 1】作为草图绘制基准面，单击【草图】工具栏中的【草图绘制】按钮，进入草绘界面。通过 Ctrl 键选择【凸台-拉伸 1】柱体投影圆和 U 形口投影圆弧，然后单击【转换实体引用】按钮，将其转化为草图实体。单击【直线】工具，绘制圆和圆弧的两条外切线，单击【剪裁实体】按钮，修剪草图多余边线，得到图 6-30 所示封闭线框。单击【确定】按钮，退出草图绘制。

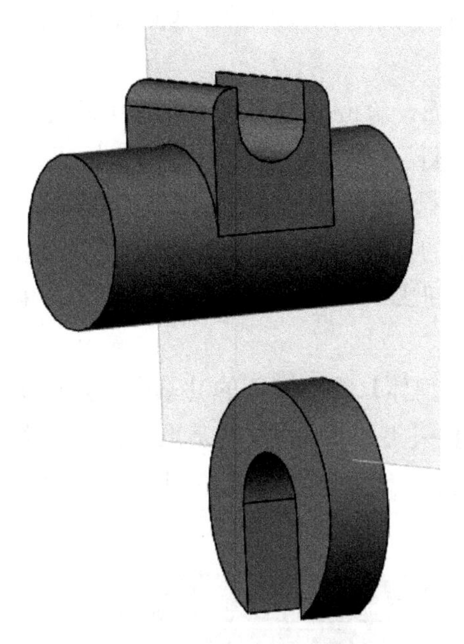

图 6-29　拨叉 U 形口特征

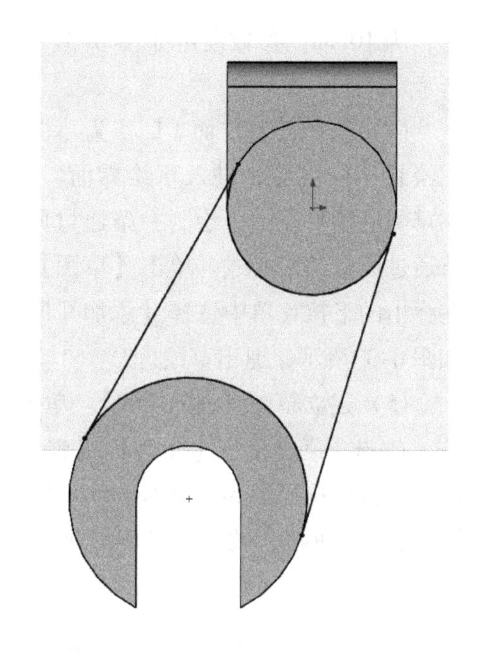

图 6-30　支撑板草图

图 6-31　【凸台-拉伸】属性管理器

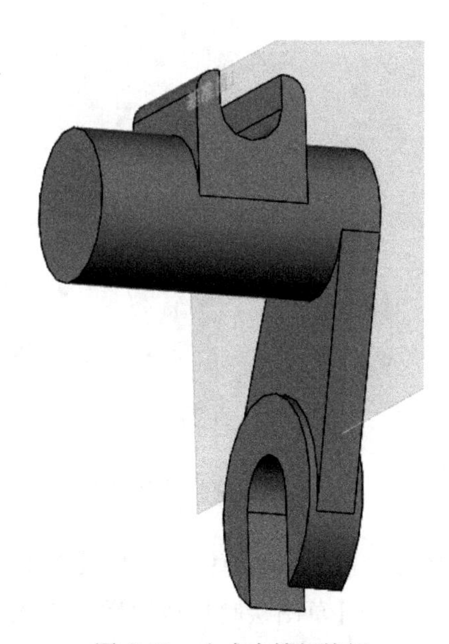

图 6-32　生成支撑板特征

13）拉伸支撑板。单击【特征】工具栏中的【拉伸凸台/基体】按钮，在弹出的【凸台-拉伸】属性管理器中选择【终止条件】为【两侧对称】，设置【深度】为 10mm，参数设定如图 6-31 所示。单击【确定】按钮✔，效果如图 6-32 所示。

14）选择【基准面 1】作为草图绘制基准面，单击【草图】工具栏中的【草图绘制】按钮，进入草绘界面。单击【草图】工具栏中的【中心线】按钮，在草图绘制平面中心绘制一条通过原点和 U 形投影圆弧圆心的中心线，再绘制一条通过原点的中心线。单击【草图】工具栏中的【显示/删除几何关系】按钮，在弹出的下拉菜单中选择【添加几何关系】按钮，将两条中心作【垂直】约束如图 6-33所示，退出草绘。

15）建立草图【基准面 2】。单击【参考几何体】按钮下的【基准面】按钮，或选择菜单命令【插入】→【参考几何体】→【基准面】。在【基准面】管理器中，用鼠标选择图 6-33 中所示的中心线和原点，参数设置如图 6-34 所示。单击【确定】按钮✔，效果如图 6-35 所示。

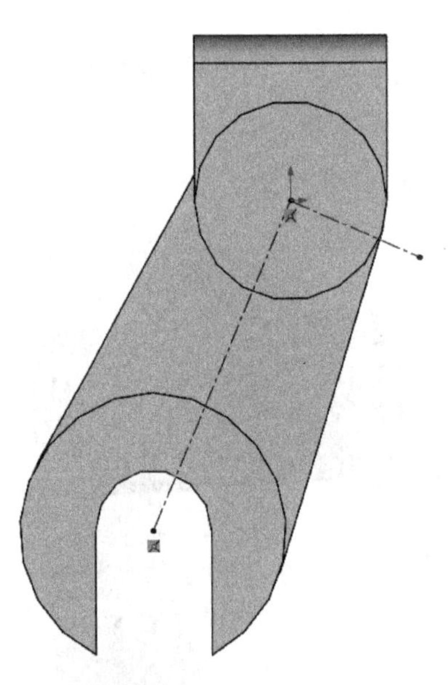

图 6-33　绘制【草图 4】

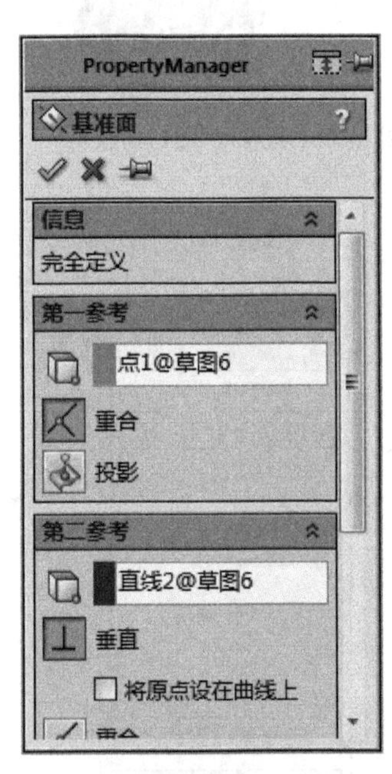

图 6-34　【基准面】属性管理器

16）绘制加强筋草图。选择【基准面 2】作为草图绘制基准面，单击【草图】工具栏中的【草图绘制】按钮，进入草绘界面。单击【直线】按钮，用【添加几何关系】工具将直线两端点与模型投影线作【重合】约束。单击【智能尺寸】按钮，对草图进行尺寸标注如图 6-36 所示，退出草绘。

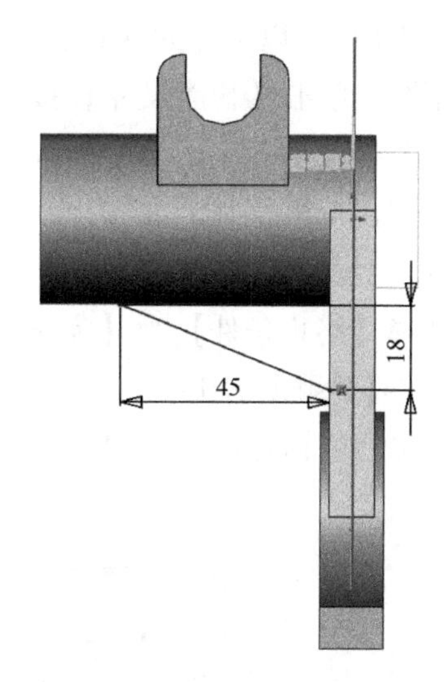

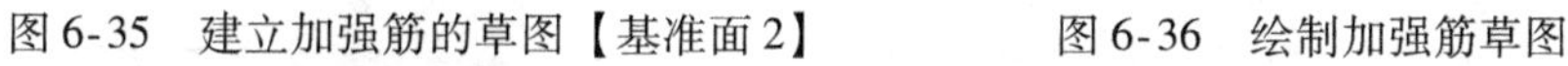

图 6-35　建立加强筋的草图【基准面 2】　　图 6-36　绘制加强筋草图

17）生成加强筋。单击【特征】工具栏中的【筋】按钮，设置厚度为【两侧对称】，设置筋厚度为 10mm，参数设置如图 6-37 所示。单击【确定】按钮，生成图 6-38 所示筋特征。

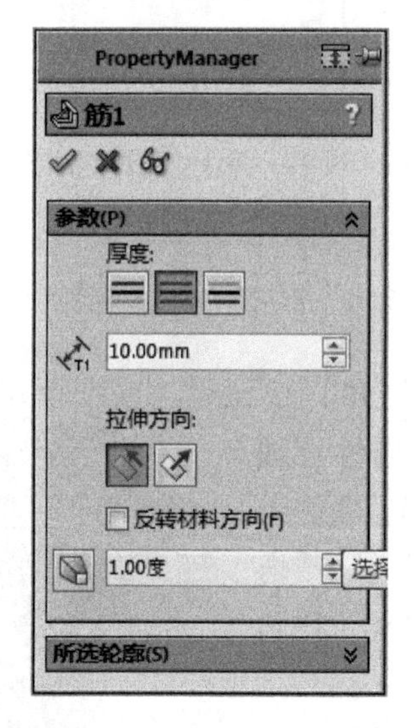

图 6-37　【筋】属性管理器

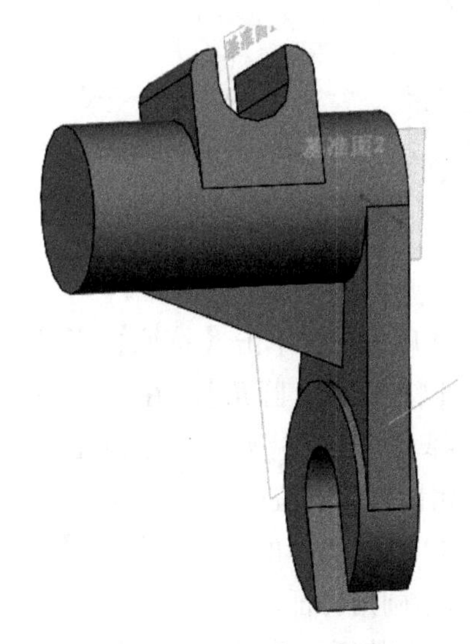

图 6-38　生成加强筋特征

18）选择【前视基准面】作为草图绘制基准面，单击【草图】工具栏中的【草图绘制】按钮进入草绘界面。单击【草图】工具栏中的【中心线】按钮，在草图绘制平面中心绘制一条经过原点的水平中心线。单击【草图】工具栏中的

【圆】按钮，以圆点为圆心绘制一个直径为18mm的圆。用【直线】工具绘制键槽草图，单击【智能尺寸】按钮，对草图进行尺寸标注和约定。用【剪裁实体】工具修剪多余边线，修剪后的草图如图6-39所示，单击【关闭对话框】按钮，退出草图绘制。

19）生成轴孔。单击【拉伸切除】按钮，在弹出的【切除-拉伸】属性管理器中选择【终止条件】为【完全贯穿】，参数设置如图6-40所示。选择菜单命令【视图】→【隐藏所有类型】，将创建的辅助平面隐藏起来，单击【确定】按钮，拉伸切除后的轴孔如图6-41所示。

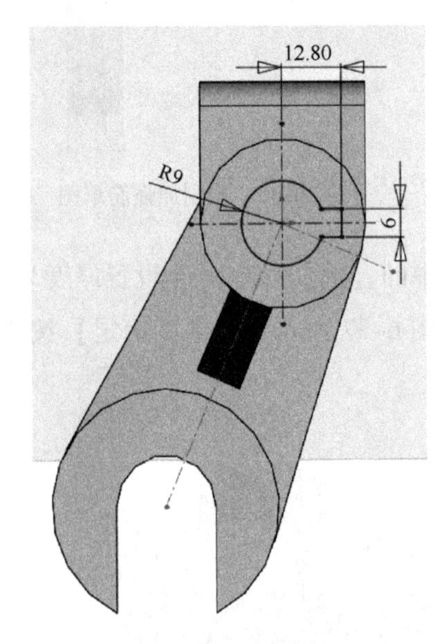

图6-39 轴孔草图

图6-40 【切除-拉伸】属性管理器

20）圆角特征。单击【特征】工具栏中的【圆角】按钮，或选择菜单命令【插入】→【特征】→【圆角】。在出现的【圆角】属性管理器中，选择【圆角类型】为【恒定大小】，设置圆角为3mm，各属性参数设置图6-42所示，用鼠标在图形区域内选择图6-42预览所示的边线，单击【确定】按钮，得到图6-43所示圆角特征。

图6-41 拉伸切除生成轴孔

21）圆角特征。单击【特征】工具栏中的【圆角】按钮。或选择菜单命令【插入】→【特征】→【圆角】。在出现的【圆角】属性管理器中，选择【圆角类型】为【恒定大小】，设置圆角为1mm，各属性参数设置如图6-44所示，用鼠标在图形区域内选择图6-44预览所示的边线，单击

【确定】按钮✓，得到图 6-45 所示圆角特征。

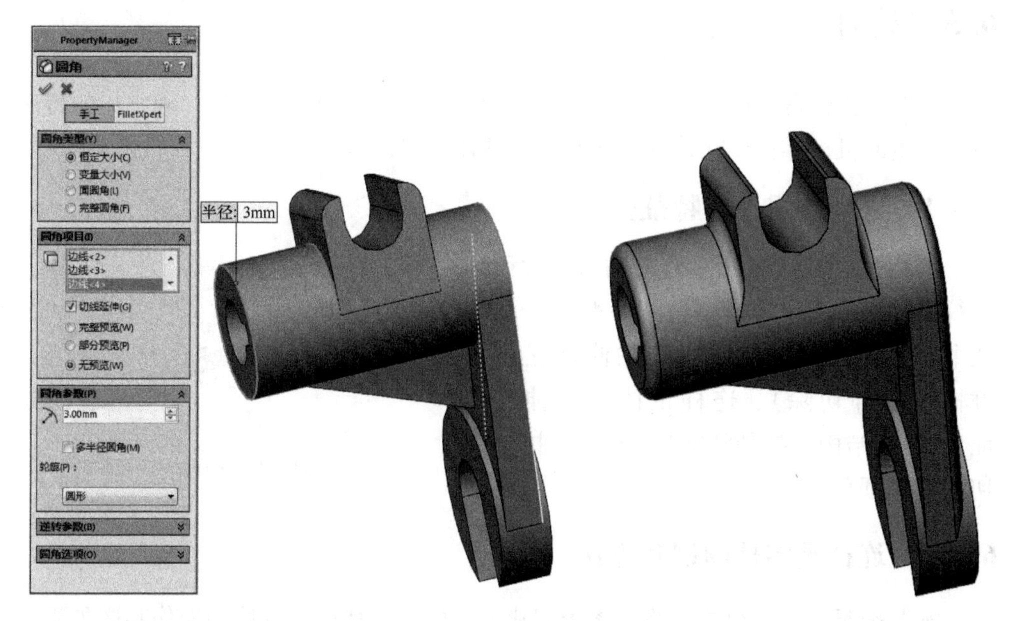

图 6-42　【圆角】属性管理器一　　　　图 6-43　生成圆角特征

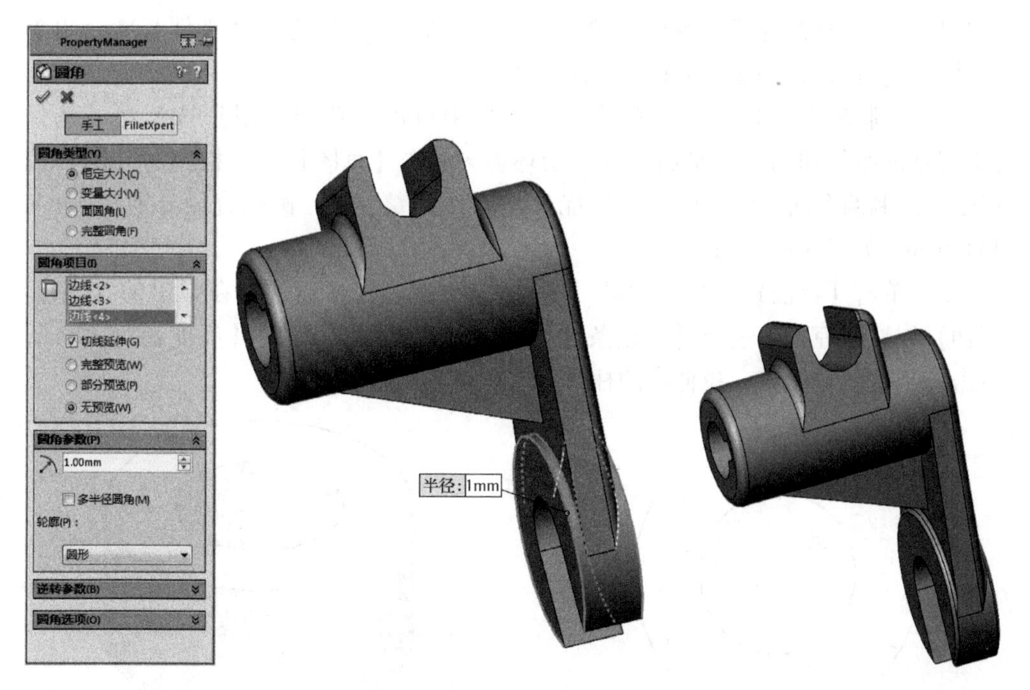

图 6-44　【圆角】属性管理器二　　　　图 6-45　拨叉零件效果图

6.3　连杆

连杆是比较常见的叉架类零件，一般用来连接不同的零件，是一种常见的传递力或转矩的机械零件，在传动机械装置中使用较多。

6.3.1　连杆类零件的特征分析

本节针对图 6-46 所示连杆的造型过程进行讲解。由图可看出，连杆一般由以下几个特征组成：环形柱体（拉伸特征）、键槽（拉伸切除）、连杆主体（拉伸特征）、顶端结构（拉伸特征）、方孔（拉伸切除）和圆角。

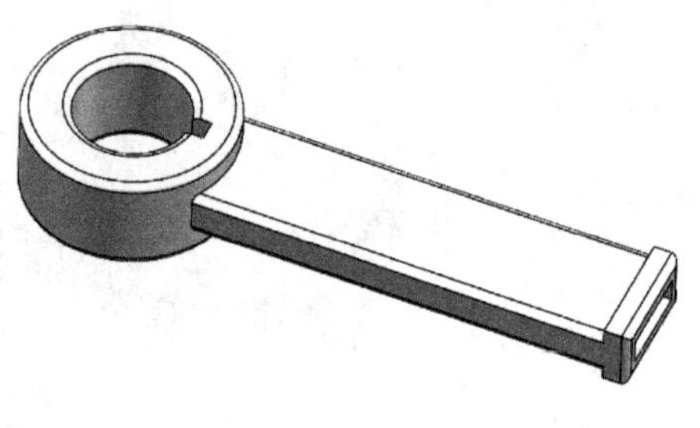

图 6-46　连杆

6.3.2　连杆类零件的创建方法

本节按照上面介绍的思路来逐步创建连杆的各个特征，具体的操作步骤如下：

1）新建文件。启动 SolidWorks，选择菜单命令【文件】→【新建】单击【新建】按钮，打开【新建 SolidWorks 文件】对话框，然后选择【零件】，再单击【确定】按钮，创建一个新的零件文件。

2）绘制环形柱体。在【草绘】工具栏中单击【草图绘制】按钮，选择【上视基准面】作为草绘平面进入草绘环境。单击【草图】工具栏中的【圆】按钮，绘制两个同心圆，单击【智能尺寸】按钮，标注圆的直径分别为 45mm 和 82mm，如图 6-47 所示。

3）单击【特征】工具栏中的【拉伸凸台/基体】按钮，在弹出的【凸台-拉伸】属性管理器中选择【终止条件】为【给定深度】，设置【深度】为 40mm，单击【确定】按钮，拉伸后的柱体如图 6-48 所示。

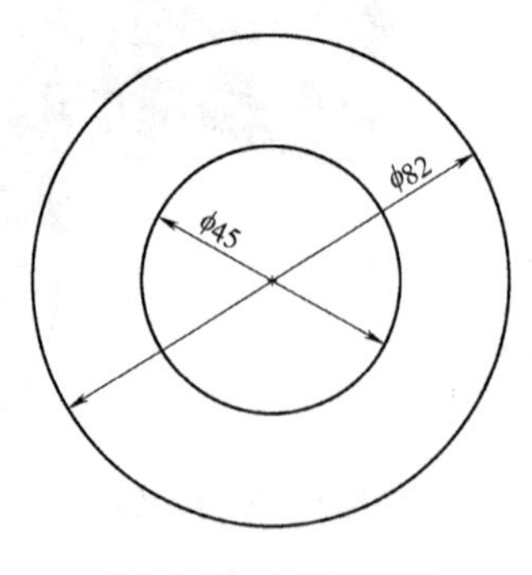

图 6-47　两圆草图

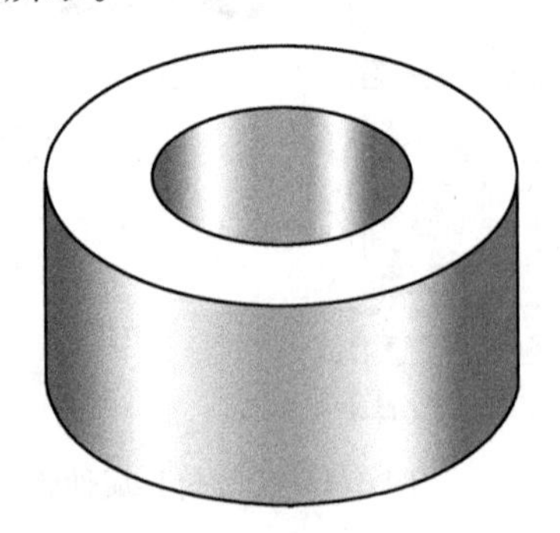

图 6-48　柱体拉伸

4）绘制连杆的顶端结构。单击【参考几何体】工具按钮下的【基准面】按钮，或选择菜单命令【插入】→【参考几何体】→【基准面】。在【基准面】属性管理器中，选择【右视基准面】作为创建基准面的参考平面，设置【距离】为200mm，单击【确定】按钮。

5）选取【基准面 1】作为草图绘制平面，单击【标准视图】工具栏中的【正视于】按钮，使绘图平面转为正视方向。单击【草图】工具栏中的【中心线】按钮，在草图绘制平面上绘制两条分别经过环形柱体投影线中点的水平中心线和垂直中心线，单击工具栏中的【直线】按钮，在草图绘制平面上绘制图 6-49 所示的草图，并单击【智能尺寸】按钮，对草图进行尺寸设定和标注。

6）单击【特征】工具栏中的【拉伸凸台/基体】按钮，在弹出的【凸台-拉伸】属性管理器中选择【终止条件】为【给定深度】，设置【深度】为 10mm，选择背离柱体的方向。单击【确定】按钮，拉伸后的顶端结构如图 6-50 所示。

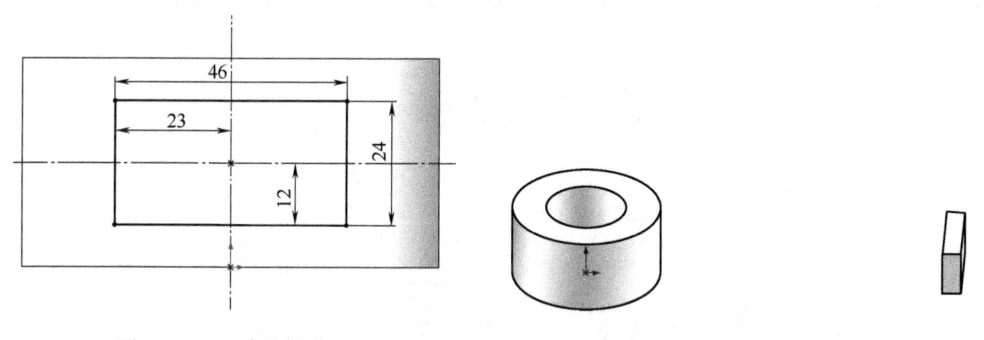

图 6-49　顶端结构草图　　图 6-50　顶端结构拉伸

7）绘制连杆主体部分。选择上一步绘制的顶端结构的内侧表面作为草图绘制平面，单击标准工具栏中的【正视于】按钮，使绘图平面转为正视方向。单击【草图】工具栏中的【中心线】按钮和【直线】按钮，绘制图 6-51 所示草图并标注尺寸。

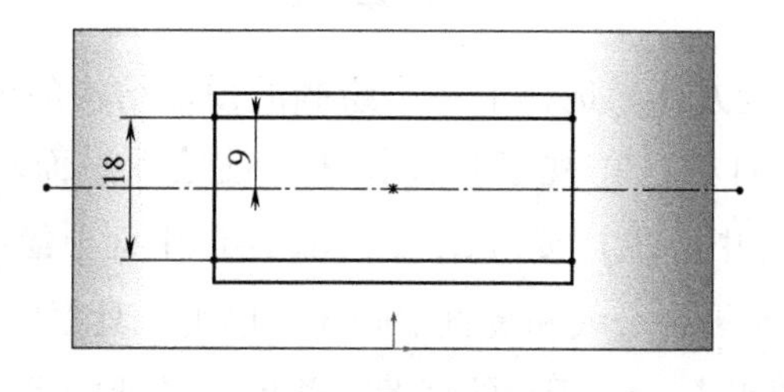

图 6-51　连杆主体草图

8）单击【特征】工具栏中的【拉伸凸台/基体】按钮，在弹出的【凸台-

拉伸】属性管理器中选择【终止条件】为【成形到下一面】，并选择环形柱体的外表面作为成形的终止面。单击【确定】按钮，拉伸后的连杆如图 6-52 所示。

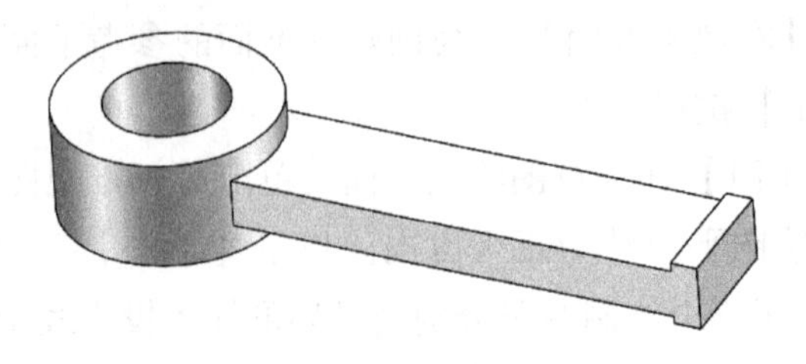

图 6-52　连杆主体拉伸

9）绘制键槽。选择【上视基准面】作为草图绘制平面，单击【草图】工具栏中的【直线】按钮，绘制图 6-53 所示的键槽草图并标注尺寸。

10）单击【拉伸切除】按钮，在弹出的【切除-拉伸】属性管理器中选择【终止条件】为【完全贯穿】。单击【确定】按钮，拉伸切除后的键槽如图 6-54 所示。

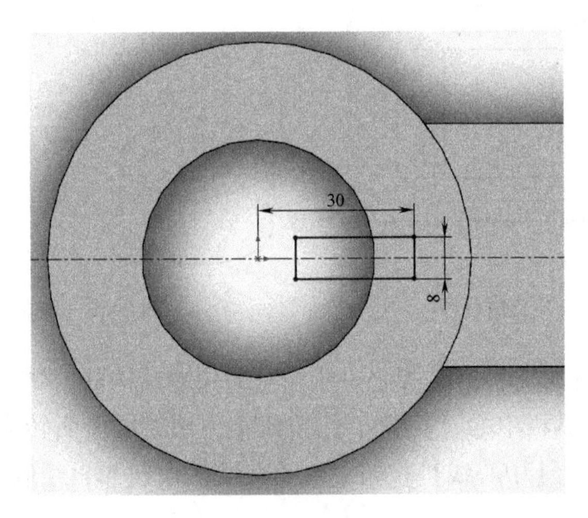

图 6-53　键槽草图

11）绘制连杆顶端方孔。选择上一步绘制的顶端结构的内侧表面作为草图绘制平面，单击标准工具栏【正视于】按钮，使绘图平面转为正视方向。单击【草图】工具栏中的【中心线】按钮，在草图绘制平面上绘制两条分别经顶端方形柱体投影线中点的水平中心线和竖直中心线。单击工具栏中的【直线】按钮，在草图绘制平面上绘制图 6-55 所示的草图，并单击【智能尺寸】按钮，对草图进行尺寸设定与标注。

12）单击【特征】工具栏中的【拉伸切除】按钮，在弹出的【切除-拉伸】

属性管理器中选择【终止条件】为【两侧对称】，设置【深度】为 20mm。单击【确定】按钮，完成连杆顶端方孔的创建，如图 6-56 所示。

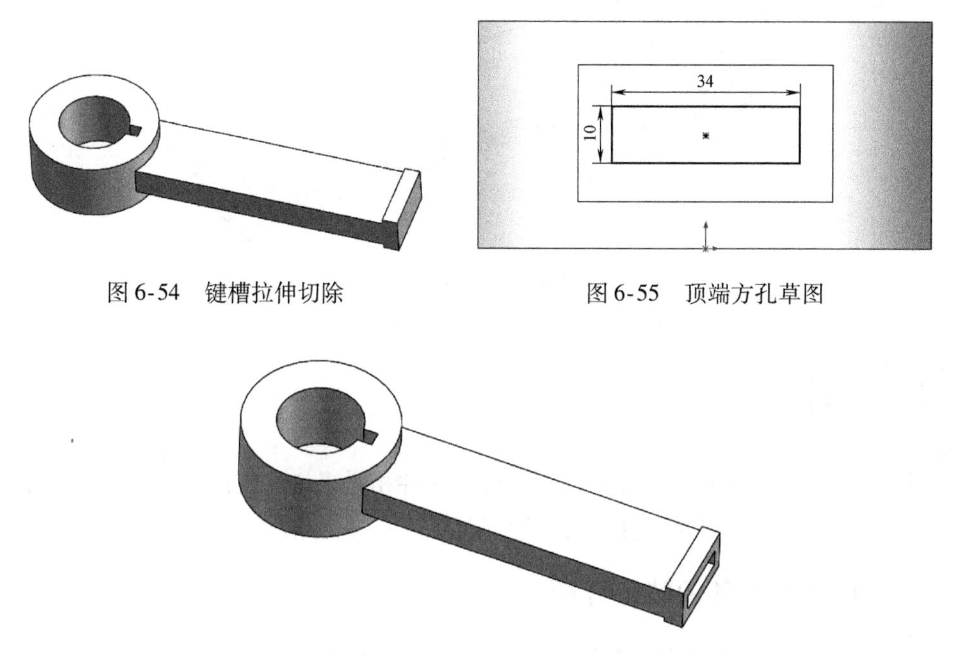

图 6-54　键槽拉伸切除

图 6-55　顶端方孔草图

图 6-56　顶端方孔拉伸

13）生成圆角特征。单击特征工具栏中的【圆角】按钮，在弹出的【圆角】属性管理器中，选择【圆角类型】为【恒定大小】，设置圆角为 3mm。单击圆角边线选择显示框，然后在右面的图形显示区域中用鼠标选择图 6-57 所示边线进行圆角特征。

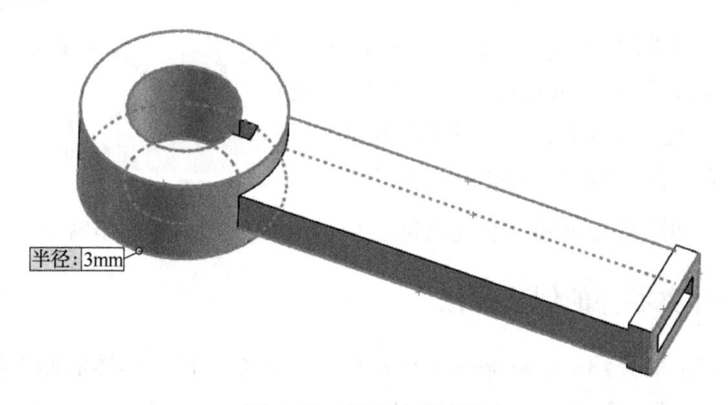

图 6-57　圆角边线选择

14）单击【确定】按钮，生成等圆角特征，如图 6-58 所示。

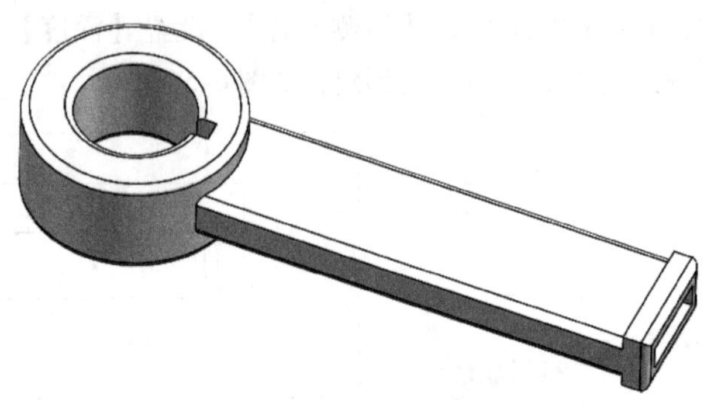

图 6-58　圆角特征

6.4　摇臂

摇臂零件主要用来改变力的方向，摇臂零件相对来说比较简单，但是外形很不规则，在创建过程中需要重复运用草绘工具。

6.4.1　摇臂类零件的特征分析

图 6-59 所示的模型为摇臂的三维模型，由该图可以看出摇臂零件包括以下特征：用于安装旋转轴及两侧受力端的凸台（拉伸特征）和安装孔（拉伸剪切特征）、摇臂的连接板（拉伸特征）和倒角特征。

6.4.2　摇臂类零件的创建思路

由于摇臂的连接板外形比较复杂，因此可以先运用拉伸特征创建连接板，在创建过程中需要在草绘图中确定各个安装孔的位置，然后通过这些位置来控制连接板的外形。创建连接板以后，以各个安装孔的预定位置为圆心来创建凸台特征，然后通过拉伸切除命令创建安装孔特征。最后的任务是创建倒角特征。

图 6-59　摇臂

6.4.3　摇臂类零件的创建方法

本节按照上面介绍的思路来逐步创建摇臂的各个特征，具体的操作步骤如下：

1）新建文件。启动 SolidWorks，选择菜单命令【文件】→【新建】或单击【新建】按钮，打开【新建 SolidWorks 文件】对话框，然后选择【零件】，再单击【确定】按钮，创建一个新的零件文件。

2）在【草绘】选项卡中单击【草图绘制】按钮，选择【前视基准面】作为草绘平面进入草绘环境。

3）单击【草图】工具栏中的【圆】按钮，在图 6-60 所示的位置绘制 3 个圆，单击【智能尺寸】按钮，对草图进行尺寸标注。

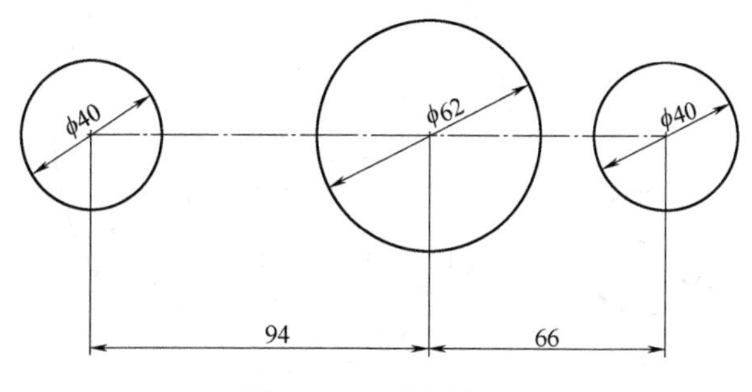

图 6-60　3 个圆草图

4）单击【草图】工具栏中的【圆】按钮，在右侧两个圆的上方绘制一个直径为 70mm 的圆。按住 Ctrl 键，选择直径为 70mm 的圆和直径为 62mm 的圆，在属性管理器中，添加【相切】几何关系。用同样的方法添加直径为 70mm 的圆和右侧直径为 40mm 的圆的相切关系。结果如图 6-61 所示。

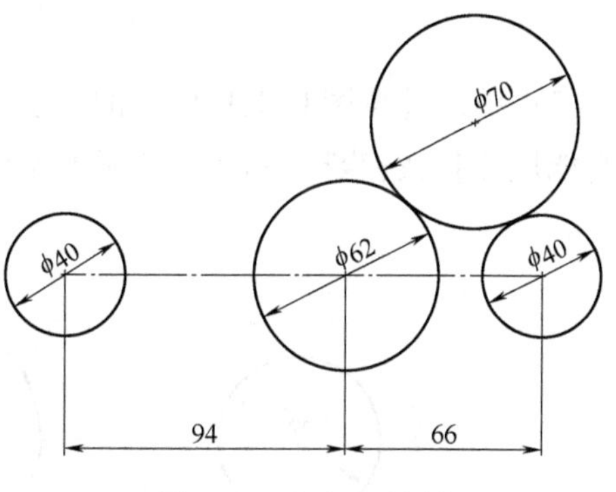

图 6-61　相切圆绘制

5）单击【草图】工具栏中的【剪裁实体】按钮，剪裁多余的圆弧。单击【智能尺寸】按钮，锁定该圆弧半径尺寸，结果如图 6-62 所示。

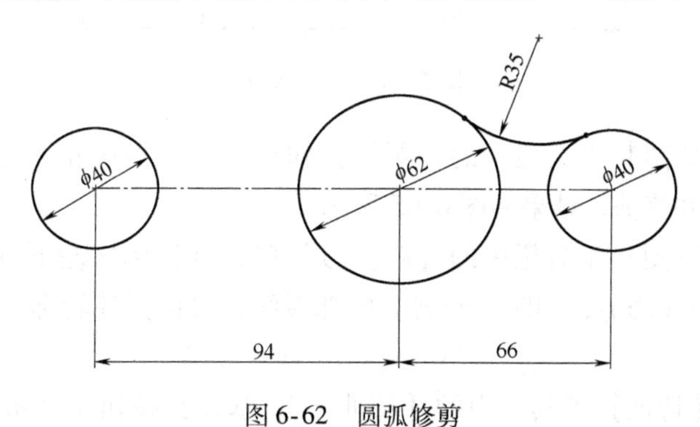

图 6-62　圆弧修剪

6）单击【草图】工具栏中的【圆】按钮，在右侧两个圆的上方绘制一个直径为 150mm 的圆，并单击【智能尺寸】按钮标注该直径尺寸，然后再约束其与右下侧的两个圆相切，结果如图 6-63 所示。

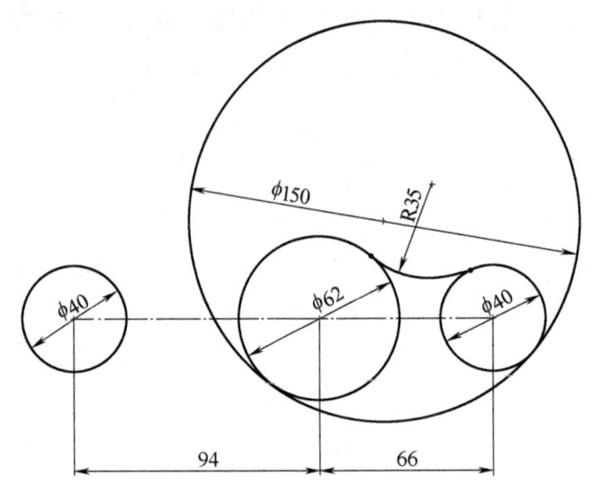

图 6-63　大圆相切约束

7）单击【草图】工具栏中的【剪裁实体】按钮，剪裁多余的圆弧、单击【智能尺寸】按钮，标注该圆弧半径尺寸，结果如图 6-64 所示。

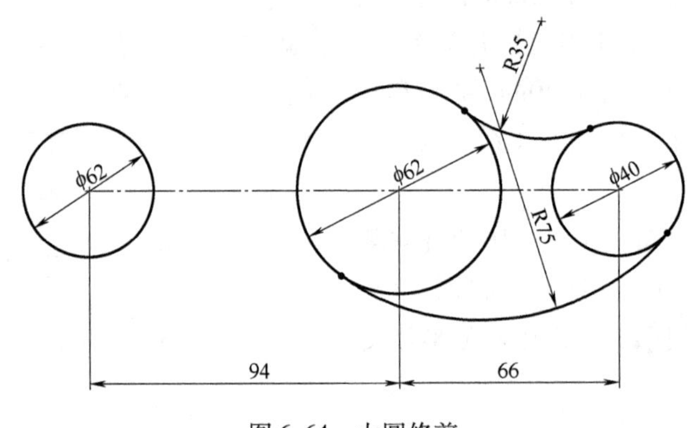

图 6-64　大圆修剪

8）单击【草图】工具栏中的【圆】按钮，在绘图区左下方绘制一半径为 40mm 的相切圆并修剪，结果如图 6-65 所示。

9）单击【草图】工具栏中的【圆】按钮，在绘图区左下方绘制一半径为 100mm 的相切圆并修剪，同时，修剪去内部弧线，仅保留外轮廓，结果如图 6-66 所示。

10）单击【特征】工具栏中的【拉伸凸台/基体】按钮，系统弹出【凸台-拉伸】属性管理器。设置【终止条件】为【两侧对称】，设置【深度】为 10mm，如图 6-67 所示。

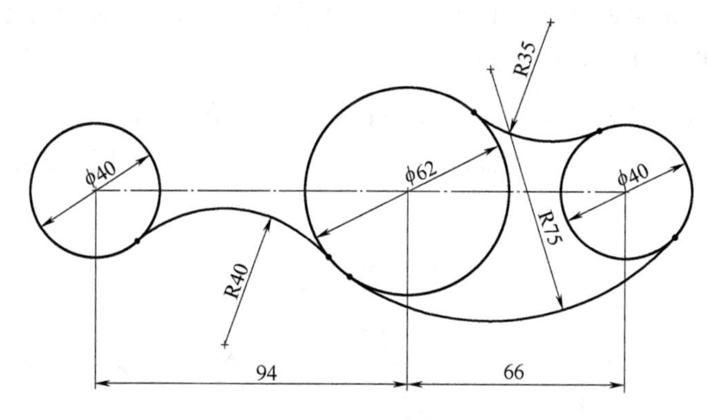

图 6-65　相切圆修剪

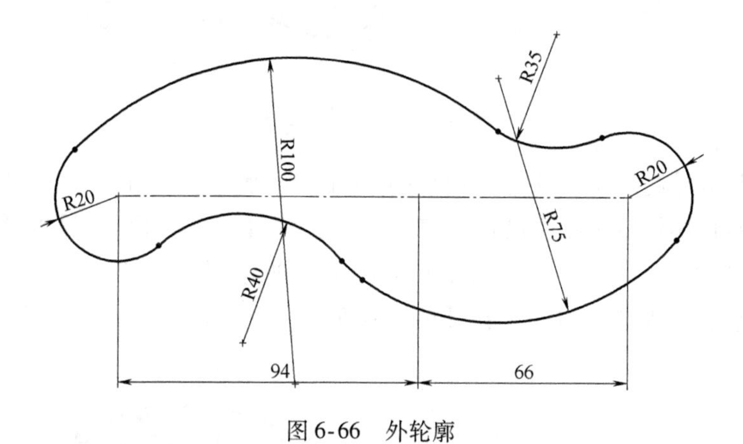

图 6-66　外轮廓

11）单击【确定】按钮✓，完成拉伸特征的创建，如图 6-68 所示。

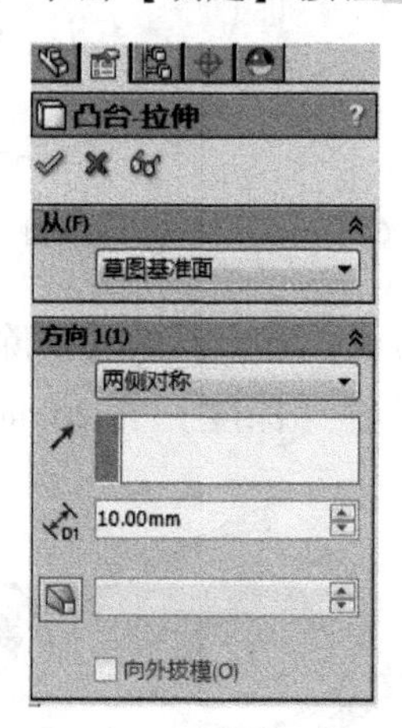

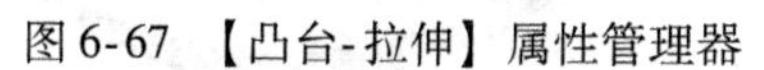

图 6-67　【凸台-拉伸】属性管理器

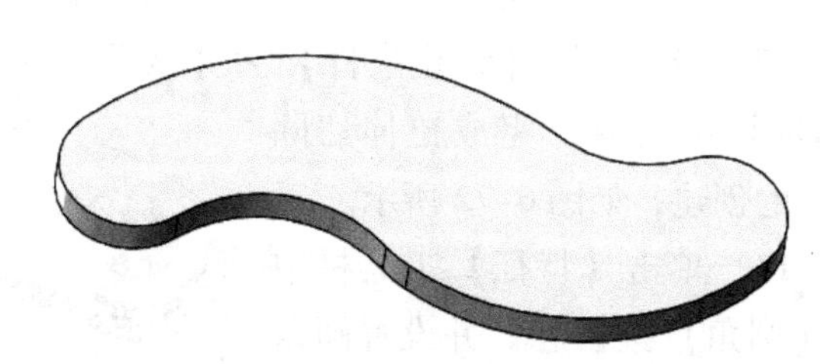

图 6-68　外轮廓拉伸

12）选择【前视基准面】作为草图绘制平面，单击【草图】工具栏中的【草图绘制】按钮，进入草图绘制。

13）单击【草图】工具栏中的【圆】按钮，在原先三个圆的圆心上，绘制一直径为55mm 和两直径为35mm 的同心圆，单击【智能尺寸】按钮，标注圆直径，结果如图 6-69 所示。

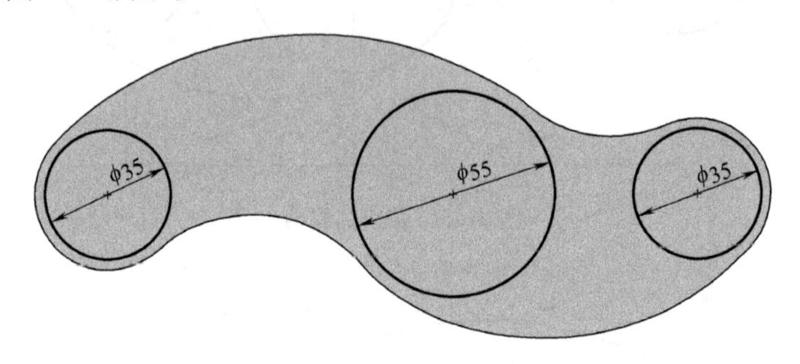

图 6-69　同心圆绘制

14）单击【特征】工具栏中的【拉伸凸台/基体】按钮，在系统弹出的【凸台-拉伸】属性管理器中设置【终止条件】为【两侧对称】，设置【深度】为16mm。单击【确定】按钮，完成拉伸特征的创建，如图 6-70 所示。

15）重复步骤 12）、13），在【前视基准面】上绘制图 6-71 所示的草图，并标注尺寸。

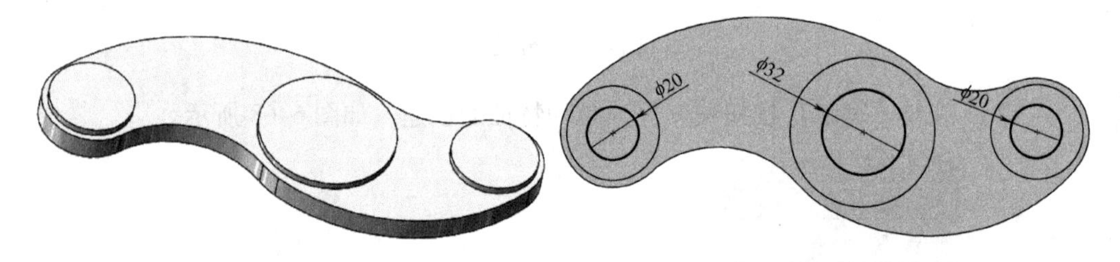

图 6-70　同心圆拉伸　　　　图 6-71　内部同心圆绘制

16）单击【特征】工具栏中的【拉伸切除】按钮，在弹出的【切除-拉伸】属性管理器中选择【终止条件】为【两侧对称】，设置【深度】为 20mm。单击【确定】按钮，完成拉伸切除特征的创建，如图 6-72 所示。

17）单击【特征】工具栏中的【圆角】按钮，并设置圆角【半径】为 1mm，如图 6-73所示。

18）用鼠标在绘图区域选取

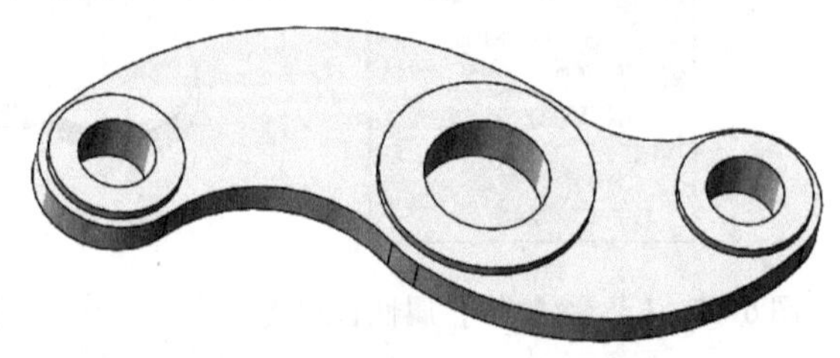

图 6-72　内部同心圆拉伸切除

需要倒圆角的边和面，单击【确定】按钮，结果如图 6-74 所示。

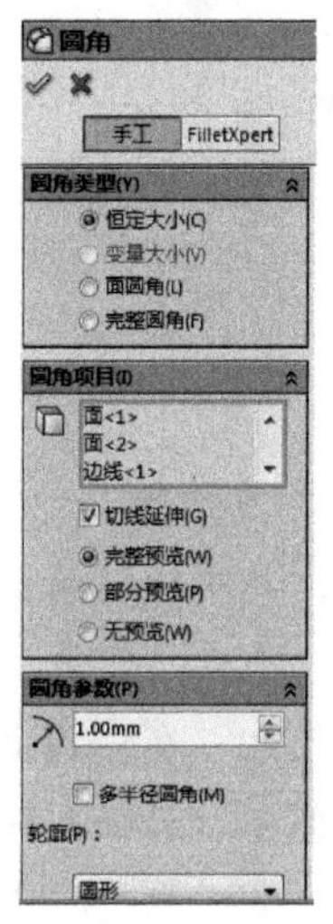

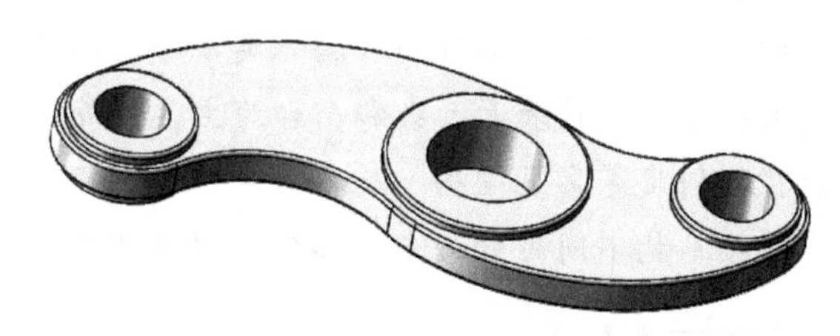

图 6-73　【圆角】属性管理器　　　　图 6-74　倒圆角

19）单击【特征】工具栏中的【倒角】按钮。在打开的【倒角】属性管理器中，选择倒角类型为【距离-距离】，并设置【距离 1】和【距离 2】分别为 2mm，在图形窗口中选择 3 个连接孔的上下圆弧边作为倒角边，如图 6-75 所示。

20）单击【确定】按钮，完成【倒角】特征，结果如图 6-76 所示。至此，摇臂的造型设计完成，单击【保存】按钮将其保存。

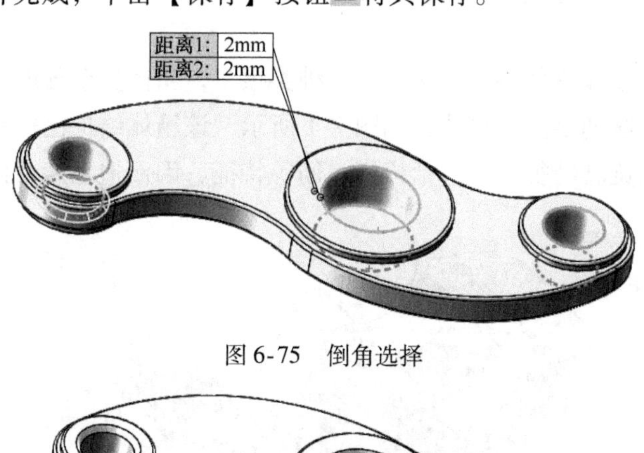

图 6-75　倒角选择

图 6-76　倒角特征

第7章　箱体类零件

【内容提要】

箱体类零件主要包括减速器箱体、泵体、阀体等，大多为铸件，一般起支撑、容纳、定位和密封等作用。箱体类零件的内外形均较复杂，其结构以箱壁、筋板和框架，以及工作表面、孔和凸台为主，另外，具有加强筋、凸台、凹坑、铸造圆角和拔模斜度等常见结构。箱体类零件种类繁多，结构差异较大。在结构上，箱体类零件按结构不同可分为支撑部分、润滑部分、安装及密封部分、加强部分。

【本章要点】

★ 减速器下箱体
★ 蜗轮减速器箱体
★ 齿轮泵体

7.1　减速器下箱体设计

减速器是大家非常熟悉的变速装置，种类很多，箱体复杂程度不同。下面设计一常见单级齿轮减速器的下箱体，如图7-1所示。该箱体结构比较复杂，既包括拉伸特征，也包括旋转特征，还包括拔模、筋等特征，因而造型涉及命令较多，过程比较复杂。

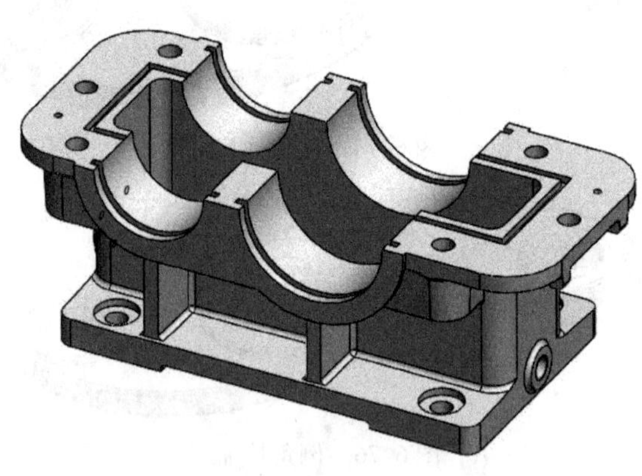

图7-1　某减速器下箱体

1）选择菜单命令【文件】→【新建】或单击【新建】按钮，建立一新零件。

2）选中【上视基准面】，单击【草图草绘】按钮，进入草绘环境；使用【草图】工具栏中的各工具按钮绘制草图；然后单击【特征】工具栏中的【拉伸凸台/基体】按钮，按照图 7-2 所示进行操作，完成箱体第一个基体特征的创建。

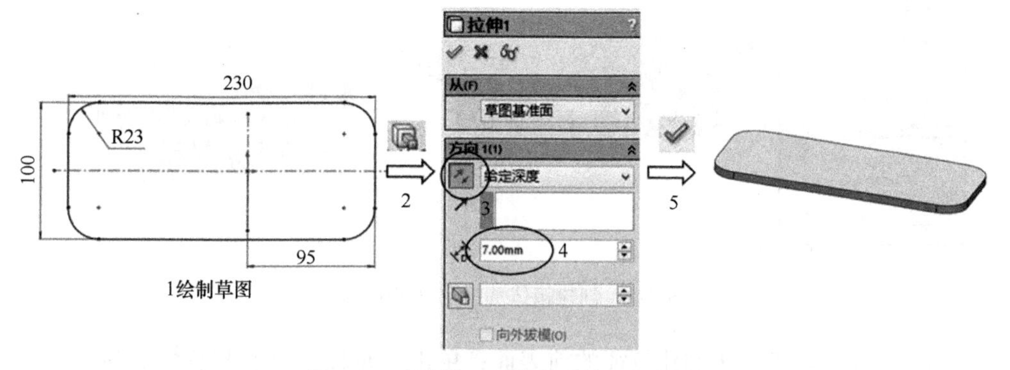

图 7-2　减速器上下箱体连接板的创建

3）选中【前视基准面】，单击【草图绘制】按钮，进入草绘环境。使用【草图】工具栏中相应工具按钮，绘制图 7-3 所示的轮廓图形。

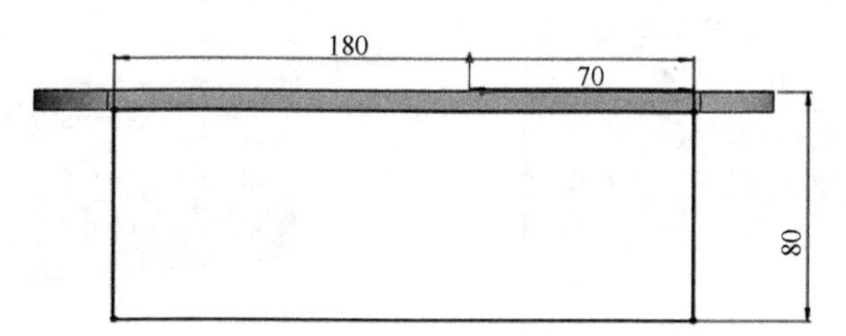

图 7-3　绘制箱体基体部分截面轮廓草图

4）单击【特征】工具栏中的【拉伸凸台/基体】按钮，按照图 7-4 所示进行操作，完成箱体机体部分的创建。

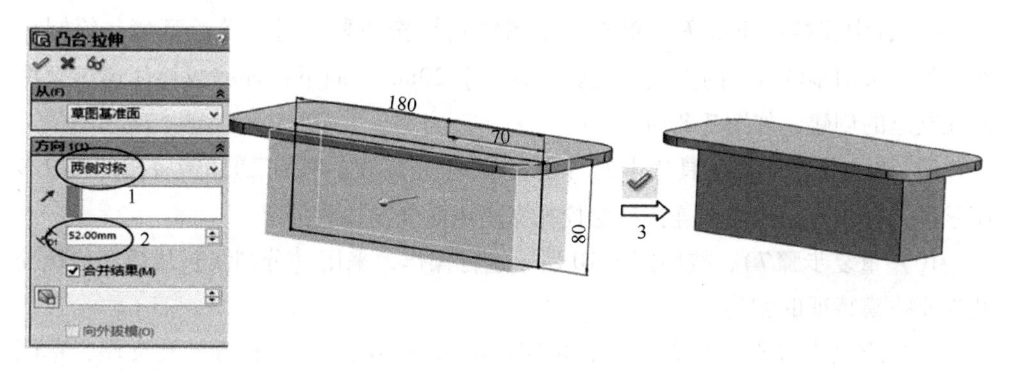

图 7-4　创建箱体机体部分

5）按住 Ctrl 键，在绘图区中选中机体 4 条边线，然后利用【特征】工具栏中的【圆角】按钮，按照图 7-5 所示进行操作，完成 *R*10 圆角的创建。

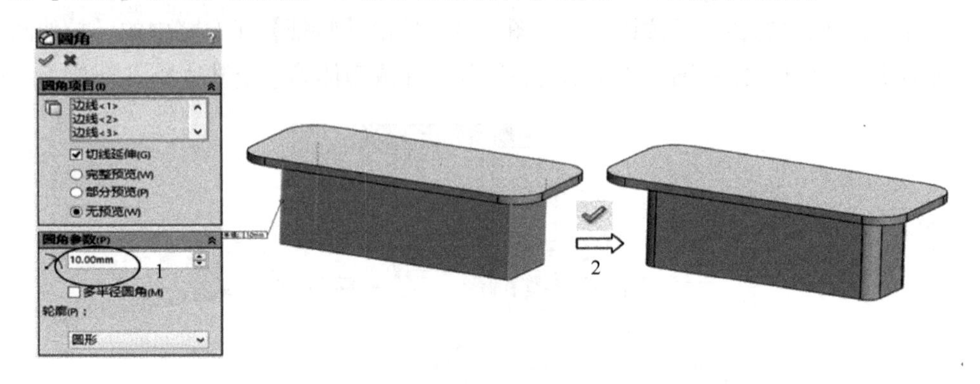

图 7-5　创建箱体基体部分 *R*10 圆角

6）选中步骤 5）所创建特征的前表面；单击【草图绘制】按钮，进入草绘环境，绘制图 7-6 所示轮廓图形；然后采用与步骤 3）相同的方法，设置【深度】为 26mm，拉伸完成。

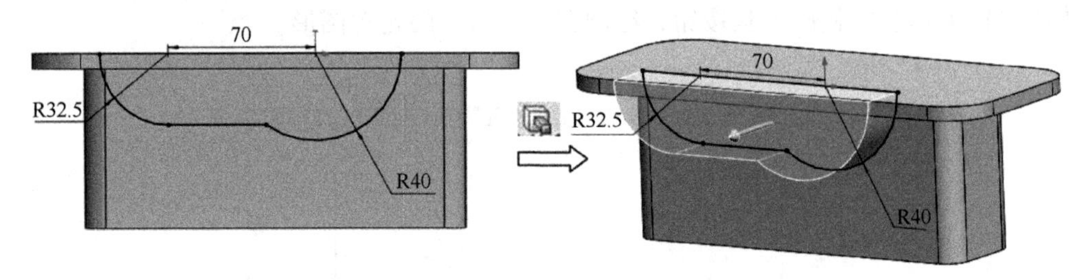

图 7-6　箱体轴承支座定位凸台截面草图及拉伸结果

7）单击【特征】工具栏中的【拔模】按钮，按照图 7-7 所示进行操作，完成轴承支座拔模特征的创建。

8）选中连接板下表面，单击【草图绘制】按钮，进入草绘环境，绘制草图；然后采用步骤 6）的方法，设置【深度】20mm，向下拉伸完成箱体连接板螺栓孔支座的创建，如图 7-8 所示。

9）单击【特征】工具栏中的【曲线】→【分割线】按钮，然后按照图 7-9 所示进行操作，完成箱体连接板螺栓孔支座侧面分割线的创建。

10）重复步骤 7），按照图 7-10 所示进行操作，采用【分割线】拔模完成螺栓孔支座拔模特征的创建。

11）重复步骤 8），绘制草图，拉伸创建另一侧箱体连接板螺栓孔支座，草图及拉伸操作过程如图 7-11 所示。

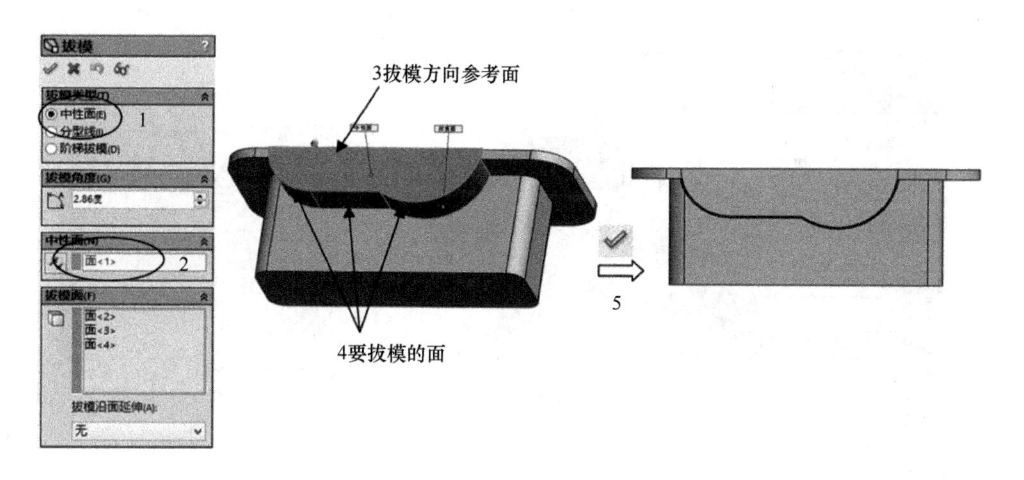

图 7-7　箱体轴承座凸台拔模斜度的创建

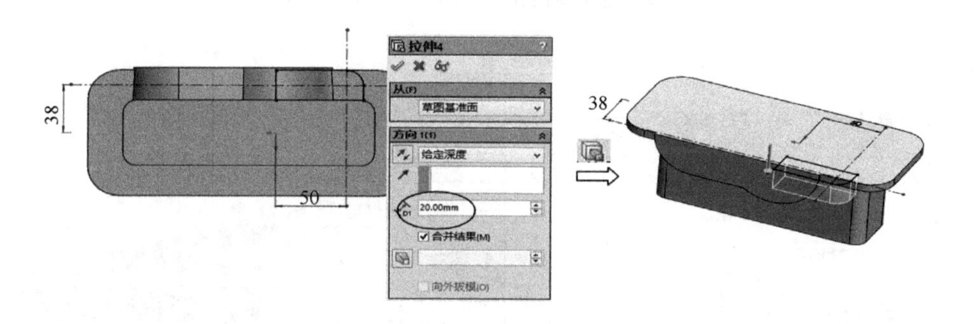

图 7-8　箱体连接板螺栓孔支座截面草图及拉伸结果

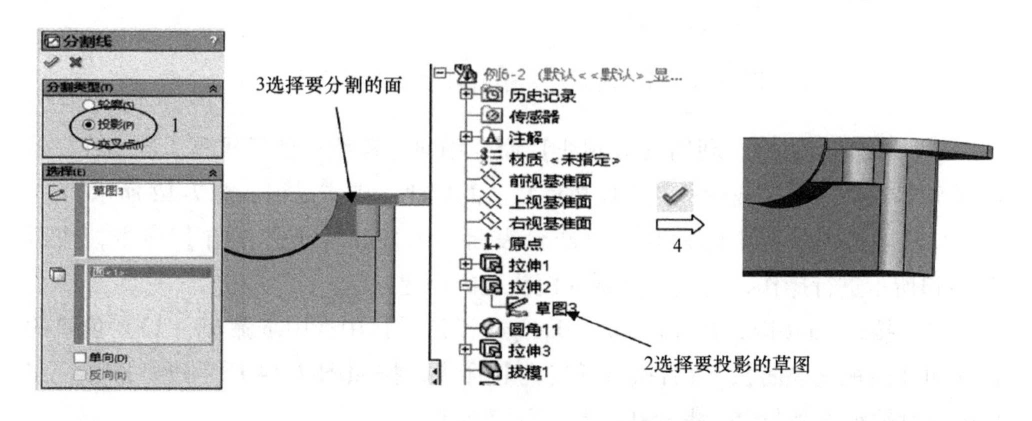

图 7-9　箱体连接板螺栓孔支座侧面分割线的创建

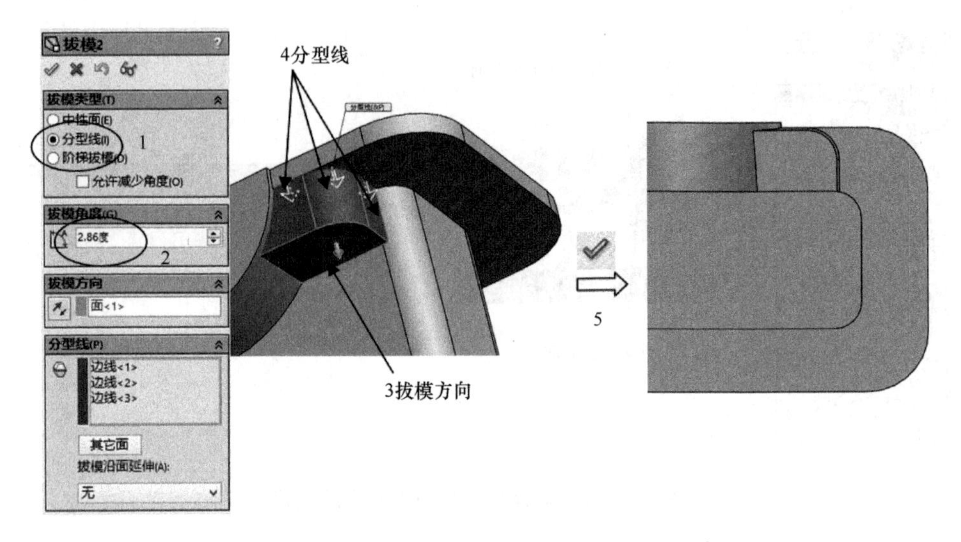

图 7-10　箱体螺栓孔支座凸台拔模斜度的创建

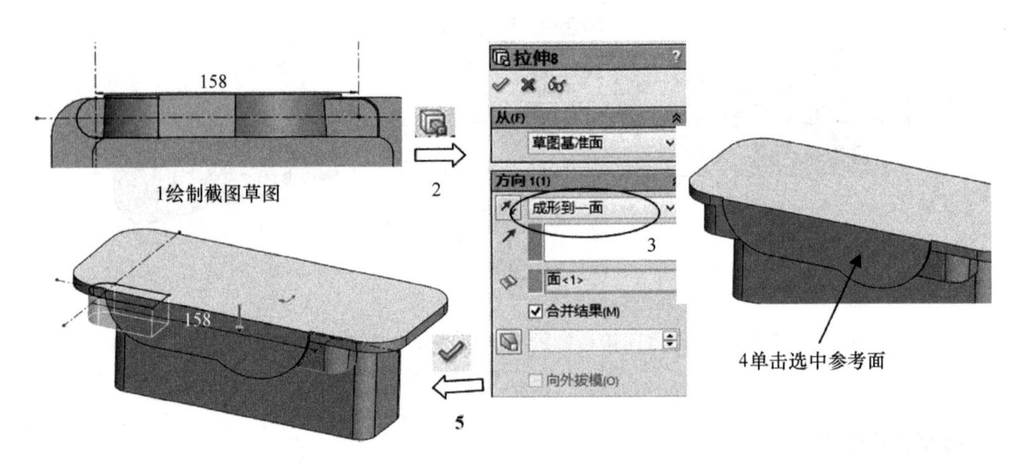

图 7-11　拉伸创建另一侧箱体连接板螺栓孔支座

12）重复步骤 9)，利用【分割线】命令创建分割线；然后重复步骤 10)，采用【分型线】拔模完成螺栓孔支座拔模特征的创建，操作过程如图 7-12 所示。

13）在绘图区选中螺栓孔支座凸台表面，执行【异型孔向导】命令，按照图 7-13所示进行操作，完成一侧 $\phi 18$ 沉头孔的创建。

14）按住 Shift 键，在【Feature Manager 设计树】中选中步骤 6）~13）创建的特征和【前视基准面】，然后执行【镜向】命令，按照图 7-14 所示进行操作，完成另一侧轴承支座凸台、螺栓孔凸台及孔的创建。

15）重复步骤 9）~10）及步骤 12)，执行【分割线】命令，【分型线】拔模，完成另一侧螺栓孔支座拔模特征的创建，结果如图 7-15 所示。

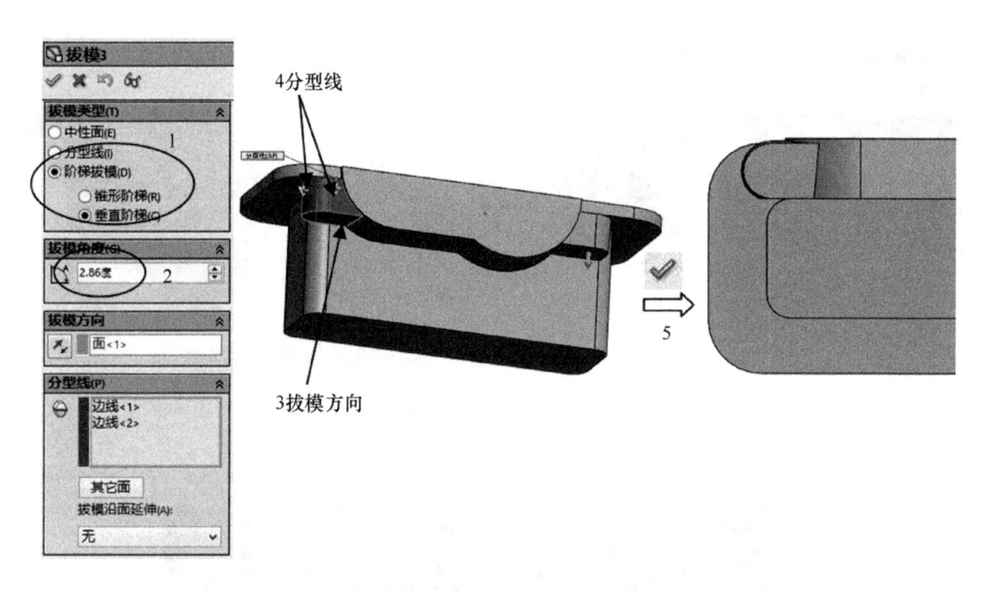

图 7-12　箱体另一侧螺栓孔支座凸台拔模斜度的创建

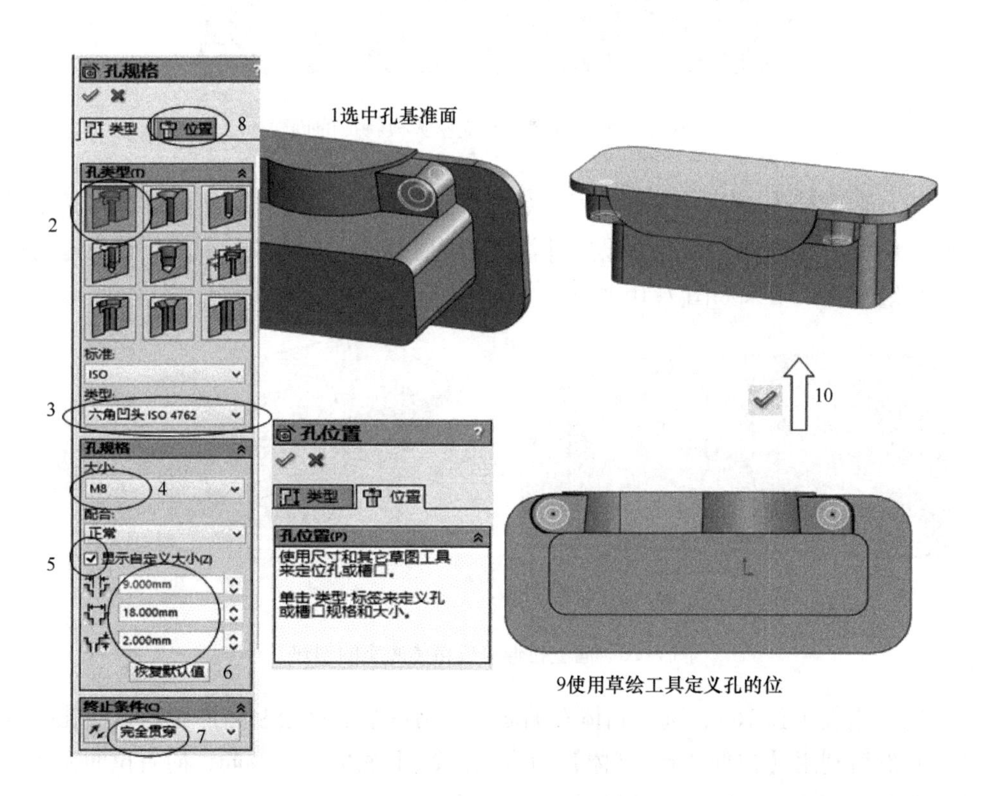

图 7-13　ϕ18 沉头孔的创建

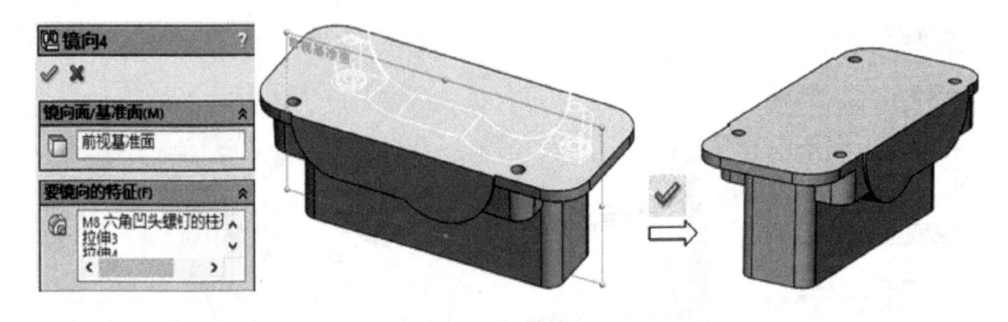

图 7-14　镜向另一侧轴承支座凸台，螺栓孔凸台及孔的创建

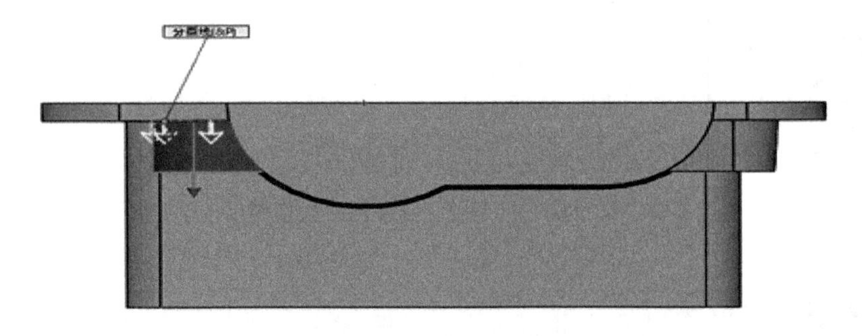

图 7-15　另一侧螺栓孔支座拔模特征的创建

16）选中箱体表面，单击【草图绘制】按钮，进入草绘环境，绘制底座草图；然后利用【拉伸】命令，设置【深度】为 12mm，向上拉伸完成箱体底座的创建，草绘及特征结果如图 7-16 所示。

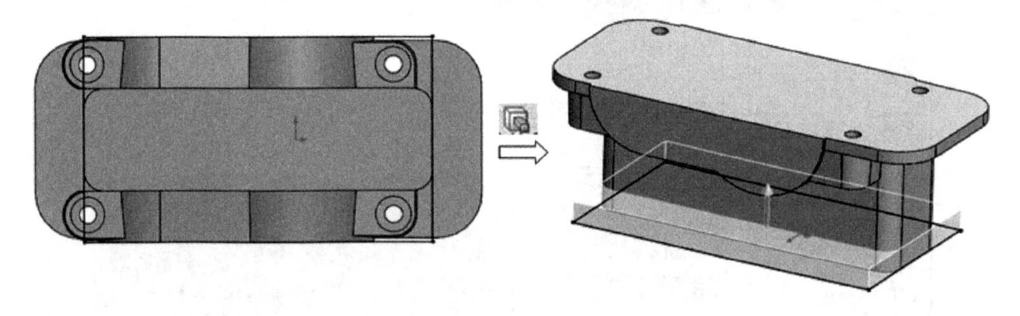

图 7-16　向上拉伸完成箱体底座的创建

17）重复步骤 16），选中箱体右侧面，使用草绘工具绘制箱体右侧放油孔凸台草图；然后利用【拉伸凸台-基体】命令，设置【深度】为 2mm，向右拉伸完成放油孔凸台的创建，草绘及结果如图 7-17 所示。

18）重复步骤 17），选中箱体左侧面，使用草绘工具绘制箱体左侧窥油孔、加

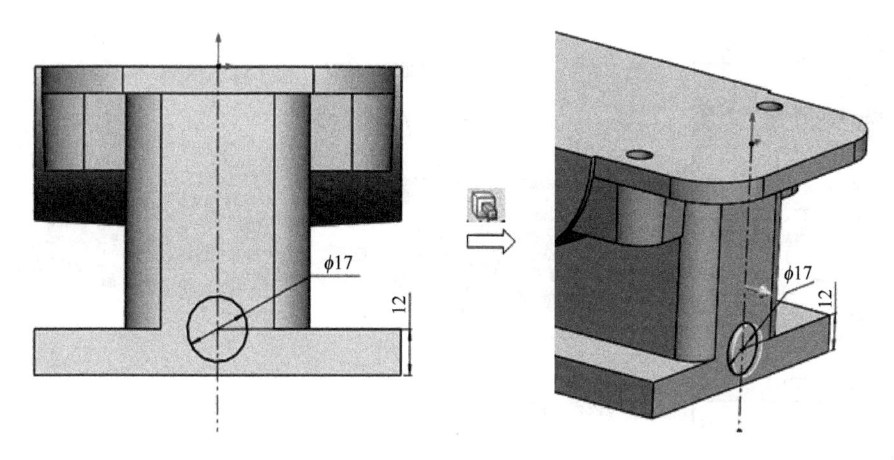

图7-17　向右拉伸完成放油孔凸台的创建

油孔凸台草图；然后利用【拉伸凸台-基体】命令，设置【深度】为2mm，向左拉伸完成窥油孔、加油孔凸台的创建，草绘及结果如图7-18所示。

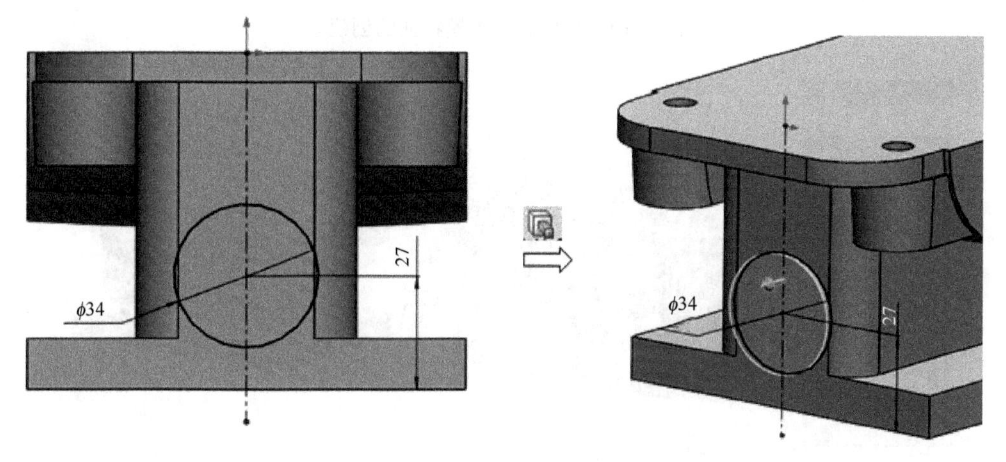

图7-18　向左拉伸完成窥油孔、加油孔凸台

19）单击【特征】工具栏中的【拔模】按钮，按照图7-19所示进行操作，完成箱体底座拔模特征的创建。

20）重复步骤19)，完成箱体底座另一侧面拔模斜度的创建。

21）执行【基准面】命令，按照图7-20所示进行操作，完成箱体吊耳基准面的创建。

22）选中步骤21）创建的基准面，单击【草图绘制】按钮，进入草绘环境，绘制吊耳截面草图，如图7-21所示；接着单击【特征】工具栏中的【筋】按钮，按照图7-22所示进行操作，完成吊耳的创建。

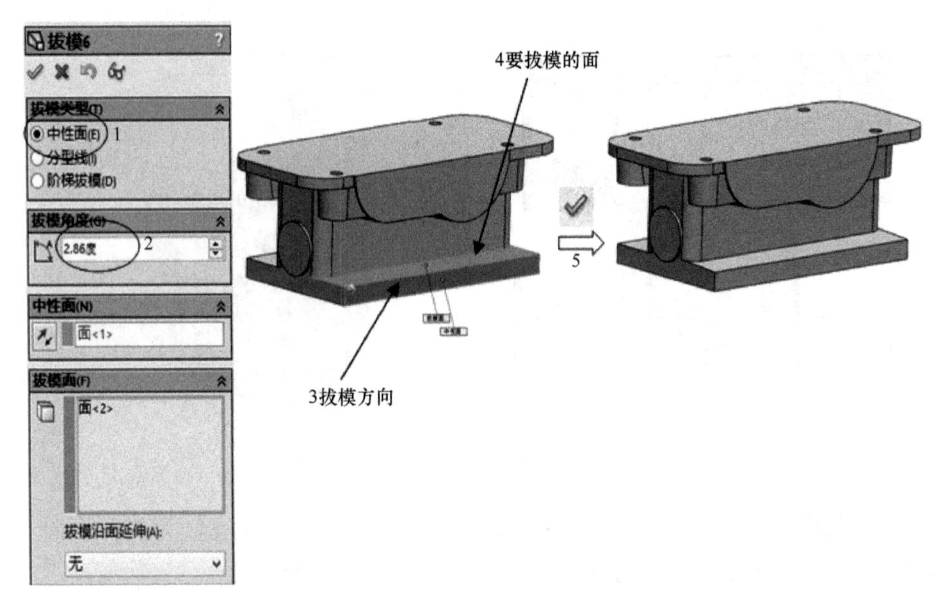

图 7-19　箱体底座拔模特征的创建

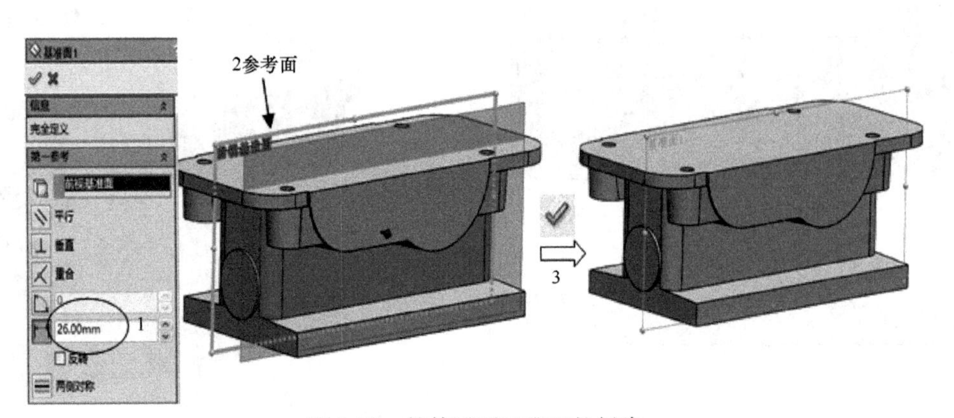

图 7-20　箱体吊耳基准面的创建

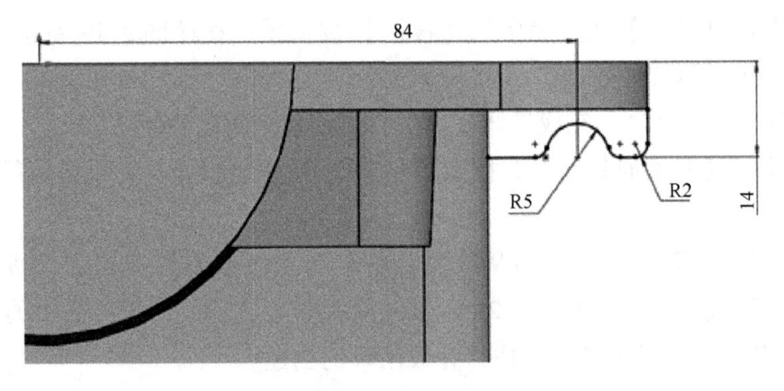

图 7-21　吊耳截面草图

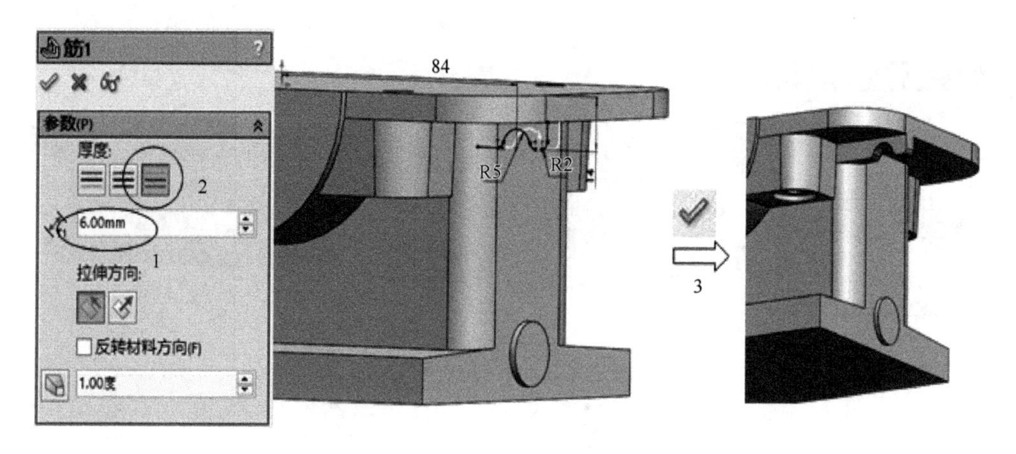

图 7-22　吊耳的创建

23）执行【基准面】命令，按照图 7-23 所示进行操作，创建箱体吊耳对称基准面。

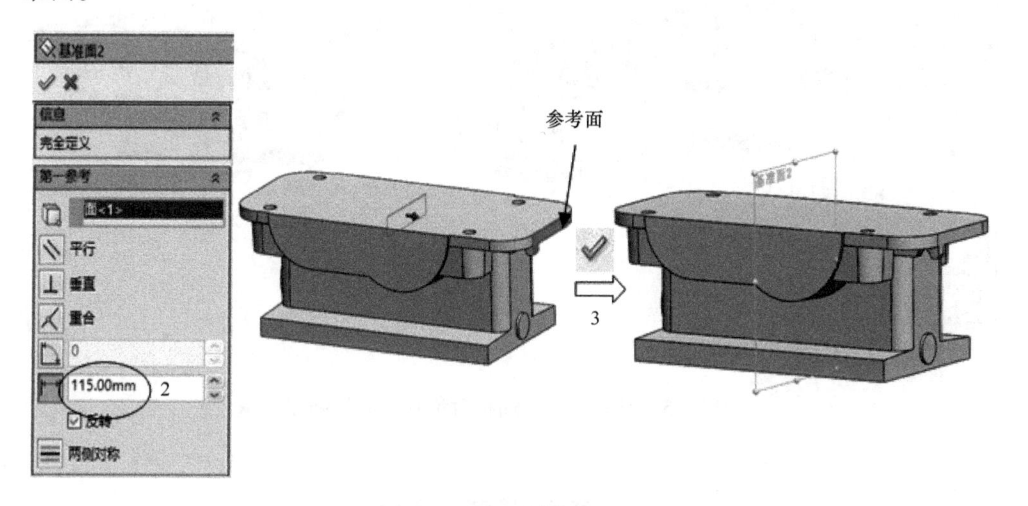

图 7-23　吊耳对称基准面

24）按住 Ctrl 键，在【Feature Manager 设计树】中选中步骤 22）、步骤 23）创建的筋特征和基准面，执行【镜向】命令，按照图 7-24 所示进行操作，完成另一侧吊耳的创建。

25）执行【基准面】命令，按照图 7-25 所示进行操作，创建轴承座凸台筋板对称基准面。

26）选中步骤 25）创建的基准面，单击【草图绘制】按钮，进入草绘环境，绘制轴承座凸台筋板截面草图，如图 7-26 所示，接着执行【筋】命令，按照图 7-27 所示进行操作，完成小轴承座凸台筋板的创建。

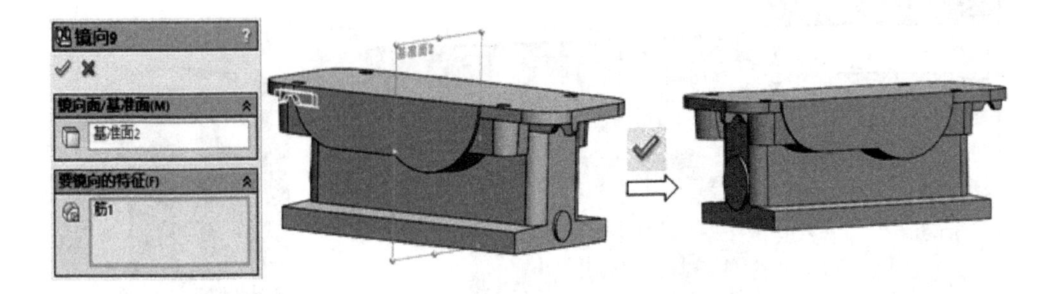

图 7-24　【镜向】创建另一侧吊耳

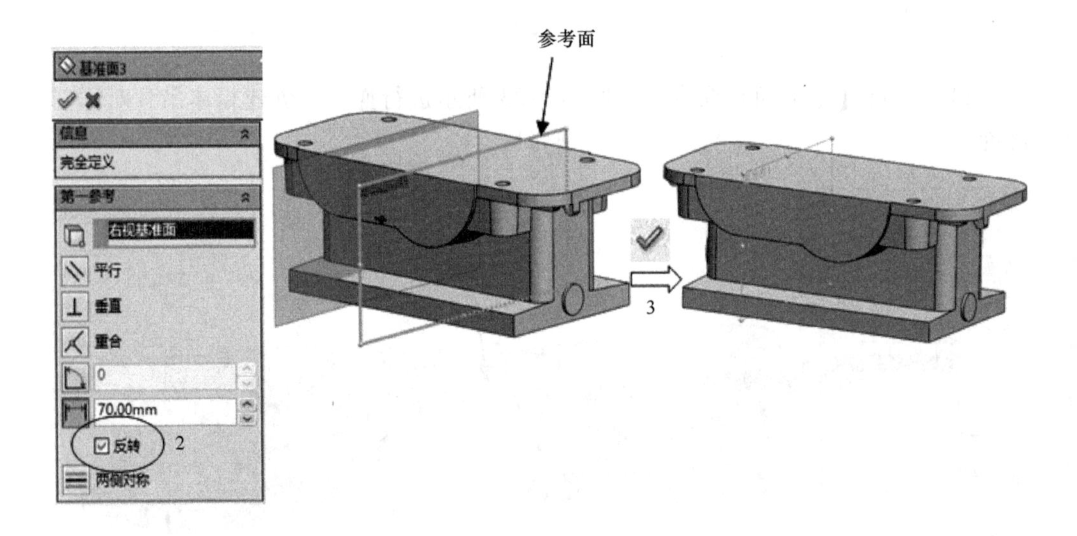

图 7-25　轴承座凸台筋板对称基准面的创建

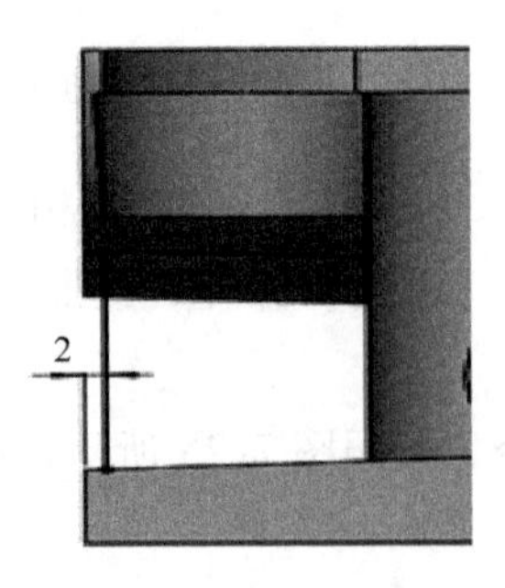

图 7-26　轴承座凸台筋板截面草图

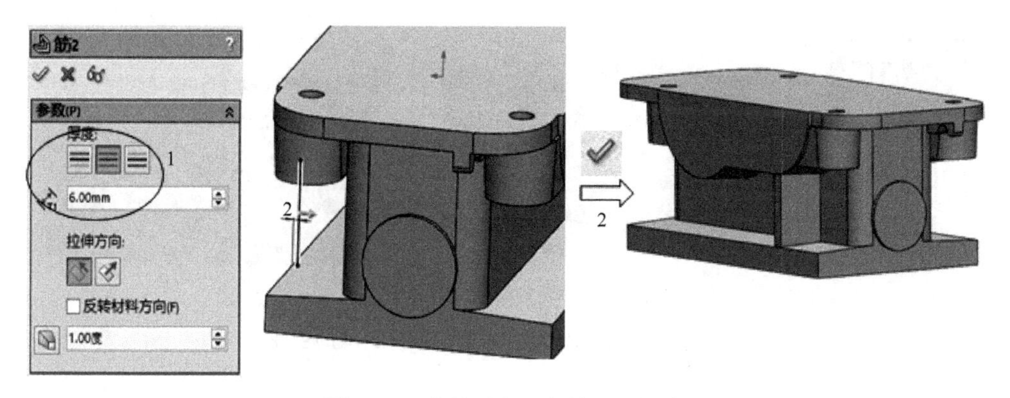

图 7-27　小轴承座凸台筋板的创建

27）单击【特征】工具栏中的【拔模】按钮，按照图 7-28 所示进行操作，完成步骤 26）创建的轴承座凸台筋板拔模特征的创建。

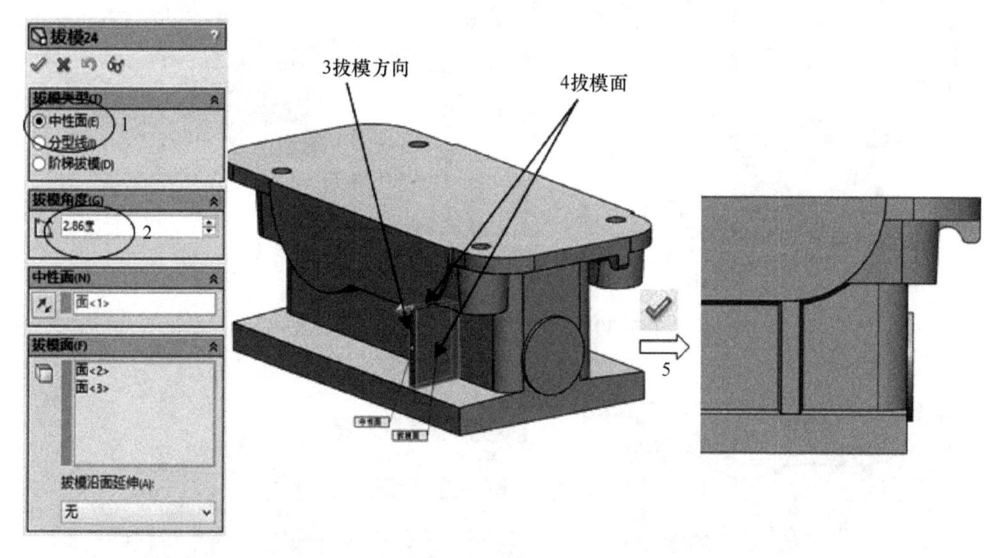

图 7-28　轴承座凸台筋板拔模特征的创建

28）重复步骤 26）、步骤 27），完成大轴承座凸台筋板及拔模特征的创建，草图绘制平面选择右视基准面，草图绘制的直线与右侧边线的距离与步骤 26）尺寸相同，也为 2mm。绘制草图时可直接利用步骤 27）已创建的筋线为参考。结果如图 7-29 所示。

29）选中轴承座凸台前端面，然后使用草绘工具绘制草图，再利用【拉伸切除】命令创建箱体传动轴孔，操作过程及结果如图 7-30 所示。

30）选中【前视基准面】，重复步骤 29），拉伸切除创建箱体内腔，操作过程及结果如图 7-31 所示。

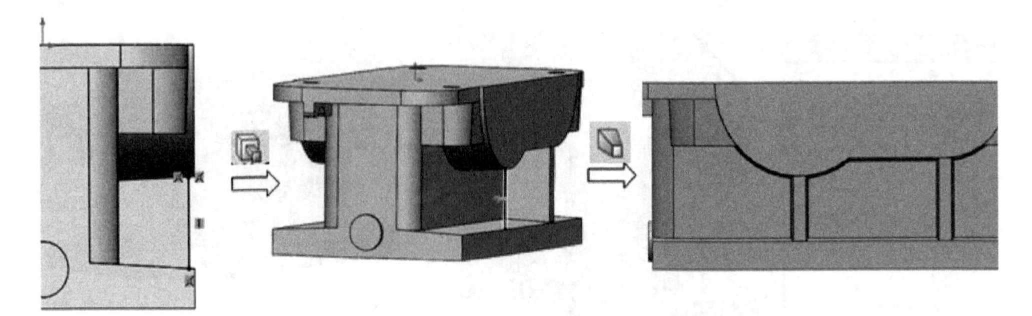

图 7-29　大轴承座凸台筋板及拔模斜度的创建

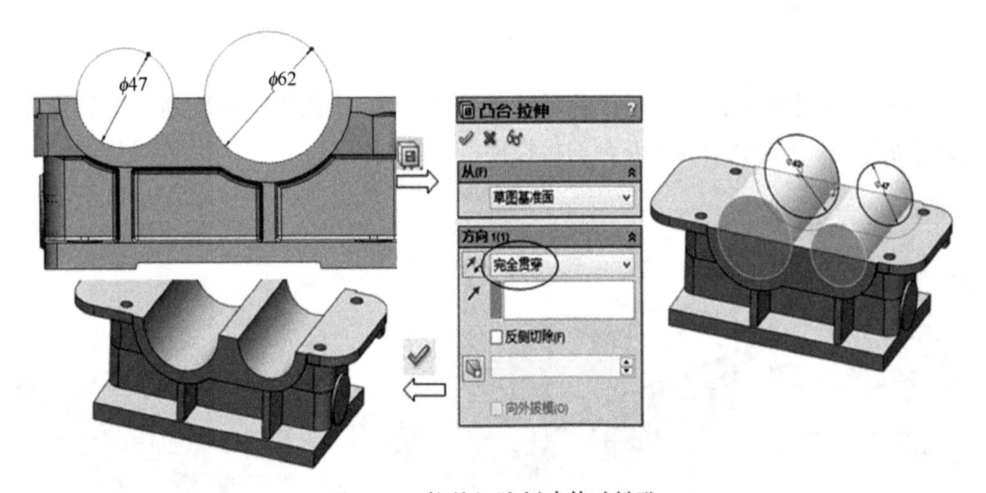

图 7-30　拉伸切除创建传动轴孔

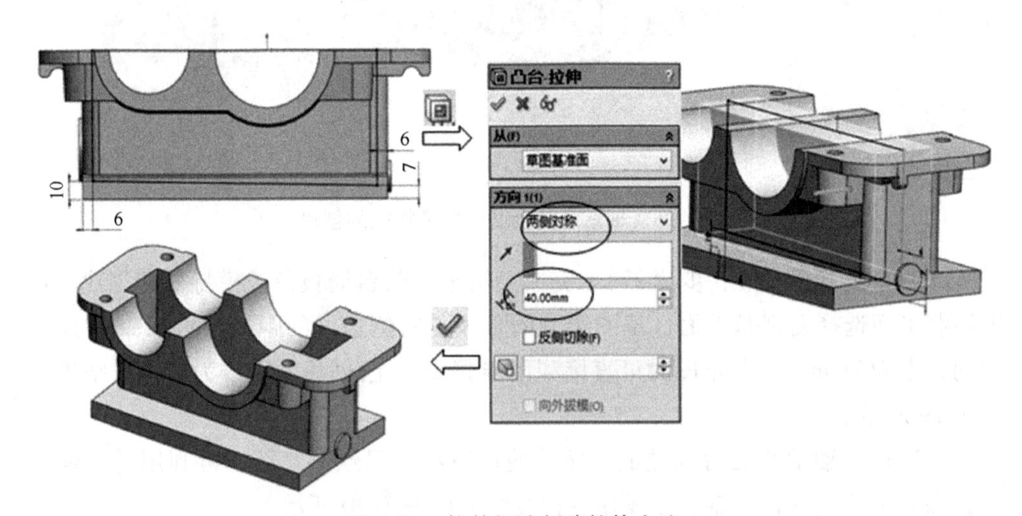

图 7-31　拉伸切除创建箱体内腔

31）选中箱体底座前端面，然后采用和步骤 30）相同的方法，绘制草图，拉伸切除，创建箱体底座凹槽，草图及结果如图 7-32 所示。

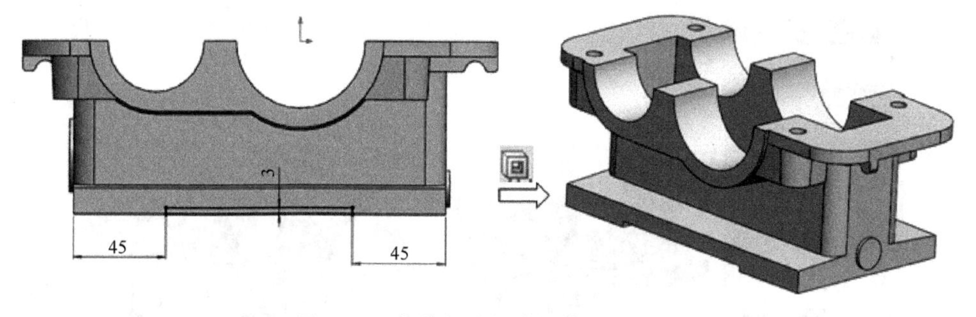

图 7-32　拉伸切除创建箱体底座凹槽

32）选中箱体上表面，绘制草绘，然后利用【旋转切除】命令创建轴承座垫圈固定孔，草绘及结果如图 7-33 所示。

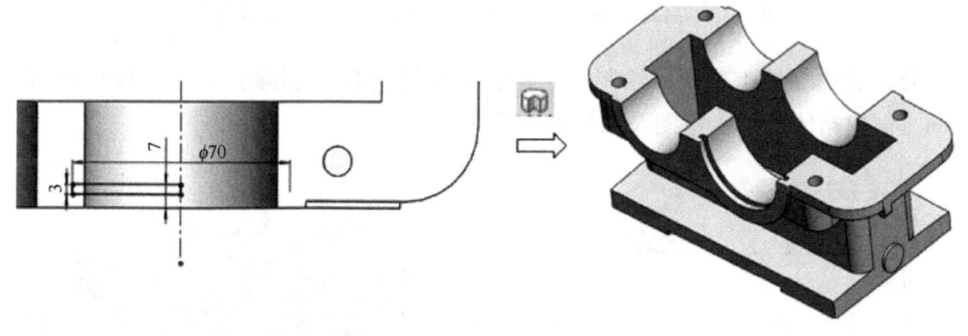

图 7-33　旋转切除创建轴承座垫圈固定孔

33）重复步骤 32)，完成另一轴承座垫圈固定孔的创建，草图及结果如图 7-34 所示。

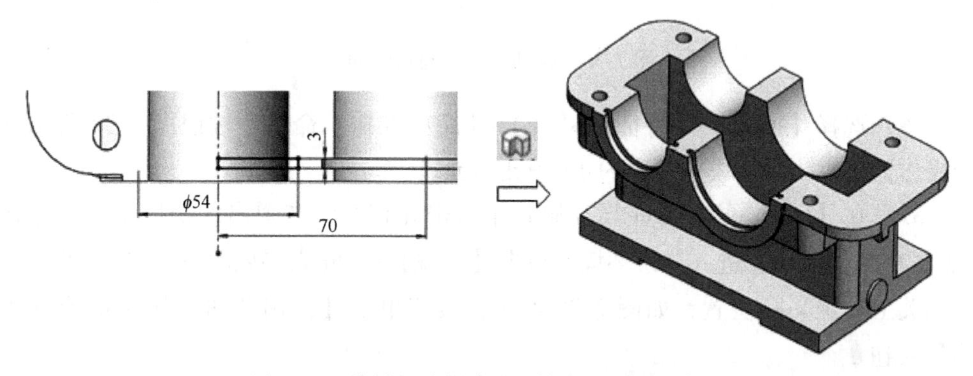

图 7-34　旋转切除创建另一轴承座垫圈固定孔

34）按住 Ctrl 键，在 Feature Manager 设计树中选中步骤 22)、步骤 23）创建的吊耳、筋板和轴承座垫圈固定孔特征以及【前视基准面】，执行【镜向】命令，按照图 7-35 所示进行操作，完成另一侧相应特征的创建。

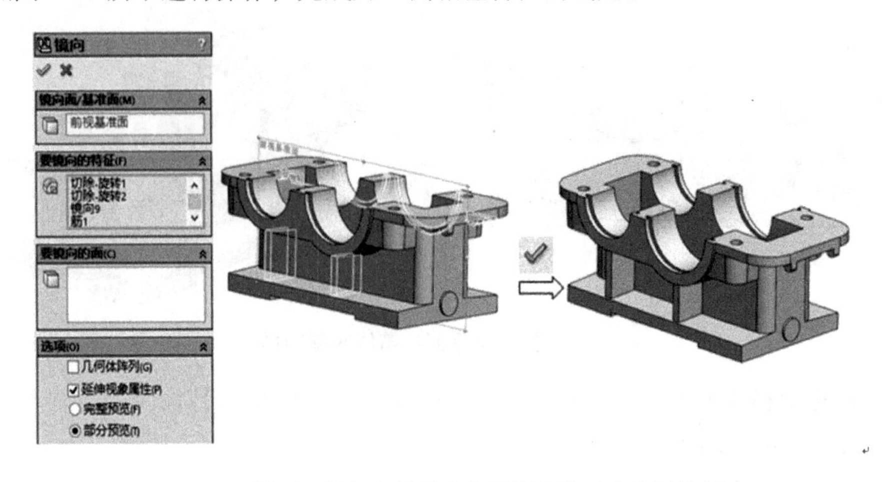

图 7-35　吊耳、筋板和轴承座垫圈固定孔对称特征的创建

35）选中箱体上表面，绘制草绘；然后利用【拉伸切除】命令，深度设置为 3mm，创建箱体油槽，草图及结果如图 7-36 所示。

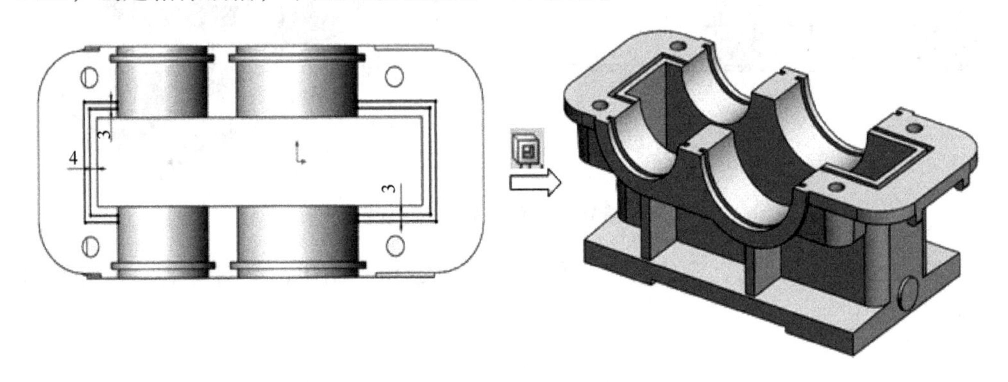

图 7-36　拉伸切除创建箱体油槽

36）选择【插入】→【特征】→【孔】→【简单直孔】命令，按照图 7-37 所示进行操作，完成一个带拔模斜度的 $\phi3$ 销孔的创建。

37）在【Feature Manager 设计树】中右击孔特征，在弹出的快捷菜单中选择【编辑草图】命令，进入草绘环境；单击【上视】按钮，转正草图；然后使用草绘相关工具定义孔位置，如图 7-38 所示，接着单击【退出草图】按钮或【重建】按钮。

38）重复步骤 36）、步骤 37），按照图 7-39 所示进行操作，完成 $\phi14$ 窥油孔的创建。

39）在【Feature Manager 设计树】中选中步骤 36）创建的 $\phi3$ 孔特征，然后单

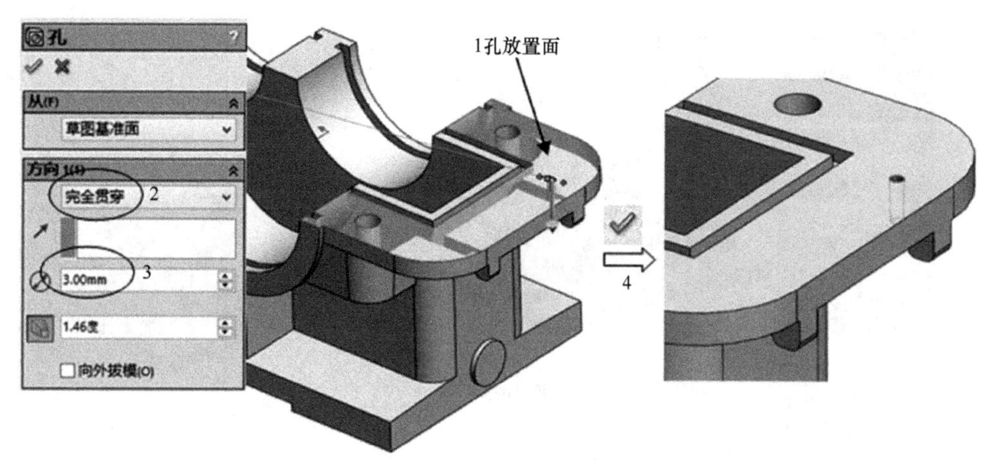

图 7-37　$\phi 3$ 销孔的创建

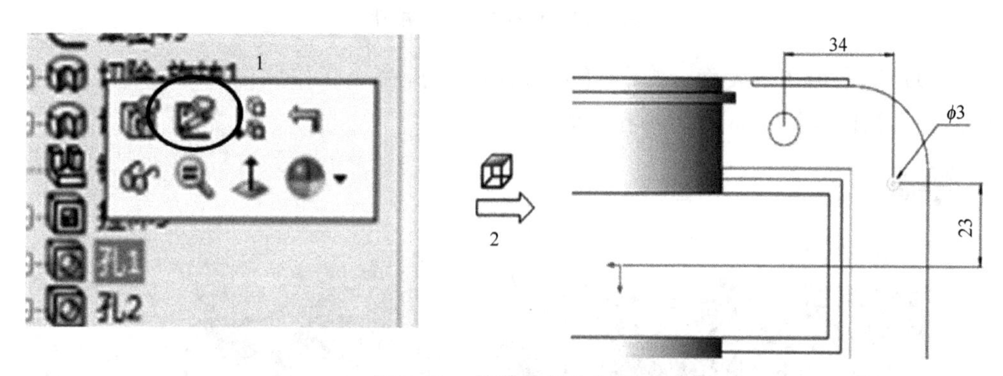

图 7-38　草绘定义孔位置

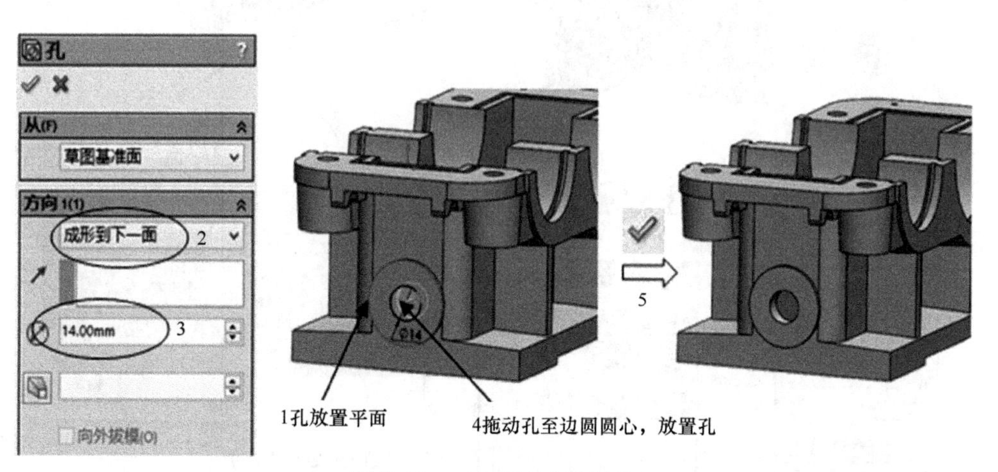

图 7-39　$\phi 14$ 窥油孔的创建

击【特征】工具栏中的【线性阵列】按钮，打开【线性阵列】属性管理器；按照图 7-40 所示进行操作，完成另一 $\phi 3$ 销孔的创建。

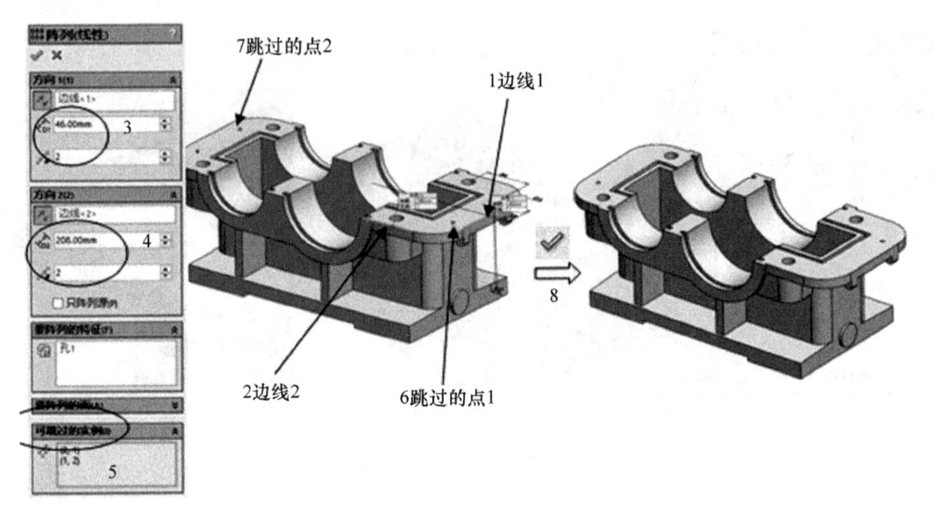

图 7-40　创建另一 ϕ3 销孔

40）选中箱体下表面，执行【异型孔向导】命令，按照图 7-41 所示进行操作，完成箱体连接板 ϕ18 沉头孔的创建。

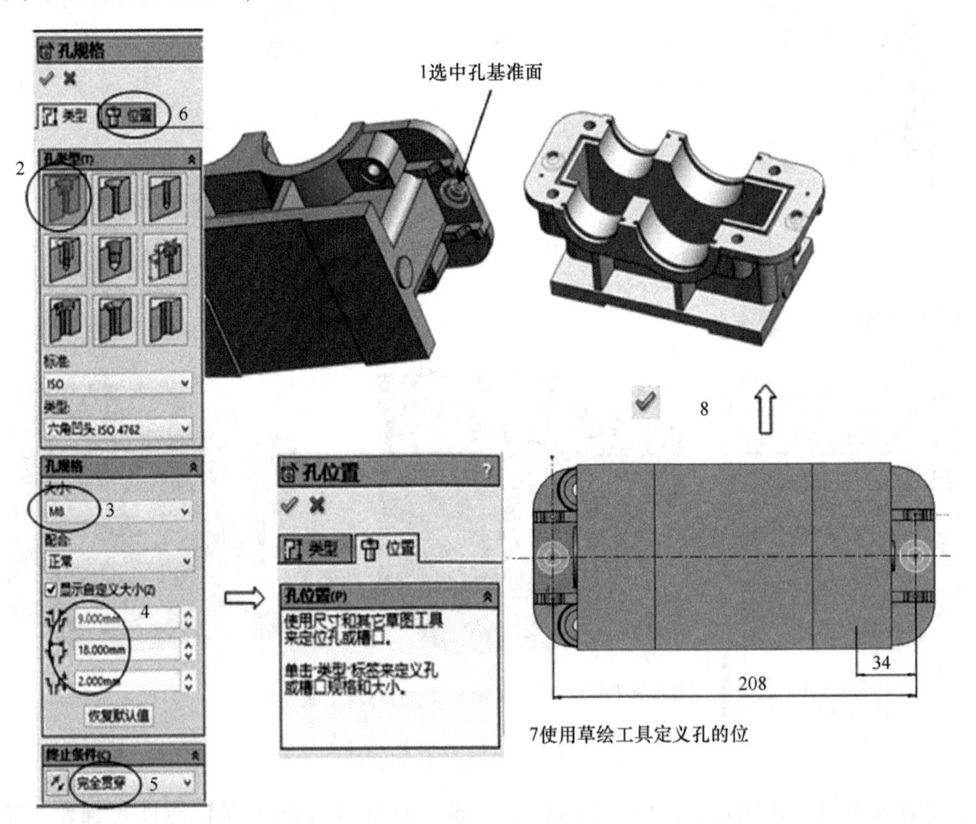

图 7-41　ϕ18 沉头的创建

41）选中箱体底座上表面，采用与步骤 40）相同的方法，完成箱体底座 ϕ18 沉头孔的创建。然后在【Feature Manager 设计树】中，将该特征分别拖动到步骤 19）、步骤 20）创建的拔模特征前面，操作过程如图 7-42 所示。

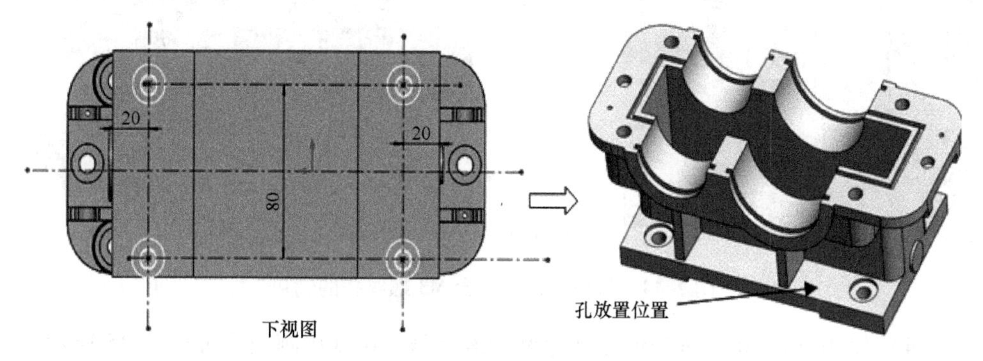

图 7-42　箱体底座 ϕ18 沉头孔的创建

42）选中箱体放油孔凸台外表面，执行【异形孔向导】命令，按照图 7-43 所示进行操作，完成箱体放油孔 M10 螺纹孔的创建。

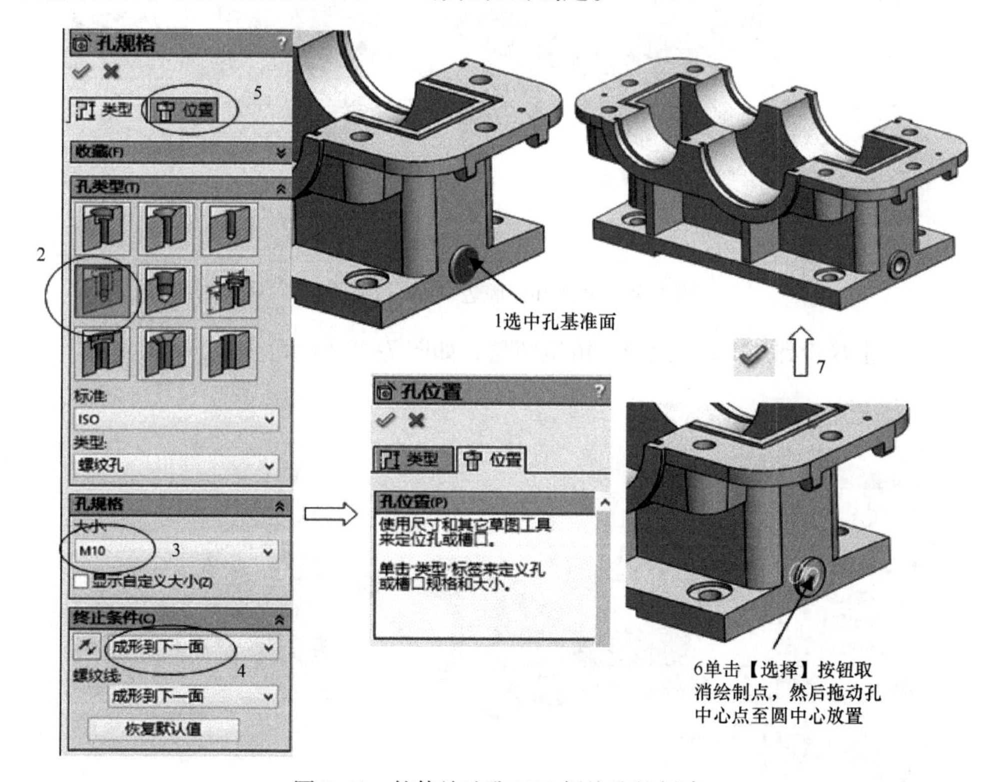

图 7-43　箱体放油孔 M10 螺纹孔的创建

43）选中箱体窥油孔凸台外表面，采用与步骤 42）相同的方法，完成窥油孔凸台 M3 螺纹孔的创建，孔定位草图及创建结果如图 7-44 所示。

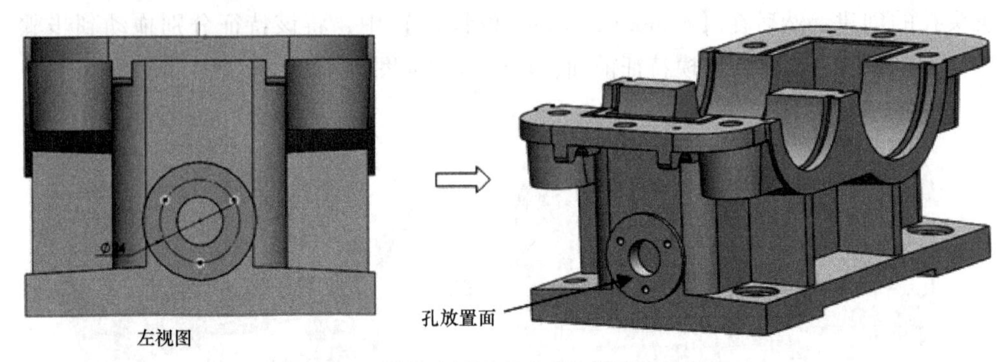

图 7-44　箱体窥油孔凸台 M3 螺纹孔的创建

44）使用【圆角】命令创建底座和内腔边线 $R6$ 过渡圆角，如图 7-45 所示。

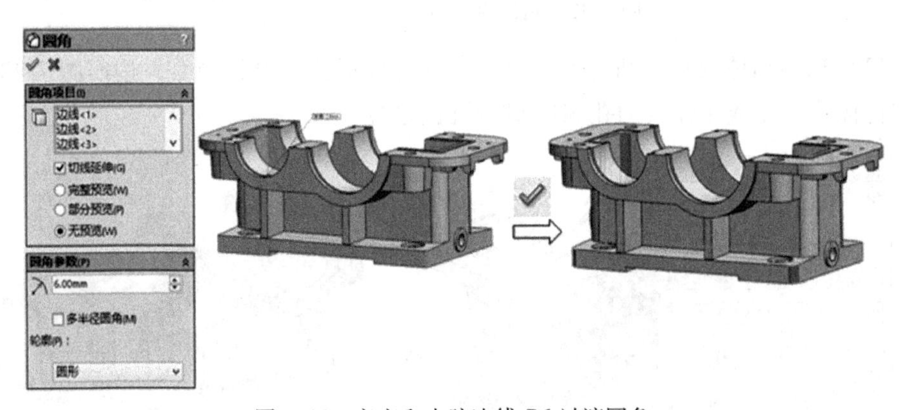

图 7-45　底座和内腔边线 $R6$ 过渡圆角

45）重复步骤 44)，创建 $R2$ 铸造圆角，如图 7-46 所示。

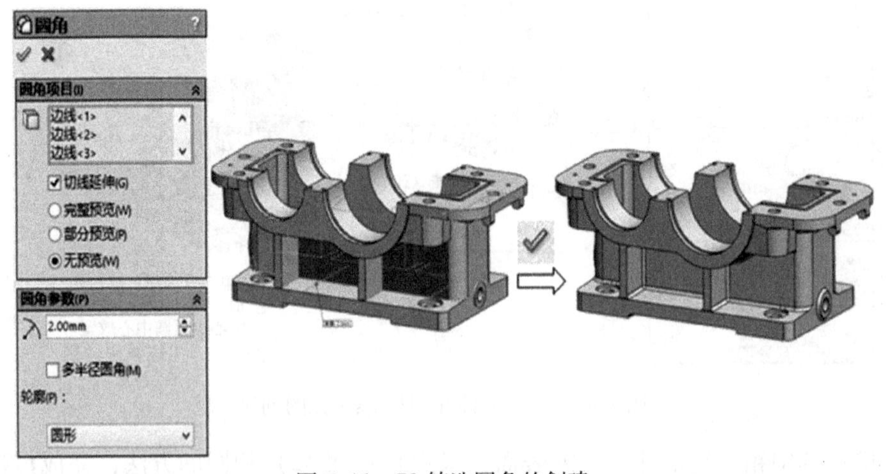

图 7-46　$R2$ 铸造圆角的创建

46）至此，完成减速器下箱体的创建，最后使用【保存】命令。

7.2　蜗轮减速器箱体

1）启动 SolidWorks 软件，单击选择菜单命令【文件】→【新建】或【新建】按钮，系统弹出【新建 SolidWorks 文件】对话框，然后选择【零件】，再单击【确定】按钮，进入零件设计环境。

2）选择菜单命令【插入】→【凸台/基体】→【旋转】或单击【特征】工具栏中的【旋转凸台/基体】按钮。选择【前视基准面】作为草图基准面，单击【标准视图】工具栏中的【正视于】按钮，绘制图 7-47 所示的轮廓图形；然后单击按钮退出草图环境。按照图 7-48 所示进行操作，创建泵的第一个基体特征（倒角均为 *C*2）。

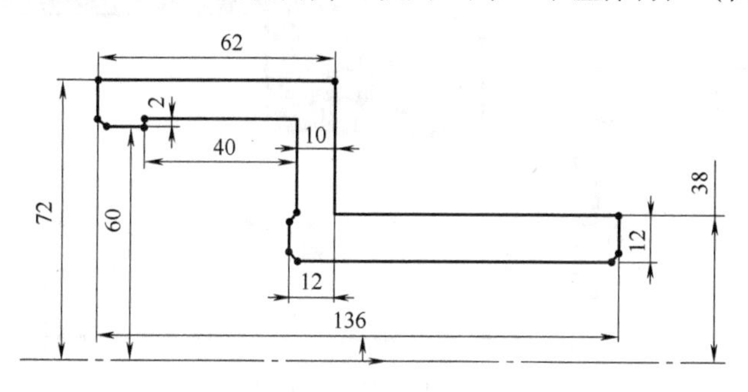

图 7-47　绘制旋转草图 1

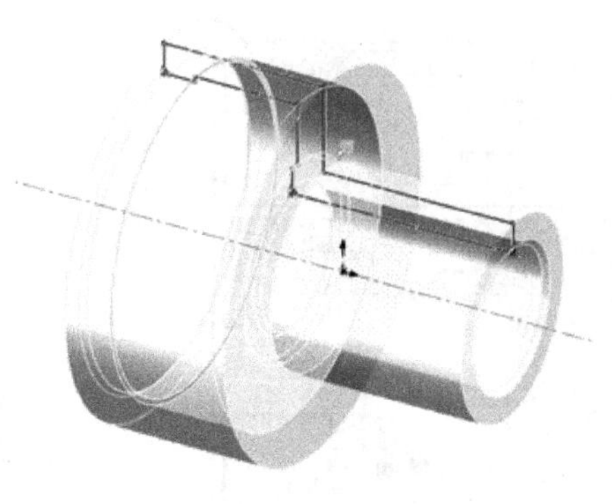

图 7-48　旋转属性管理器

3）单击【特征】工具栏中的【拉伸凸台/基体】工具按钮，选择【前视基准面】作为草图基准面，单击【标准视图】工具栏中的【正视于】按钮，进入草绘环境；使用工具栏中的各工具按钮绘制图 7-49 所示轮廓草图；然后单击按钮退出草图环境。在弹出的【凸台-拉伸】属性管理器中选择【终止条件】为【两侧对称】，设置【深度】为 144mm，单击【确定】按钮。效果如图 7-50 所示。

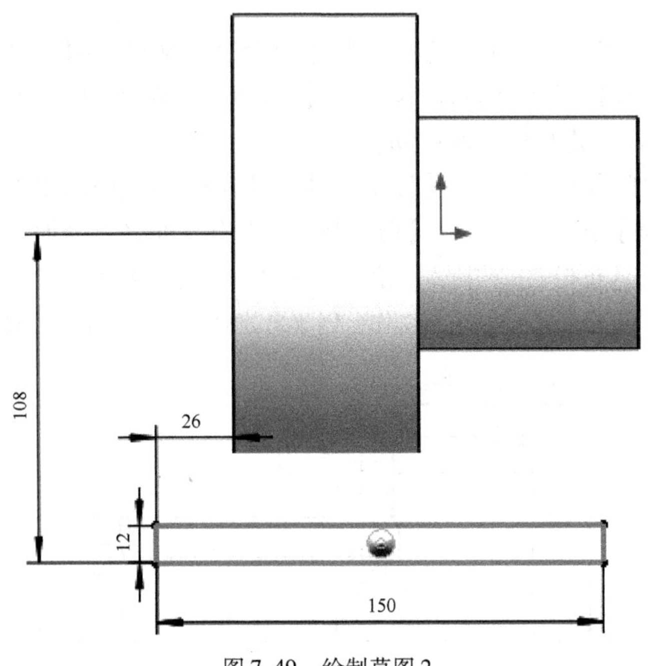

图 7-49　绘制草图 2

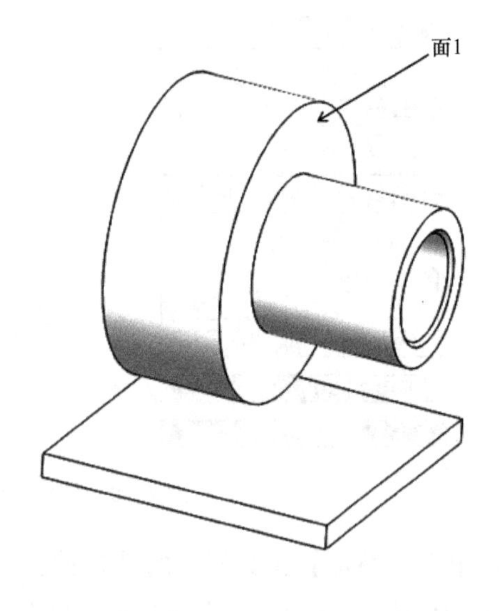

图 7-50　拉伸实体

4）单击【特征】工具栏中的【拉伸凸台/基体】按钮，选择图 7-50 所示的【面 1】作为草图基准面，单击【标准视图】工具栏中的【正视于】按钮，进入草绘环境，绘制图 7-51 所示草图；然后单击按钮，退出草图环境。在弹出的【凸台-拉伸】属性管理器中选择【终止条件】为【给定深度】，设置【深度】为 60mm，单击【确定】按钮。效果如图 7-52 所示。

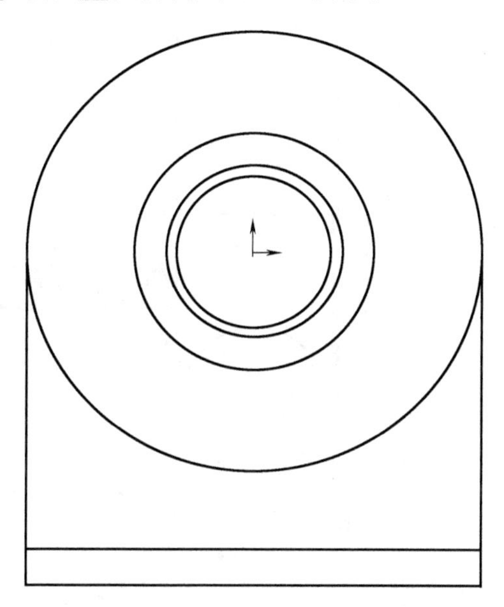

图 7-51　绘制草图 3

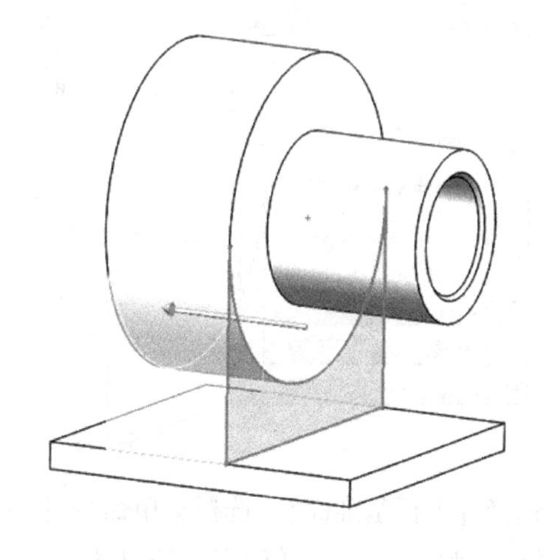

图 7-52　拉伸特征

5）单击【特征】工具栏中的【拉伸凸台/基体】按钮，选择减速箱主体侧面作为草绘基准面，单击【标准视图】工具栏中的【正视于】按钮，进入草绘环境，绘制图 7-53 所示草图；然后单击按钮，退出草图环境。在弹出的【凸台-拉伸】属性管理器中选择【终止条件】为【给定深度】，设置【深度】为 2mm，单击【确定】按钮，效果如图 7-54 所示。

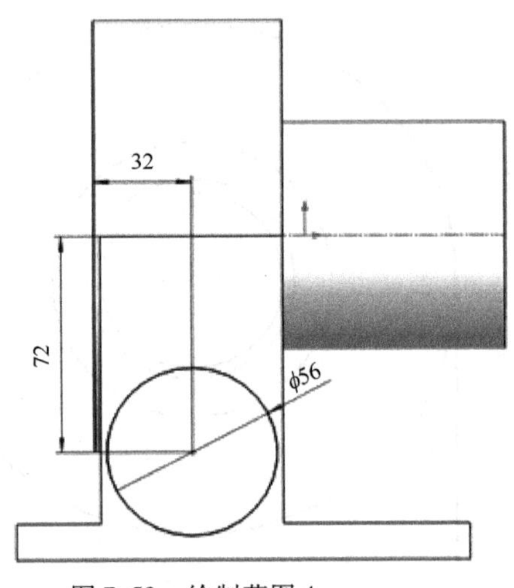

图 7-53　绘制草图 4

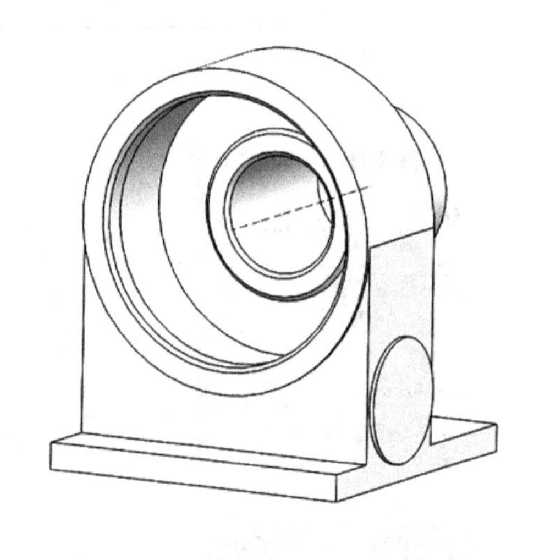

图 7-54　拉伸凸台

6）选择【上视基准面】，选择菜单命令【插入】→【参考几何体】→【基准面】，设置【距离】为 40mm。单击【确定】按钮，完成【基准面 1】的创建。如 7-55 所示。

提示：由于不能在曲面上绘制二维草图，因此，为了在圆柱面上绘制凸台，首先应创建其草图绘制基准面。

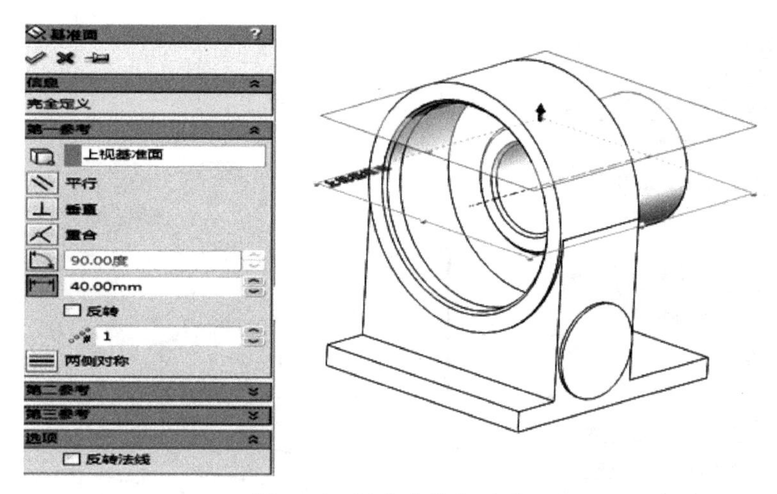

图7-55　创建【基准面1】

7）选择【基准面1】作为草绘基准面，按照步骤5），绘制图7-56所示的草图，并拉伸实体，设置【成形到一面】，单击【确定】按钮✓，效果如图7-57所示。

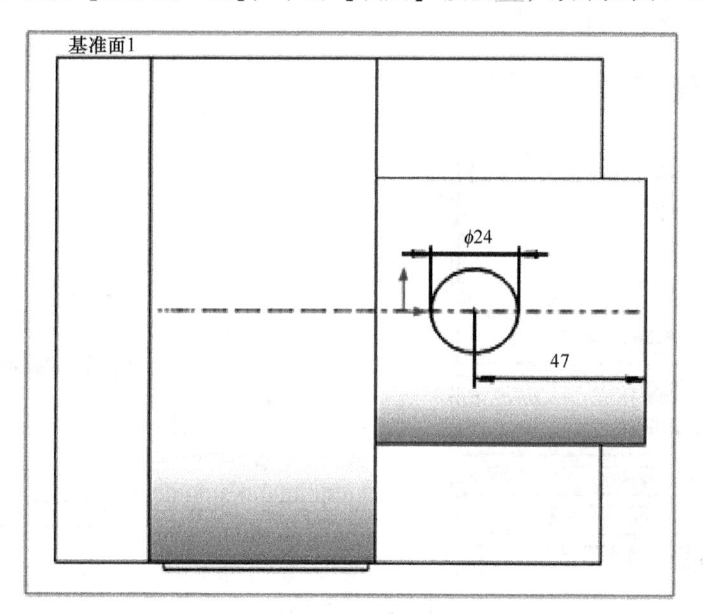

图7-56　绘制草图5

8）在左侧的【FeatureManger设计树】中，右键单击【基准面1】，在弹出的下拉菜单中选择【隐藏】，隐藏【基准面1】。

9）选择主体侧端面上凸台的端面作为草图绘制基准面，单击【标准视图】工具栏中的【正视于】按钮，进入草绘环境单击【草图】工具栏中的【圆】按钮，绘制一个与凸台同心的直径为45mm的辅助圆，如图7-58所示。在【圆】属

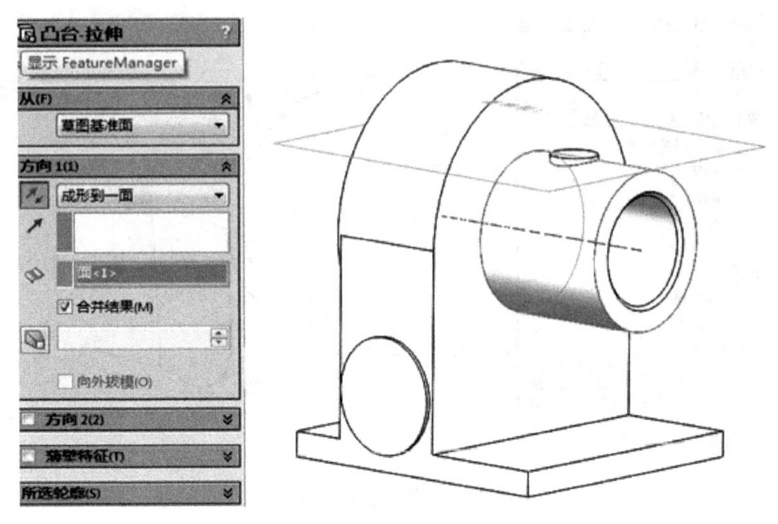

图 7-57　拉伸凸台

性管理器中，选中【作为构造线】复选框，再绘制一条通过圆心的垂直中心线，单击按钮退出草图环境。

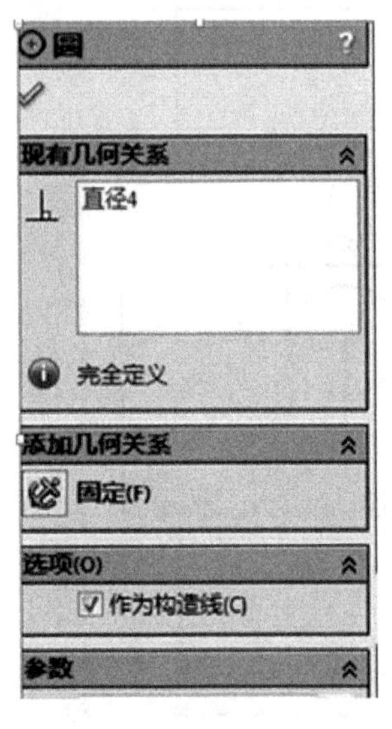

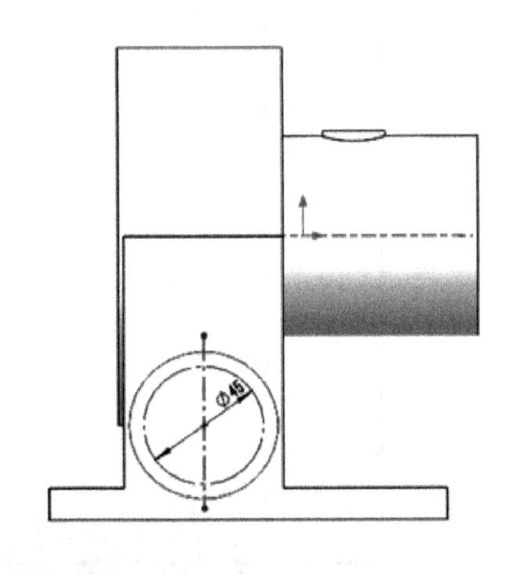

图 7-58　辅助圆

10）选择主体侧面上凸台的端面作为钻孔基准面，单击【标准视图】工具栏中的【正视于】按钮。使绘图平面转为正视方向。

11）单击【特征】工具栏中的【异型孔向导】按钮，在弹出的【孔规格】属性管理器中，【孔类型】选择【直螺纹孔】，【标准】选择【ISO】，【类型】选择【底部螺纹孔】，【大小】选择【M6】，选择【终止条件】为【给定深度】，设置【盲孔深度】为 15mm，【螺纹线深度】为 12mm，如图 7-59 所示。

12）打开【孔位置】选项卡，单击辅助草图中圆与中心线的交点以确定孔的位置，如图 7-59 所示，单击【确定】按钮✔，完成螺纹孔的创建。

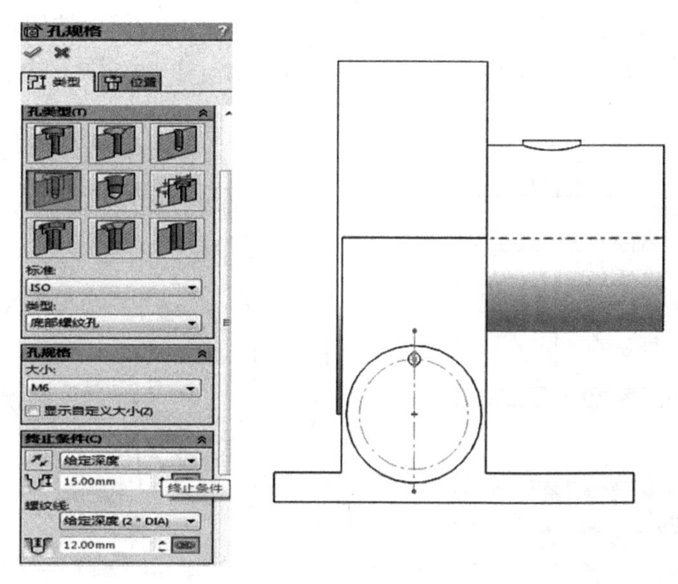

图 7-59　孔特征

13）单击【圆周阵列】按钮，在弹出的【圆周阵列】属性管理器中，【阵列轴】选择通过箱体侧面凸台中心的【基准轴 1】，设置【角度】为 360°，【实例数】为 3，选择【等间距】复选框，【要阵列的特征】选择【M6 螺纹孔】单击【确定】按钮✔，完成螺纹孔的圆周阵列。如图 7-60 所示。

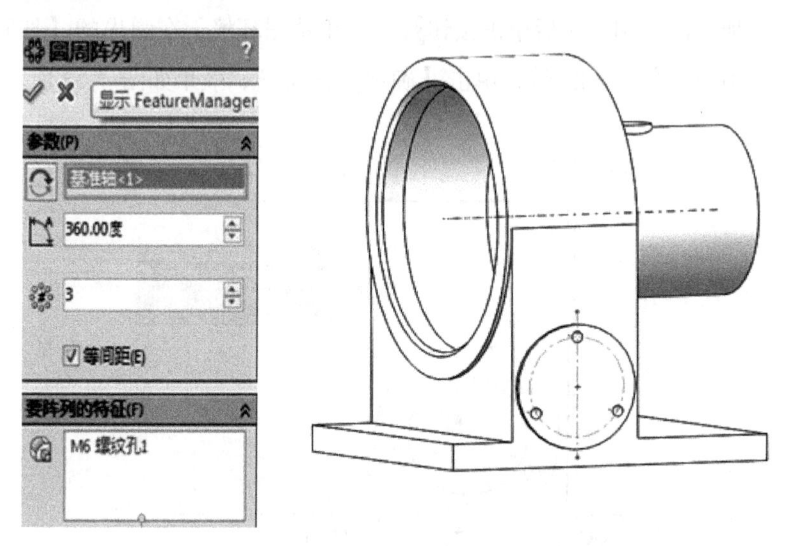

图 7-60　圆周阵列螺纹孔

提示：也可以在创建螺纹孔时，采用草图编辑工具【圆周阵列】阵列孔的位置点。

14）按住 Ctrl 键，在左侧的【FeatureManger 设计树】中，选择【圆周阵列1】、【拉伸4】和【M6 螺纹1】，单击【特征】工具栏中的镜向按钮，选择【前视基准面】作为镜向面，如图7-61所示，单击【确定】按钮，完成螺纹孔及凸台的镜向。

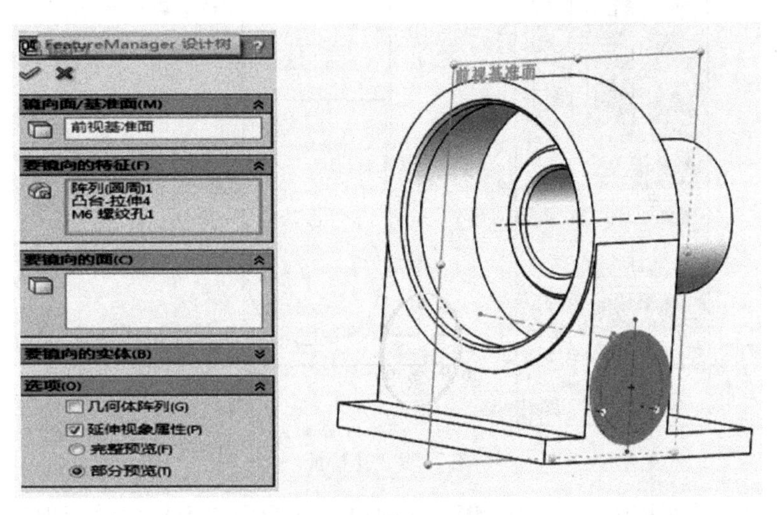

图7-61 【镜向】特征

15）单击【特征】工具栏中的【拉伸切除】按钮，选择箱体侧端凸台端面作为草绘基准面，单击【标准视图】工具栏中的【正视于】按钮，进入草绘环境。绘制图7-62所示的草图；然后单击按钮，退出草图环境，在弹出的【切除-拉伸】属性管理器中选择【完全贯穿】，单击【确定】按钮，效果如图7-63所示。

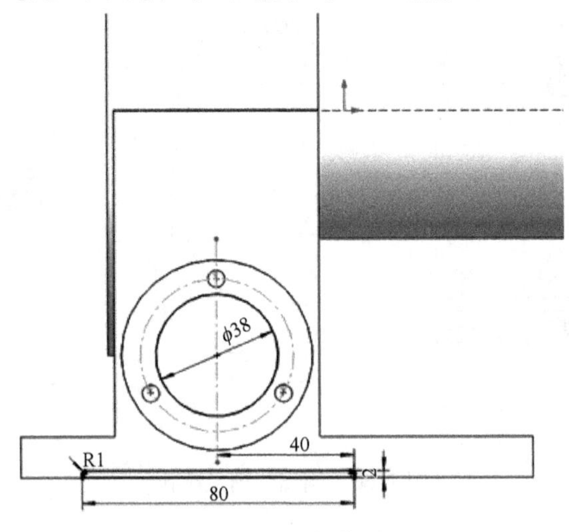

图7-62 绘制草图6

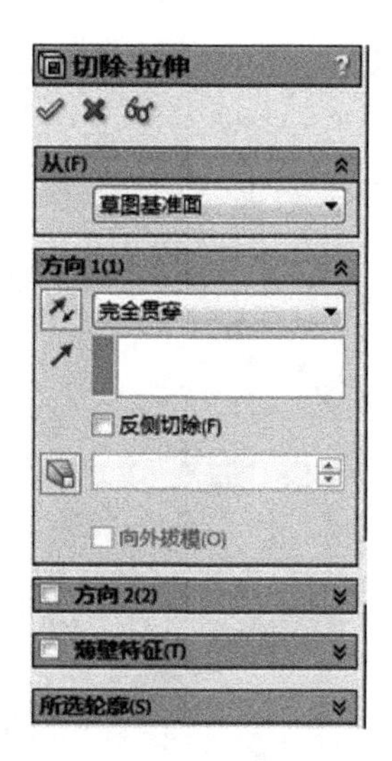

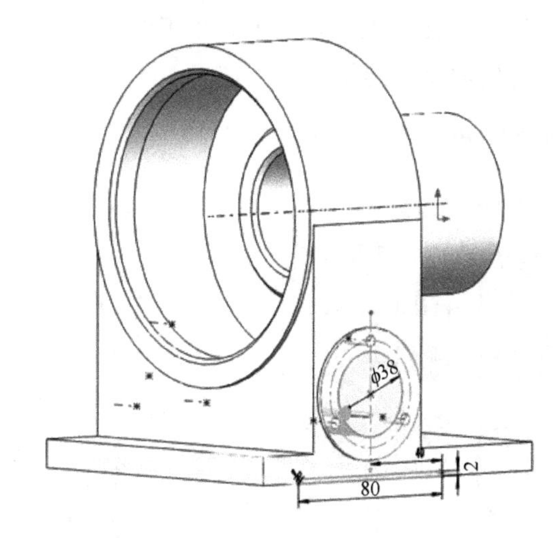

图 7-63　拉伸切除特征

16）按照步骤 10）~12），创建【面 2】上的螺纹孔，辅助圆直径为 132mm，6 个 M6 螺纹孔沿圆周均布，孔深 15mm，螺纹长度 12mm，效果如图 7-64 所示。

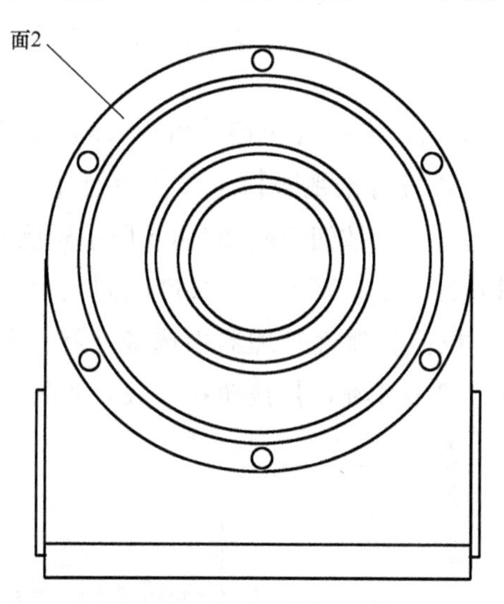

图 7-64　创建 M6 螺纹孔

17）选择圆柱面上的凸台端面作为钻孔基准面，单击【标准视图】工具栏中的【正视于】按钮。使绘图平面转为正视方向。

18）单击【特征】工具栏中的【异型孔向导】按钮，在弹出的【孔规格】属性管理器中，【孔类型】选择【直螺纹孔】，【标准】选择【ISO】，【类型】选择【底部螺纹孔】，【大小】选择【M10】，选择【终止条件】为【给定深度】，其他选项默认，如图 7-65 所示。

19）打开【孔位置】选项卡，单击凸台的中心以确定孔的位置，单击【确定】按钮✔，完成螺纹孔的创建。

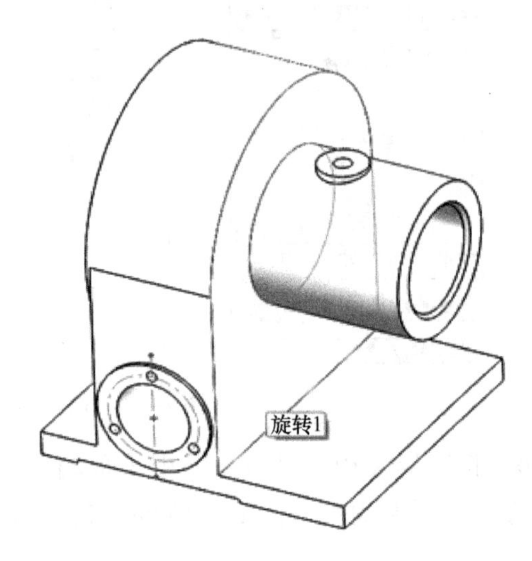

图 7-65　凸台螺纹孔

20）单击【特征】工具栏中的【拉伸凸台/基体】按钮，选择【前视基准面】作为草图基准面，单击【标准视图】工具栏中的【正视于】按钮，进入草绘环境；使用工具栏中的各工具按钮绘制图 7-66 所示轮廓草图（多边形主要轮廓线通过原有视图边界线绘制，上、下平行线长度相同）；然后单击按钮退出草图环境。在弹出的【凸台-拉伸】属性管理器中选择【终止条件】为【两侧对称】，设置【深度】为 10mm，单击【确定】按钮✔。效果如图 7-67 所示。

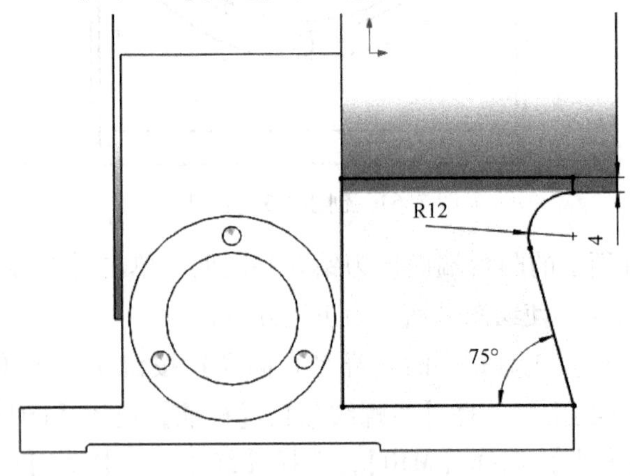

图 7-66　绘制筋草图

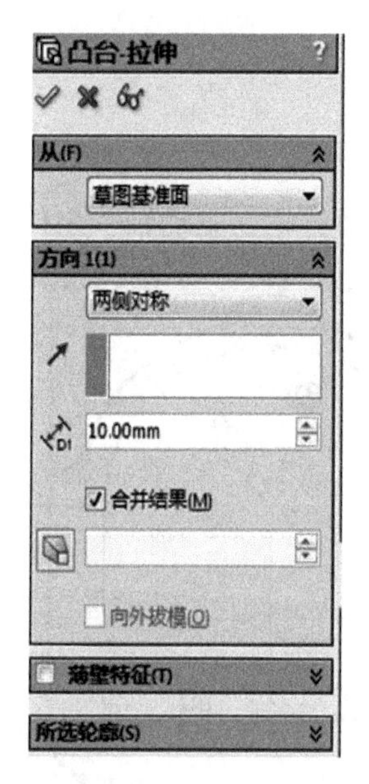

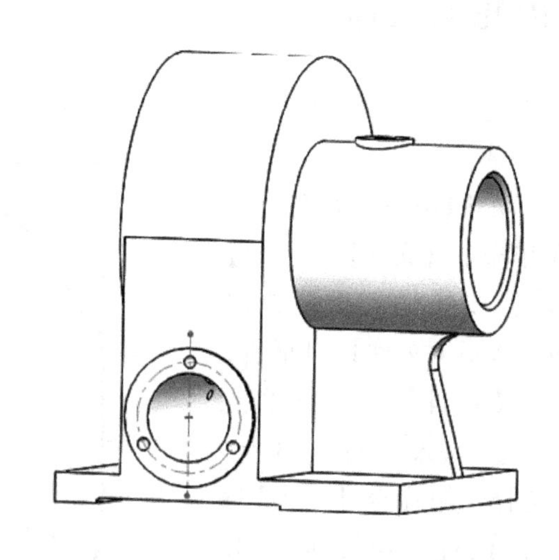

图 7-67　拉伸生成筋特征

21）单击【特征】工具栏中的【圆角】按钮，在出现的【圆角】属性管理器中，选择【圆角类型】为【恒定大小】，设置圆角【半径】为 2mm，其他选项默认。在图形区域中选择箱体如图 7-68 所示的项目，单击【确定】按钮，完成圆角。

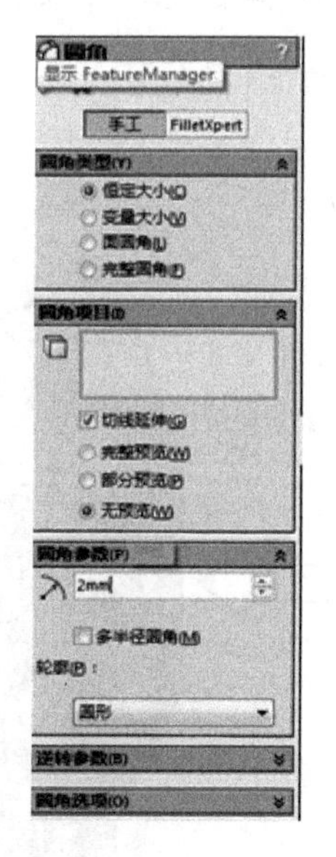

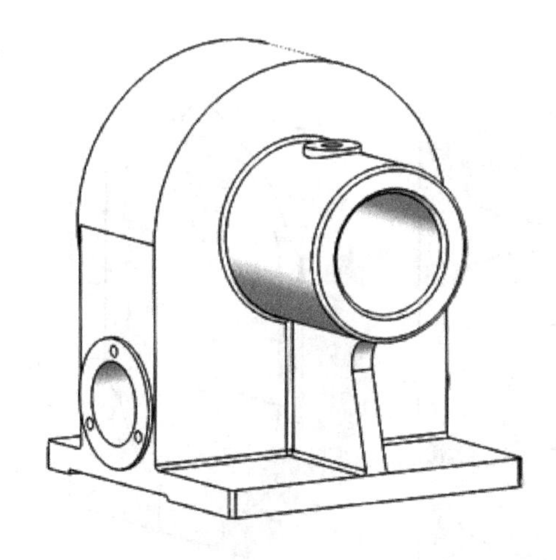

图 7-68　选择圆角项目

22）单击【保存】按钮，将零件保存为“蜗轮减速箱体 . sldprt”。

7.3　齿轮泵泵体

齿轮泵是一种常用的液压泵，其主要由主、从动齿轮，驱动轴，泵体及侧板等主要零件构成。

1）启动 SolidWorks 软件，单击选择菜单命令【文件】→【新建】或【新建】按钮，系统弹出【新建 SolidWorks 文件】对话框，然后选择【零件】，再单击【确定】按钮，进入零件设计环境。

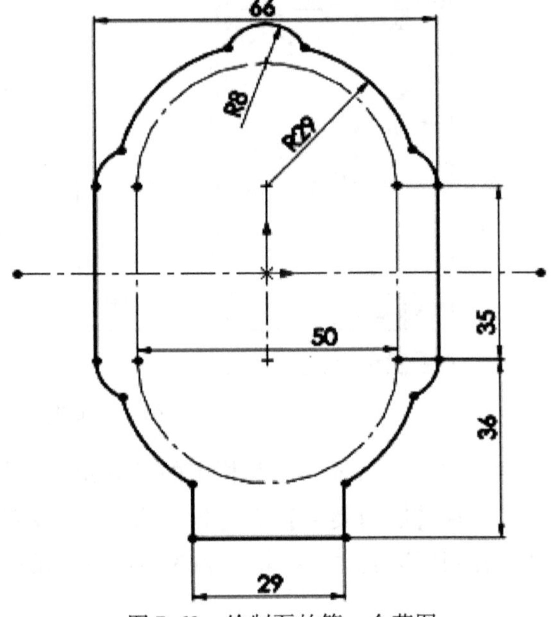

图 7-69　绘制泵的第一个草图

2）选择菜单命令【插入】→【凸台-基体】→【拉伸】，或单击【特征】工具栏中的【拉伸凸台/基体】按钮。选择【右视基准面】作为草图基准面，单击【标准视图】工具栏中的【正视于】按钮，绘制图 7-69 所示的轮廓图形；然后单击按钮退出草图环境。按照图 7-70 所示进行操作，创建泵第一个基体特征。

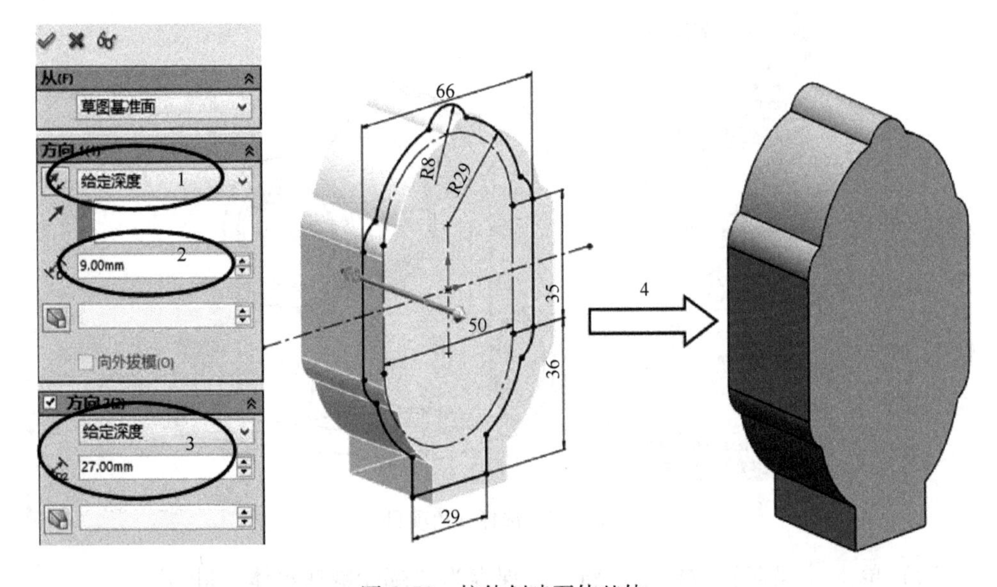

图 7-70　拉伸创建泵体基体

3）选择菜单命令【插入】→【参考几何体】→【基准面】，单击右侧面，按照图 7-71 所示进行操作，完成泵体底座最前端基准面的创建。

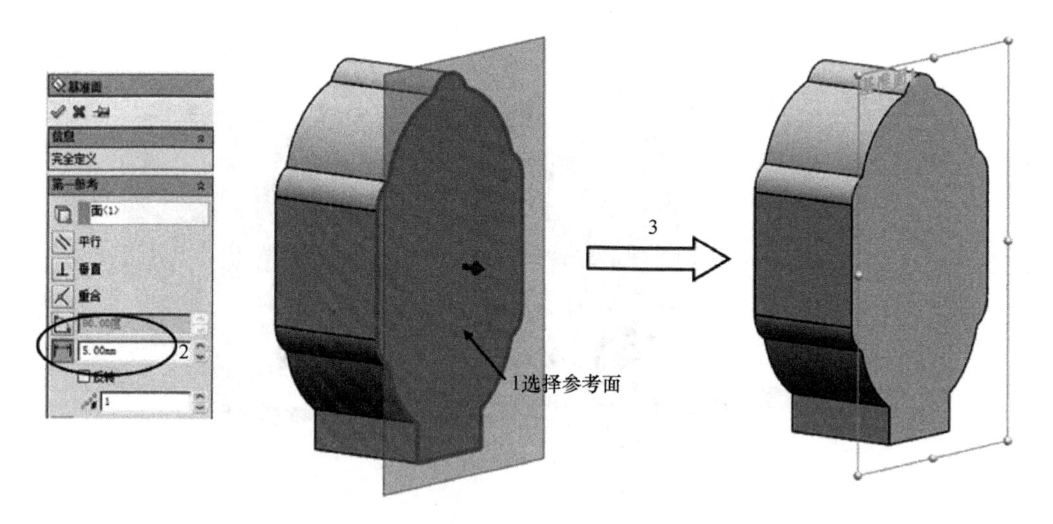

图 7-71　创建泵体底座最前端基准面

4）选择菜单命令【插入】→【凸台/基体】→【拉伸】，选中步骤 3）创建的【基准面 1】，单击【标准视图】工具栏中的【正视于】按钮，进入草图绘制环境；使用工具栏中的各工具绘制图 7-72 所示泵体底座轮廓草图；然后单击按钮退出草图环境。按照图 7-73 所示进行操作，完成泵体底座的创建。

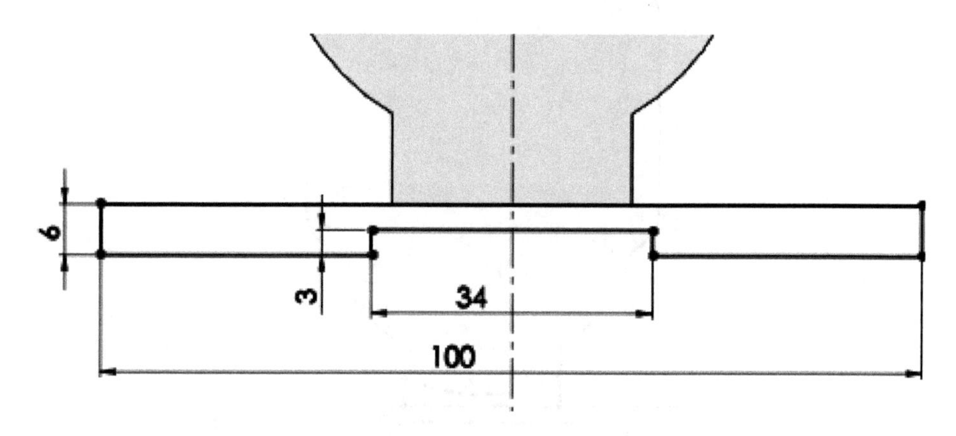

图 7-72　绘制泵体底座轮廓草图

5）选择菜单命令【插入】→【凸台/基体】→【拉伸】，选中泵体基体右侧面，单击【标准视图】工具栏中的【正视于】按钮，进入草绘环境；使用工具栏中的各工具绘制图 7-74 所示前侧凸台轮廓草图；然后单击按钮退出草图环境。按照图 7-75 所示进行操作，完成泵体前侧凸台的创建。

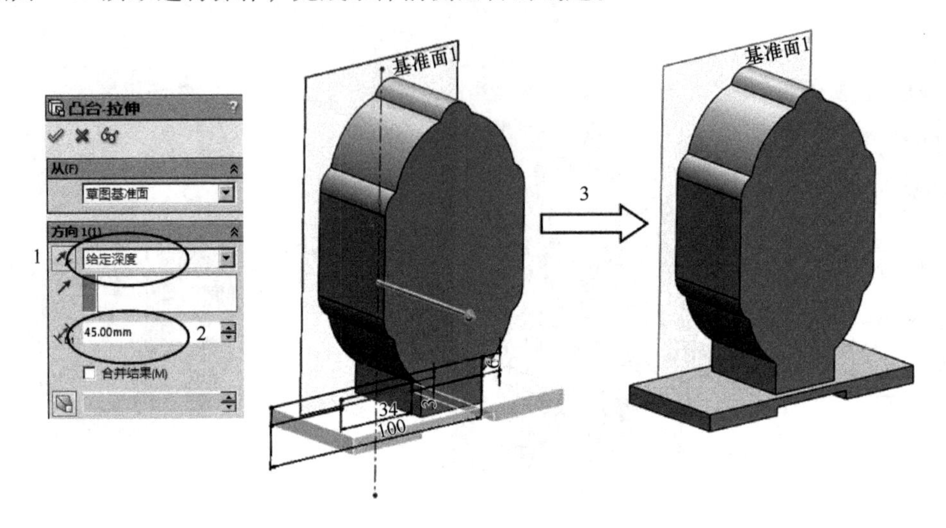

图 7-73　拉伸创建泵体底座

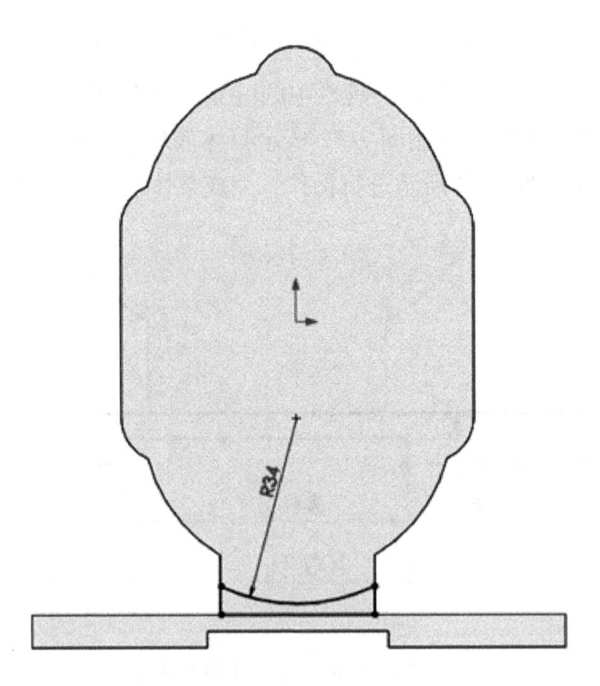

图 7-74　绘制泵体前侧凸台草图

6）选择菜单命令【插入】→【凸台/基体】→【拉伸】，选中泵基体左侧面为基准面，单击【标准视图】工具栏中的【正视于】按钮，进入草绘环境；使用工具栏中的各工具按钮，绘制图7-76所示$\phi 25$圆；然后单击按钮，退出草图环境。按照图7-77所示进行操作，完成泵体后侧面圆柱凸台的创建。

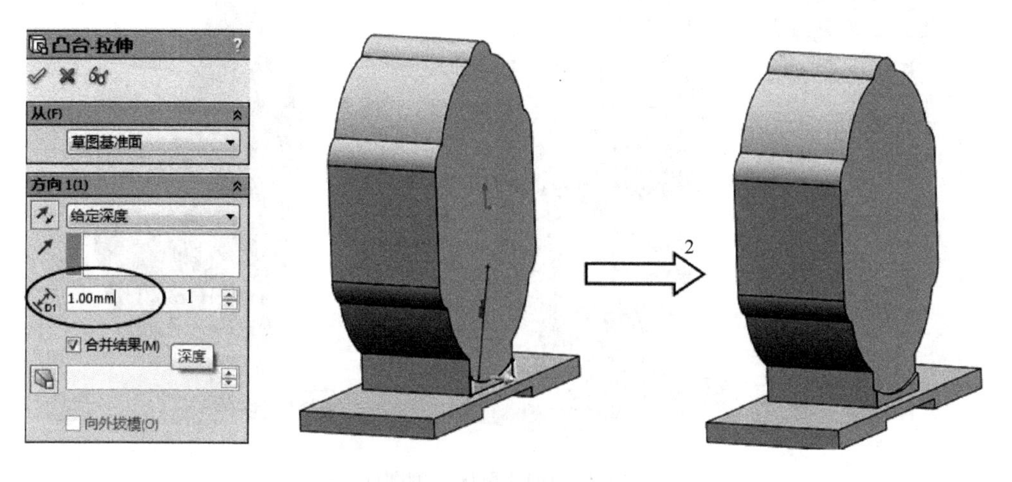

图7-75　拉伸创建泵体前侧凸台

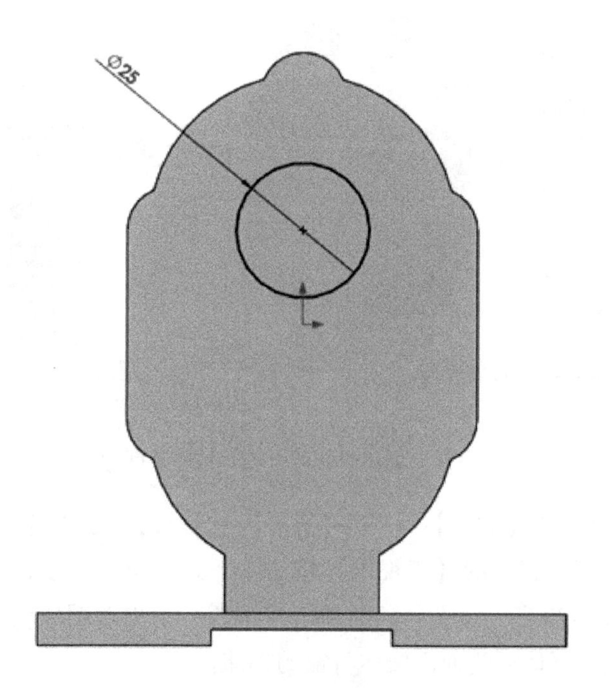

图7-76　泵体后侧$\phi 25$圆

7）选择菜单命令【插入】→【参考几何体】→【基准轴】，按照图7-78所示进行操作，完成【基准轴1】的创建。

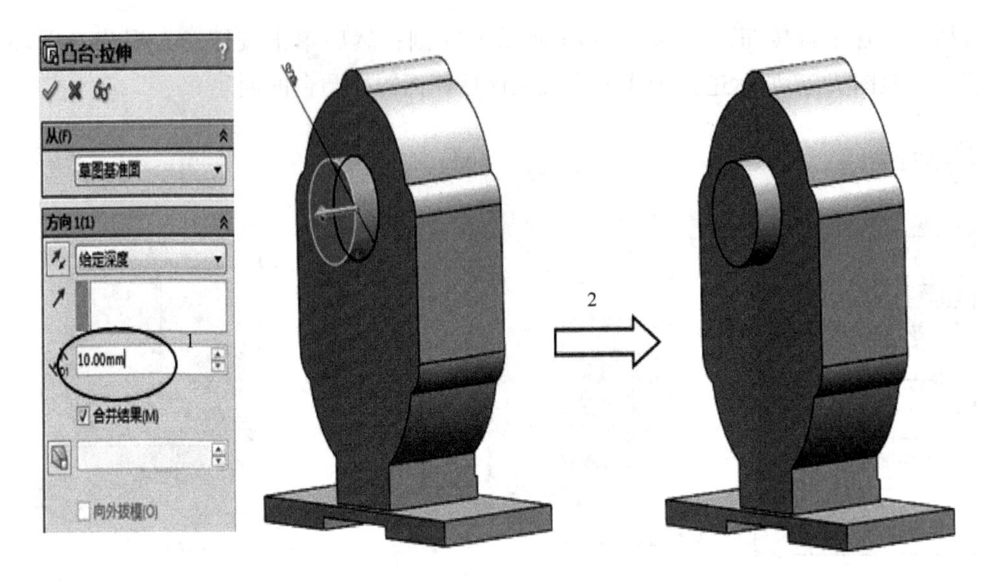

图 7-77　拉伸创建泵体后侧圆柱凸台

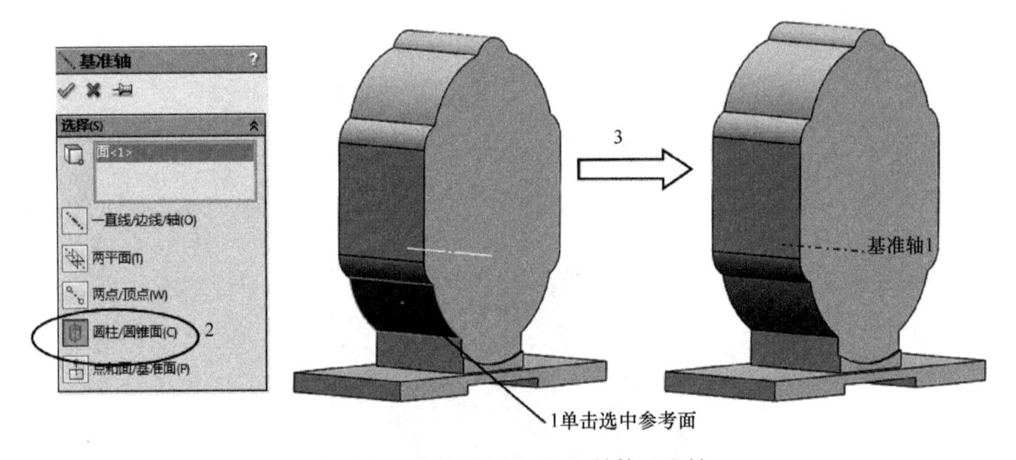

图 7-78　创建泵体后下侧回转体基准轴

8）选择菜单命令【插入】→【凸台/基体】→【旋转】，选中【前视基准面】，单击【标准视图】工具栏中的【正视于】按钮，进入草绘环境；使用工具栏中的各工具，绘制图 7-79 所示草图。然后单击按钮，退出草图环境。按照图 7-80 所示进行操作，完成泵体后侧面回转体特征的创建。

9）选择菜单命令【插入】→【切除】→【拉伸】，选中泵体右侧端面为基准面，单击【标准视图】工具栏中的【正视于】按钮，进入草绘环境；使用工具栏中的各工具，绘制图 7-81 所示草图；然后单击按钮，退出草图环境，按照图 7-82 所示进行操作，完成泵体腔体的创建。

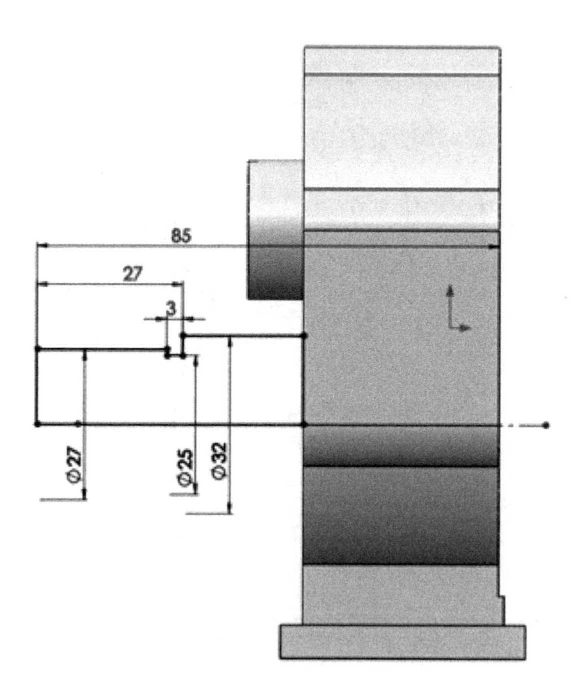

图 7-79　绘制泵体后侧回转体截面草图

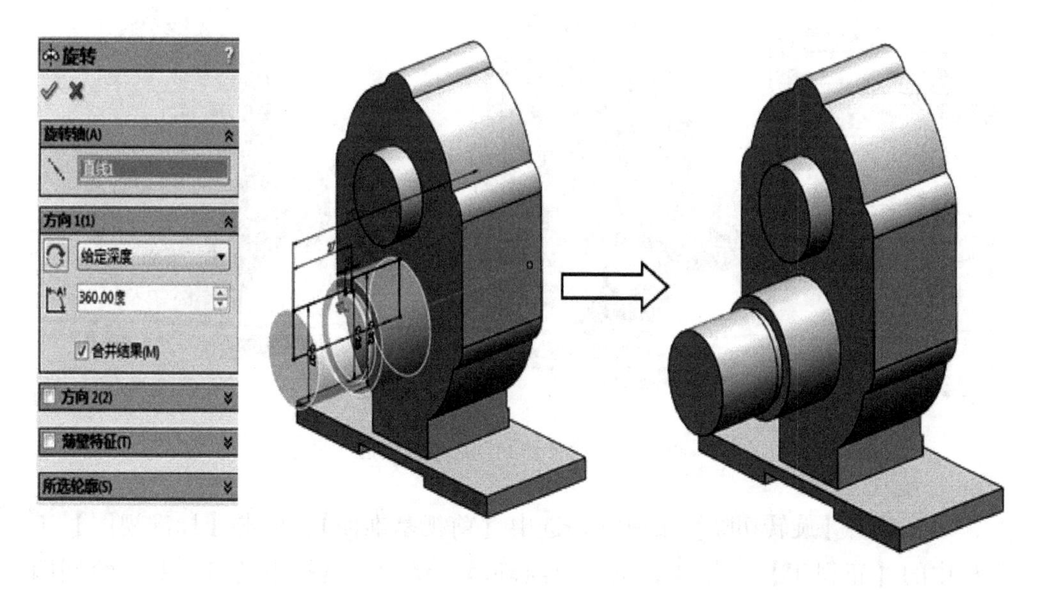

图 7-80　旋转创建泵体后侧回转体

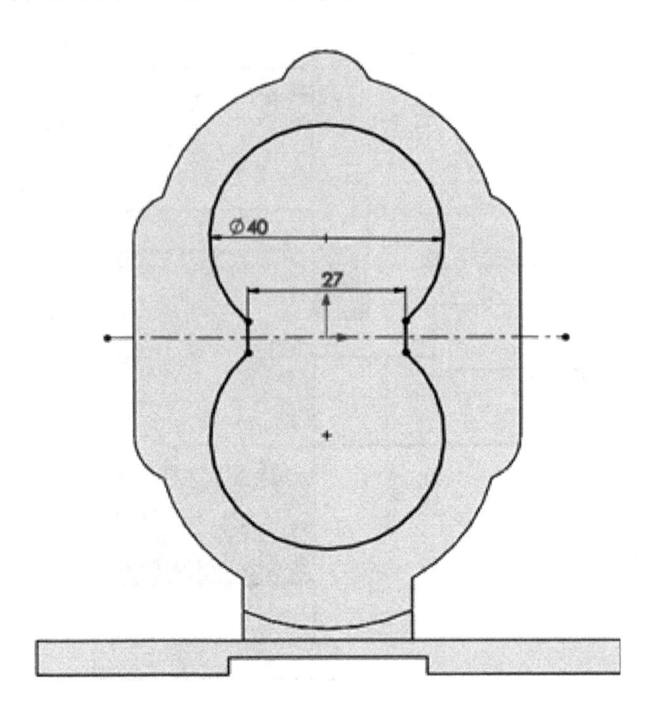

图 7-81　绘制泵体内腔截面草图

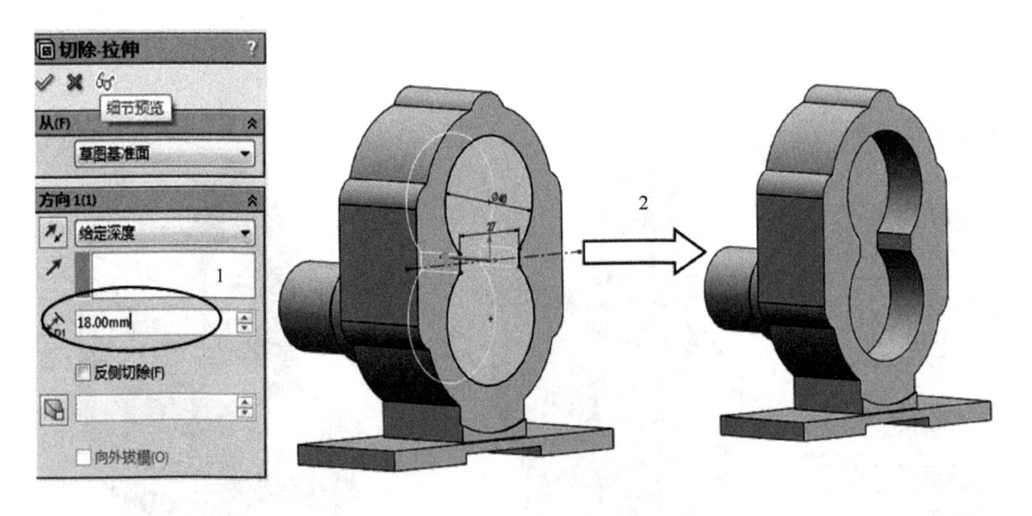

图 7-82　拉伸切除创建泵体内腔

10）单击【旋转切除】按钮，选中【前视基准面】，单击【标准视图】工具栏中的【正视于】按钮，进入草绘环境；使用工具栏中的各工具，绘制图 7-83所示草图；然后单击按钮，按图示内容完成泵体回转孔的创建。

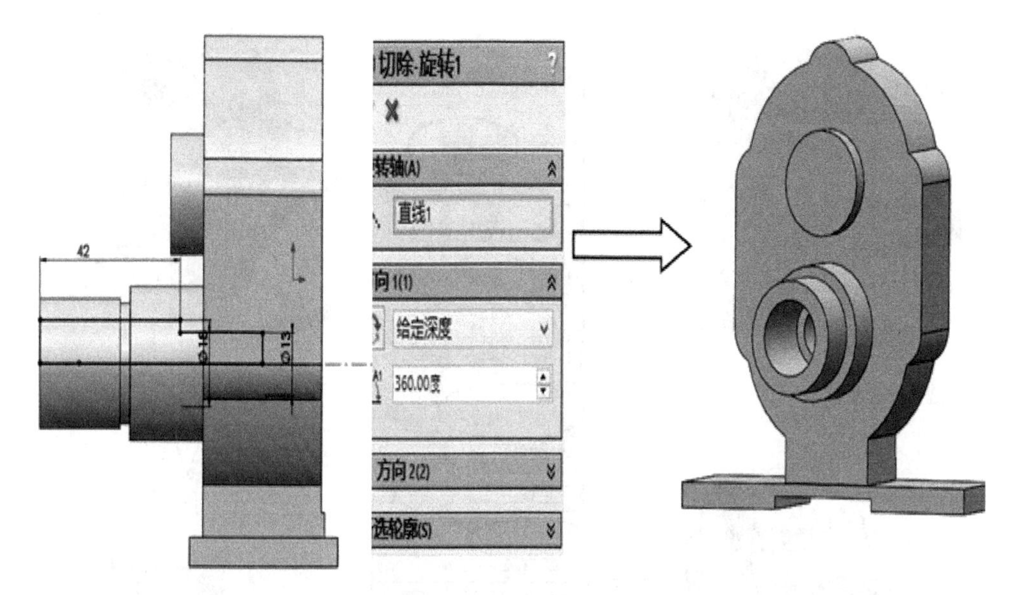

图 7-83　泵体回转孔截面草图及旋转切除创建结果

11）单击【旋转切除】按钮，选择【右视基准面】，单击【标准视图】工具栏中的【正视于】按钮，利用草绘工具绘制草图，然后单击按钮，完成泵体油孔的创建，草图及创建结果如图 7-84 所示。

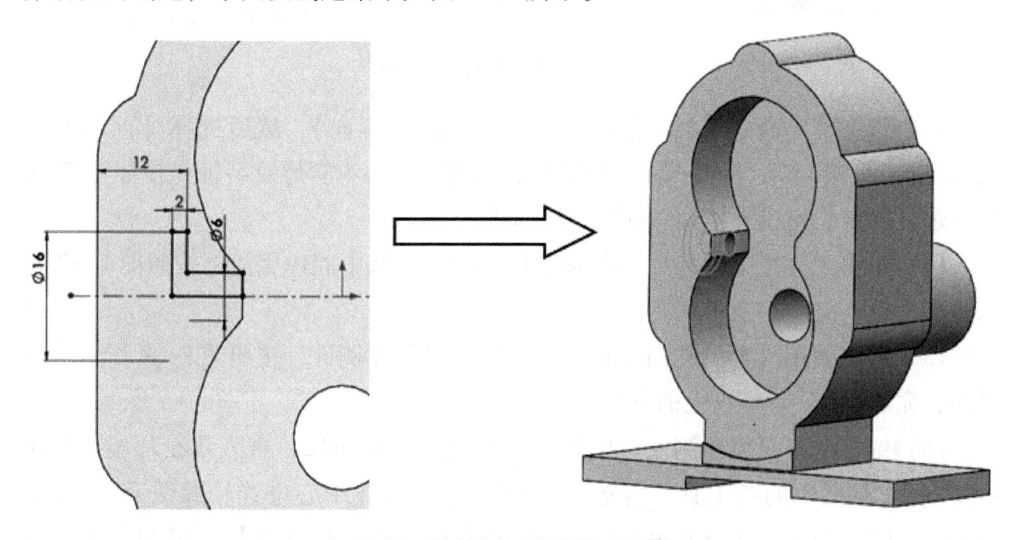

图 7-84　泵体油孔草图及创建结果

12）单击【特征】工具栏中的【异型孔向导】按钮，在绘图区选中泵体前侧面，按照图 7-85 所示进行操作，完成一个 G1/4 管螺纹的创建，它与步骤 11）中旋转切除出的圆孔同心。

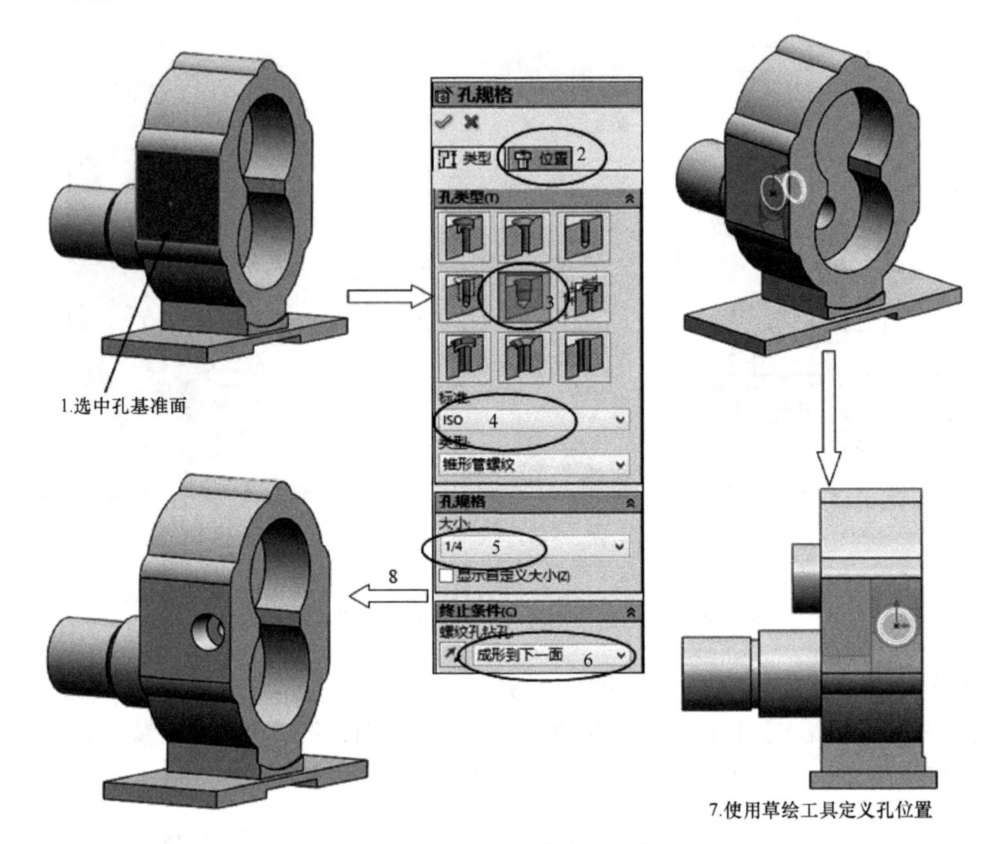

图 7-85 G1/4 管螺纹的创建

13）选择菜单命令【插入】→【阵列/镜向】→【镜向】，然后选择【前视基准面】，选择步骤 11）、步骤 12）创建的旋转切除、G1/4 管螺纹特征，按照图 7-86 所示进行操作，完成泵体另一侧油孔的创建。

14）单击工具栏中的【异型孔向导】按钮，选中腔体底面，按照图 7-87 所示进行操作，完成一个 ϕ13 孔的创建。

15）继续使用【异型孔向导】命令，选中泵体左侧面，按照图 7-88 所示进行操作，完成一个 M6 螺纹孔的创建。

16）继续单击泵体左侧面，单击【草图绘制】按钮，进入草绘环境；使用【草图】工具栏中的各工具，绘制图 7-89 所示螺纹孔中心位置轮廓图形（提示：绘制草图时，先利用【点】命令绘制点，再利用【直线】、【圆】、【约束】等其他命令定义点的位置）。

17）按住 Ctrl 键，在【FeatureManger 设计树】中选择步骤 15）、步骤 16）创建的 M6 螺纹孔和草图，然后执行菜单命令【插入】→【阵列/镜向】→【草图驱动的阵列】，按照图 7-90 所示进行操作，完成其他 M6 螺纹孔的创建。

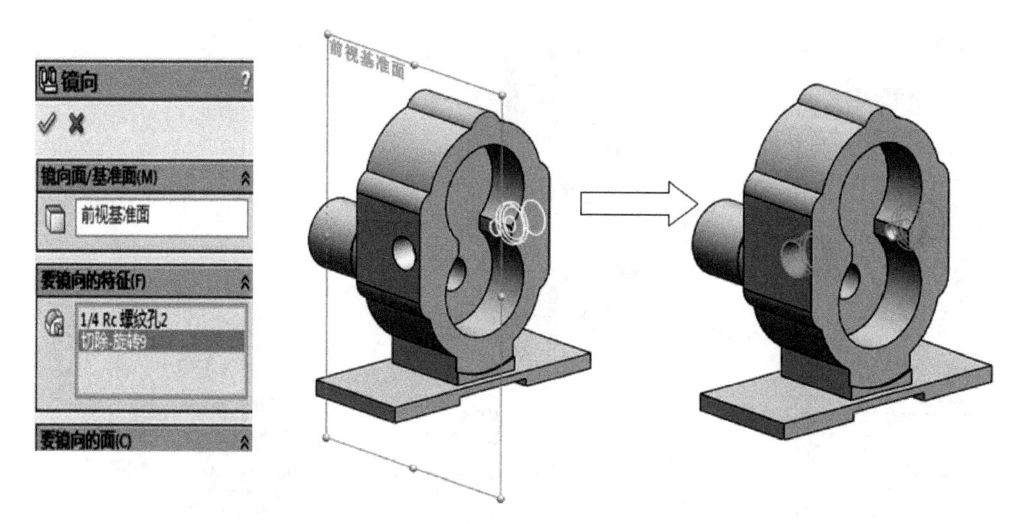

图 7-86　【镜向】完成泵体另一侧油孔的创建

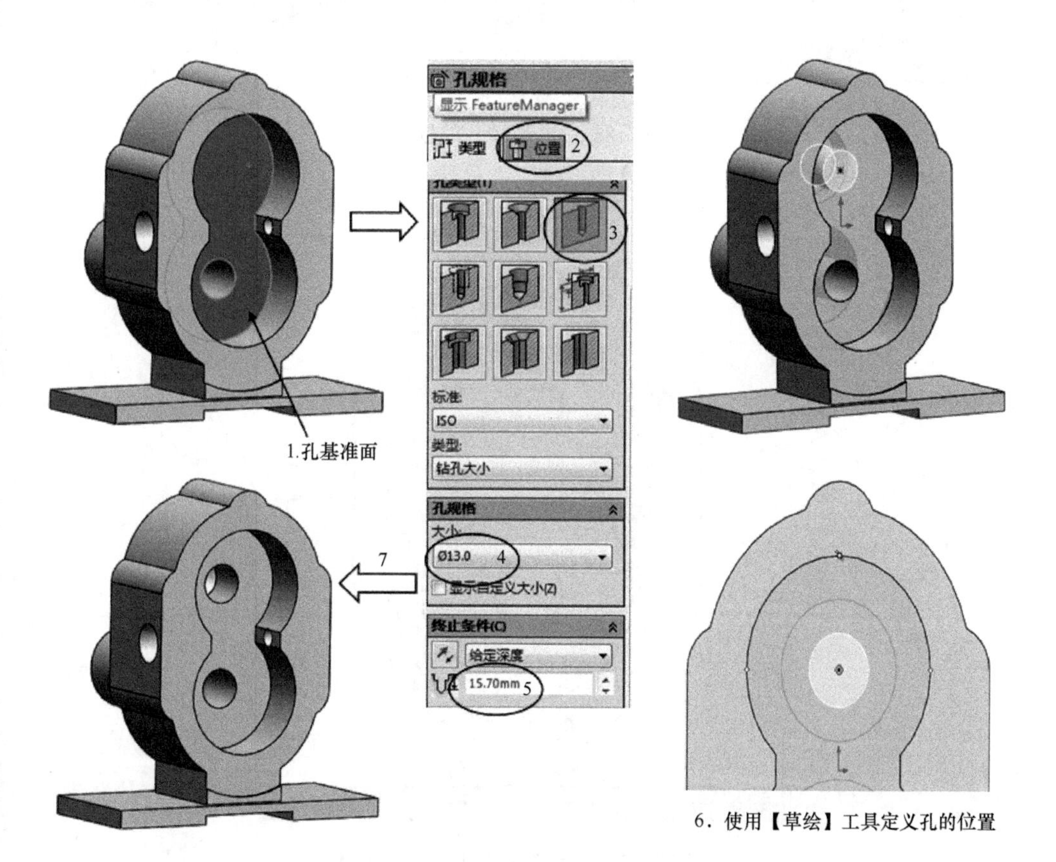

图 7-87　ϕ13 孔的创建

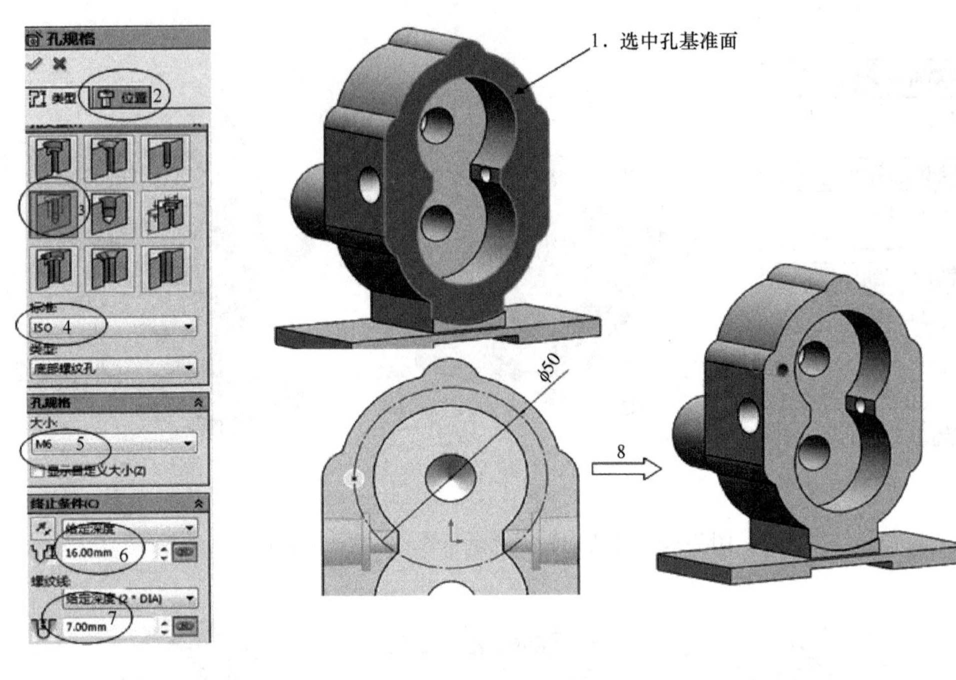

图 7-88　M6 螺纹孔的创建

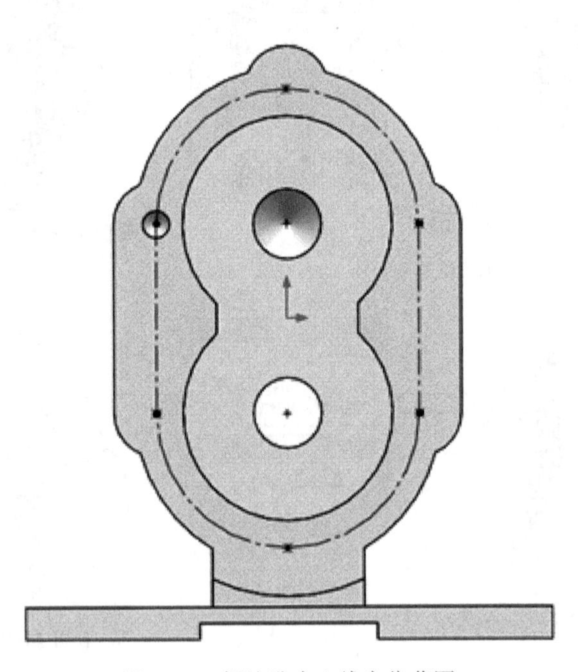

图 7-89　螺纹孔中心线定位草图

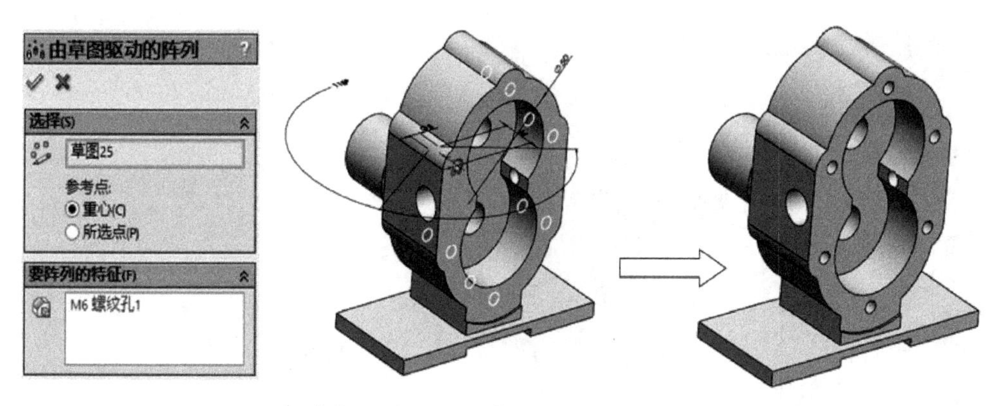

图7-90　【草图驱动的阵列】完成其他M6螺纹孔的创建

18）继续使用【异型孔向导】命令，选中泵体左侧面，按照图7-91所示进行操作，完成ϕ4、深15钻孔的创建。

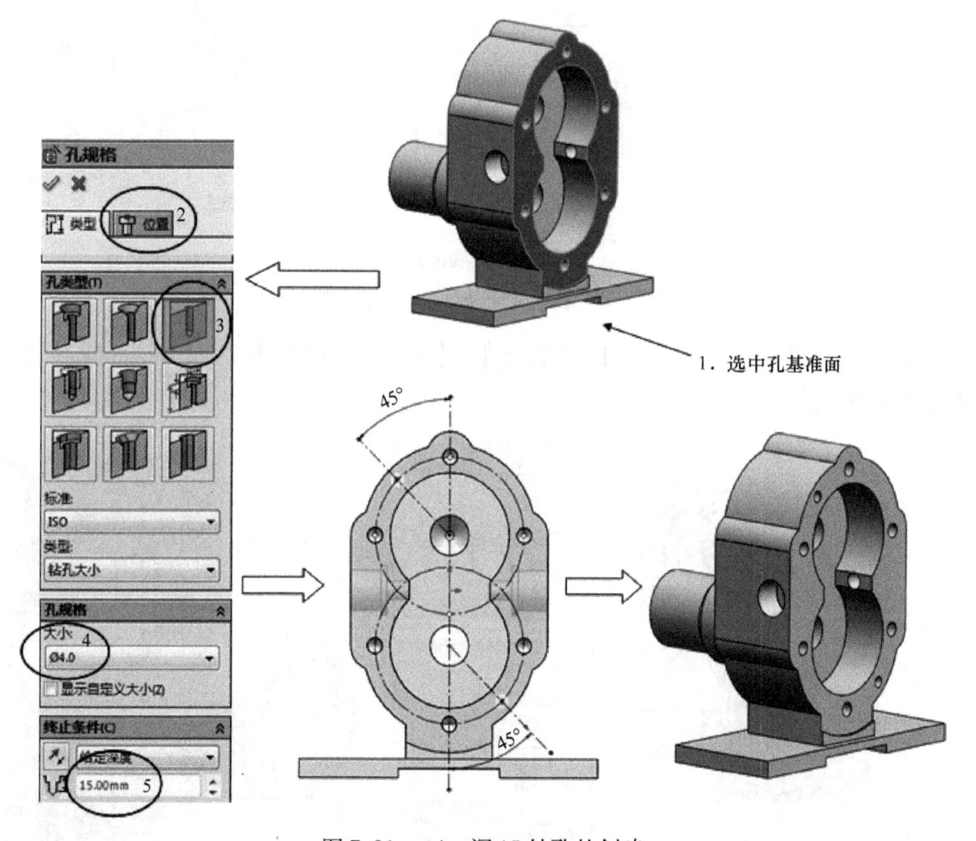

图7-91　ϕ4、深15钻孔的创建

19）继续使用【异型孔向导】命令，选中泵体底座上侧面，按照图7-92所示进行操作，完成两侧ϕ11沉头孔的创建。

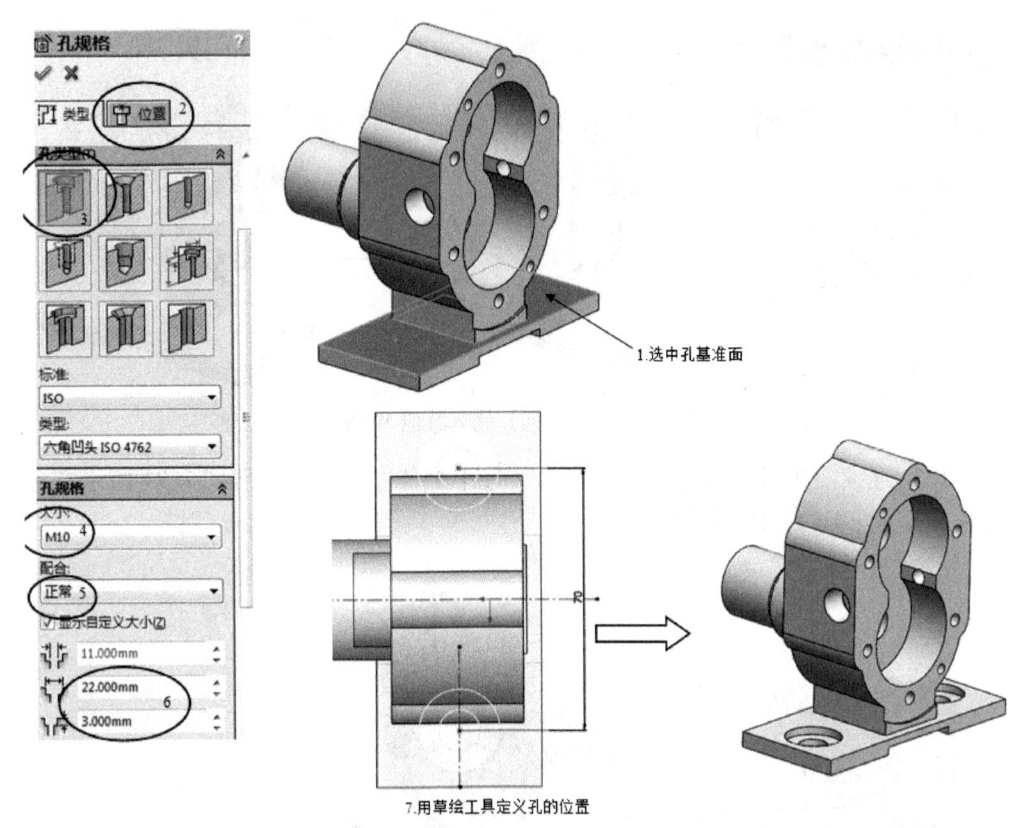

图 7-92　泵体底座 ϕ11 沉头孔的创建

20）选择菜单命令【插入】→【特征】→【倒角】，按照图 7-93 所示进行操作，创建 2×45 倒角。

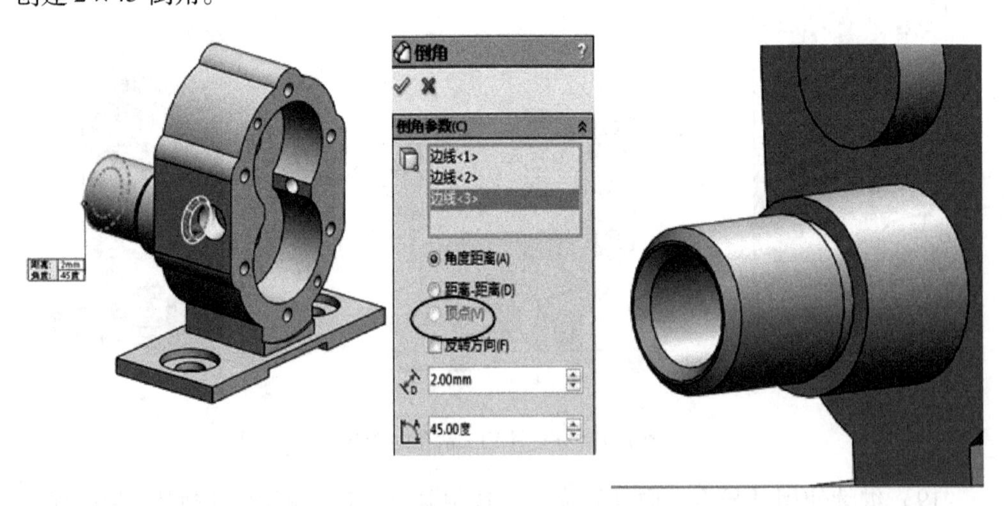

图 7-93　2×45 倒角

21）利用【圆角】命令创建 $R2$ 过渡圆角，操作过程及结果如图 7-94 所示。

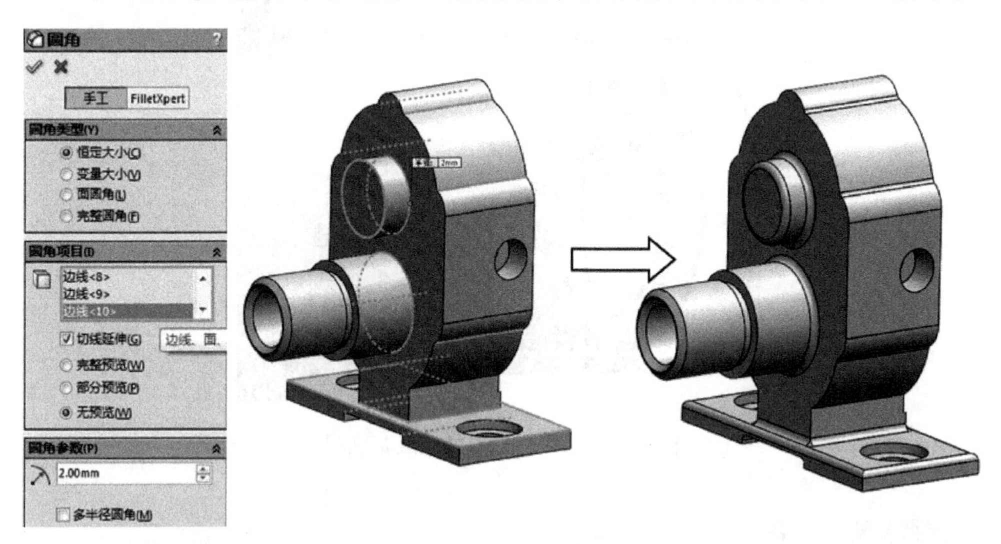

图 7-94　创建 $R2$ 过渡圆角

22）执行【基准面】命令，以泵体后侧回转体端面为基准，创建一基准面，操作过程及结果如图 7-95 所示。

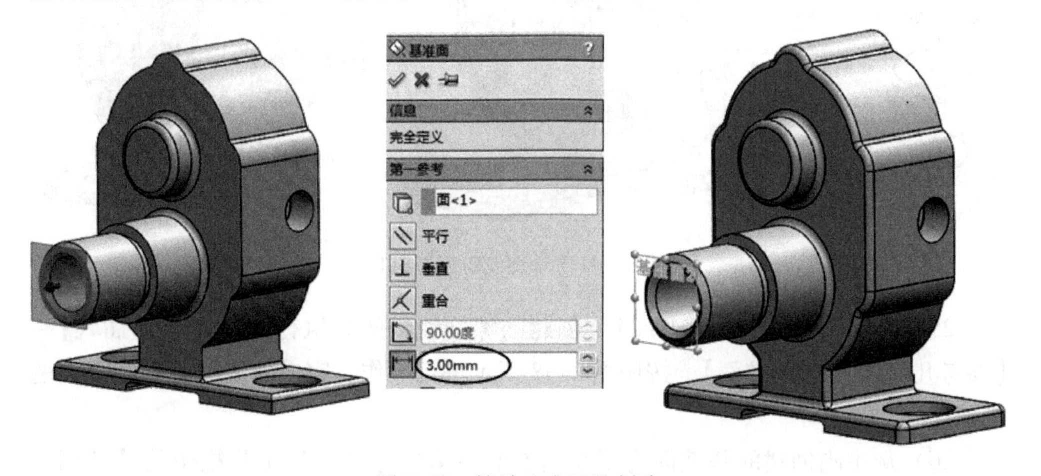

图 7-95　辅助基准面的创建

23）选中刚创建的基准面，单击【标准视图】工具栏中的【正视于】按钮，选择草图工具栏中的【草图绘制】按钮，然后使用【转换实体引用】工具绘制图 7-96 所示圆。

24）选择菜单命令【插入】→【曲线】→【螺旋线/涡状线】，选中步骤 23）绘制的草图，按照图 7-97 所示进行操作，完成 M27 外螺纹螺旋线的创建。

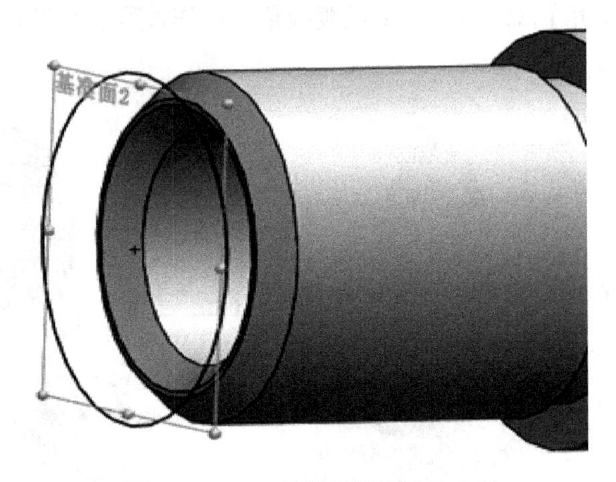

图 7-96　M27 外螺纹螺旋线基准圆

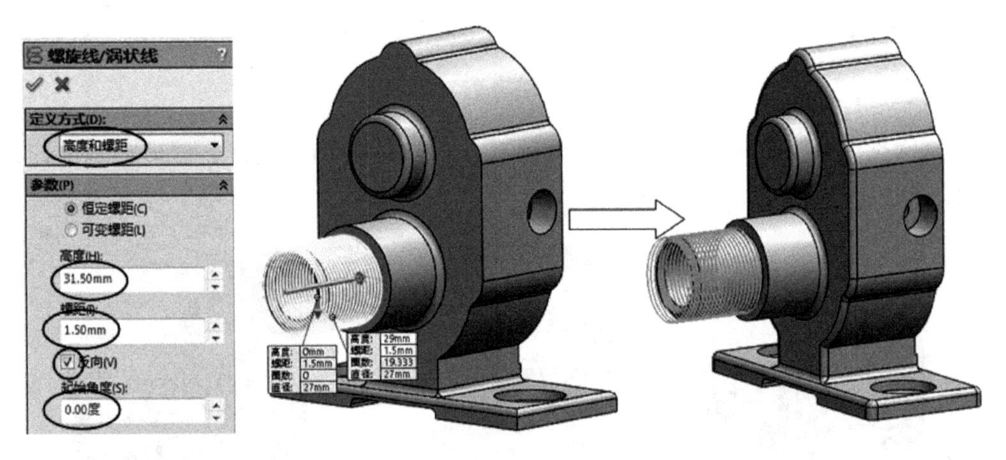

图 7-97　M27 外螺纹螺旋线的创建

25）在绘图区中选中步骤 24）创建的螺旋线，然后执行菜单命令【插入】→【参考几何体】→【基准面】，按照图 7-98 所示进行操作，完成外螺纹截面基准面的创建。

26）选中刚创建的基准面为草绘基准面，单击【草图】工具栏中的【草图绘制】按钮，进入草绘环境，绘制图 7-99 所示草图。

27）按住 Ctrl 键，在【FeatureManager 设计树】中选中前面创建的螺旋线和螺纹截面草图，然后单击【特征】工具栏中的【扫描切除】按钮，按照图 7-100 所示进行操作，完成 M27 外螺纹的创建。

至此，完成泵体的创建。最后使用【保存】命令，将文件保存。

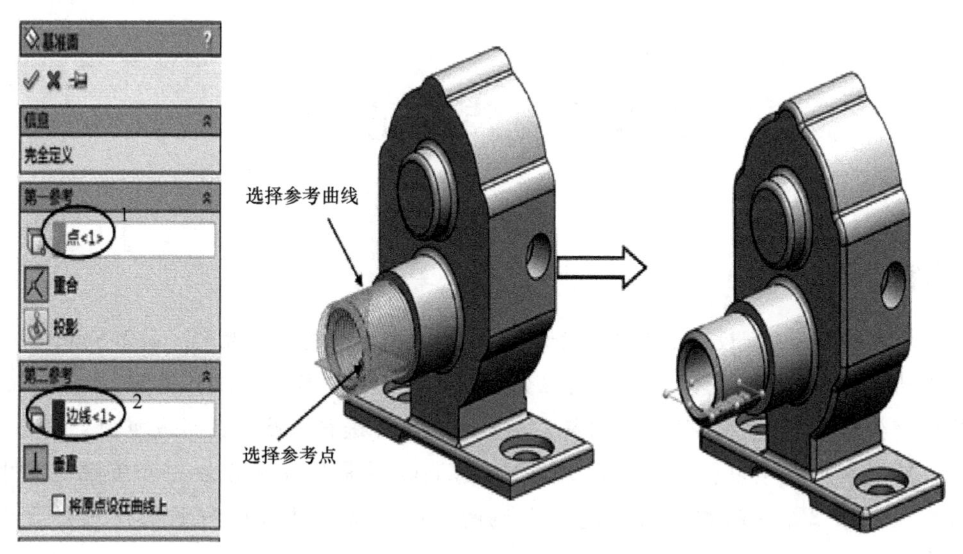

图7-98　M2外螺纹截面基准面的创建

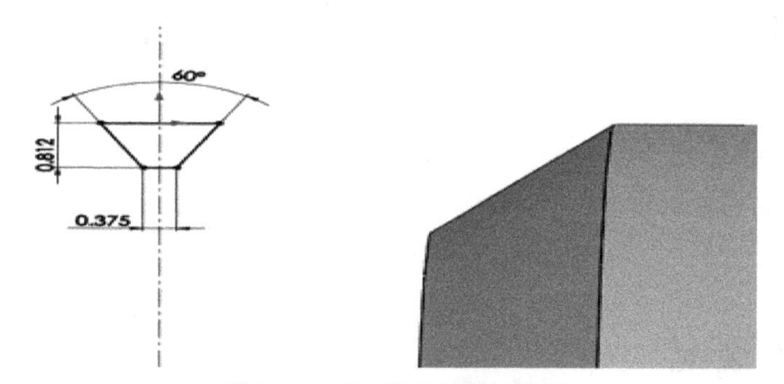

图7-99　M27螺纹牙截面草图

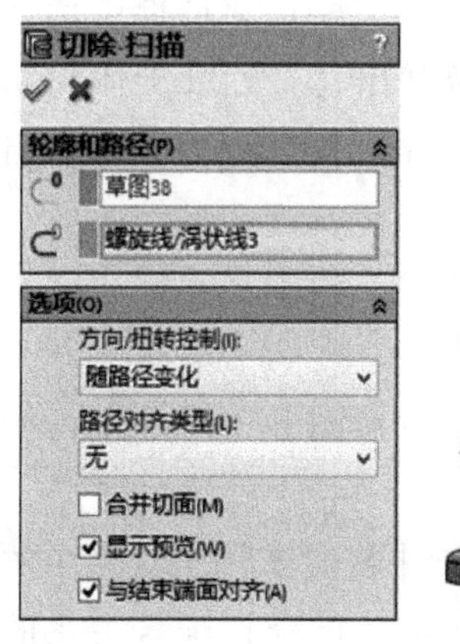

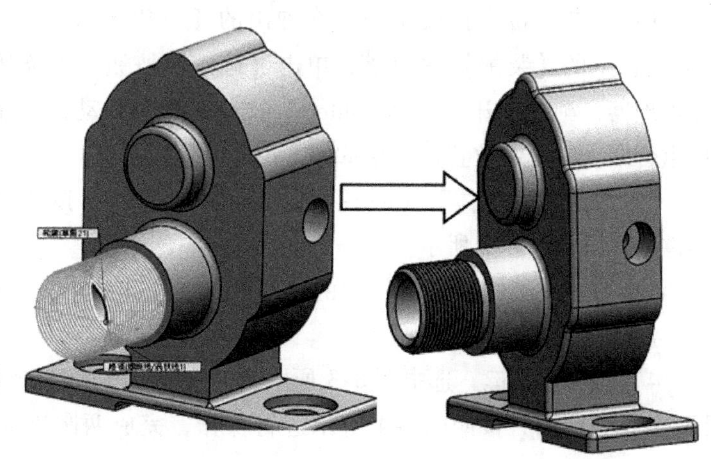

图7-100　M27外螺纹的创建

第8章　装　配　体

【内容提要】

完成零件的造型设计之后，往往需要将设计出来的零件进行装配。由于SolidWorks采用的是单一数据库的设计，因此在完成零件的设计之后，可以利用SolidWorks的装配（组件）模式将零件进行组装，然后对该组件进行修改、分析或重新定向。

通过本章的学习，读者可以掌握SolidWorks的零件装配方法，在装配过程中针对装配体零部件的相应特征选择合适的装配方式，并可以对装配体进行干涉检查。

【本章要点】

★ 旋塞
★ 齿轮泵
★ 活塞泵
★ 联轴器

8.1　旋塞装配

1）单击【新建】按钮，在弹出的【新建SolidWorks文件】对话框中选择【模板】下的【装配】按钮，单击【确定】按钮，系统弹出【开始装配体】属性管理器，浏览打开“壳体.sldprt”文件，然后移动鼠标至装配体原点位置，出现重合图标时单击放置，结果如图8-1所示。

2）单击【装配体】工具栏中的【插入零部件】按钮，根据提示插入塞子零件，结果如图8-2所示。

3）单击【视图】工具栏中的【剖面视图】按钮，按照图8-3所示进行操作，剖切壳体零件。

4）按住Ctrl键，选中图8-3所示两圆锥面，然后单击【装配体】工具栏中的【配合】按钮，按照图8-4所示进行操作，完成两圆锥面【重合】配合关系的定义。

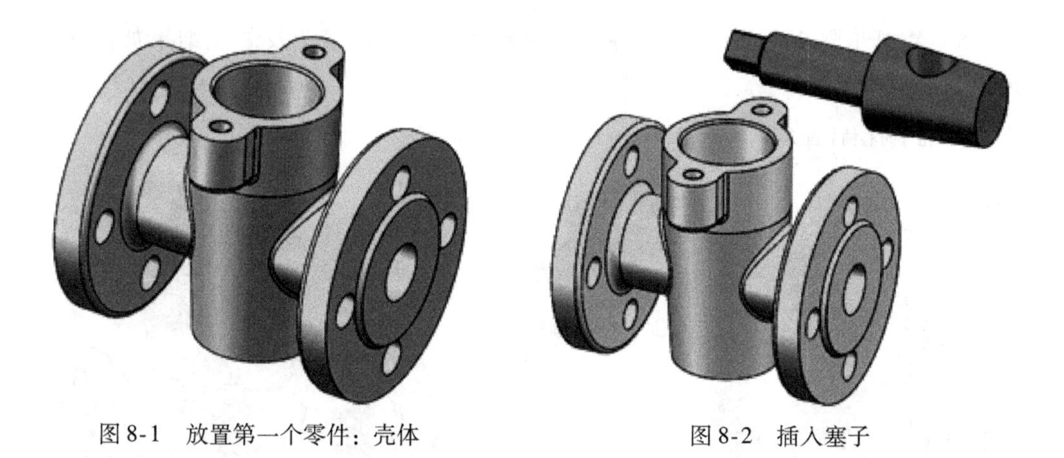

图8-1 放置第一个零件：壳体　　　　图8-2 插入塞子

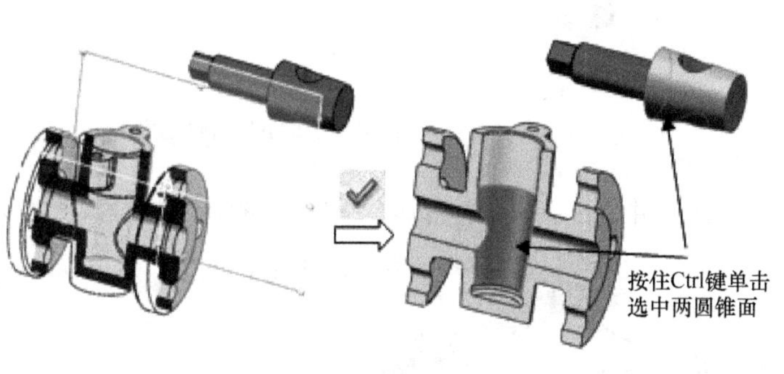

图8-3 剖切壳体零件

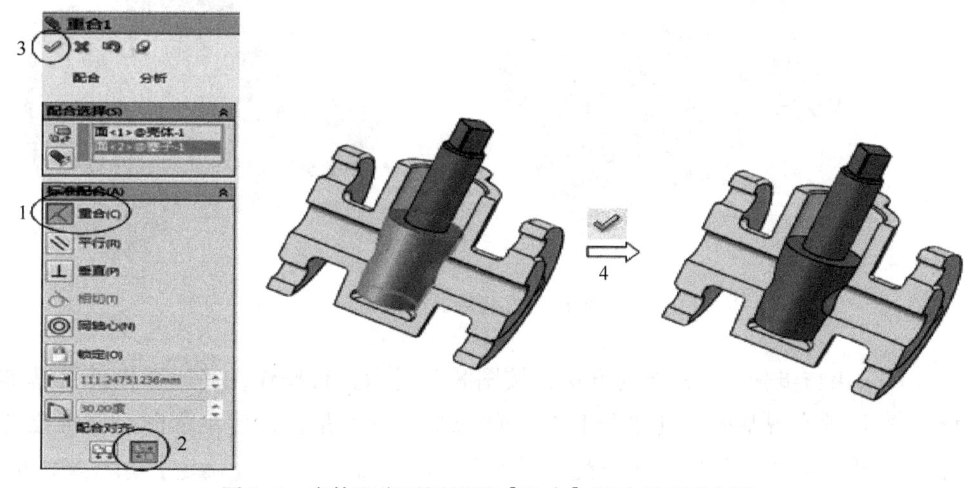

图8-4 壳体和塞子圆锥面【重合】配合关系的创建

5）重复步骤 2）~4），插入并配合填料压盖，配合参考及装配结果如图 8-5 所示。

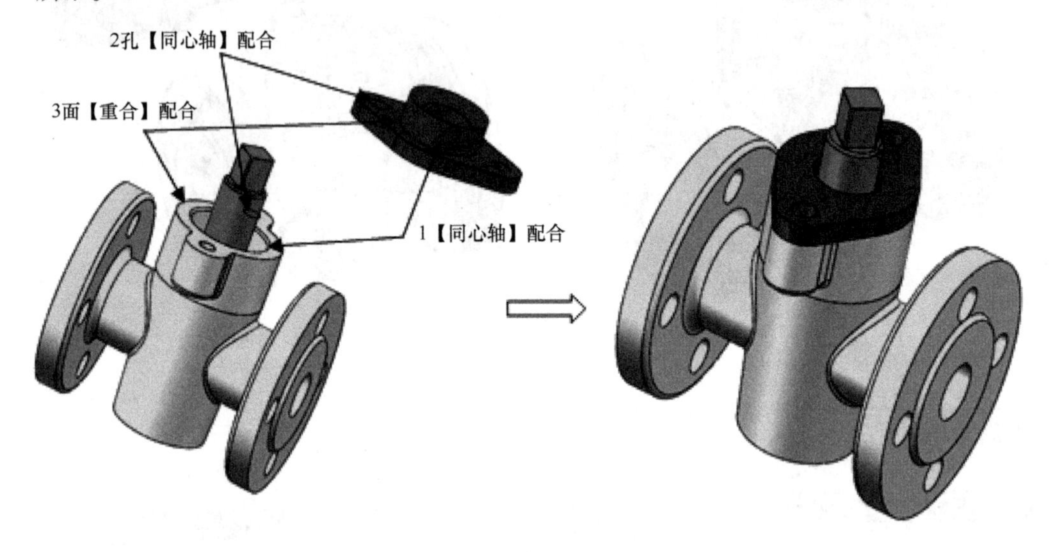

图 8-5　装配填料压盖

6）插入并装配 M8 螺栓零件，配合参考及装配结果如图 8-6 所示。

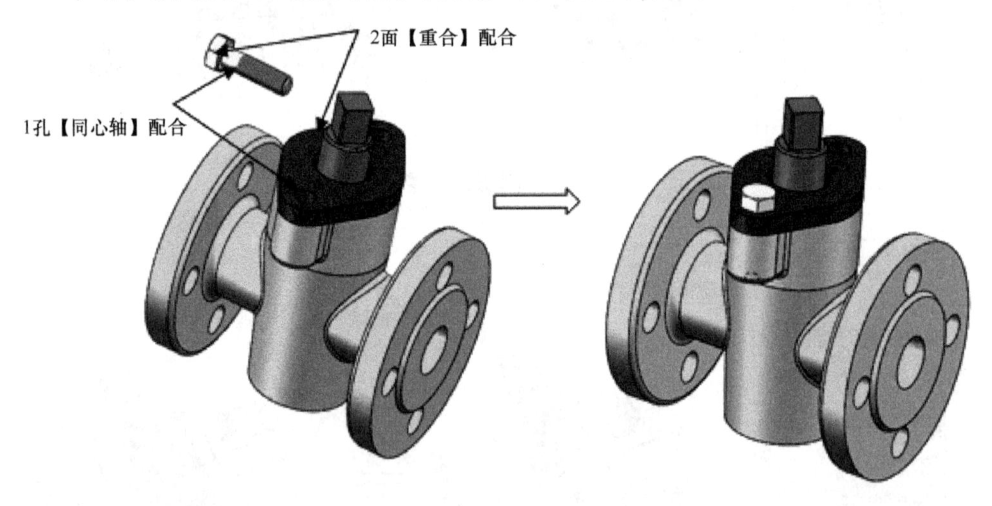

图 8-6　M8 螺栓装配结果

7）采用与步骤 6）相同的方法，按图 8-7 所示进行操作，完成螺栓前视基准面和填料压盖右视基准面【平行】配合的添加，目的是在创建工程图时使螺栓处于符合工程图需要的位置。所有配合关系添加完毕后，单击【确定】按钮✓，退出【配合】属性管理器。

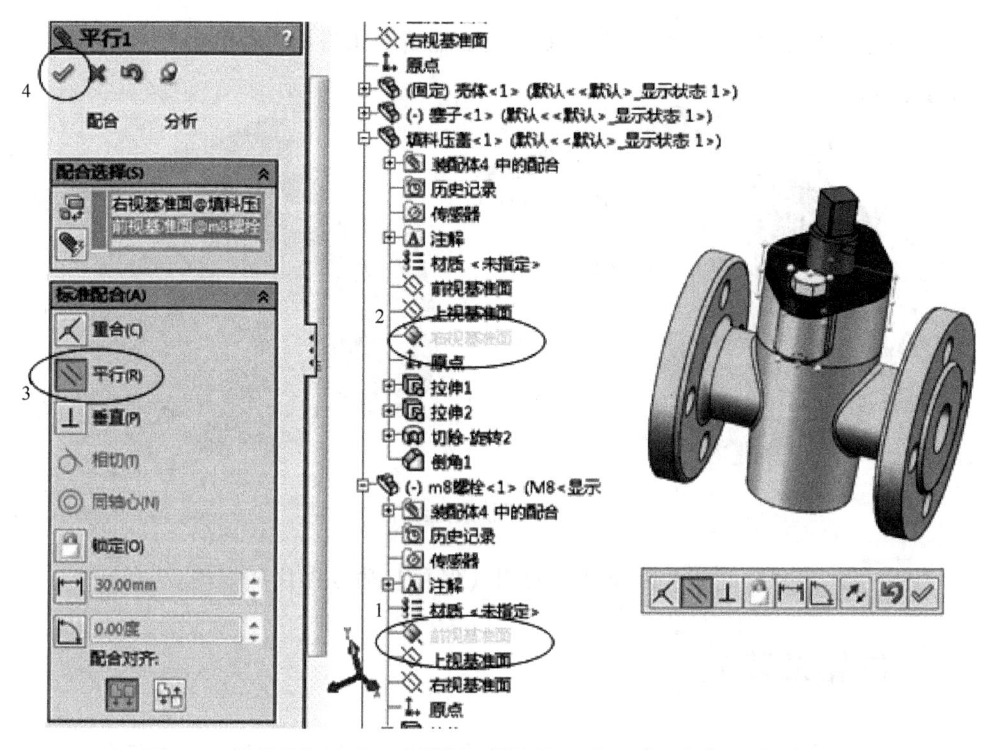

图 8-7　螺栓前视基准面和填料压盖右视基准面【平行】配合的添加

8）在【FeatureManager 设计树】中选中螺栓零件，按照图 8-8 所示进行操作，使用【镜向零部件】命令，完成另一侧螺栓的装配。

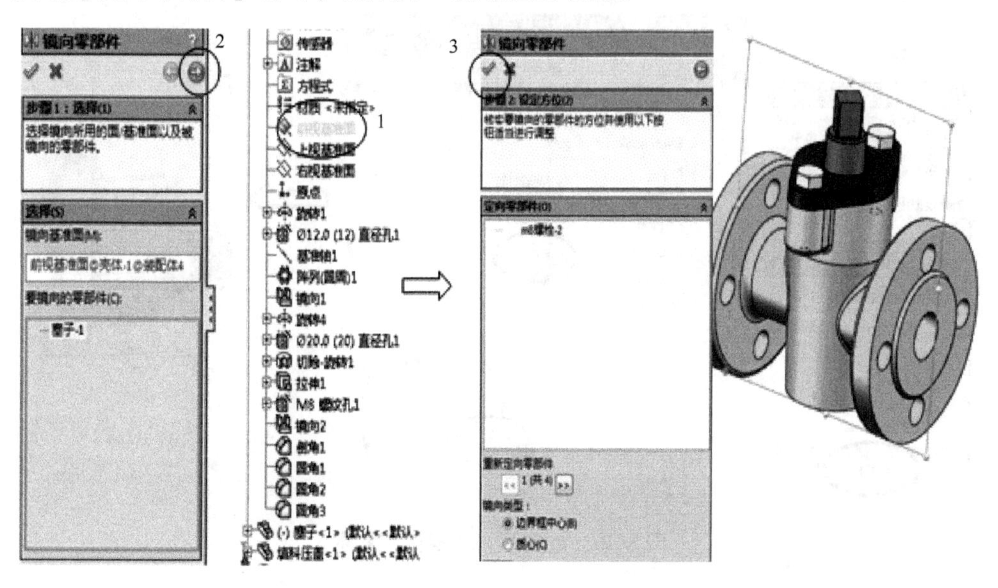

图 8-8　镜向装配另一个螺栓零件

9）插入并装配手柄零件，配合参考及装配结果如图 8-9 所示。

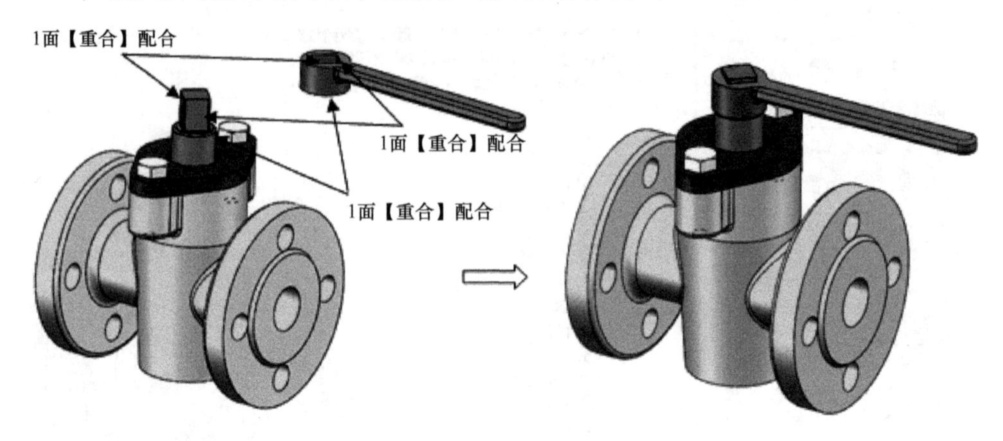

图 8-9 手柄装配结果

10）至此，完成旋塞装配设计。使用【保存】命令保存装配体。

8.2 齿轮泵装配

1）单击【新建】按钮，在弹出的【新建 SolidWorks 文件】对话框中选择【模板】下的【装配】按钮，单击【确定】按钮，进入装配环境，将泵体零件插入，完成第一个零件——泵体的装配。结果如图 8-10 所示。

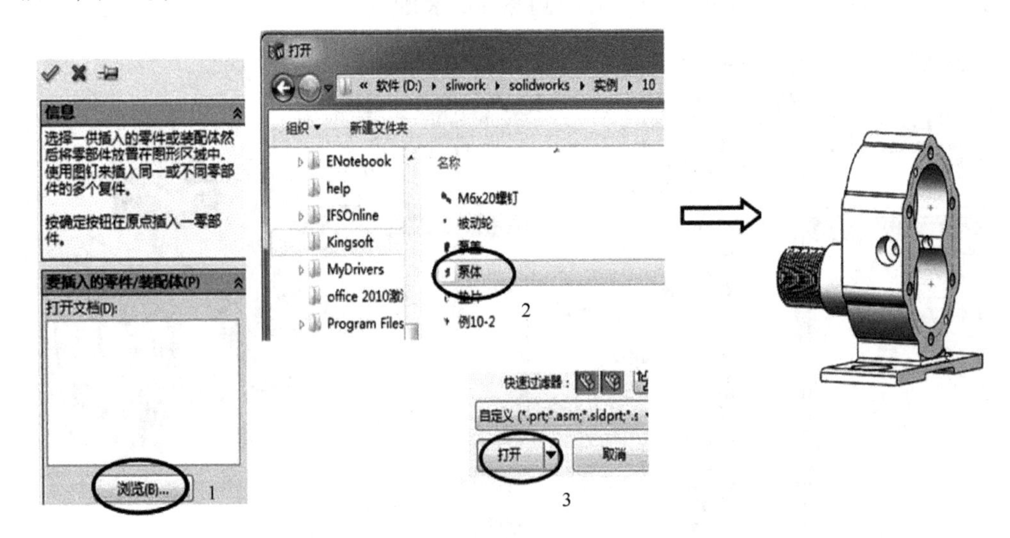

图 8-10 放置第一个零件：泵体

2）单击【装配体】工具栏中的【插入零部件】按钮，按照图 8-11 所示进行操作，添加放置主动轮。

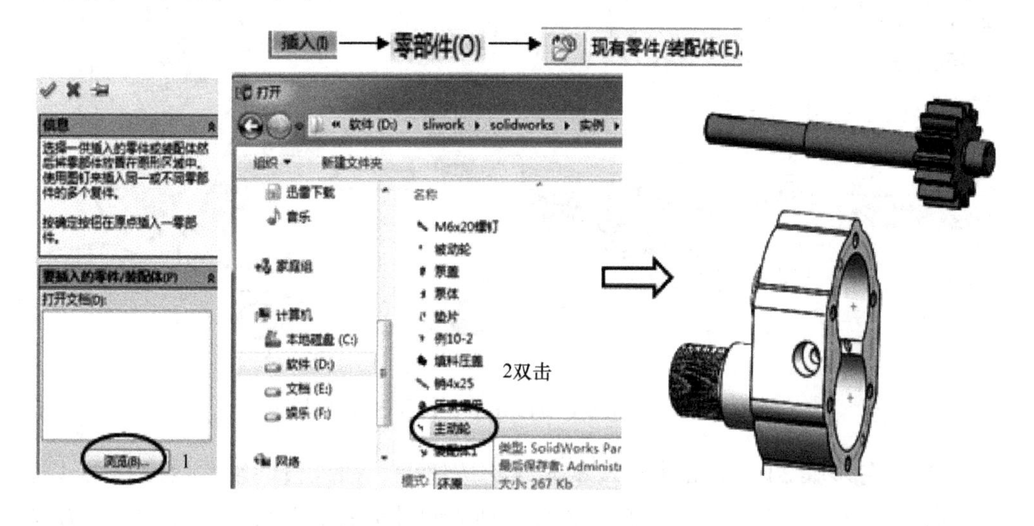

图 8-11　插入第二个零件——主动轮

3）单击【装配体】工具栏中的【配合】按钮，在绘图区单击主动轴外圆柱面、泵体主动轴孔内圆柱面，添加【同轴心】配合，如图 8-12 所示。

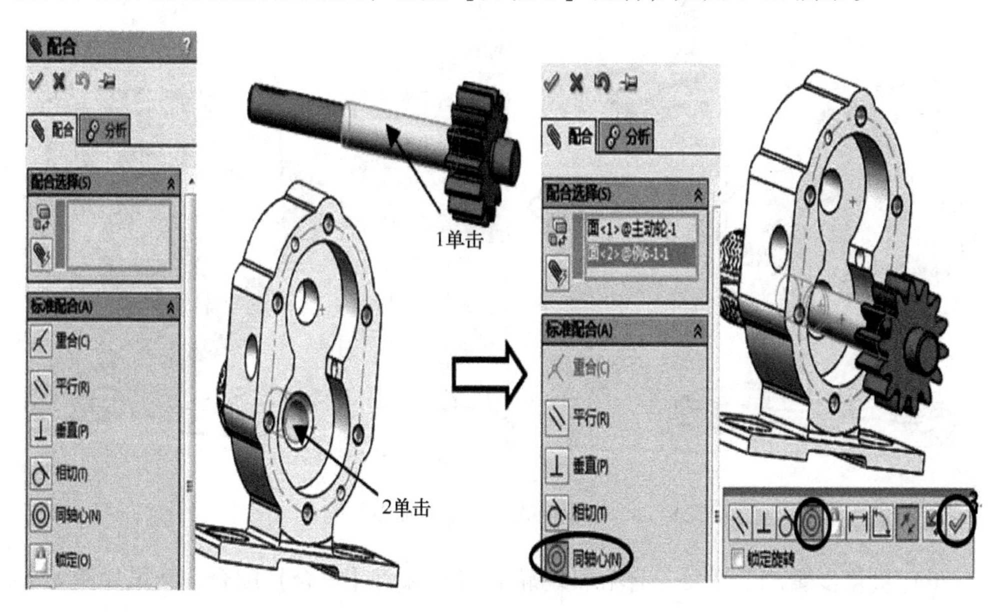

图 8-12　添加泵体和主动轮的【同轴心】配合

4）按照图 8-13 所示进行操作，创建泵体内腔侧面和齿轮端面【重合】配合约束关系，最后单击【确定】按钮，退出【配合】属性管理器。

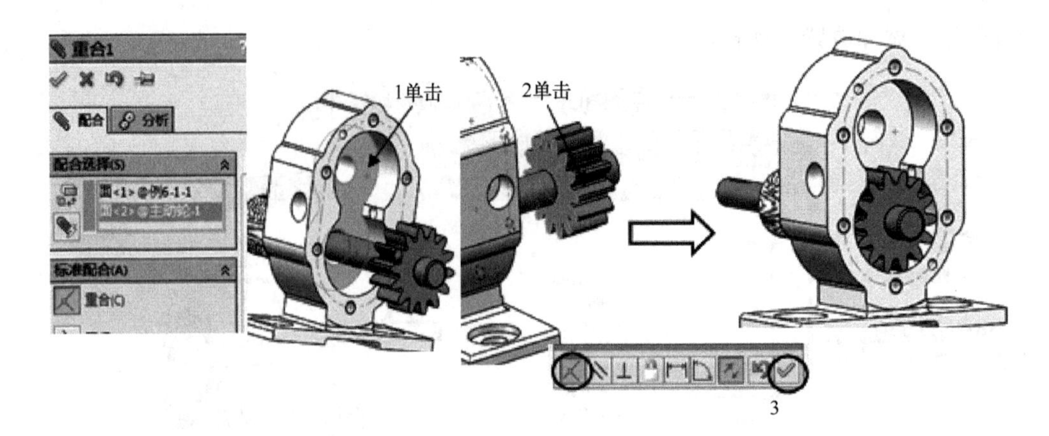

图 8-13　泵体和主动轮【重合】配合添加结果

5）重复步骤 2），单击【插入零部件】按钮，插入被动轴，然后利用【配合】命令，重复步骤 3），添加泵体和被动轴之间【同轴心】配合，操作过程及结果如图 8-14 所示。

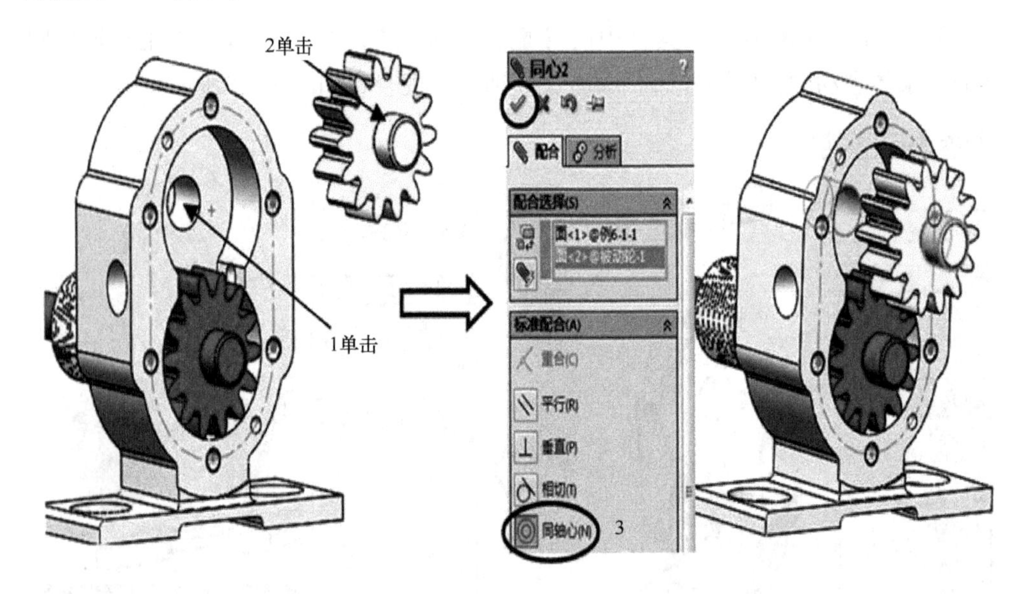

图 8-14　泵体和被动轮【同轴心】配合

6）重复步骤 5），添加泵体和被动轮之间的端面【重合】配合，结果如图 8-15 所示。

7）按住 Ctrl 键，在绘图区选中主、被动轮中两啮合齿轮的齿廓面，单击【装配体】工具栏中的【配合】按钮，按照图 8-16 所示进行操作，完成【只用于定位】配合添加，单击【确定】按钮，退出【配合】属性管理器。

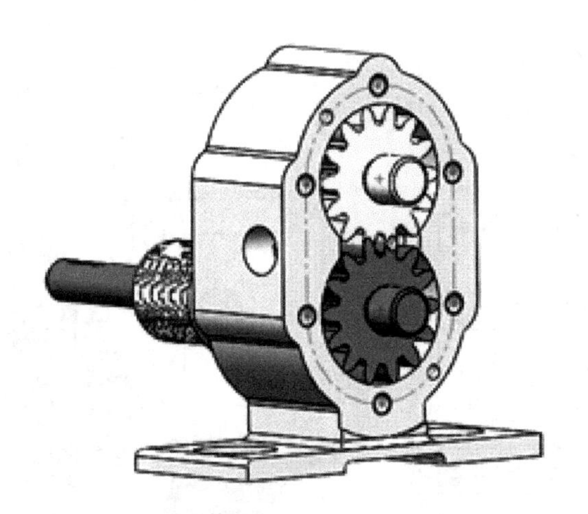

图8-15 泵体和被动轮端面【重合】配合添加结果

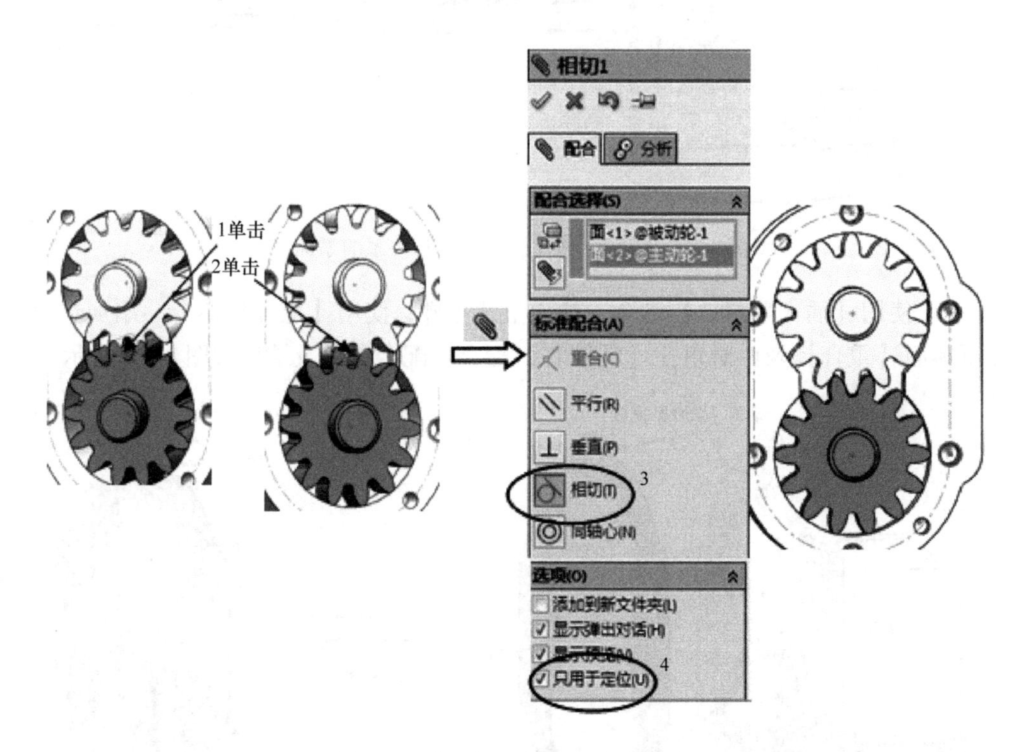

图8-16 【只用于定位】配合的添加

8）通过【配合】命令打开【配合】属性管理器，展开【机械配合】栏，然后按照图8-17所示进行操作，完成主动轮和从动轮【齿轮】配合关系的添加，单击【确定】按钮，退出【配合】属性管理器。

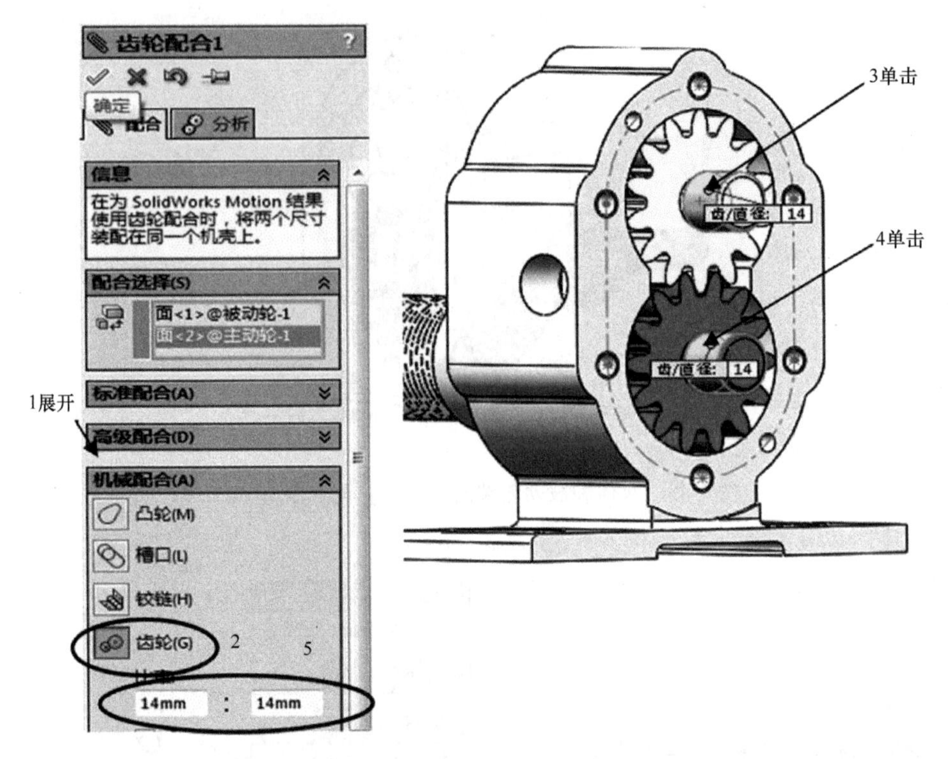

图 8-17　两齿轮轴【齿轮配合】关系的添加

9）使用【插入零部件】命令，插入垫片零件，使用【配合】命令，添加垫片和泵体面【重合】及两对角孔【同轴心】配合，配合参考及结果如图 8-18 所示。

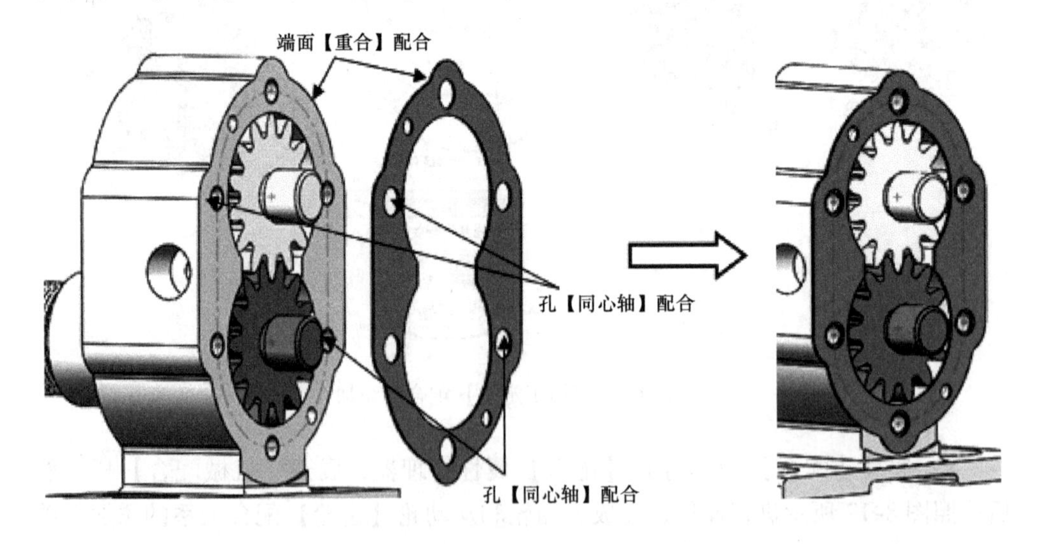

图 8-18　垫片的添加及配合关系的建立

10）重复步骤 8）、步骤 9），添加泵盖，然后定义面【重合】、两对角孔【同轴心】配合关系，结果如图 8-19 所示。

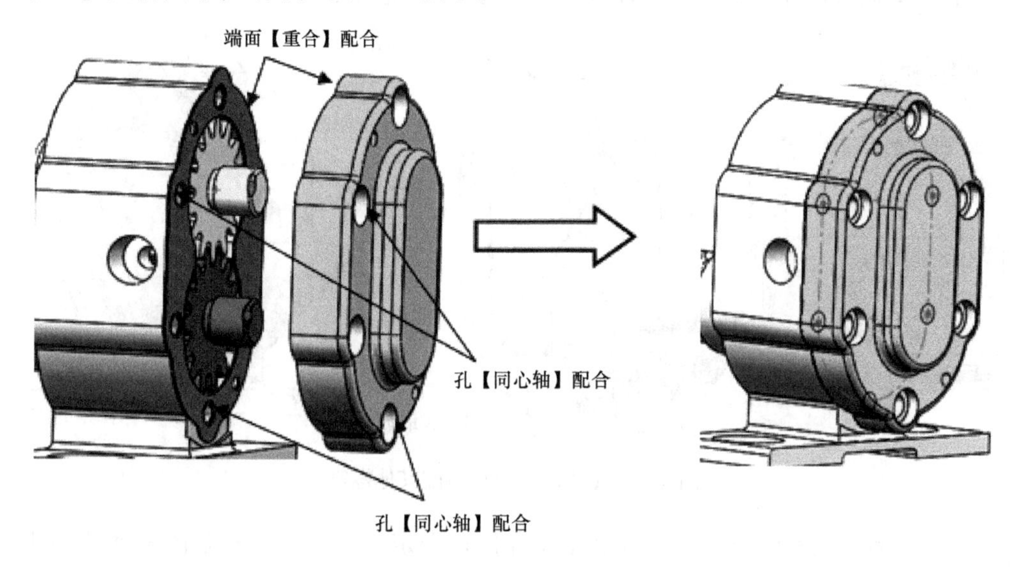

图 8-19　泵盖装配结果

11）使用【插入零部件】命令，添加固定螺钉，然后利用【配合】命令定义螺钉和泵盖孔【同轴心】以及端面【重合】配合关系，配合参考和结果如图 8-20 所示。

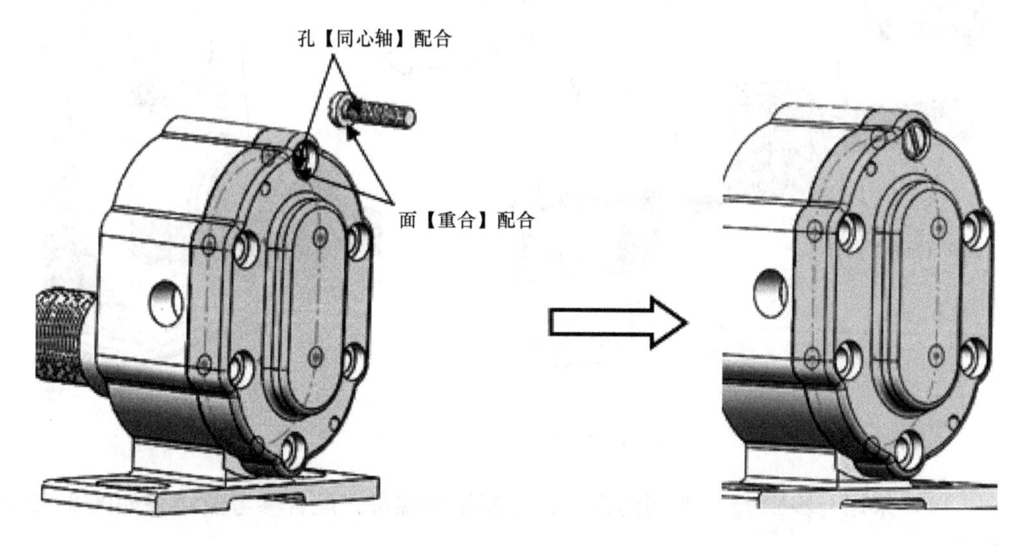

图 8-20　螺钉装配结果

12）单击【装配体】工具栏中的【线性零部件阵列】按钮，在弹出的下拉菜单中单击【特征驱动零部件阵列】按钮，打开【特征驱动】属性管理器，按照图 8-21 进行操作，完成其他螺钉零件的复制装配。

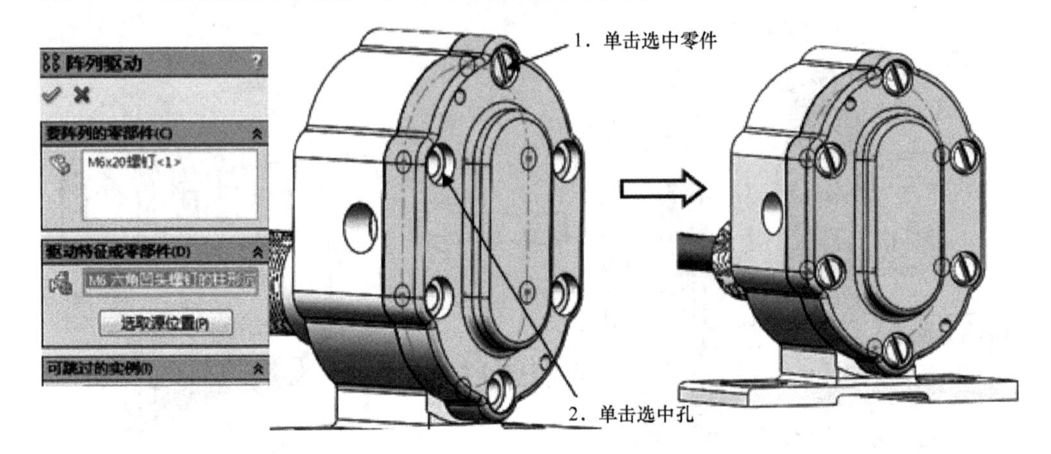

图 8-21 【特征驱动】装配其他螺钉

13）插入填料压盖，然后利用【配合】命令定义填料压盖和泵体主动轮轴孔【同轴心】及端面【重合】配合关系，配合参考及结果如图 8-22 所示。

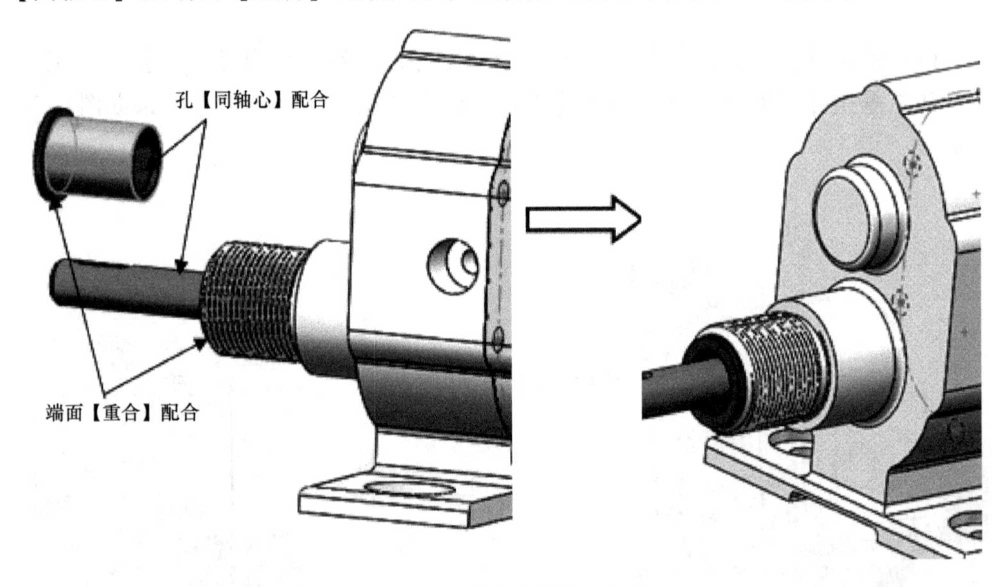

图 8-22 填料压盖装配结果

14）采用与步骤 13）相同的方法，装配压紧螺母，配合参考及结果如图 8-23 所示。

15）至此，完成所有零部件的装配，最后使用【保存】命令保存装配体。

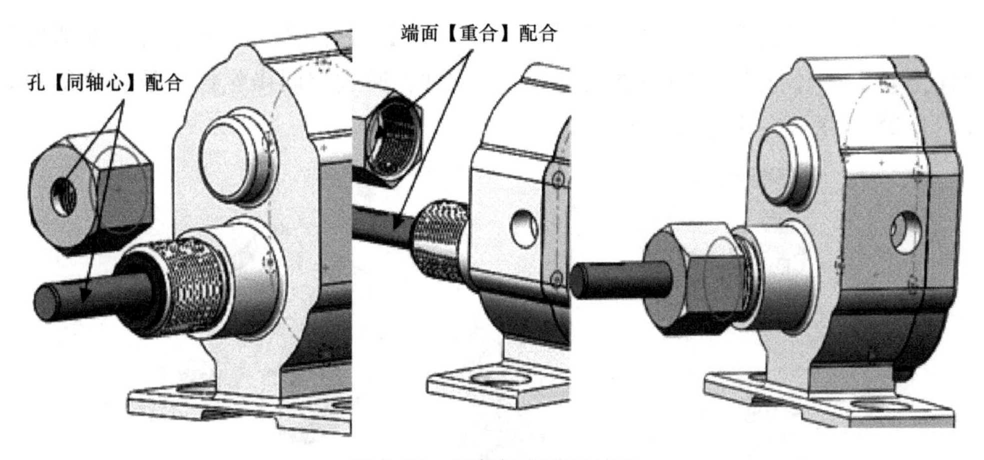

图 8-23 压紧螺母装配结果

8.3 联轴器装配

1）单击【新建】按钮，在弹出的【新建 SolidWorks 文件】对话框中选择【模板】下的【装配】按钮，单击【确定】按钮，进入 SolidWorks 的装配环境。

2）进入装配环境后系统自动打开【开始装配体】属性管理器，如图 8-24 所示，单击【浏览】按钮，在弹出的对话框中选择用于装配的零部件，在绘图区的适当位置单击放置此零部件即可，如图 8-24 所示。

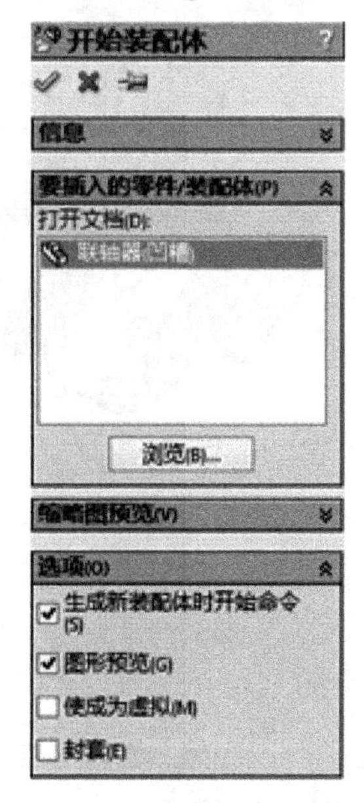

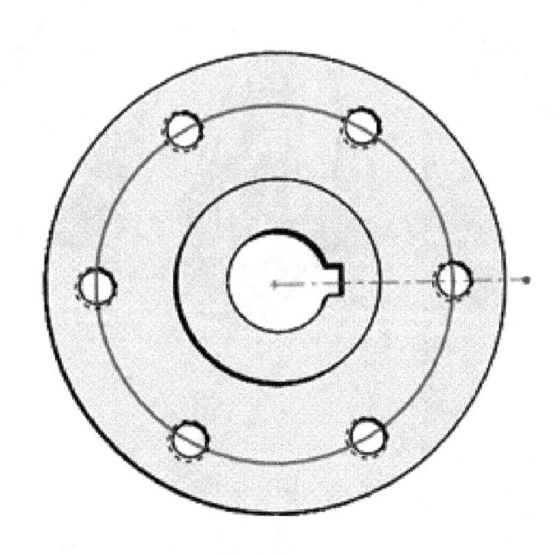

图 8-24 导入第一个零部件

3）单击【装配】工具栏中的【插入零部件】按钮，打开【插入零部件】属性管理器，单击【浏览】按钮插入素材文件，通过相同操作插入螺杆和螺母，如图 8-25 所示，完成零部件的导入。

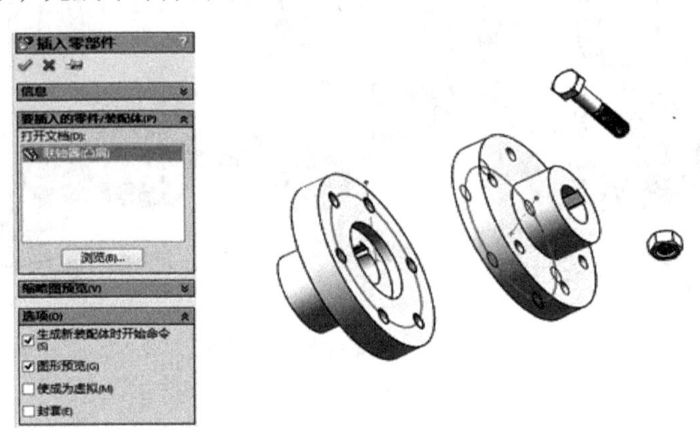

图 8-25　插入其他零部件

4）单击【装配体】工具栏中的【配合】按钮，打开【配合】属性管理器，如图 8-26 所示，顺序单击联轴器凸部分和凹部分的内径，单击【确定】按钮执行【同轴心】配合约束，效果如图 8-26 所示。

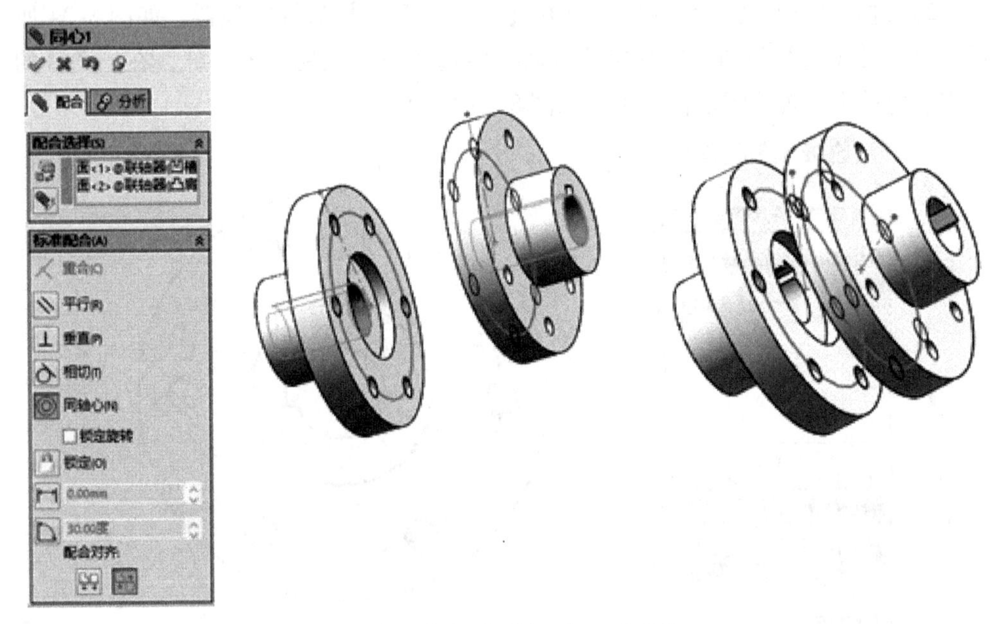

图 8-26　执行【同轴心】配合操作

5）顺序单击联轴器凸部分的底部平面和凹部分的对应平面，如图 8-27 所示，单击【确定】按钮执行【重合】配合约束，效果如图 8-27 所示。

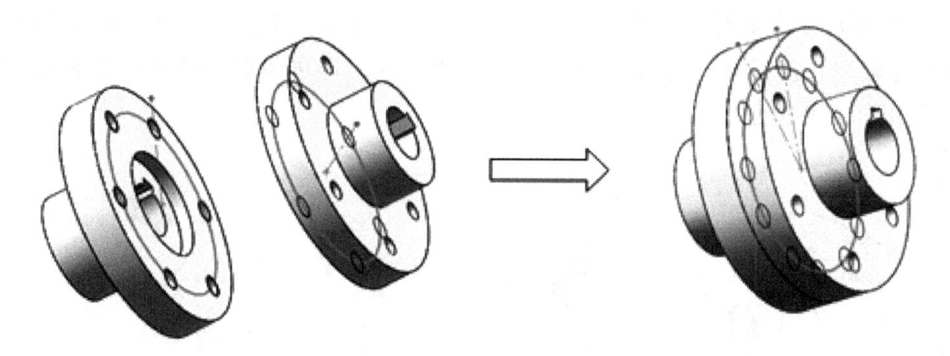

图 8-27　执行【重合】配合操作

6）顺序单击联轴器凸部分的底部平面和凹部分的销部顶平面，如图 8-28 所示，单击【确定】按钮✔执行【重合】配合约束，效果如图 8-28 所示。

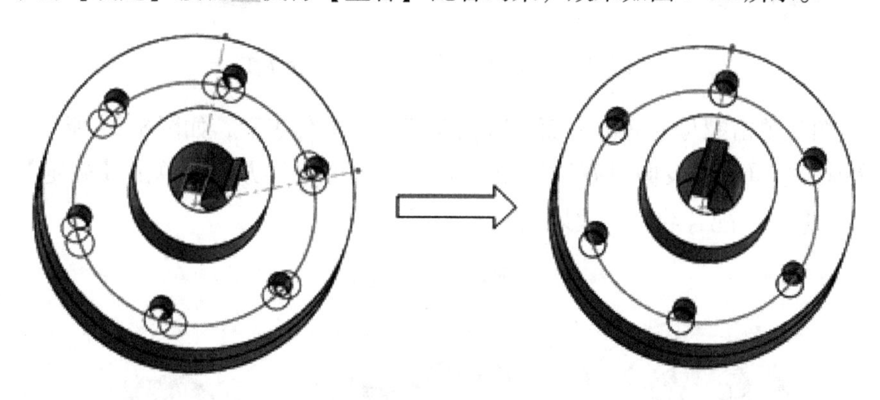

图 8-28　执行第 2 个面的【重合】配合操作

7）顺序单击螺杆的【杆部】圆柱面和联轴器【凸部分】孔的内表面，如图 8-29所示，单击【确定】按钮✔执行【同轴心】配合约束，效果如图 8-29 所示。

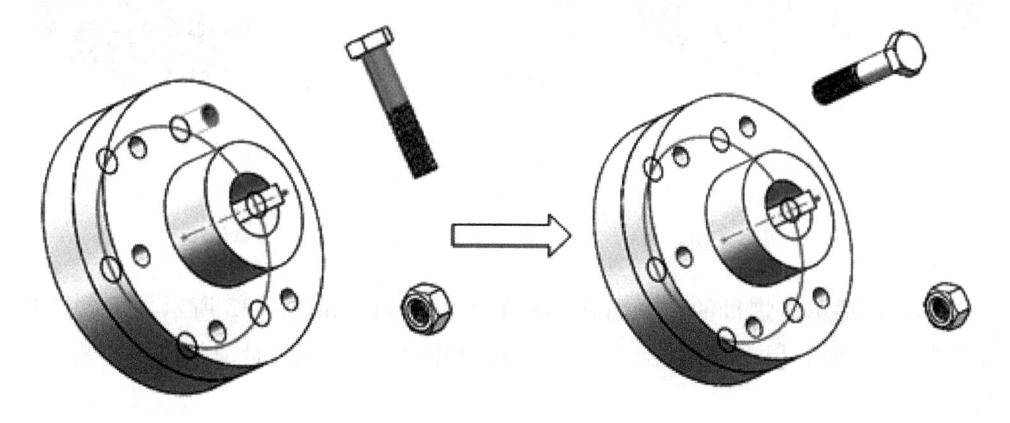

图 8-29　进行螺栓的【同轴心】配合操作

8）顺序单击螺杆杆头的底部平面和联轴器凸部分的外表面，如图 8-30 所示，单击【确定】按钮✔执行【重合】配合约束，此时即可将螺杆插入到联轴器中，效果如图 8-30 所示。

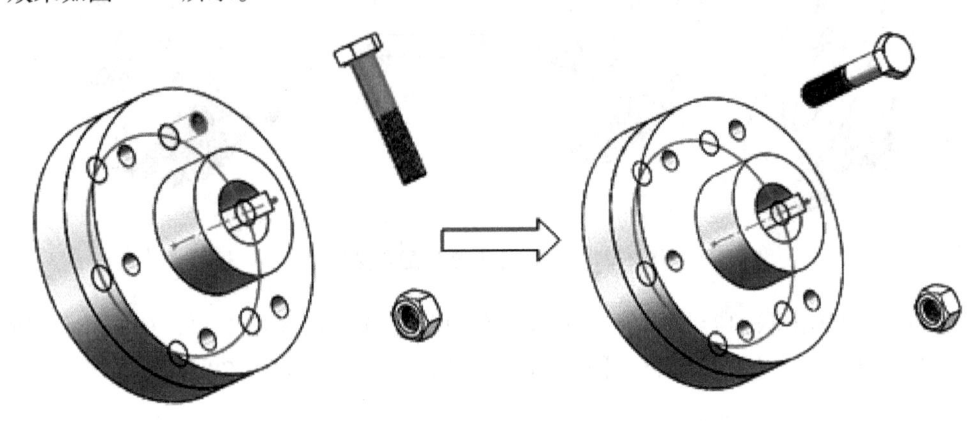

图 8-30　进行螺栓的【重合】配合操作

9）顺序单击螺母的底部平面和联轴器凹部分的外表面，如图 8-31 所示，再在属性管理器中单击【反向对齐】按钮以反转螺母定位方向，单击【确定】按钮✔执行【重合】配合约束，效果如图 8-31 所示。

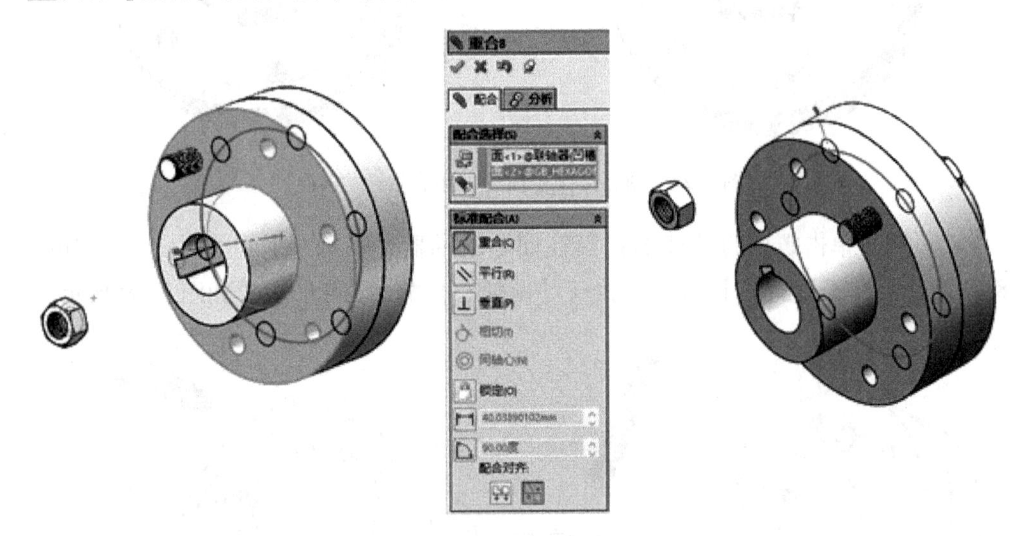

图 8-31　进行螺母的【重合】配合操作

10）顺序单击螺母的内表面和螺杆的外圆柱面，如图 8-32 所示，单击【确定】按钮✔执行【同轴心】配合约束，效果如图 8-32 所示（此时螺母被安装到了螺杆上）。

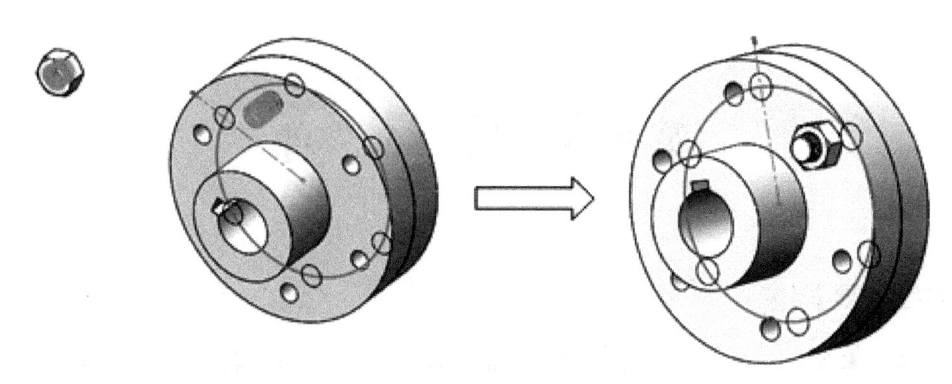

图 8-32 进行螺母的【同轴心】配合操作

11）单击【装配体】工具栏中的【插入零部件】按钮，在弹出的下拉菜单中单击【随配合复制】按钮，打开【随配合复制】属性管理器，如图 8-33 所示，选择【螺杆】，再在【随配合复制】属性管理器中单击最后一个【同轴心】按钮（即不使用此配合）。

12）在【随配合复制】属性管理器中继续操作，分别设置上面的【同轴心】配合为联轴器的另一个孔，【重合】配合为凸部分的上表面，单击【确定】按钮复制出一个螺杆，如图 8-33 所示。

13）通过相同操作复制其他螺杆，效果如图 8-34 所示。

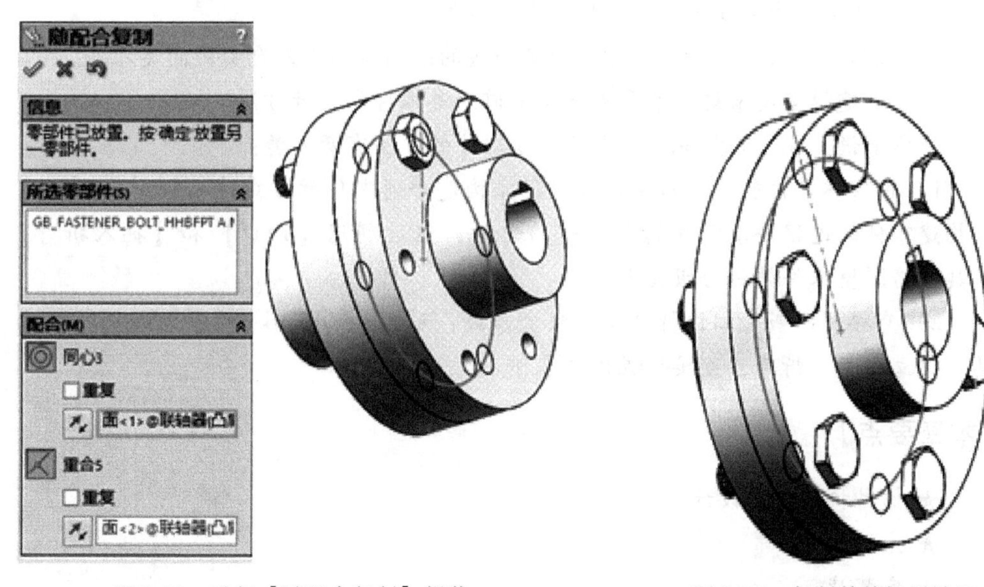

图 8-33 进行【随配合复制】操作　　图 8-34 复制其他螺杆效果

14）通过与 8）~10）几乎相同的操作，对螺母执行【随配合复制】操作，完成对凸缘联轴器的装配。

第9章　钣　金　件

【内容提要】

钣金零件是一类特殊的薄壁零件，由等壁厚的板材通过折弯、冲压等工艺形成。SolidWorks 提供了钣金零件的设计工具，本章主要介绍在 SolidWorks 设计钣金零件的方法和相关工具，主要内容包括：

1）钣金零件特征；

2）钣金成形工具；

3）钣金零件设计方法；

4）多实体钣金零件设计。

钣金零件是以金属板为原料，通过折、弯、冲、压等工艺实现的一类零件，其最大特点是零件的壁厚均匀。钣金零件一般分为三类：

1）平板类：指一般的平面冲裁件；

2）弯曲类：由弯曲加简单成形构成的零件；

3）成形类：由拉伸等成形方法加工而成的规则曲面类或自由曲面类零件。

从零件建模角度来说，本章重点介绍前两类零件的设计方法。

总体来说，在 SolidWorks 中设计钣金零件的方法有两大类：

1）由实体零件转换成钣金：可以用像构建普通零件的方式建立模型，切记这种构建零件的过程要求零件的壁厚是均匀的，然后利用【切口】和【插入折弯】工具，将薄壁零件转化为钣金零件。

2）直接利用钣金零件特征设计钣金零件：利用 SolidWorks 的钣金专用特征工具，建立法兰、折弯，直接形成钣金零件。

【本章要点】

★ 播种机钣金件设计

★ 光源上壳体

★ 安装座

★ 卤素等支架

9.1 播种机钣金件设计

在生产机械比如农用机械中，很多地方会用到钣金，如很多箱体和盖板多使用钣金件加工和制造。本节讲述农用机械中此类零部件的制造操作，在制造的过程中应注意学习 SolidWorks 钣金的相关知识。

播种机是将种子以一定的规律播种到土中的机械，如图 9-1 所示。平时比较常见的是用于播种小麦的条播机，将开沟、撒种和覆土等操作一次完成，大大减轻了人类的体力劳动，体现了机械化作业的优越性。

播种机的构造通常较为简单，主要由种箱、排种轮和开沟器等组成。本实例将讲解使用 SolidWorks 设计常见玉米播种机种箱的钣金件，如图 9-2 所示。在设计过程中将主要用到 SolidWorks 的基体钣金、边线法兰和闭合角等特征。

图 9-1　玉米播种机实物图

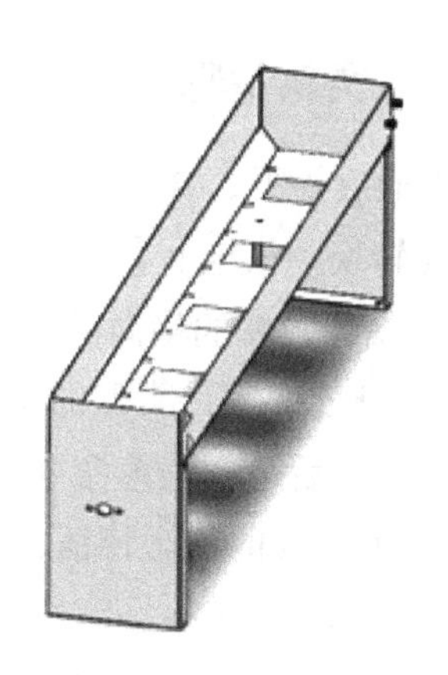

图 9-2　要设计的玉米播种机种箱

9.1.1 主要流程

钣金件的基本设计原则是钣金在展平后不能有干涉，另外应尽量减少下料量和加工工序。为满足这些设计原则，本实例将玉米播种机种箱分为三部分，按照先设计单个钣金件，然后装配并焊接的流程，完成最终零件的设计，如图 9-3 所示。

播种箱对强度要求不高，所以在生产加工时，通常使用普通薄钢板焊接即可，如冷轧板 SPCC、电解板 SECC 等。此外，为防止生锈，通常在播种箱外涂漆。

钣金件在加工时，可以提前计算好板材的用量，然后使用剪板和折弯机等钣金加工工具，加工出需要的零件形状。因此，在 SolidWorks 的钣金模块中，才会提供折弯和钣金展平等零件特征，这些都是与实际加工过程相对应的。

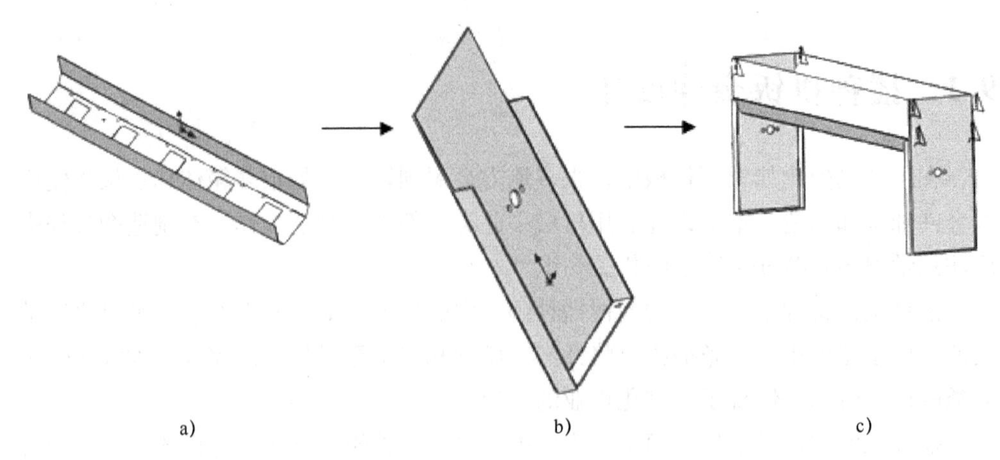

图 9-3　设计玉米播种机种箱的基本操作过程

a）零件 1　b）零件 2　c）装配体

9.1.2　实施步骤

下面看一下，在 SolidWorks 中创建箱体钣金件的详细操作步骤，创建过程中应注意【转换到钣金】【边线法兰】等常用钣金的操作技巧。

1. 设计箱体的横向部分

1）新建一零件类型的文件，首先在【前视基准面】中绘制图 9-4a 所示的草绘图形，然后选择菜单命令【插入】→【钣金】→【基体法兰/薄片】，选择此草图创建厚度为 1mm 的钣金特征，如图 9-4b 所示。

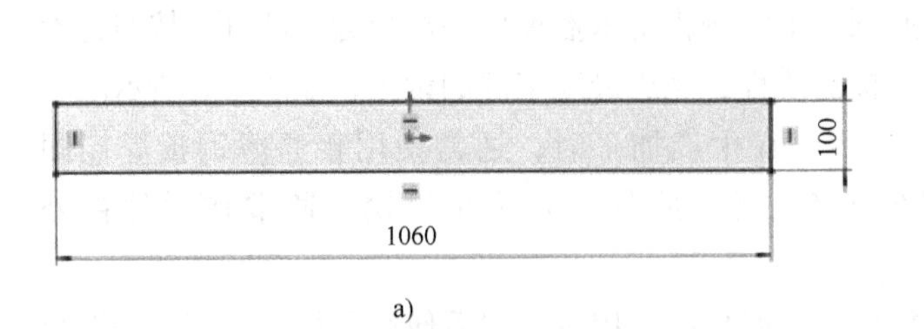

图 9-4　创建【基体法兰】的操作

a）草绘图形　b）参数设置

2）选择菜单命令【插入】→【钣金】→【边线法兰】，选择步骤1）创建的钣金件的下边线，设置【折弯半径】为1mm，设置【法兰角度】为31.25度，设置【法兰长度】为48mm，并选中图9-5a所示按钮，创建一边线法兰，效果如图9-5b所示。

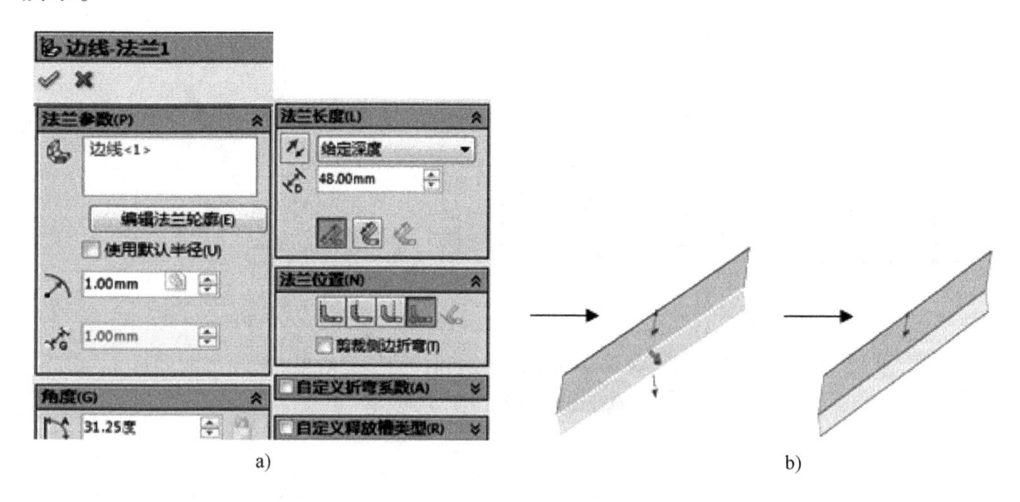

a)　　b)

图9-5　创建【边线法兰】操作

a）参数设置　b）效果

3）通过与步骤2）相同的操作，以相同的【法兰位置】和【法兰长度】顺序创建长度为130.2mm、48mm和100mm，【法兰角度】分别为58.75°、58.75°和31.25°的边线法兰，如图9-6所示。

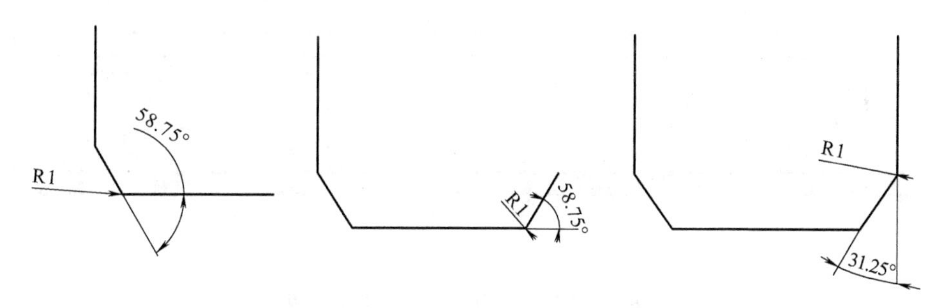

图9-6　连续3次创建边线法兰操作

4）在钣金的底部平面中创建图9-7a）所示的草绘图形，并使用其执行拉伸切除操作，效果如图9-7b）所示。

5）执行线性阵列操作，将步骤4）创建的拉伸切除特征阵列为图9-8a）所示效果，再在钣金件底部平面创建图9-8b）所示草绘图形，并执行完全贯穿的拉伸切除操作，在底部创建两个孔。

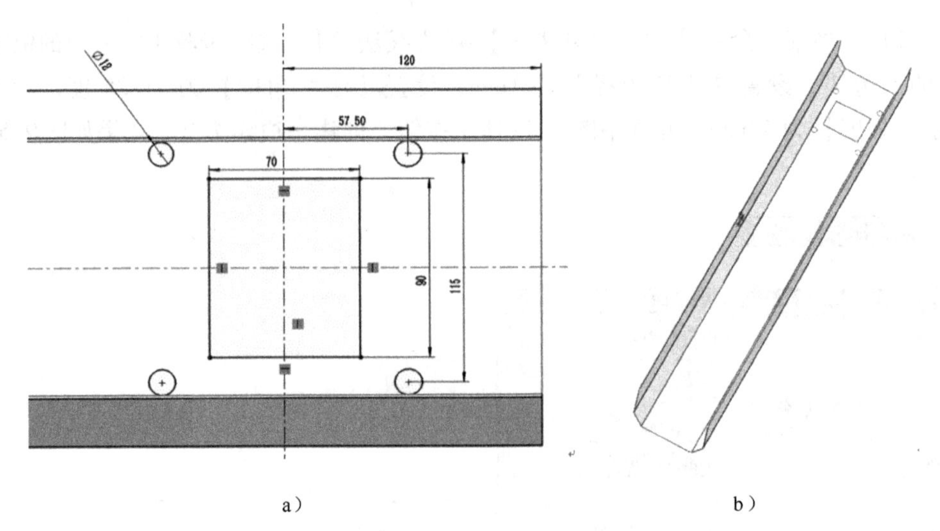

图 9-7　拉伸切除草图绘制和拉伸切除效果

a）草绘图形　b）拉伸切除效果

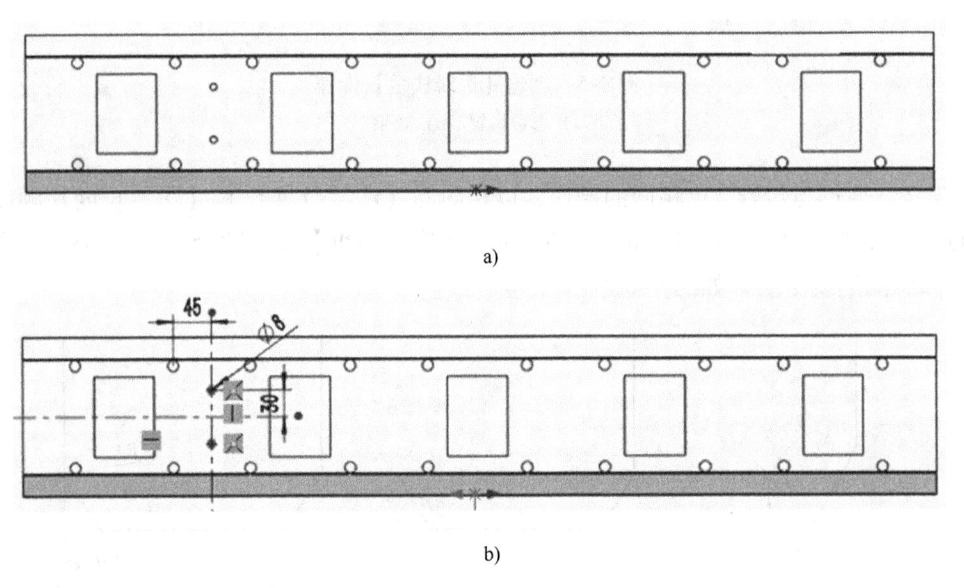

图 9-8　阵列操作和拉伸切除操作效果

a）阵列效果　b）草绘图形

2. 设计箱体的两侧部分

1）新建一零件类型的文件，并创建图 9-9a）所示草绘图形，执行【拉伸凸台/基体】操作，设置【深度】为 30mm，拉伸出一实体，效果如图 9-9b）所示。

2）在实体的一个侧面上创建图 9-10a）所示草绘图形，再使用此图形执行【拉伸切除】操作，拉伸深度为 27mm，最后效果如图 9-10b）所示。

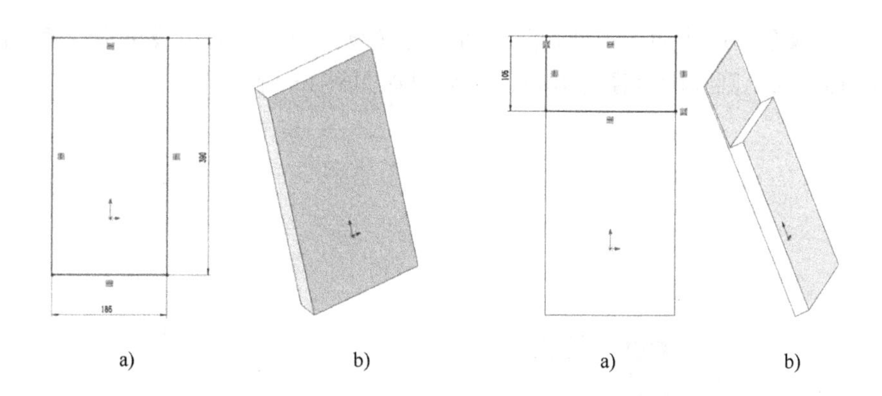

图9-9 拉伸实体操作

a）草绘图形 b）拉伸实体

图9-10 拉伸切除操作

a）草绘图形 b）拉伸切除效果

3）选择菜单命令【插入】→【钣金】→【转换到钣金】，选择要剪切的侧面为固定实体，然后顺序向上选择三条折弯边线，如图9-11b）所示，默认折弯角度设置为1mm，边角默认值和释放槽类型按图9-11a）所示进行设置，将实体转换为钣金，效果如图9-11c）所示。

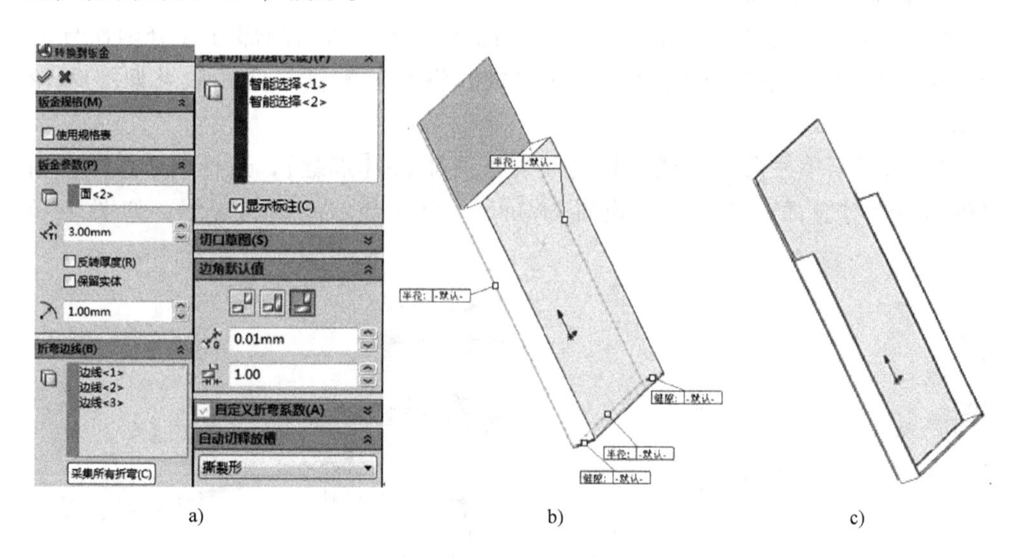

a） b） c）

图9-11 将实体【转换到钣金】操作

a）参数设置 b）选择固定实体和折弯边线 c）转换效果

4）选择菜单栏命令【插入】→【钣金】→【焊接的边角】，选择钣金件下面的边角面执行焊接边角操作，如图9-12所示（并在此执行“焊接的边角”操作，将另外一个边角也进行焊接即可）。

5）在钣金的底边面上拉伸切除出两个孔（草图位于横向边线正中，两个圆孔间相距 155mm，圆孔的直径为 10mm），效果如图 9-13 所示。

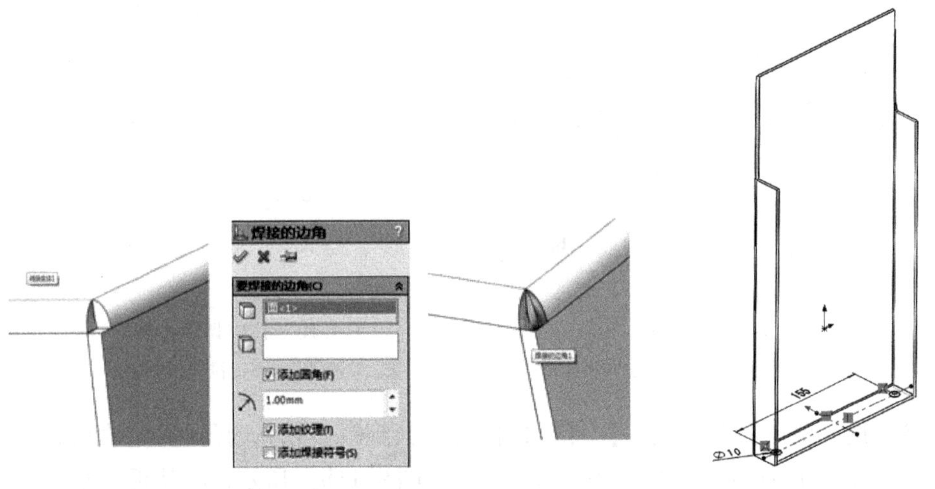

图 9-12　创建【焊接的边角】操作　　　　图 9-13　拉伸切除孔操作

3. 装配并焊接种箱

1）新建一装配体文件，并导入箱体的横向部分和两侧部分（分两次导入两个两侧部分），然后按照面对齐的原则，将其装配到一起，效果如图 9-14 所示。

2）选择菜单栏命令【插入】→【装配体特征】→【焊缝】，选择两个钣金件衔接处的两个对应面，焊缝大小设置为 2mm，为钣金件间添加焊缝，如图 9-15 所示。

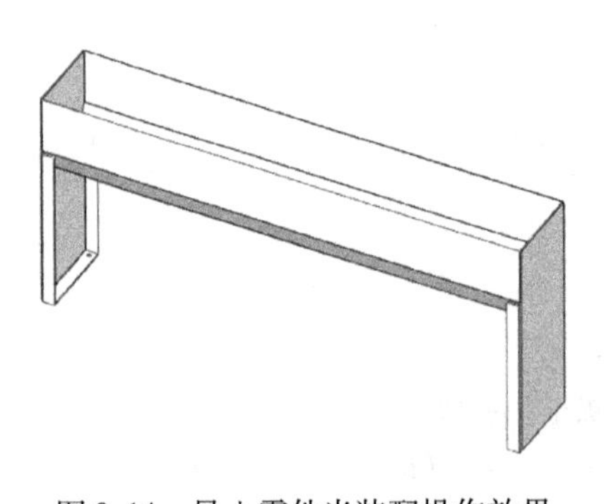

图 9-14　导入零件半装配操作效果

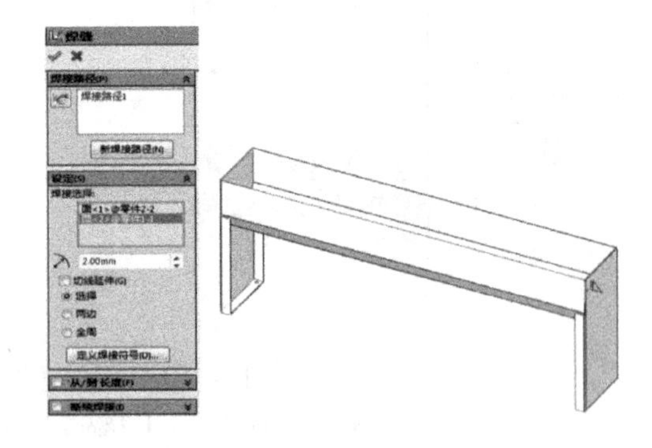

图 9-15　焊接操作

3）通过与步骤 2）相同的操作，焊接两个钣金件间的所有缝隙，焊缝大小都为 2mm（如个别地方无法焊接，可相应调小焊缝大小），效果如图 9-16 所示。

4）最后进入两侧钣金件的一个平面的草绘模式，绘制图9-17所示的草绘图形，再使用此图形执行【完全贯穿】的拉伸切除操作即可（之所以在最后执行此处的拉伸切除操作，主要是考虑到此处需要连接旋转轴，所以应考虑轴心对齐的问题）。

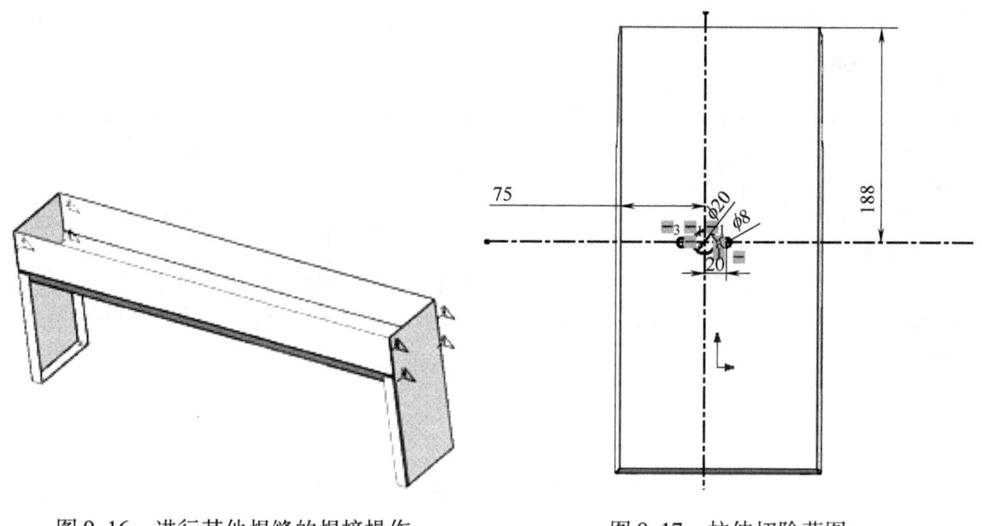

图9-16　进行其他焊缝的焊接操作　　图9-17　拉伸切除草图

9.2　知识点详解

钣金是针对金属薄板（通常在6mm以下）进行的一种综合冷加工工艺，可以对其进行冷压、除料、折弯等操作。目前大多数工业设计软件，如SolidWorks、Pro/E等基本上都具备钣金功能。实际上就是在软件中通过对3D工业图形进行设计和编辑，以得到钣金加工所需的数据（如展开图），最终为数控机床加工钣金等提供模型加工的驱动。

结合实例，下面介绍一下在SolidWorks中关于钣金件的一些知识，如钣金设计树和钣金工具栏、基体法兰/薄片、转换到钣金和边线法兰等内容，具体如下：

1. 钣金设计树和钣金工具栏

在SolidWorks的钣金设计树中，如图9-18a）所示，任何钣金件都将默认添加如下两个特征（即使只创建了一个“薄片”钣金）。

1）【钣金】特征：包含默认的折弯参数，可编辑或设置此钣金件的默认折弯半径、折弯系数、折弯扣除和默认释放槽类型。

2）【平板型式】特征：默认被告压缩，解除压缩后用于展开钣金件（通常在压缩状态下设计钣金件，否则将在【平板型式】后添加特征）。

【钣金】工具栏集合了设计钣金的大多数工具，如图 9-18b）所示，而且在【钣金】工具栏中还集合有【拉伸切除】和【简单直孔】按钮，这两个按钮与前面几章中介绍的特征工具栏中的对应按钮功能完全相同，在钣金件上同样可用于进行切除或执行孔操作。

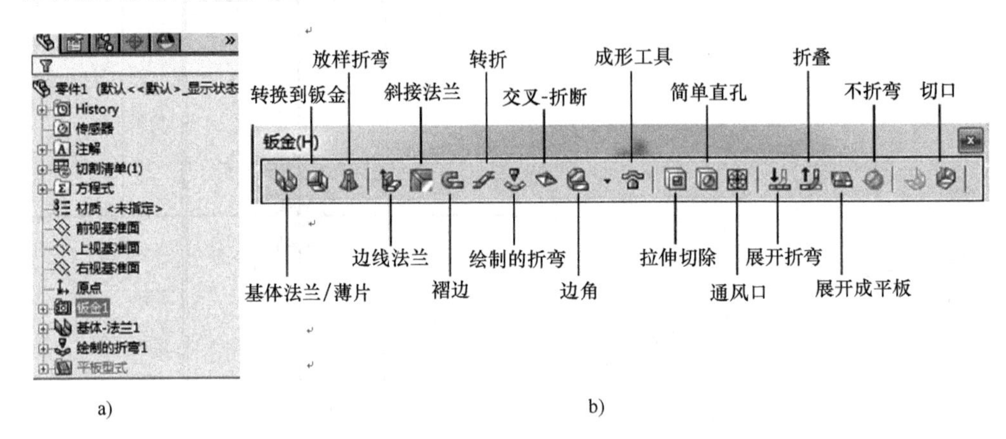

图 9-18　钣金设计树和钣金工具栏

a）钣金设计树　b）【钣金】工具栏

2. 基体法兰/薄片

【基体法兰/薄片】特征是主要的钣金创建工具，与【拉伸凸台/基体】命令类似，可以使用轮廓线拉伸出钣金，其他钣金特征都是在此基础上创建的。

首先绘制一封闭轮廓曲线，如图 9-19a）所示，单击【钣金】工具栏中的【基体法兰/薄片】按钮，再选择绘制好的曲线轮廓，打开【基体法兰】属性管理器，如图 9-19b）所示，设置钣金厚度，其他选项保持系统默认，单击【确定】按钮即可完成【基体法兰/薄片】特征的创建，效果如图 9-19c）所示。

在【基本法兰】属性管理器中，如图 9-19b）所示，【折弯系数】卷展栏用于定义钣金折弯的规则算法，【自动切释放槽】卷展栏用于设置在插入折弯时为弯边设置不同类型的【释放槽】，有【矩形】【撕裂形】和【短圆形】3 种类型可供选择，其作用如下：

【矩形】：指在折弯拐角处添加一个矩形让位槽，如图 9-20a）所示。

【撕裂形】：指维持现有材料形状，不为折弯创建让位槽，如图 9-20b）所示。

【短圆形】：指在折弯拐角处添加一个圆形让位槽，如图 9-20c）所示。

提示：在对钣金材料进行拉伸或弯曲时，折弯处容易产生撕裂或不准确的现象，添加释放槽的目的是弥补这种缺陷，防止发生意外变形。在创建边线法兰或转折等钣金特征时，可以对此参数单独进行设置，否则整个钣金都将默认使用此处的

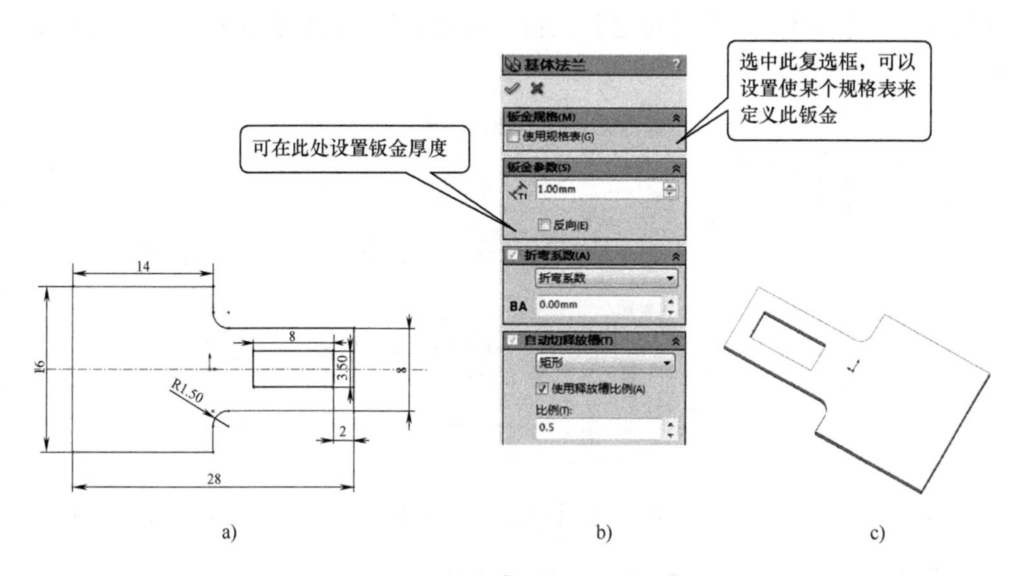

a)　b)　c)

图9-19　创建【基体法兰/薄片】

a）草绘曲线　b）【基体法兰】属性管理器　c）效果

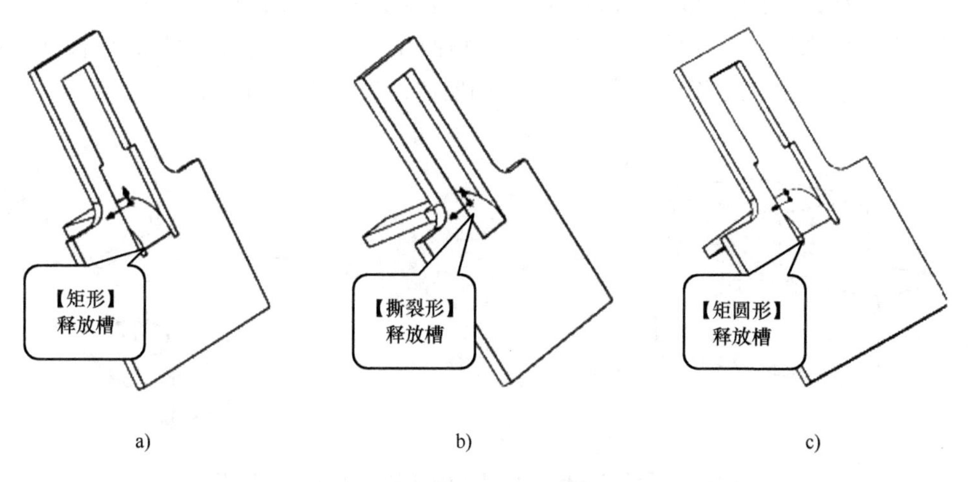

a)　b)　c)

图9-20　三种释放槽

a）【矩形】 b）【撕裂形】 c）【矩圆形】

释放槽设置。

3. 转换到钣金

使用【转换到钣金】工具可以先以实体的形式将钣金的大概形状画出来，然后再将它转换为钣金。

单击【钣金】工具栏中的【转换到钣金】按钮，打开【转换到钣金】属性管理器，选择一个面作为钣金的固定面，然后在【折弯边线】卷展栏中选择边线作为折弯边线，单击【确定】按钮✔即可将某实体转换为钣金，如图 9-21 所示。

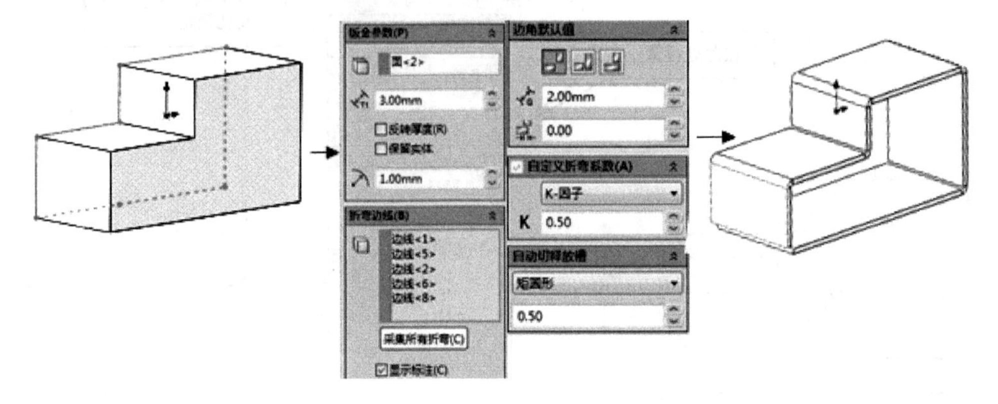

图 9-21 【转换到钣金】操作

提示：

在【钣金参数】卷展栏中可以设置钣金的厚度和折弯的半径。

在生成的钣金为环形时，需要在【切口边线】卷展栏中为钣金设置切口边线（此选项通常系统会自动设置），此外如需顺便在生成的钣金面上切除材料，可在【切口草图】卷展栏中设置生成切口的草图实体，如图 9-22 所示。

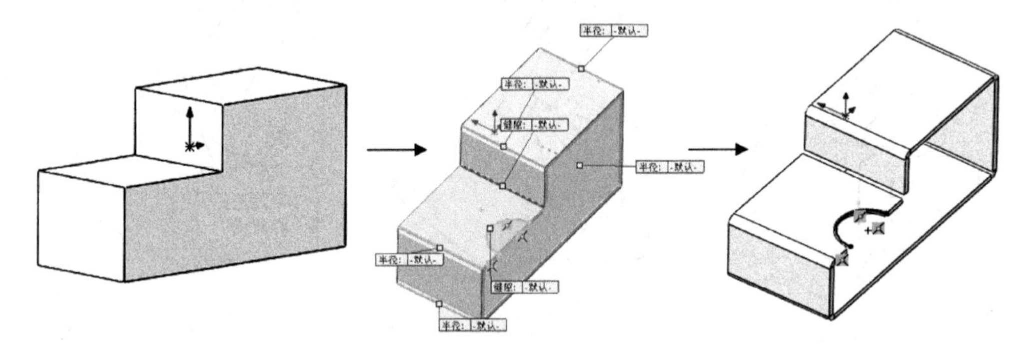

图 9-22 【转换到钣金】操作中【切口边线】的作用

此外，通过【边角默认值】卷展栏可以设置生成钣金件两个折弯边角间的距离和组合样式（样式不同，展开件会有所不同，此值根据实际加工需要进行设置即可）。

4. 边线法兰

【边线法兰】是指以已创建的钣金特征为基础，将某条边进行拉长和延伸并弯曲，从而形成新的钣金特征（可以使用预定义的图形，也可以草绘延伸截面的形状）。

单击【钣金】工具栏中的【边线法兰】按钮，打开【边线-法兰】属性管理器，选择基体钣金的一条或多条边线，设置法兰长度和折弯半径，单击【确定】

按钮即可在基体钣金两侧创建法兰，如图 9-23 所示。

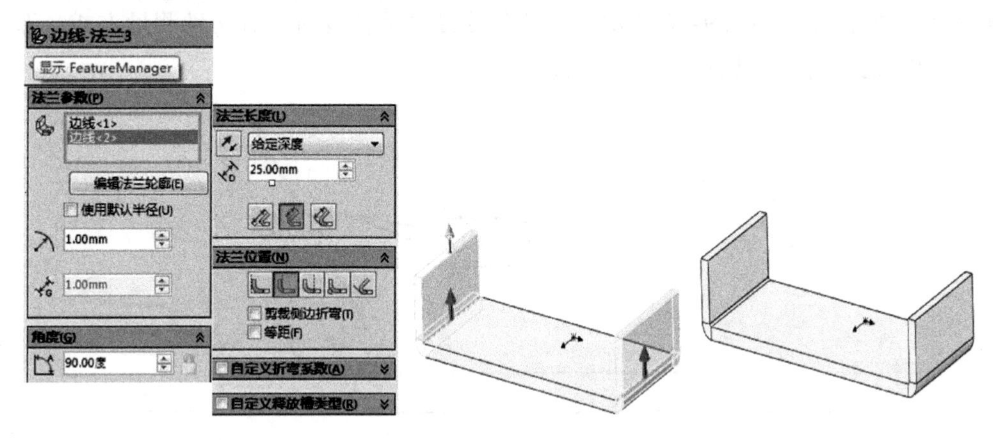

图 9-23 创建【边线法兰】

提示： 单击【边线-法兰】属性管理器中的【编辑法兰轮廓】按钮，可以通过添加约束和尺寸及自定义图形等定义边线法兰的形状，如图 9-24 所示。

下面解释一下【边线-法兰】属性管理器中其他选项的作用。

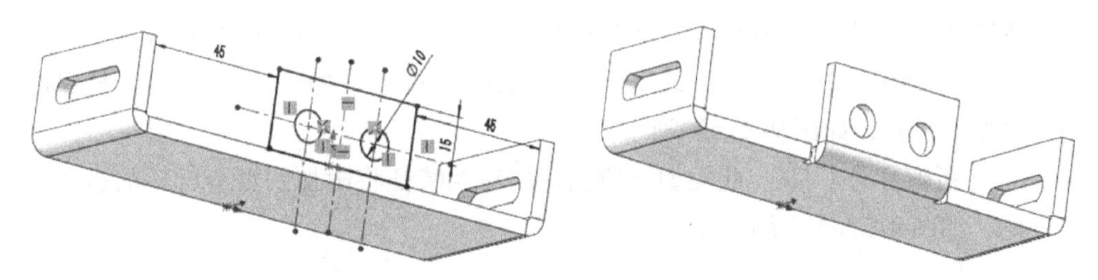

图 9-24 创建自定义形状【边线法兰】

【缝隙距离】文本框：当所选择的两条边线相邻时，用于设置两个边线法兰间的距离，如图 9-25 所示。

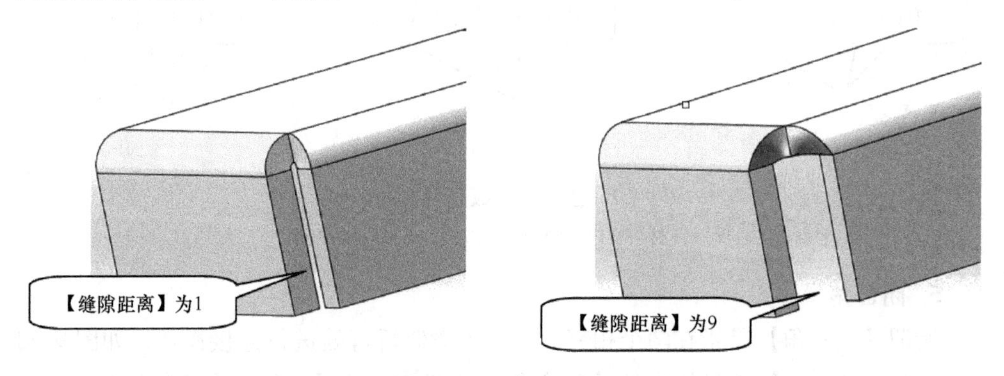

图 9-25 创建自定义形状【边线法兰】

【角度】卷展栏和【法兰长度】卷展栏：分别用于设置法兰壁与基体法兰的角度和法兰的长度，如图 9-26 所示。只是在设置法兰长度时，有两种测量方式，即【外部虚拟交点】和【内部虚拟交点】。

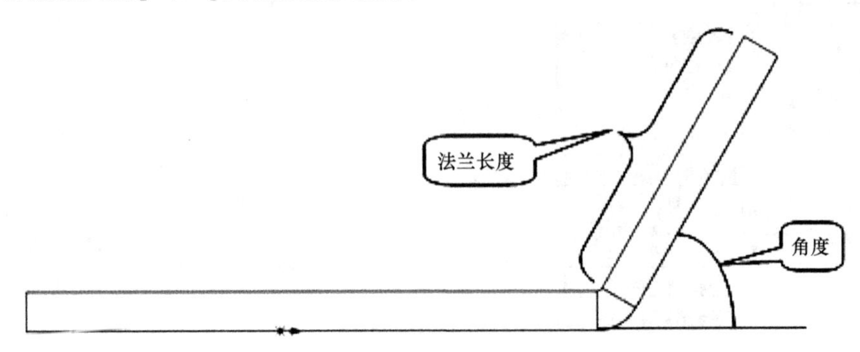

图 9-26　【角度】卷展栏和【法兰长度】卷展栏的作用

【法兰位置】卷展栏：用于设置法兰嵌入基础钣金材料的类型，共有 4 种类型，其中 3 种作用如下：

1）【材料在内】：此方式下所创建的法兰特征将嵌入到钣金材料的里面，即法兰特征的外侧表面与钣金材料的折弯边位置平齐，如图 9-27a）所示。

2）【材料在外】：此方式下所创建的法兰特征其内侧表面将与钣金材料的折弯边位置平齐，如图 9-27b）所示。

3）【折弯在外】：此类型下所创建的法兰特征将附加到钣金材料的折弯边的外侧，如图 9-27c）所示。

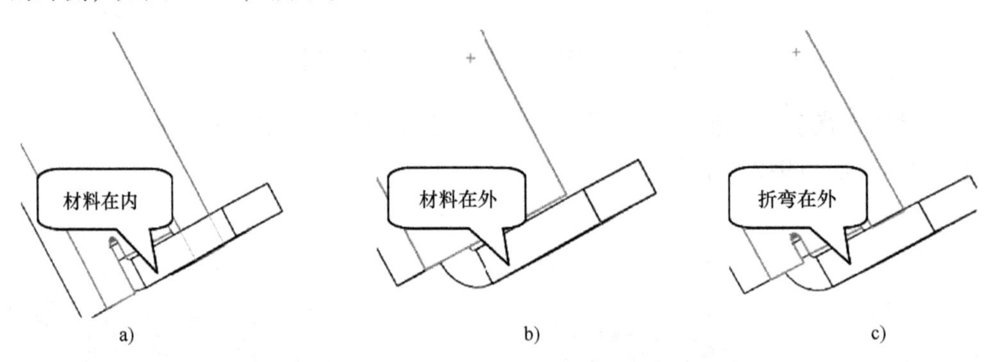

图 9-27　法兰嵌入钣金材料的类型
a）材料在内　b）材料在外　c）折弯在外

5. 闭合角

所谓【闭合角】是指在两个相邻的折弯或类似折弯处进行连接操作，如图 9-28 所示。单击【钣金】工具栏中的【闭合角】按钮，然后选择两个相邻的弯边（分别为【要延伸的面】和【要匹配的面】)，并设置相关参数即可执行【闭合角】操作。

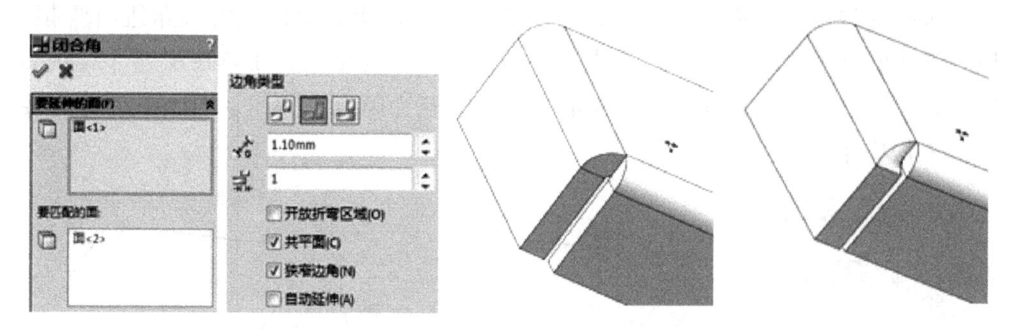

图 9-28　绘制【闭合角】操作

下面介绍一下【闭合角】属性管理器中各选项的作用，具体如下：

【对接】边角类型：定义两个侧面（延伸壁）只是相接，如图 9-29a）所示。

【重叠】边角类型：定义两个延伸壁延伸到相互重叠，一个延伸壁位于另一个延伸壁之上，如图 9-29b）所示。

【欠重叠】边角类型：也被称为【重叠在下】，用于定义两个延伸壁相互重叠，但是令两个延伸壁的位置互换，如图 9-29c）所示。

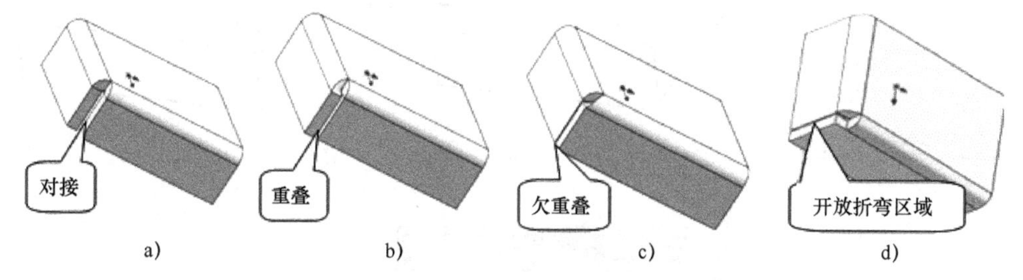

图 9-29　【闭合角】属性管理器各个选项的作用
a）对接　b）重叠　c）欠重叠　d）开放折弯区域

【缝隙距离】文本框：用于定义两个延伸钣金壁间的距离。

【重叠/欠重叠比率】文本框：用于定义两个延伸钣金壁间的延伸长度的比例。

【开放折弯区域】复选框：用于定义折弯的区域是开放还是闭合，如图 9-29d）所示为选中此复选框时钣金闭合角的开放样式。

【共平面】复选框：取消此复选框的勾选，所有共平面将会被选取。

【狭窄边角】复选框：使用特殊算法以缩小折弯区域中的缝隙。实际上选中此复选框后，位于【要匹配的面】处的折弯面将向【要延伸的面】弯折。

【自动延伸】复选框：选中此复选框后选择【要延伸的面】，将自动选择【要匹配的面】，否则要单独设置每个面。

6. 焊接的边角

所谓【焊接的边角】是指在钣金闭合角的基础上，对钣金的边角进行焊接，以令钣金形成密实的焊接角，如图 9-30 所示。单击【钣金】工具栏中的【焊接的边角】按钮，然后选择一个闭合角的面，单击【确定】按钮，即可执行【焊接的边角】操作。

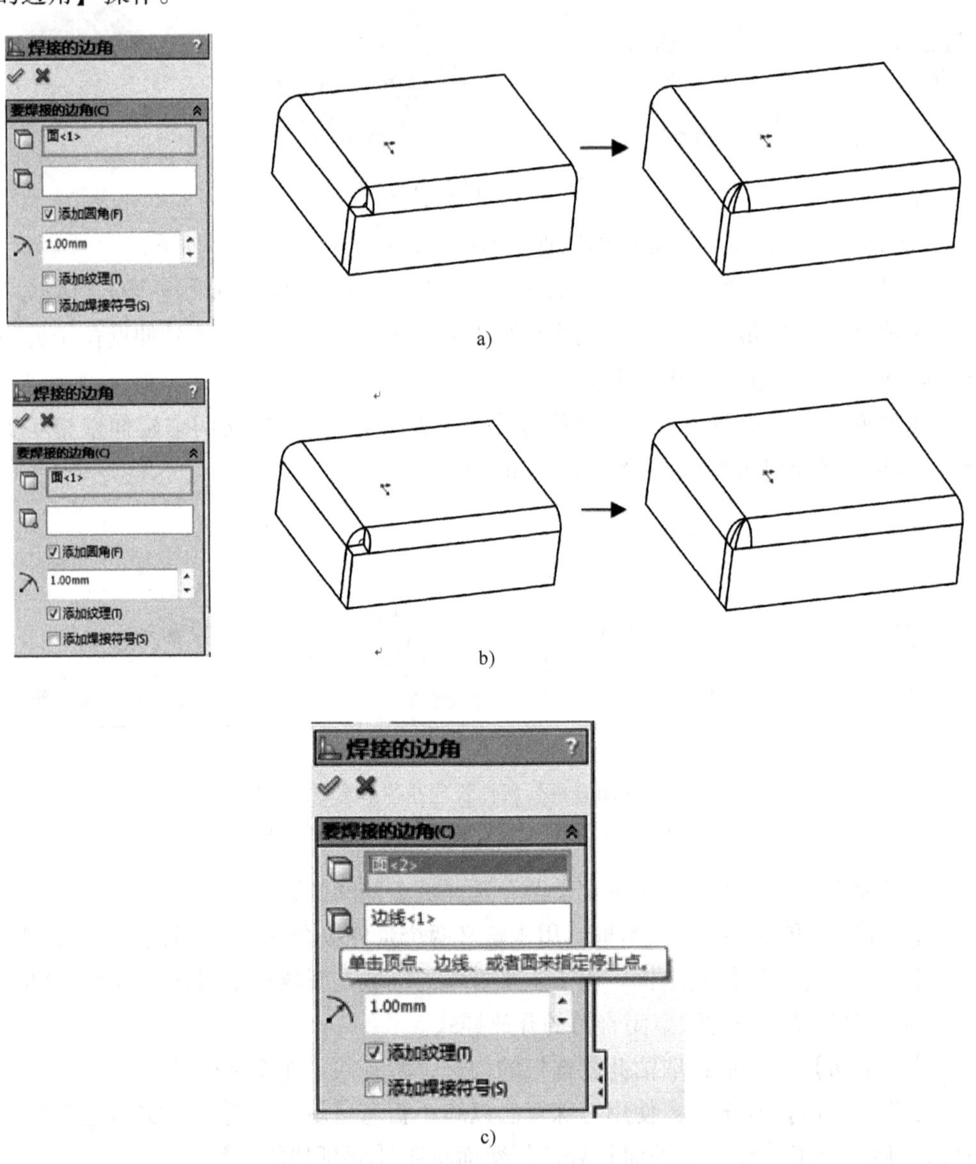

图 9-30 “焊接的边角”卷展栏中各选项的作用

a）添加圆角　b）添加纹理　c）停止点

【焊接的边角】属性管理器中【添加圆角】、【添加纹理】和【添加焊接符号】复选框用于为焊接的边角添加圆角、纹理和焊接符号，如图9-30a、b所示。【停止点】用于选择顶点、面或一条边线来指定【焊接的边角】的停止面，如图9-30c)所示。

7. 断开边角/边角剪裁

所谓【断开边角/边角剪裁】是指对平板或弯边的尖角进行倒圆或倒斜角处理。单击【钣金】工具栏中的【断开边角/边角剪裁】按钮，打开【断开边角】属性管理器，如图9-31所示，设置了折断类型（【圆角】或【倒斜角】）和倒角的【半径】（或【距离】）值后，单击选择要进行倒角的边（或某个钣金面），即可完成倒角操作。

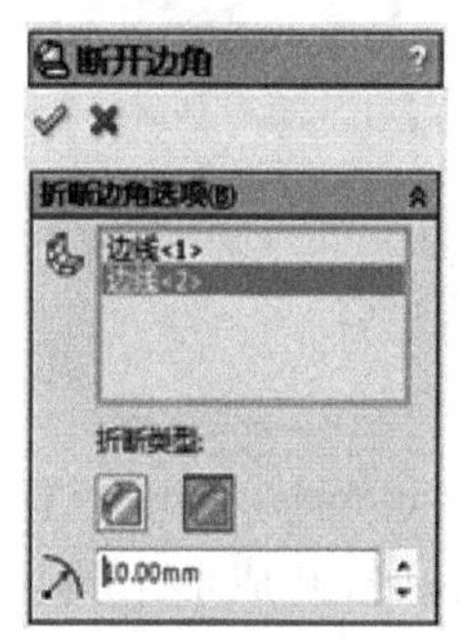

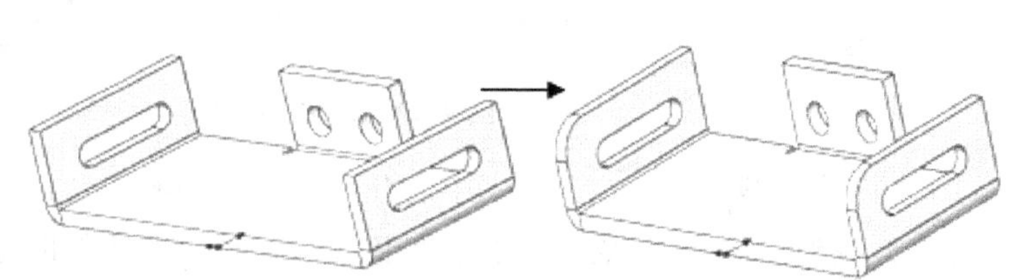

图9-31 【断开边角/边角剪裁】操作

提示：可以选择某个钣金面进行倒角操作，此时系统将自动判断此面中可以进行的倒角部分，并按设置的参数对所有角进行倒角。

9.3 设计案例：光源上壳体

1. 钣金成形工具

SolidWorks提供了许多可以形成钣金零件常用形状如伸展、弯曲等形状的工具，这些工具可以认为是作为弯曲、伸展或成形钣金的冲模，应用成形工具可以在钣金零件中生成一些特定的冲压形状，如百叶窗、凸缘或加强筋。

成形工具只能应用到钣金零件中，并且只能通过设计库使用。成形工具是零件文件，默认存放在“\design library\forming tools”文件夹中。

通过本案例，读者可以学习如下内容：

1）修改和应用钣金成型工具；

2）钣金闭合角；

3）通风口特征；

4）阵列和镜向。

2. 设计过程

如图 9-32 所示，光源上壳体零件通常要在两个侧面完成散热孔设计，这里需要利用 SolidWorks 的钣金成形工具完成。

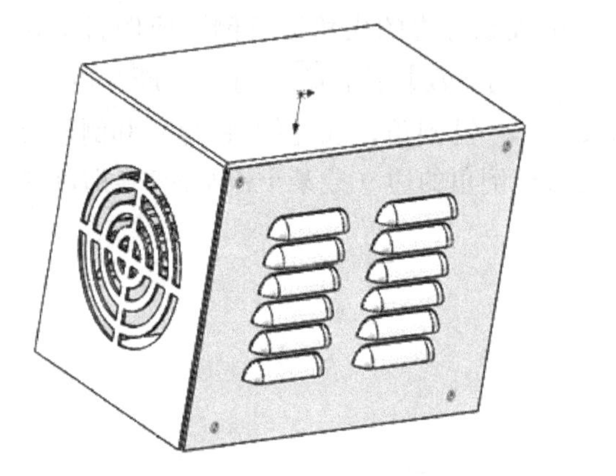

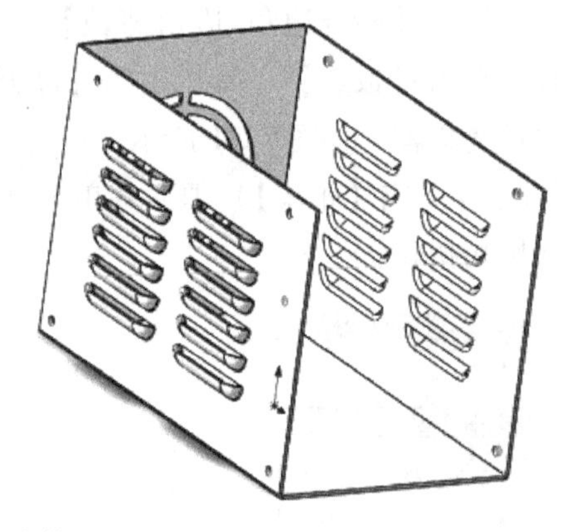

图 9-32　光源上壳体

1）修改成型工具：在设计库中展开“\design library\forming tools\louvers\”文件夹，找到“louver”成形工具，如图 9-33 所示，双击此图标打开成形工具文件，这是一个零件文件。

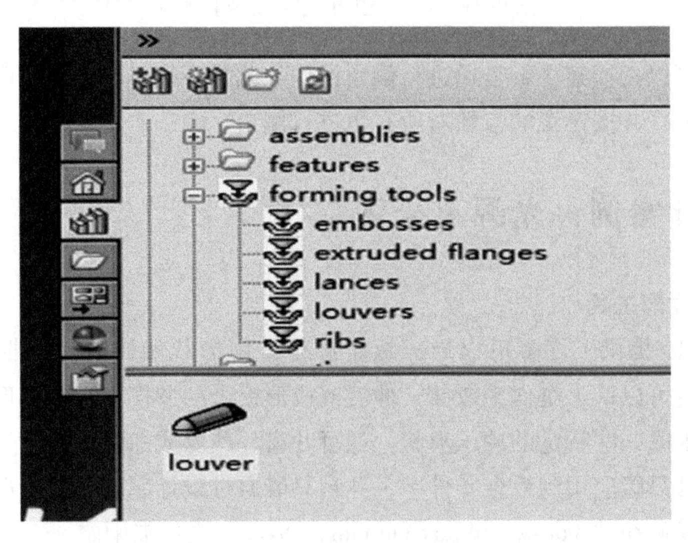

图 9-33　“louver”成形工具

2）修改尺寸：双击“Layout Sketch”草图，如图 9-34 所示，将尺寸修改为所需的尺寸，本例中将原来的 32mm 尺寸修改为 46mm。

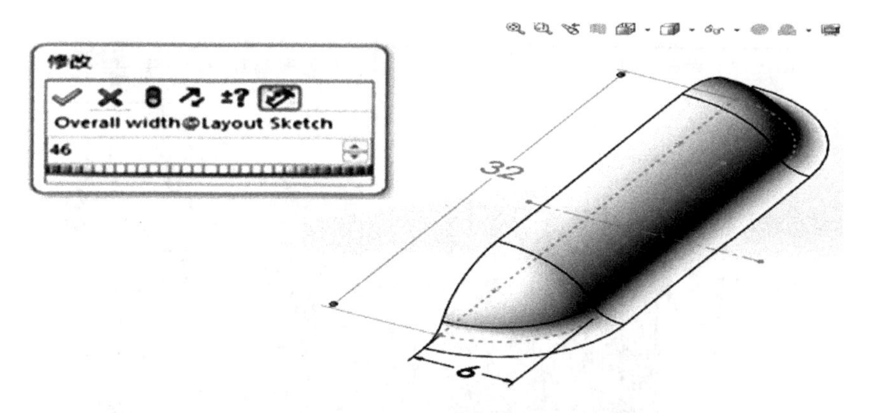

图 9-34 修改为所需尺寸

3）另存文件文件：按 Ctrl + B 重建模型，选择菜单命令【文件】→【另存为】，将文件保存在原来的文件夹下，重新命名为“louver-46x6. sldprt”。关闭此文件。

4）设计库：再次查看设计库，如图 9-35 所示，设计库中已经添加了一个成形工具文件——“louver-46x6”，此成形工具将在下面的步骤中用到。

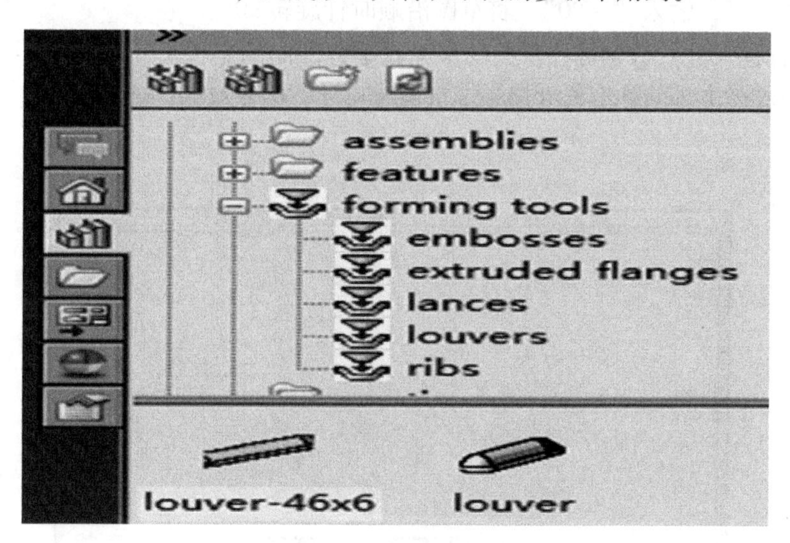

图 9-35 添加的成型工具

5）打开文件：打开“光源上壳体 . sldprt”文件。

6）拖放成形工具：从设计库中将“louver-46x6”成形工具拖放到光源上壳体零件的侧面，如图 9-36 所示。在放置鼠标前，读者需要通过图形区域的预览来观察成形特征的方向（凸起朝外），若方向不正确，按 Tab 键改变方向。

7）编辑草图：松开鼠标后，系统自动进入编辑草图状态，用户可以编辑此草图来改变成形工具的位置和草图方向。

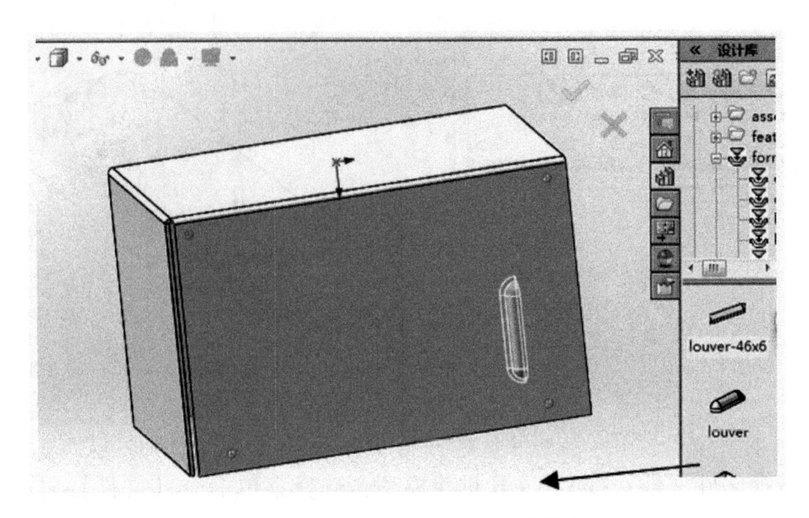

图 9-36　拖放成形工具到钣金零件表面

8）修改草图：选择菜单命令【工具】→【草图工具】→【修改】，这里在【旋转】文本框里，输入“－90”，将草图沿顺时针旋转 90°。

9）标注尺寸：分别标注草图的水平和垂直方向的定位尺寸，如图 9-37 所示。由于钣金成形工具的外形尺寸属于不可修改尺寸，因此草图已经完全定义。

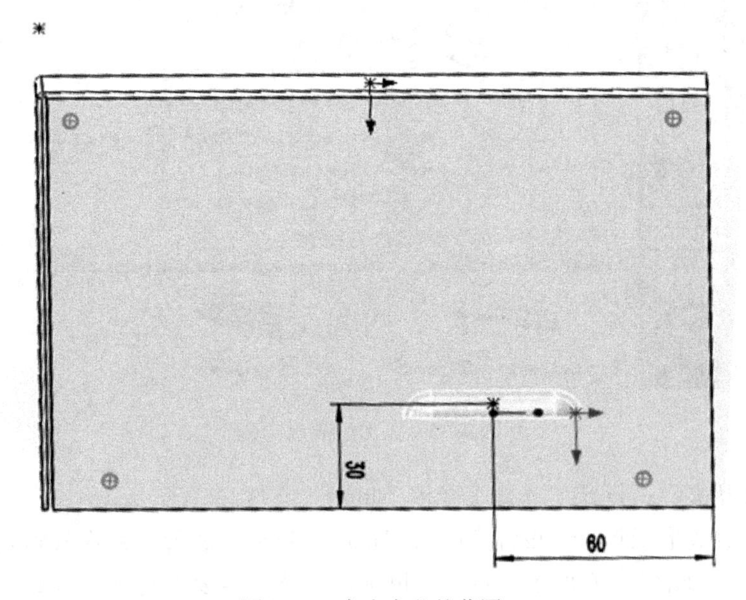

图 9-37　完全定义的草图

10）完成：在【放置成形工具】对话框中单击【完成】按钮，完成成形工具，形成百叶窗，如图 9-38 所示。

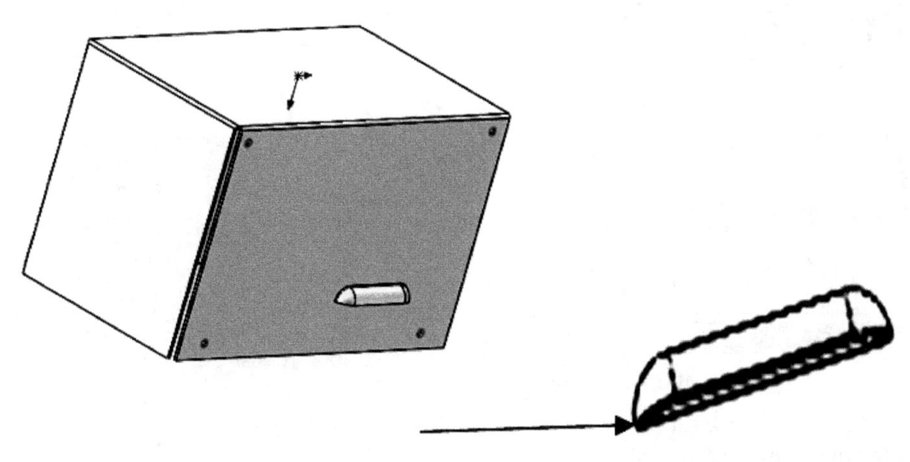

图 9-38　完成的成形特征

11）阵列：单击【线性阵列】按钮，如图 9-39 所示，分别指定水平和垂直方向的参考和数量，完成线性阵列。

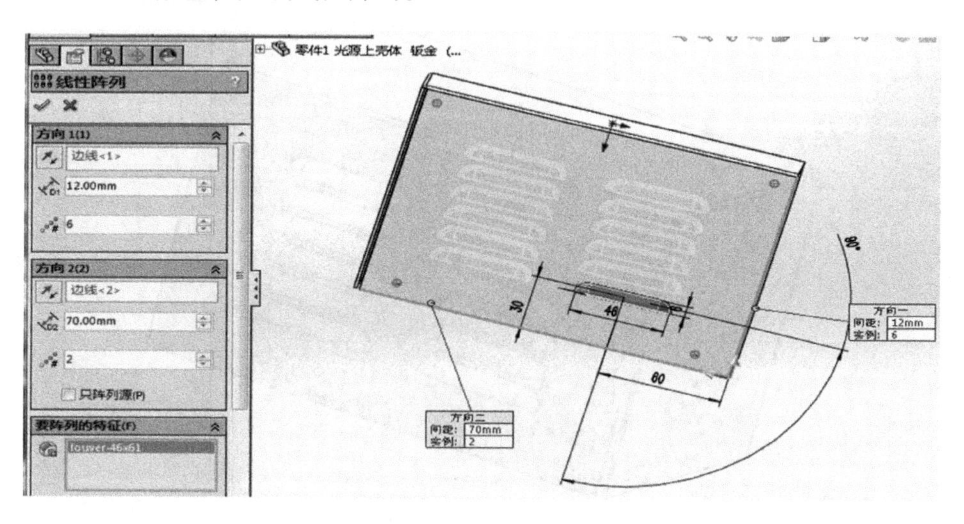

图 9-39　线性阵列

12）镜向：单击【镜向】按钮，如图 9-40 所示，选择前一步骤的阵列特征作为镜向源，使用【前视基准面】作为镜向平面建立镜向，单击【确定】按钮。

13）通风口的草图：上盖的后面板处，还应该增加一个通风口，这里已经为通风口特征绘制定位和参数草图，如图 9-41 所示，在【FeatureManager 设计树】中单击【通风口草图】，从关联菜单中单击【显示】按钮，在图形区域显示该草图。

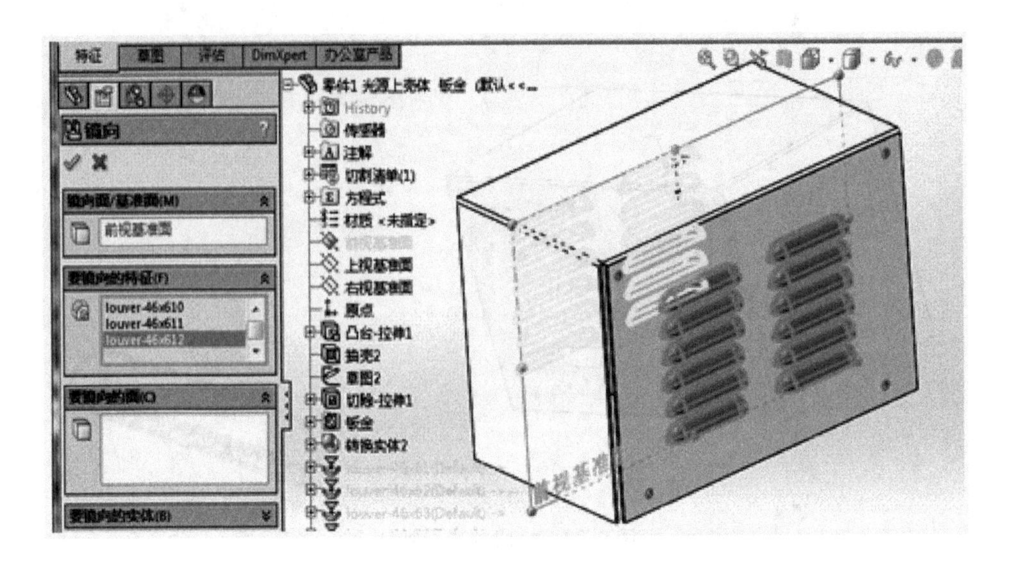

图 9-40　镜向特征

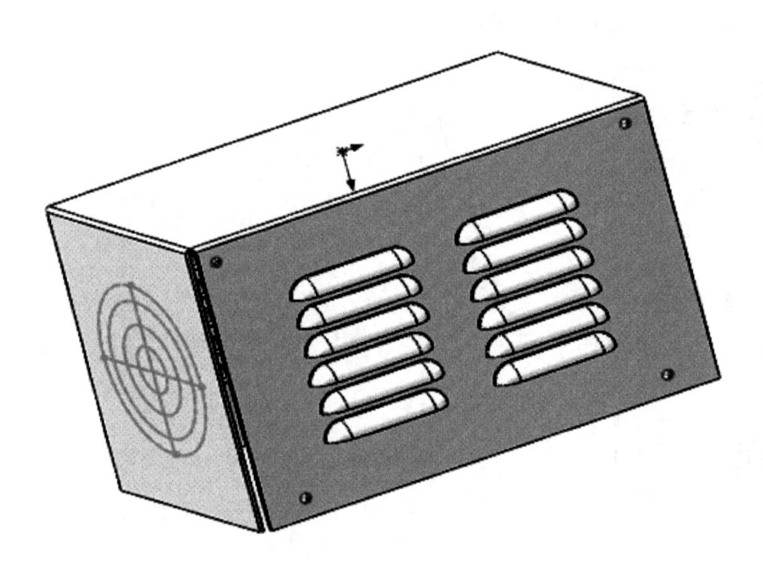

图 9-41　显示通风口草图

14）通风口：单击【通风口】按钮，如图 9-42 所示，选择草图中最大的圆作为【边界】，指定草图中的其他圆作为【筋】，给定筋的宽度为 4mm；指定草图中的四条直线作为【翼梁】，给定翼梁的宽度为 4mm。上述参数选定后，默认其他参数，单击【确定】按钮完成。

15）闭合角：如图 9-43 所示，选择侧面和后面对接面的其中一个面，单击

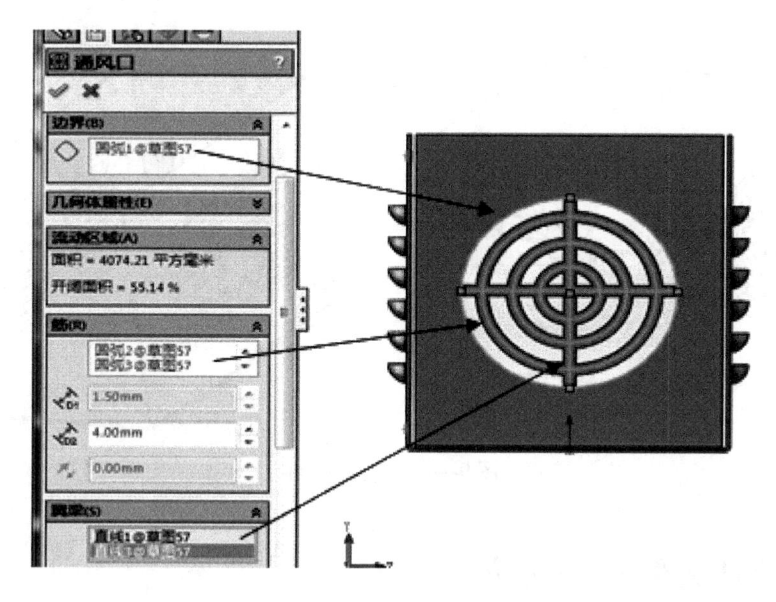

图 9-42 通风口特征

【闭合角】按钮，给定闭合角的类型为【对接】，设定闭合角的间隙为 0.1mm，建立闭合角。

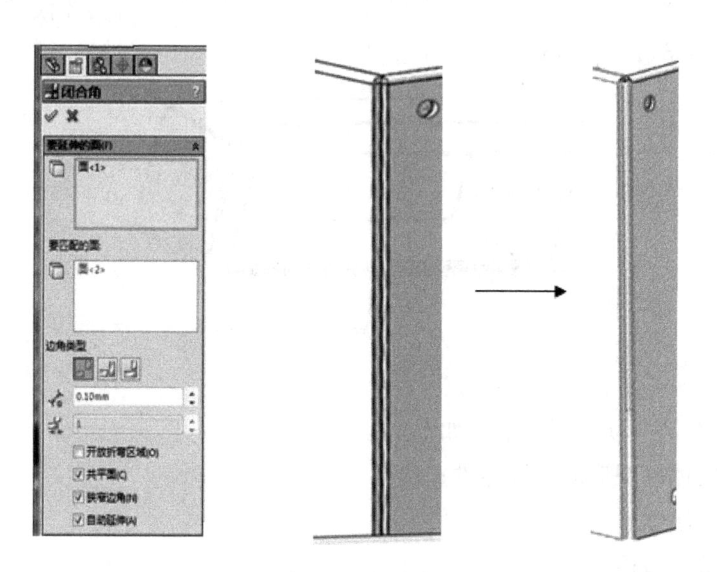

图 9-43 闭合角

16）另一个接缝：使用上述方法，建立另一侧的闭合角。

17）完成：完成的零件如图 9-44 所示，保存并关闭文件。

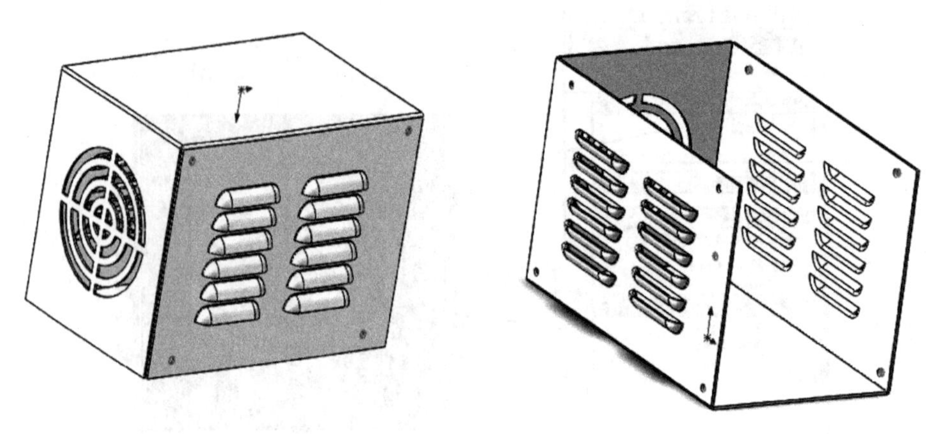

图 9-44 完成的零件

9.4 设计案例：安装座

1. 说明

如图 9-45 所示，安装座零件是一个在装配体环境下设计的零件，此零件具有外部参考。某些情况下，用户会考虑先设计实体模型，然后将实体模型再转换为钣金零件，这也是钣金零件设计的一个重要方法。

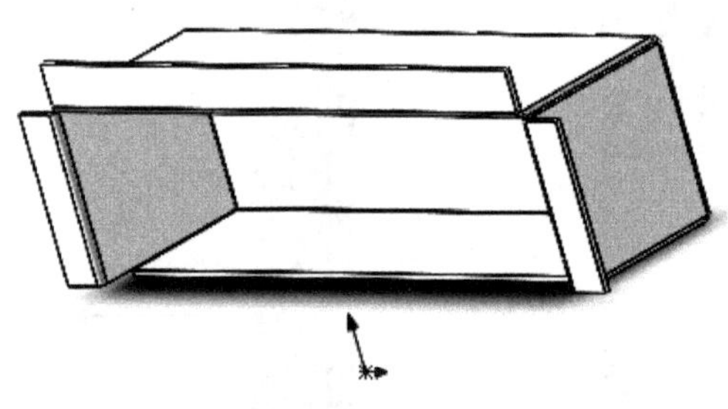

图 9-45 安装座

通过此案例，读者可以学习如下内容：

1）从实体模型形成钣金零件；

2）边线法兰；

3）焊接的边角。

2. 设计过程

1）创建零件：创建一个文件名为“安装座 . sldprt”的零部件，该零件只有一个拉伸特征，还不是钣金零件。如图 9-46 所示。

2）转换为钣金：SolidWorks 专门提供了一个从实体零件转化为钣金零件的工

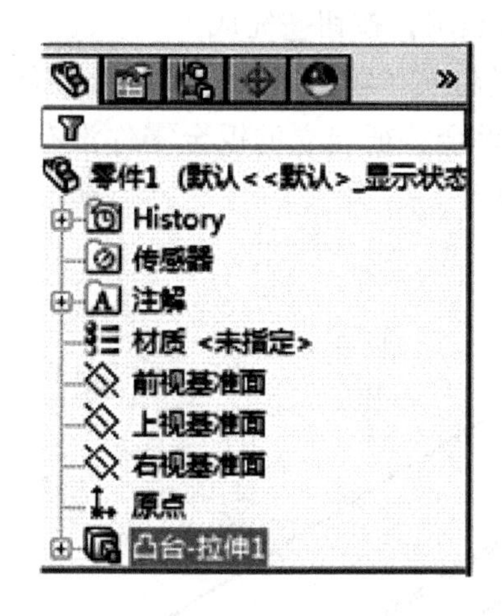
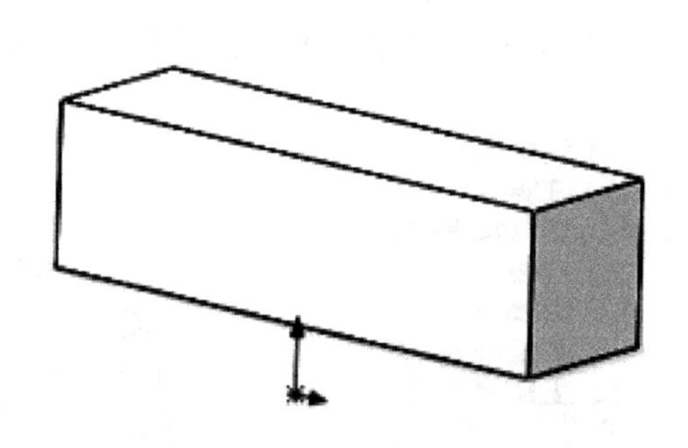

图9-46　“安装座.sldprt”零件

具——【转换为钣金】。利用此工具，用户可以通过指定固定面及折弯线并指定相关参数将实体零件转换为钣金零件。

单击【转换为钣金】按钮，如图9-47所示，指定零件的背面作为固定面。这里需要注意，通过图形区域的预览，可以看出钣金的厚度是从指定面向里，如果厚度方向不正确，可以选中【反转厚度】来使厚度方向朝外。

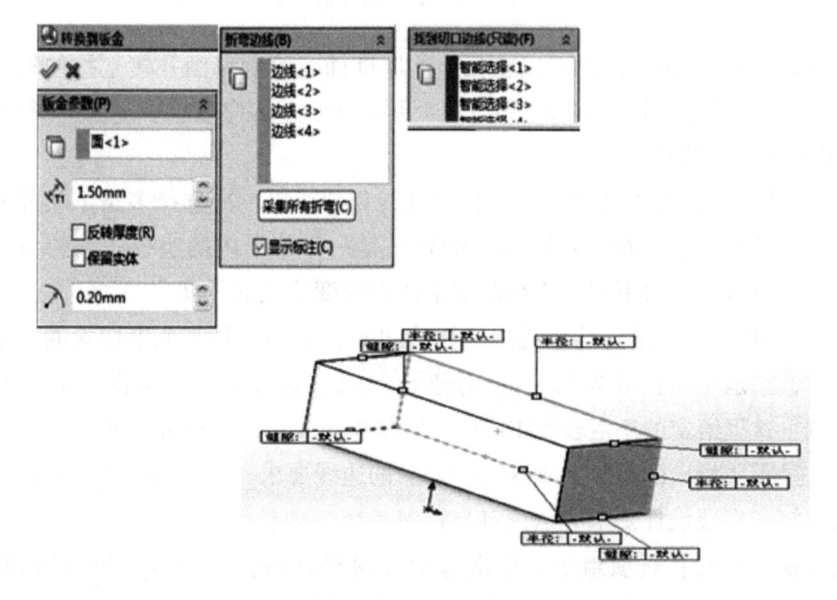

图9-47　转换为钣金

给定钣金的厚度为1.5mm，钣金的默认折弯钣金为0.2mm。在【切口草图】

选项组中，给定折弯的间隙为 0.3mm。单击【确定】按钮完成。

3）形成的钣金零件：【转换为钣金】工具将实体零件转换成了钣金零件，如图 9-48 所示，在性质上，此零件与直接使用钣金特征建立的钣金零件没有区别，也具有【钣金】和【平板型式】特征，可以展开。

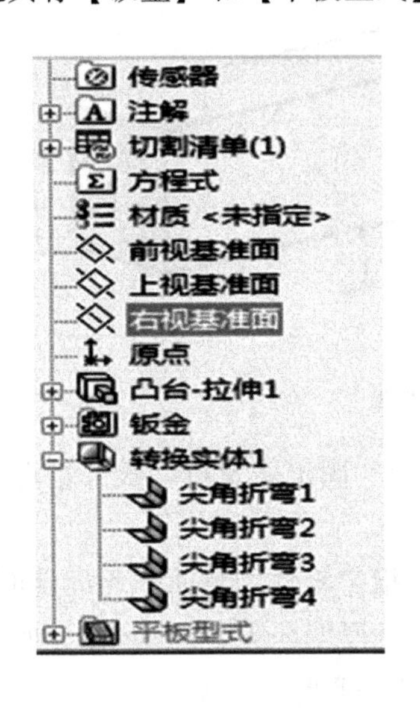

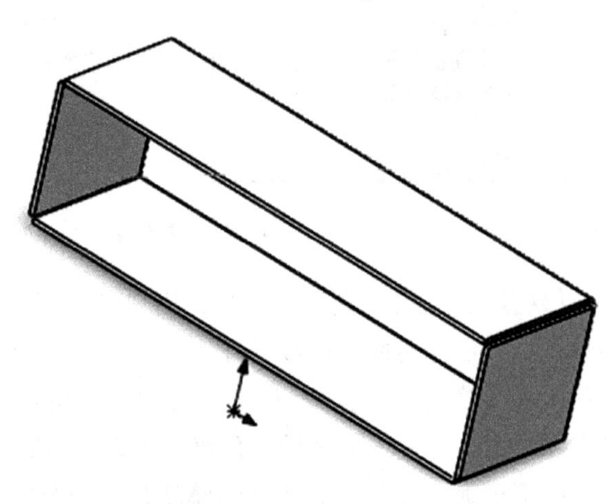

图 9-48　形成的钣金

4）拉伸切除特征：用户可以在钣金的厚度面上绘制草图并建立拉伸特征，如图 9-49 所示，利用【转换实体引用】工具转换钣金的厚度面，建立一个深度为 10mm 的拉伸切除特征。

5）边线法兰：利用【边线法兰】特征，用户可以一次选择多条不相邻的边线来建立【边线法兰】特征，这种做法的好处是一个特征内的边线法兰的参数是相同的，但用户可以针对不同的边线改变草图而改变法兰的长度。

如图 9-50 所示，单击【边线法兰】按钮，分别选择其他未切除的三条边线建立法兰，给定法兰长度为 12mm。分别编辑每条边线的法兰草图，完全定义草图。注意，这里给定的法兰长度 12mm，是参考性尺寸，用户可以通过编辑草图来改变。这里需要指出的是，如果这三个法兰的边线要求一致，可以通过几何关系或者数值连接来实现设计要求，请读者自行思考。

在【法兰位置】选项组中，单击选中【材料在内】按钮，默认其他选项，单击【确定】按钮完成。

6）焊接的边角：对于钣金工艺上有要求焊接的边角，在 SolidWorks 中也可以利用【焊接的边角】工具添加焊缝，以实现真实的焊接效果。

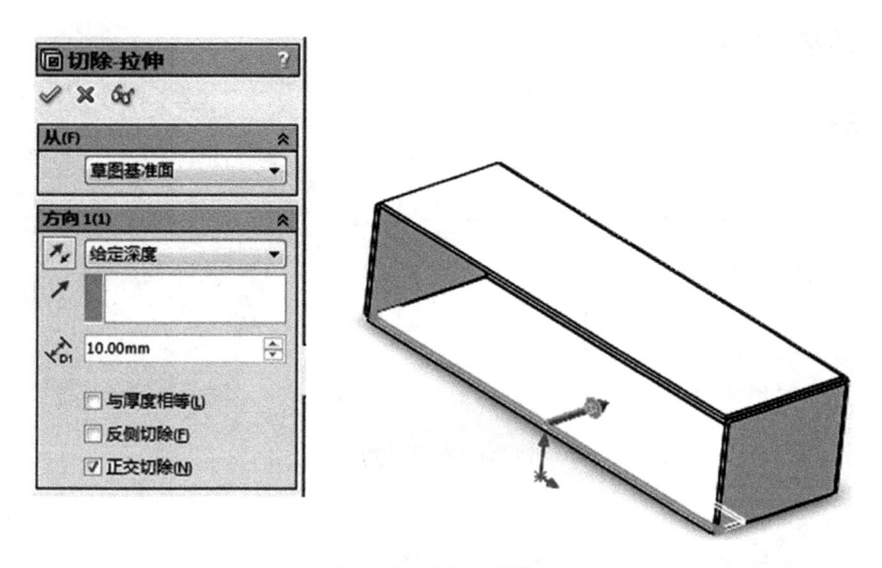

图 9-49 拉伸切除特征

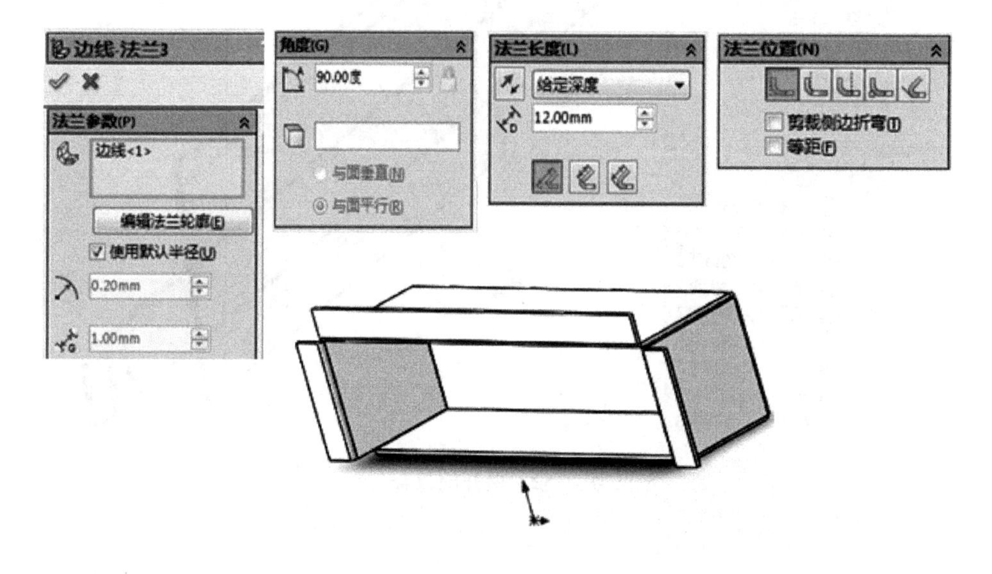

图 9-50 边线法兰

单击【焊接的边角】按钮，如图 9-51 所示，选择要焊接的一个侧面，指定一个点作为变焦的终止点，默认其他选项完成特征。使用焊接的边角工具，以此完成其他四个边角。

7）展开的钣金：单击【展开】按钮，了解一下该零件的展开状态，如图 9-52 所示，在钣金展开状态下，焊接的边角被自动压缩。

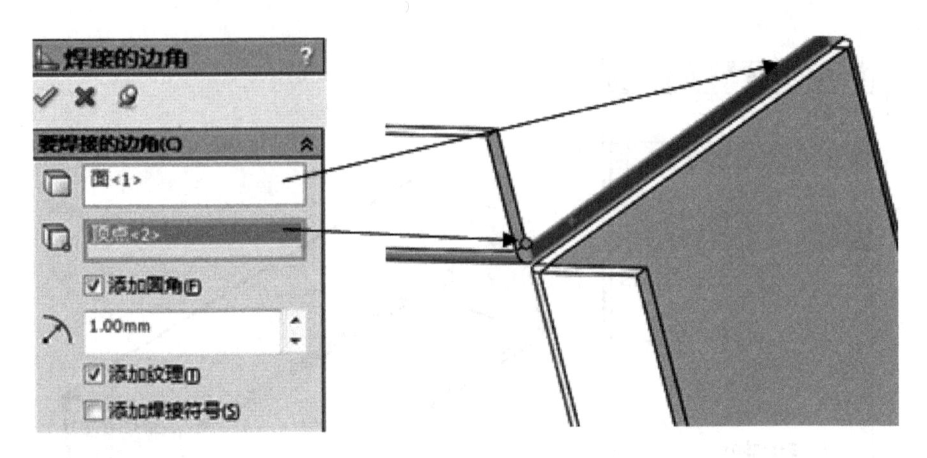

图 9-51　焊接的边角

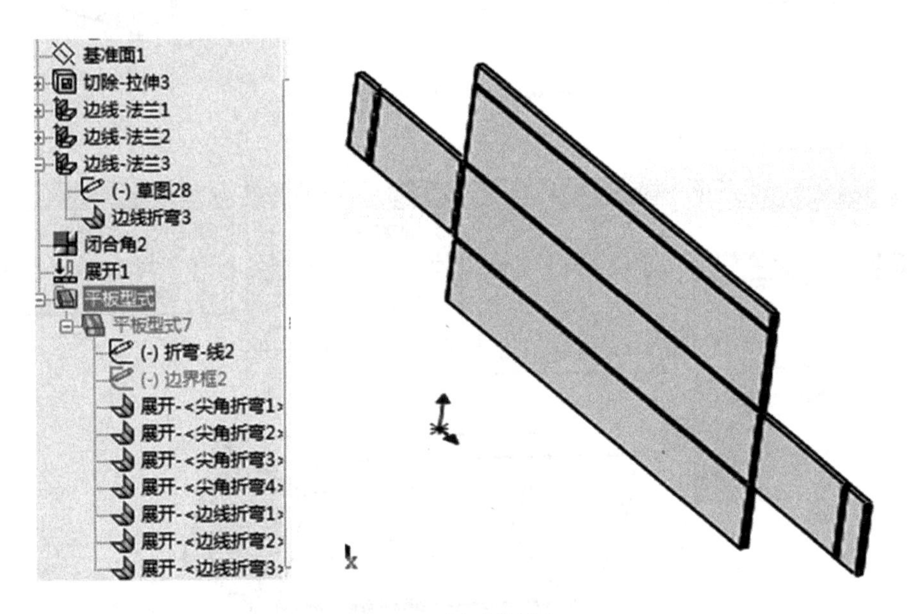

图 9-52　展开的钣金

8）完成：保存并关闭零件。

9.5　设计案例：卤素灯支架

1. 说明

在钣金零件中，用户同样可以利用“多实体”的概念来完成设计，这些设计情形包括：更复杂的钣金零件设计、钣金零部中有需要焊接（或铆接）的钣金或实体零件，这些情况都可以使用多实体钣金来实现。

对于多实体的钣金零件，系统可以针对每个不同的实体建立焊接清单，当用户给定项目的属性后，可以类似装配图中 BOM 表的方法建立多实体零件的焊接清单。

如图 9-53 所示，这是一个较为典型的多实体钣金的例子，在钣金零件中焊接有螺母。下面的步骤将向读者介绍该零件设计的有关过程，读者将了解和掌握如下内容：

1）插入零件；

2）多实体钣金的设计树；

3）切割清单项目。

2. 设计过程：

1）创建零件：创建“卤素灯支架 . sldprt” 文件，如图 9-54 所示，该零件已基本完成了钣金部分的设计，这里需要在侧面的两个孔位置焊接两个螺母，以便于器件安装。

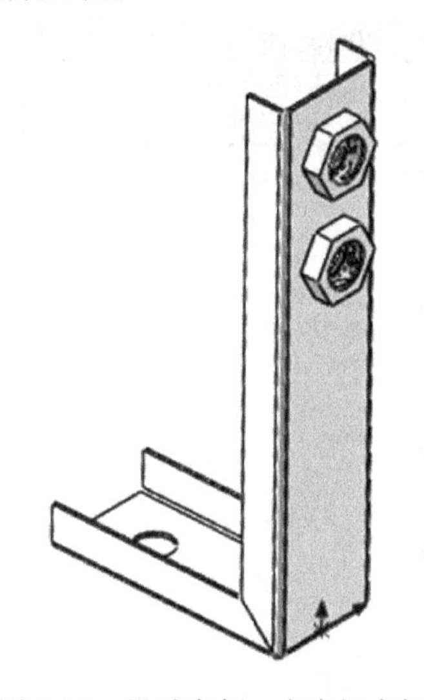

图 9-53 设计案例：卤素灯支架

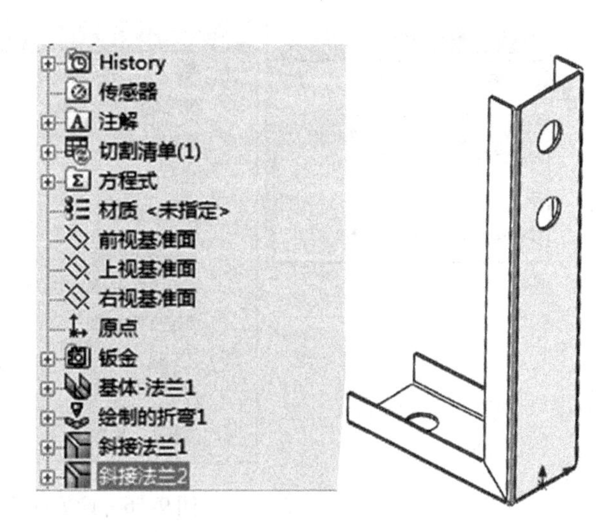

图 9-54 卤素灯支架

2）创建零件：在 SolidWorks 中，可以在一个零件中插入另一个零件以作为当前零件的一个特征。插入零件以后，被插入的零件作为当前零件的一个外部参考，与原零件保持关联关系，也就是说，当被插入的零件发生变化后，当前零件也随之发生相应变化。

选择菜单命令【插入】→【零件】，如图 9-55，选择“六角薄螺母 GB_T6174”文件。

3）插入项目：在属性管理器中，设置要插入的项目及有关选项，如图 9-56 所示在插入后失去与原有零件的关联。

4）零件的位置：在图形区域，用户可以很方便地放置零件并确定零件位置，

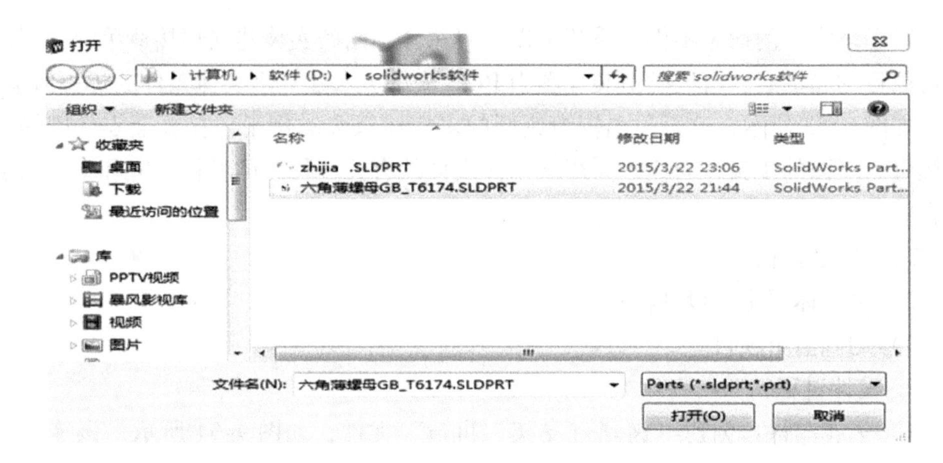

图 9-55　选择要插入的零件

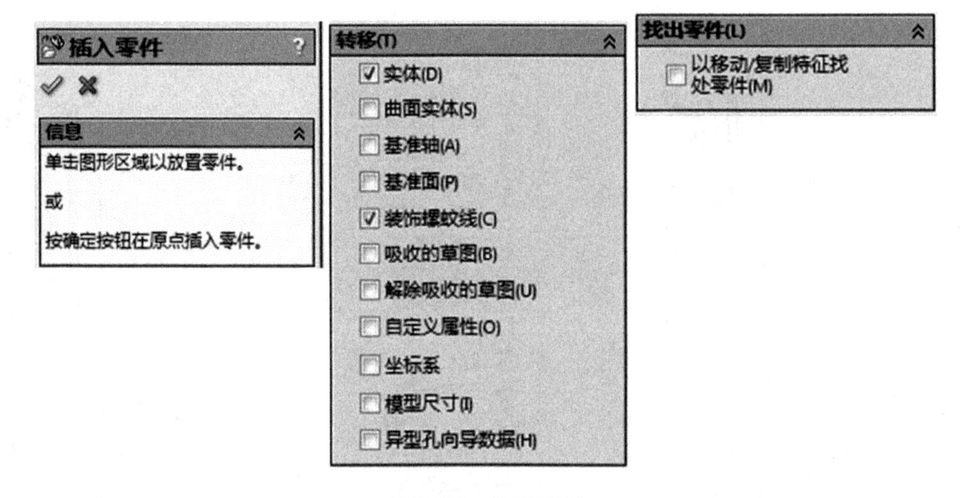

图 9-56　设置选项

如图 9-57 所示。由于这里只有两个需要插入的零件，因此使用相同的方法，插入另一个零件，如图 9-58 所示。如果需要插入的数量较多，用户可以考虑使用阵列、镜向的方式完成。

5）钣金零件的设计树：钣金零件插入零件后，形成多实体钣金零件。如图 9-59所示，设计树中增加了【切割清单】项目，项目中列出了当前钣金中的所有实体，也可以展开实体，以显示实体的设计历史。

6）实体的颜色：为了增强零件的可视效果，可以针对不同的实体修改颜色。如图 9-60 所示，在【FeatureManager 设计树】中选择实体，从关联菜单中选择【外观】→【编辑颜色】按钮，给定插入的实体一个其他的颜色。

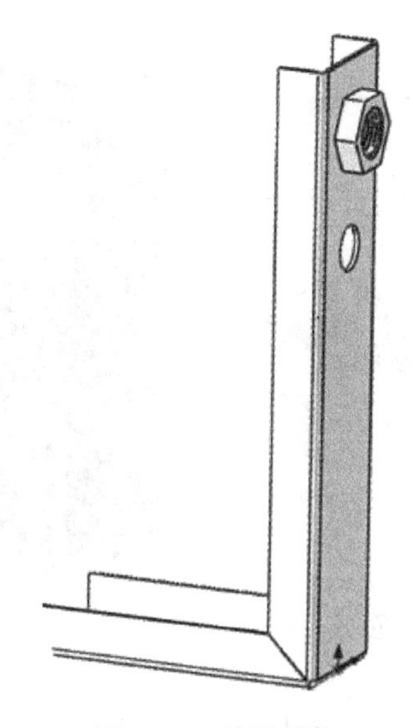

图9-57 放置零件

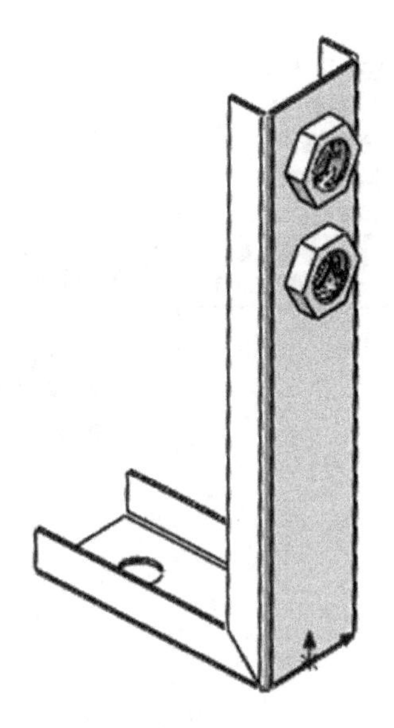

图9-58 插入的两个零件

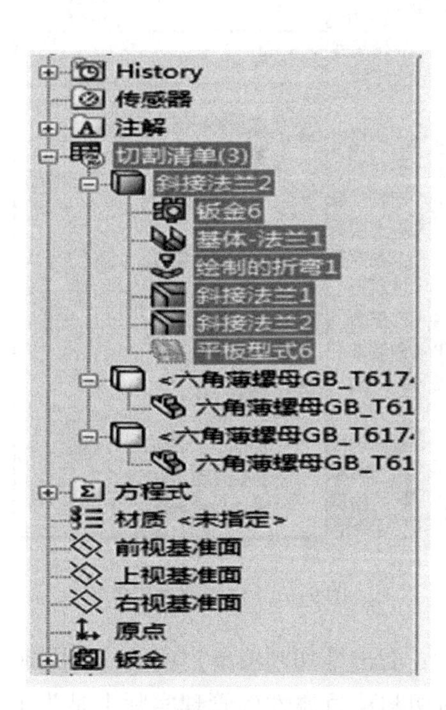

图9-59 多实体钣金的切割清单项目

7）自动更新切割清单：右击【切割清单】项目，从快捷菜单中选择【自动】菜单，如图9-61所示，系统可以根据零件中的实体情况自动进行归类，形成不同的切割清单项目。

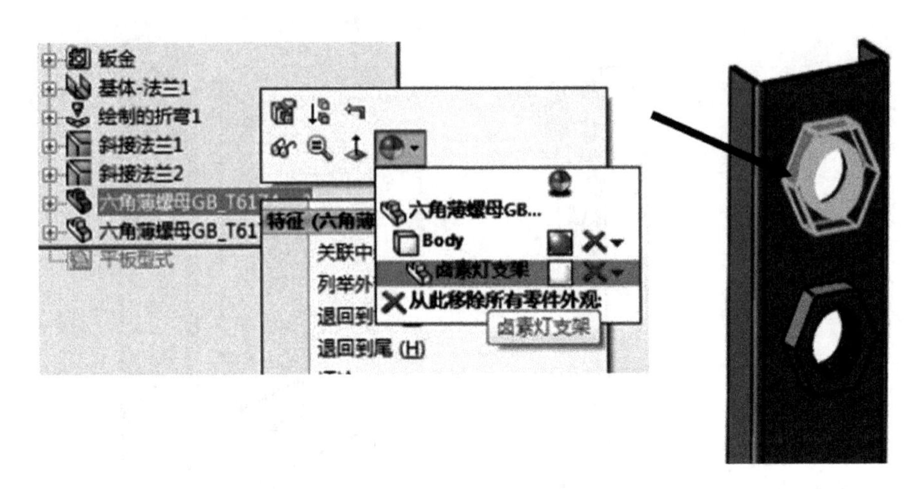

图 9-60　改变颜色

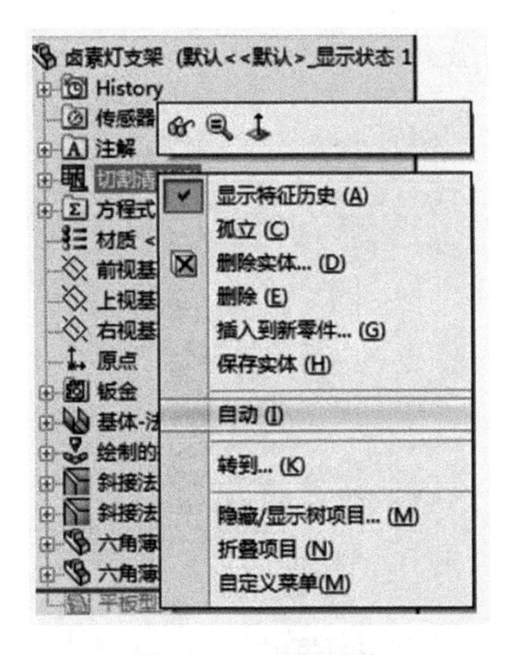

图 9-61　切割项目清单

8）切割项目的属性：右击【切割清单】项目，从快捷菜单中选择【属性】命令，如图 9-62 所示，对切割项目属性的管理实际上是为了将来出工程图的需要。与零件类似，对于清单项目也可以添加自定义属性，从而在工程图中建立切割清单表。

9）完成：保存并关闭文件。

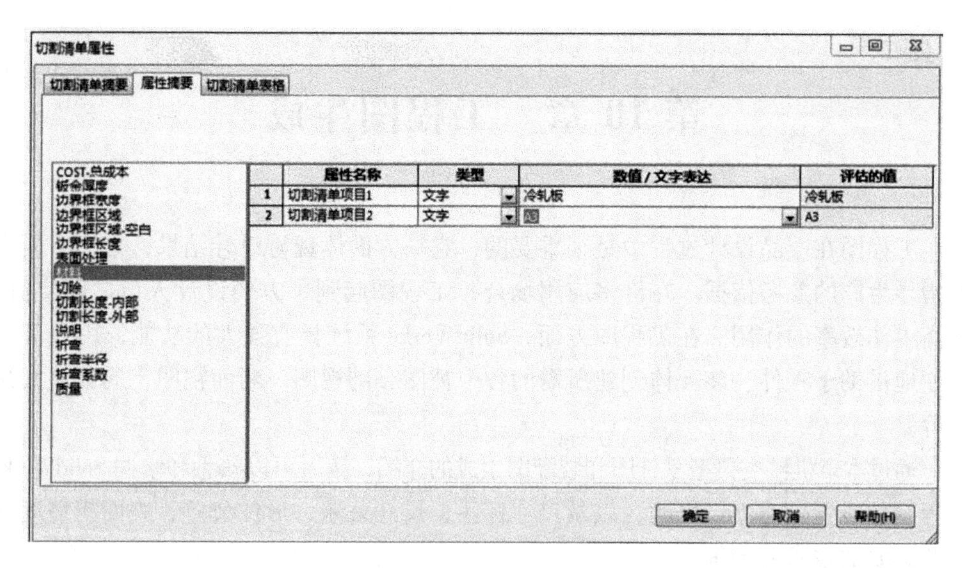
切割清单属性
切割清单摘要
属性摘要
切割清单表格
COST-总成本
钣金厚度
边界框宽度
边界框区域
边界框区域-空白
边界框长度
表面处理
切除
切割长度-内部
切割长度-外部
说明
折弯
折弯半径
折弯系数
质量
属性名称
类型
数值 / 文字表达
评估的值
切割清单项目1
文字
冷轧板
切割清单项目2
A3
确定
取消
帮助(H)

图 9-62 切割项目属性

第 10 章　工程图生成

工程图在产品设计过程中是很重要的，它一方面体现着设计结果，另一方面也是指导生产的参考依据。在许多应用场合，工程图起到了方便设计人员之间交流，提高工作效率的作用。在工程图方面，SolidWorks 系统具有强大的功能，用户可以方便地借助于零件、装配体创建所需的各个视图、剖视图、断面视图、局部放大视图等。

通过本章机械类典型零件图和装配图生成的介绍，读者可以熟悉和掌握 SolidWorks 工程图的设置、建立、修改，以及尺寸标注、尺寸公差、形位公差、表面粗糙度和一些必要的技术要求等。

10.1　轴类零件工程图

轴类零件包括回转轴、套筒等，主要以回转体为主，其特征之一是长度方向的尺寸一般比径向尺寸大。轴类零件的视图表达常采用一个基本视图，即主视图，其局部结构用其他视图如断面图、局部剖视图、局部放大图等表达。现以图 10-1 所示阶梯轴模型，介绍轴类零件工程图的生成，具体步骤如下：

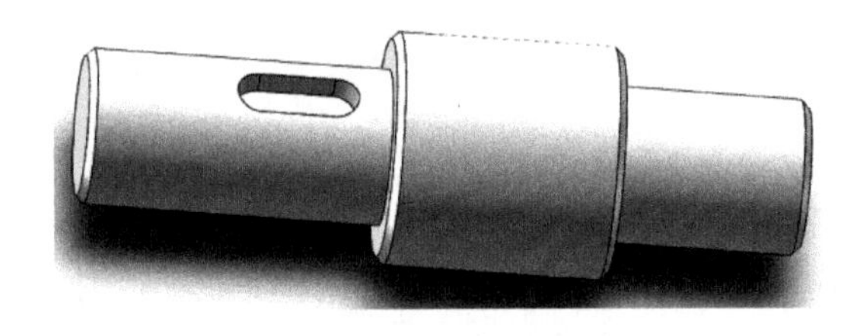

图 10-1　阶梯轴模型

1. 生成工程视图

1）启动 SolidWorks，单击工具栏中的【新建】按钮，系统弹出【新建 SolidWorks文件】对话框，选中工程图 gb_a3，如图 10-2 所示，然后单击【确定】按钮。

2）选择菜单栏命令【插入】→【图纸】，系统弹出【图纸格式/大小】对话框，在【标准图纸大小】中选择“A3（GB）”（也可在【自定义图纸大小】中输入需要的图纸“宽度”和“高度”值），如图 10-3 所示，单击【确定】按钮即可。

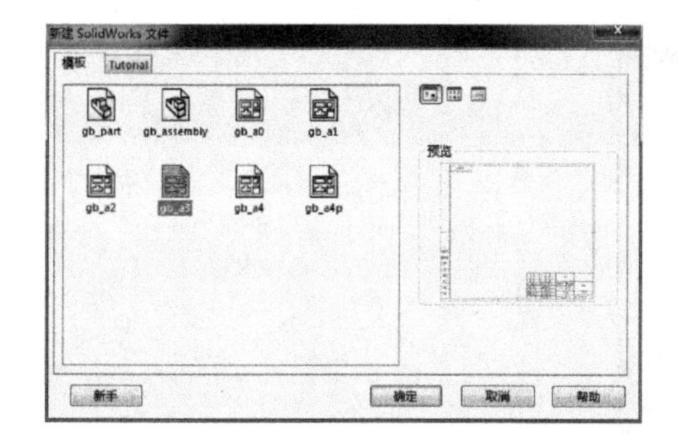

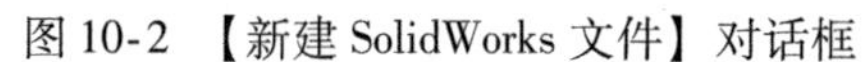
图 10-2 【新建 SolidWorks 文件】对话框

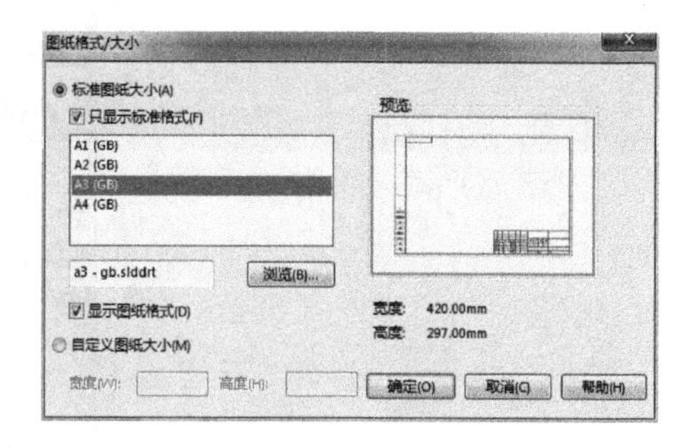

图 10-3 【图纸格式/大小】对话框

3）单击【视图布局】工具栏上的【模型视图】按钮，系统弹出【模型视图】属性管理器，如图 10-4 所示，单击【要插入的零件/装配体】→【浏览】按钮，在【打开】对话框中选择需要打开的零件，如图 10-5 所示，选择“图 10-1”，单击【打开】按钮。将模型视图插入到工程图中，如图 10-6 所示。

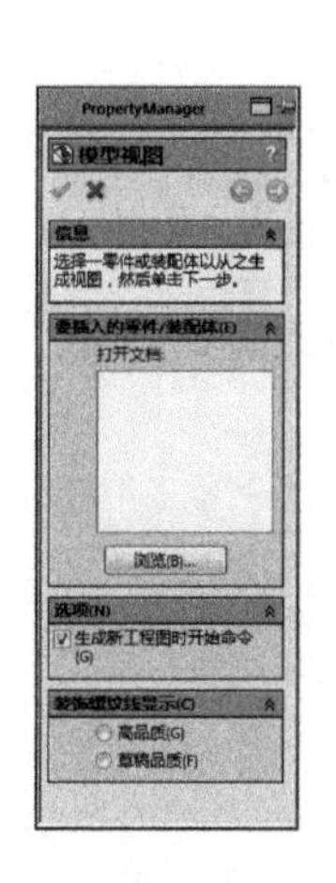

图 10-4 【模型视图】属性管理器

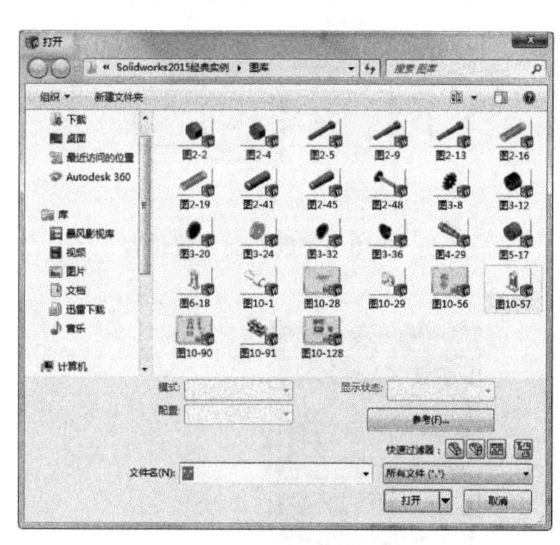

图 10-5 【打开】对话框

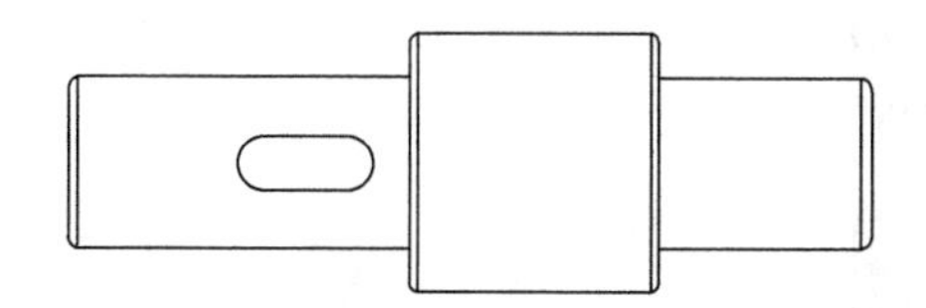

图 10-6　插入到工程图中的模型视图

4）单击【视图布局】工具栏中的【剖面视图】按钮或选择菜单栏命令【插入】→【工程图视图】→【剖面视图】，弹出【剖面视图辅助】属性管理器，如图 10-7所示。在【切割线】类型中选择【竖直】剖切。

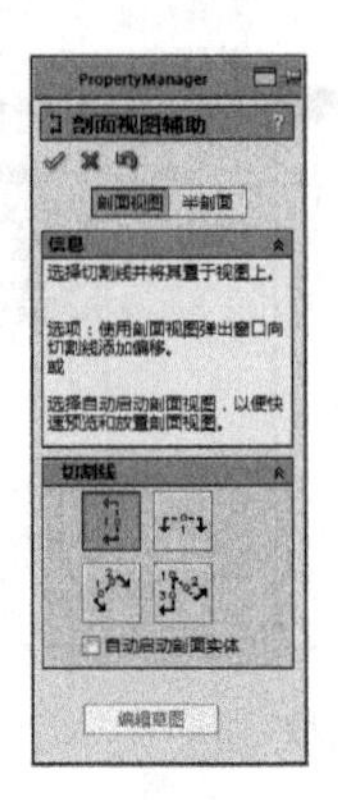

图 10-7　【剖面视图辅助】属性管理器

5）在图 10-8 所示位置放置剖切平面，出现剖切面线工具栏，如图 10-9 所示，单击【确定】按钮✓，在弹出的【剖面视图 A-A】属性管理器中选择【确定】按钮✓，如图 10-10 所示，生成图 10-11 所示的剖面视图。

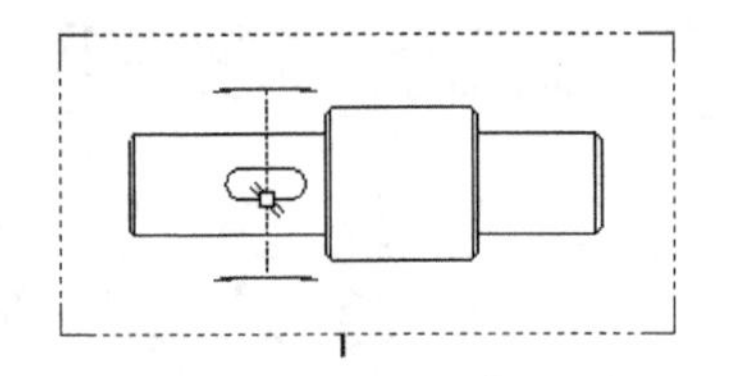

图 10-8　剖切面放置位置

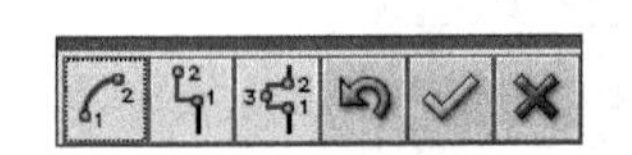

图 10-9　剖切面线编辑工具栏

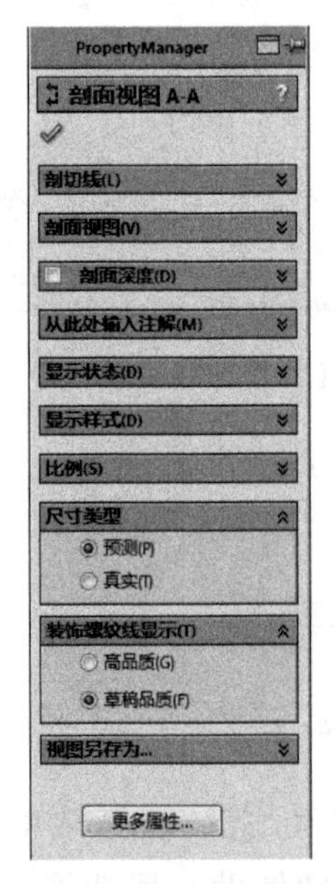

图 10-10　【剖面视图 A-A】属性管理器

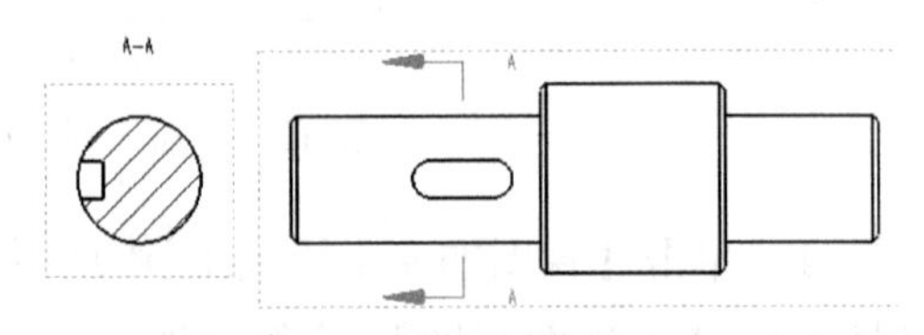

图 10-11　生成剖面视图

2. 添加中心符号线和中心线

1）选择菜单栏命令【工具】→【选项】，在弹出的【系统选项-普通】对话框中，选择【文档属性】选项卡，可以在【绘图标准】→【尺寸】中设置【中心线】/【中心符号线】及【槽口中心符号线】等相关参数，将【中心线图层】和【中心符号图层】均选为【中心线层】，如图 10-12 所示。单击【确定】按钮，完成设置。

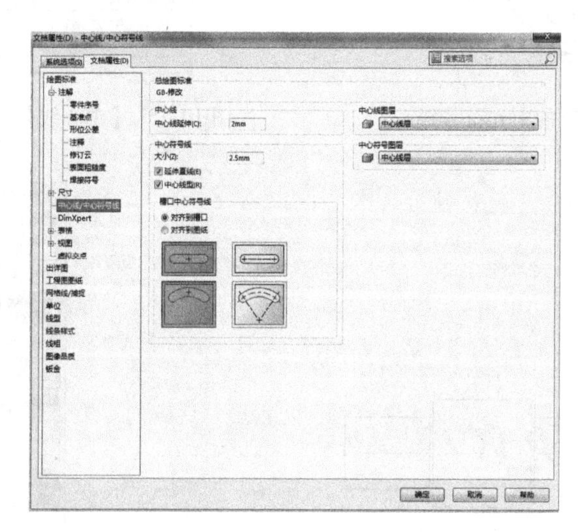

图 10-12 【文档属性-中心线/中心符号线】对话框

2）选择菜单栏命令【插入】→【注解】→【中心符号线】，或者单击【注解】工具栏中的【中心符号线】按钮，系统弹出【中心符号线】属性管理器（用于为圆形边线、草图实体添加中心符号线），如图 10-13 所示。

3）在【手工插入选项】中，单击【圆形中心符号线】按钮，在剖视图 *A—A* 中选中圆的外形边界线，单击【确定】按钮即可生成图 10-14 所示的中心符号线。

4）选择菜单栏命令【插入】→【注解】→【中心线】，或者单击【注解】工具栏中的【中心线】按钮，系统弹出【中心线】属性管理器，如图 10-15 所示，分别单击阶梯轴中间圆柱的上下两条线，单击【确定】按钮即可生成图 10-16 所示的中心线。

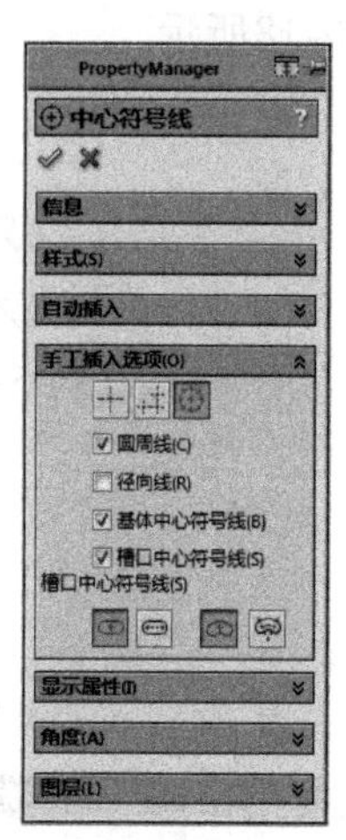

图 10-13 【中心符号线】属性管理器

3. 添加尺寸标注

1）单击【注解】工具栏中的【智能尺寸】按钮，或者选择菜单栏命令【工具】→【标注尺寸】→【智能尺寸】，系统弹出【尺寸】属性管理器，如图 10-17 所示。

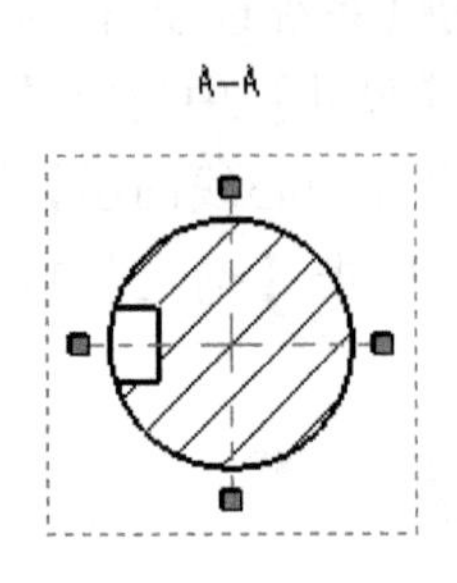

图 10-14　生成的中心符号线

图 10-15　【中心线】属性管理器

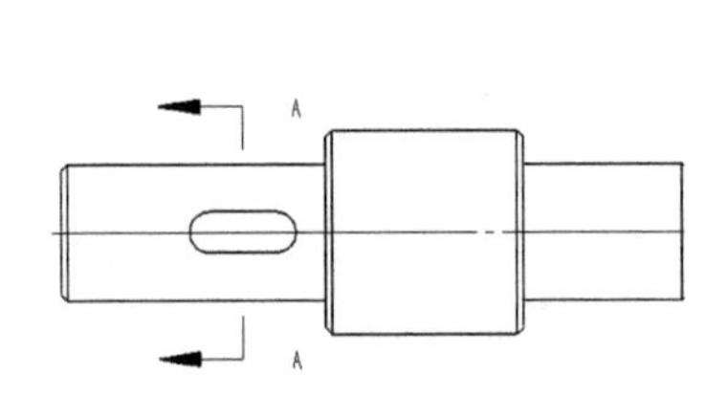

图 10-16　生成的中心线

图 10-17　【尺寸】属性管理器

2）对工程图进行尺寸标注，单击【确定】按钮✓，完成添加尺寸标注，如图 10-18所示。

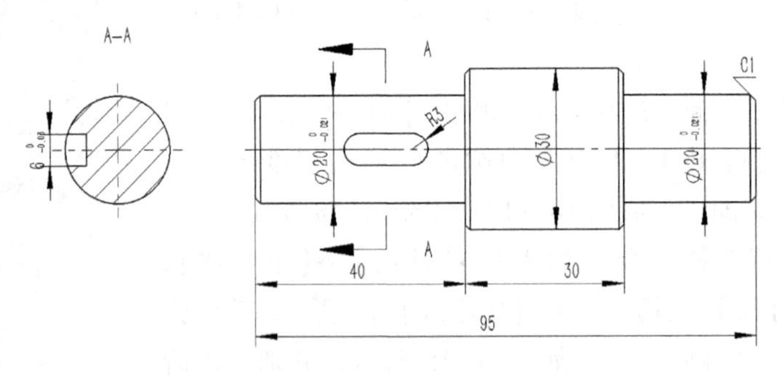

图 10-18　添加尺寸标注

4. 添加表面粗糙度符号

1）单击【注解】工具栏中的【表面粗糙度符号】按钮√，或者选择菜单栏命令【插入】→【注解】→【表面粗糙度符号】，系统弹出【表面粗糙度】属性管理器，如图 10-19 所示。

2）在属性管理器中选择需要的符号并输入需要的表面粗糙度参数，在图纸区域中单击鼠标左键，将表面粗糙度符号放置于指定的位置，根据需要可以多次改变符号的格式和参数，按照顺序多次单击鼠标左键，将表面粗糙度符号放于指定位置，单击【确定】按钮，生成图 10-20 所示的表面粗糙度符号。

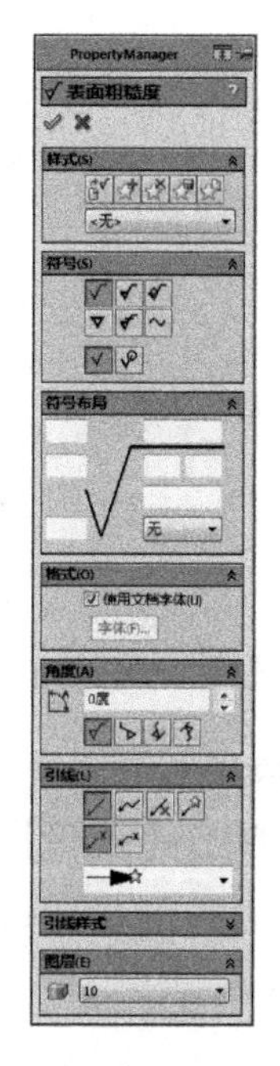

图 10-19　【表面粗糙度】属性管理器

5. 添加基准特征符号

1）单击【注解】工具栏中的【基准特征】按钮，或者选择菜单栏命令【插入】→【注解】→【基准特征符号】选项，系统弹出【基准特征】属性管理器，如图 10-21 所示。

2）根据基准特征符号的标注要求设置参数，选择引线样式，在绘图区用鼠标左键将基准特征符号放置于指定的位置，根据需要可以多次改变引线的样式和标号设定等，按照顺序多次单击鼠标左键，将基准特征放置于指定位置，单击【确定】按钮，完成基准特征符号的添加，如图 10-22 所示。

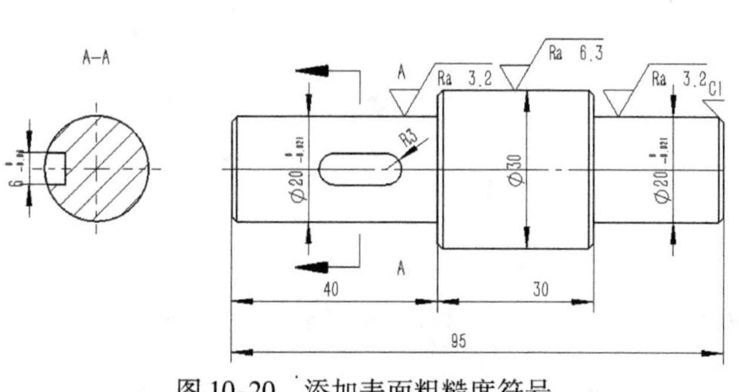

图 10-20　添加表面粗糙度符号

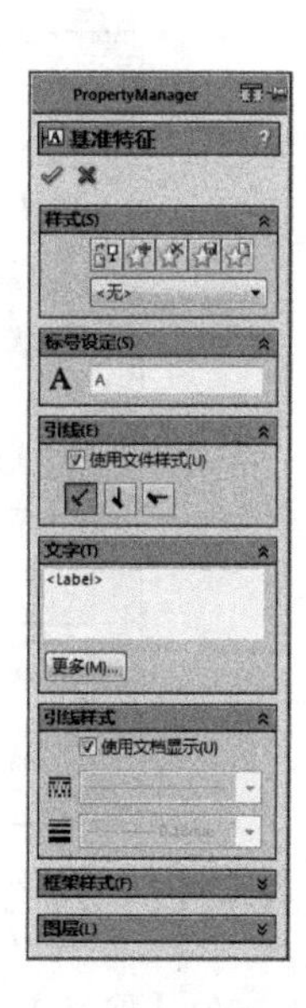

图 10-21　【基准特征】属性管理器

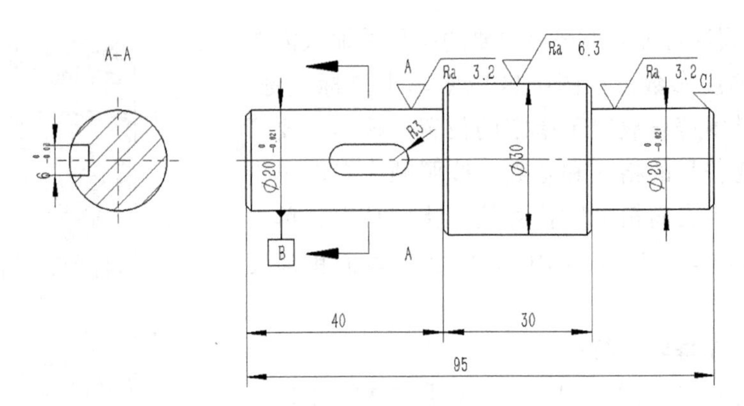

图 10-22　添加基准特征符号

6. 添加形位公差

1）单击【注解】工具栏中的【形位公差】按钮，或者选择菜单栏命令【插入】→【注解】→【形位公差】选项，系统弹出【形位公差】属性管理器，同时在图纸区域弹出形位公差的【属性】对话框，如图 10-23、图 10-24 所示。

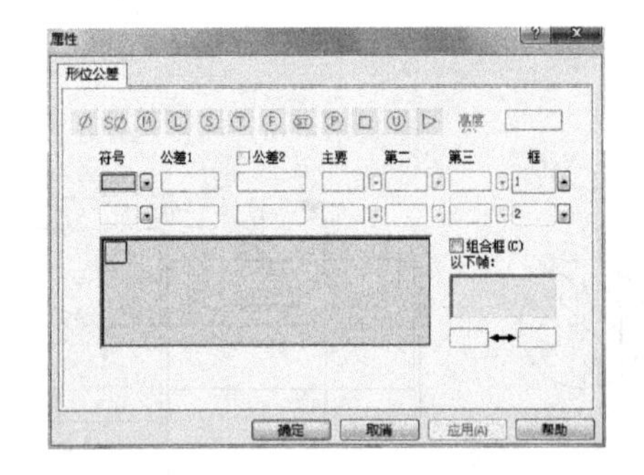

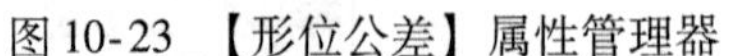

图 10-23　【形位公差】属性管理器　　　　图 10-24　【属性】对话框

2）在【属性】对话框中，选择需要标注的形位公差符号，输入公差数值，在绘图区用鼠标左键将基准特征符号放置于指定的位置，根据需要可以多次改变【形位公差】和【属性】里的参数及符号等，按照顺序多次单击鼠标左键，将形位公差符号放置于指定位置，单击【确定】按钮✔，完成形位公差符号的添加，如图 10-25 所示。

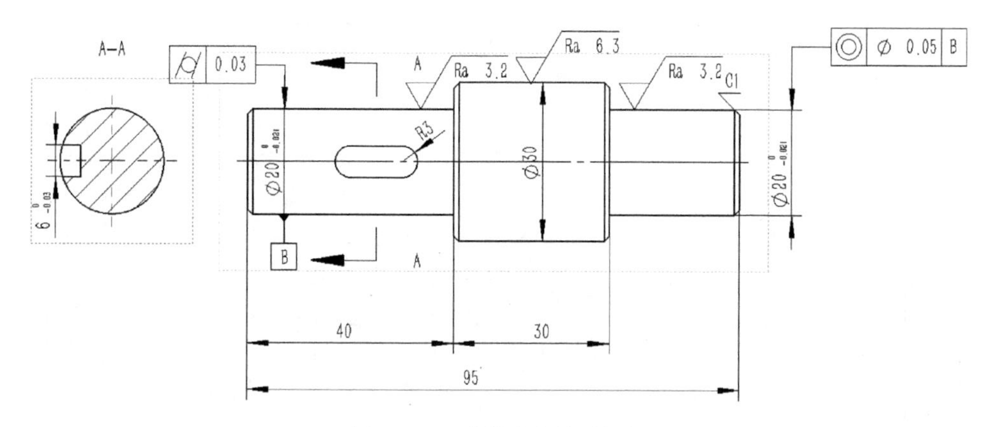

图 10-25　形位公差符号添加

7. 添加文字注释

1）单击【注解】工具栏中的【注释】按钮 **A**，或者选择菜单栏命令【插入】→【注解】→【注释】，系统弹出【注释】属性管理器。

2）在图纸区域中拖动鼠标指针定义文本框，在文本框中输入相应的技术要求文字，在【格式化】工具栏中设置文字字体、字号等，如图 10-26 所示。

图 10-26　【格式化】工具栏

3）添加的文字注释如图 10-27 所示。

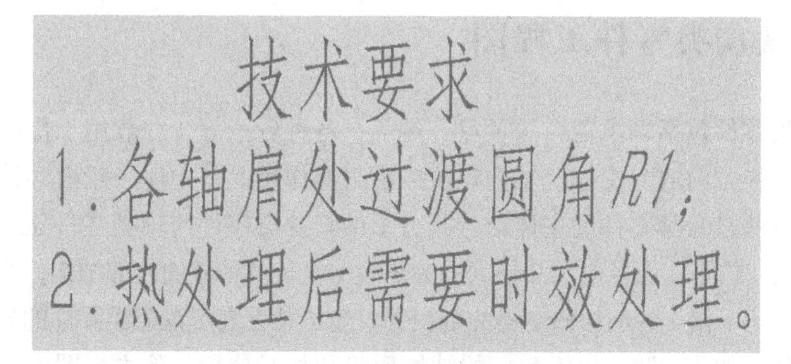

图 10-27　在零件图中添加技术要求

8. 保存工程视图

1）最后的工程视图如图 10-28 所示。

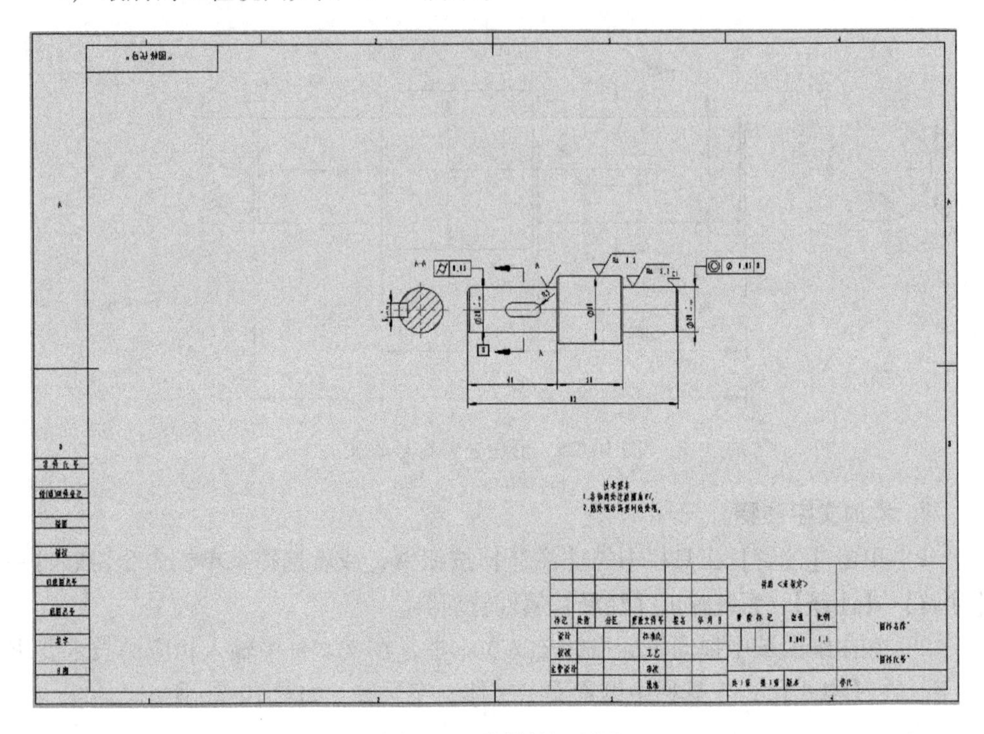

图 10-28　阶梯轴工程图

2）选择工具栏命令【文件】→【另存为】，弹出【另存为】对话框，在弹出的【另存为】对话框中的【文件名】中输入“阶梯轴工程图”，单击【保存】按钮，完成工程图的保存。

10.2　盘盖类零件工程图

盘盖类零件包括轴承盖、法兰盘、端盖、各种轮子等，一般用于传递动力、改变速度、转换方向或起支撑、轴向定位或密封等作用，其主体一般由共轴的回转体构成，也有些盘盖类零件的主体形状是方形的。这类零件与轴类零件正好相反，一般是轴向尺寸较小，而径向尺寸较大。为了表示盘盖类零件的内部结构，主视图常采用全剖视、几个相交的剖切面剖得的剖视等。为了补充表示盘盖类零件的外形轮廓和各组成部分（如孔、肋、轮辐等）的结构形状和相对位置，除主视图外，常选用一个左视图或右视图，对其他未表达清楚的部分可采用局部剖视或断面图表示。现以图 10-29 所示法兰盘模型，介绍盘盖类零件工程图的生成，具体步骤如下：

1. 生成工程视图

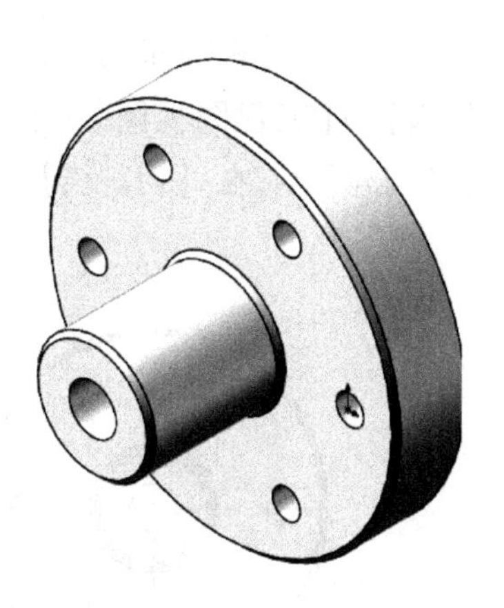

图 10-29　法兰盘模型

1）启动 SolidWorks，单击工具栏中的【新建】按钮，系统弹出【新建 SolidWorks 文件】对话框，选中工程图 gb_a3 如图 10-30 所示，然后单击【确定】按钮。

2）选择菜单栏命令【插入】→【图纸】，系统弹出【图纸格式/大小】对话框，在【标准图纸大小】中选择“A3（GB）”（也可在【自定义图纸大小】中输入需要的图纸“宽度”和“高度”值），如图 10-31 所示，单击【确定】按钮即可。

3）单击【视图布局】工具栏上的【模型视图】按钮，系统弹出【模型视图】属性管理器，如图 10-32 所示，单击对话框中的【要插入的零件/装配体】→【浏览】按钮，在【打开】对话框中选择需要打开的零件，如图 10-33 所示，选择“图 10-29”，单击【打开】按钮。将模型视图插入到工程图中，如图 10-34 所示。

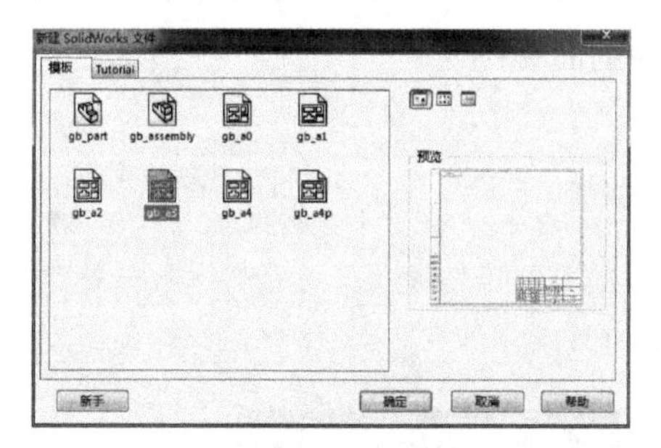

图 10-30　【新建 SolidWorks 文件】对话框

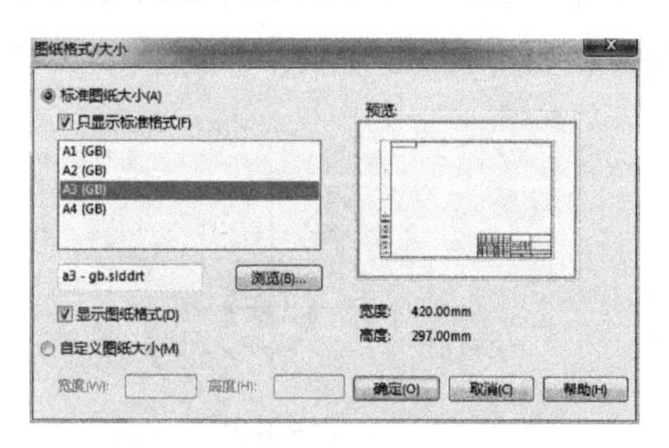

图 10-31　【图纸格式/大小】对话框

图10-32　【模型视图】属性管理器

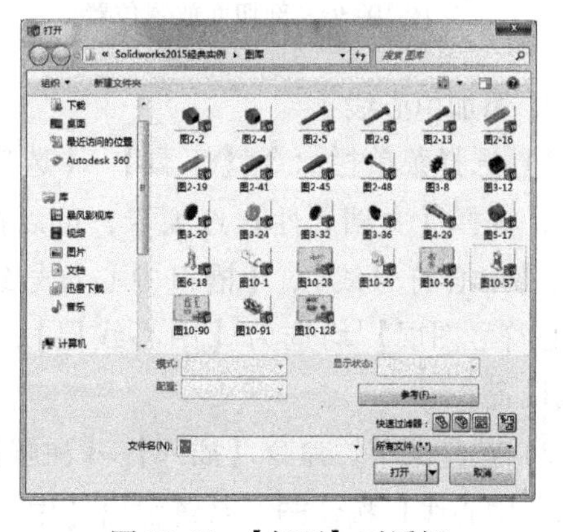

图 10-33　【打开】对话框

4）单击【视图布局】工具栏中的【剖面视图】按钮或选择菜单栏命令【插入】→【工程图视图】→【剖面视图】，弹出【剖面视图辅助】属性管理器如图 10-35所示。在【切割线】类型中选择【水平】剖切。

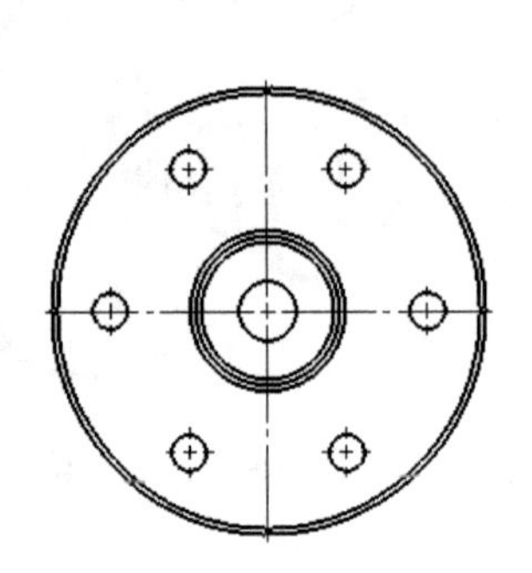

图 10-34　插入到工程图中的模型视图

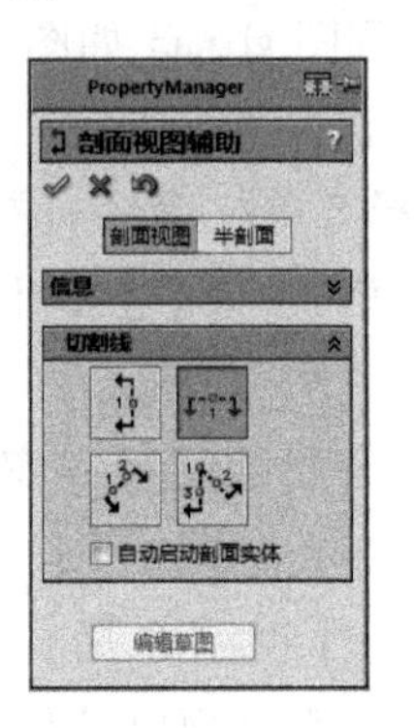

图 10-35　【剖面视图辅助】属性管理器

5）在图 10-36 所示位置放置剖切平面，出现剖切面线工具栏如图 10-37 所示，单击【确定】按钮，在弹出的【剖面视图 A-A】属性管理器中选择【确定】按钮，如图 10-38 所示，生成图 10-39 所示的剖面视图。

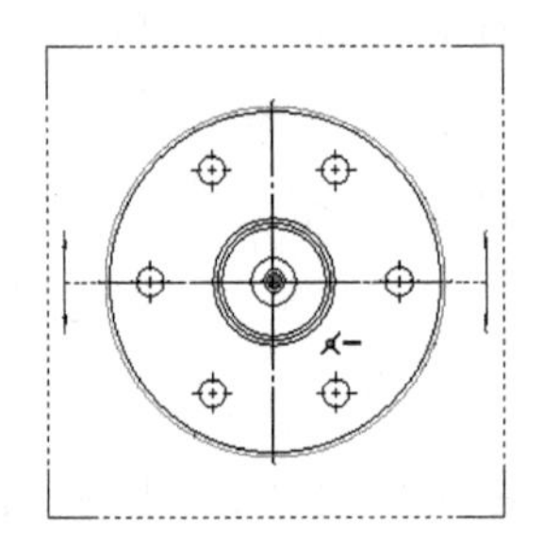

图 10-36　剖切面放置位置

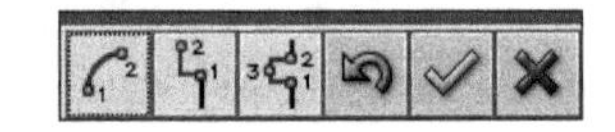

图 10-37　剖切面线编辑工具栏

2. 添加中心线

1）选择菜单栏命令【工具】→【选项】，在弹出的【系统选项-普通】对话框中，选择【文档属性】选项卡，可以在【绘图标准】→【尺寸】中设置【中心线】、【中心符号线】、【槽口中心符号线】等相关参数，将【中心线图层】和【中心符号图层】均选为【中心线层】，如图 10-40 所示。单击【确定】按钮，完成设置。

2）选择菜单栏命令【插入】→【注解】→【中心线】，或者单击【注解】工具栏中的【中心线】按钮，系统弹出【中心线】属性管理器（用于将中心线添加到视图或所选实体中），如图 10-41 所示。

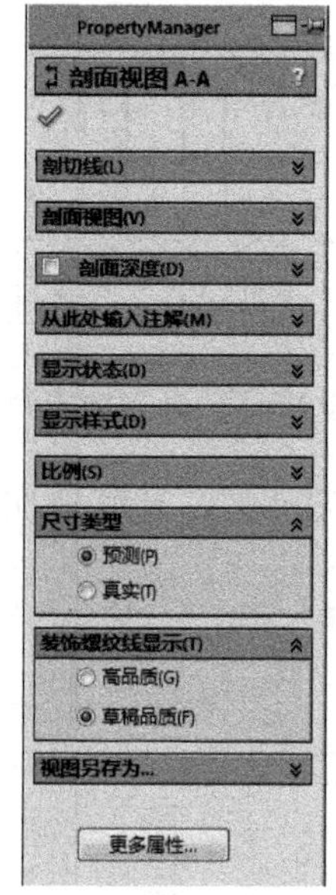

图 10-38　【剖面视图 A-A】属性管理器

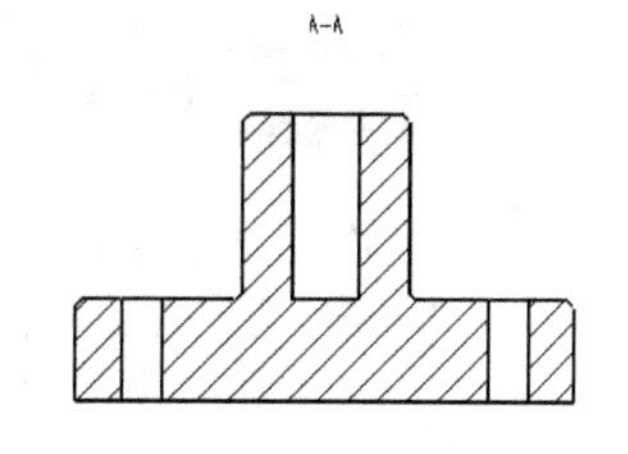

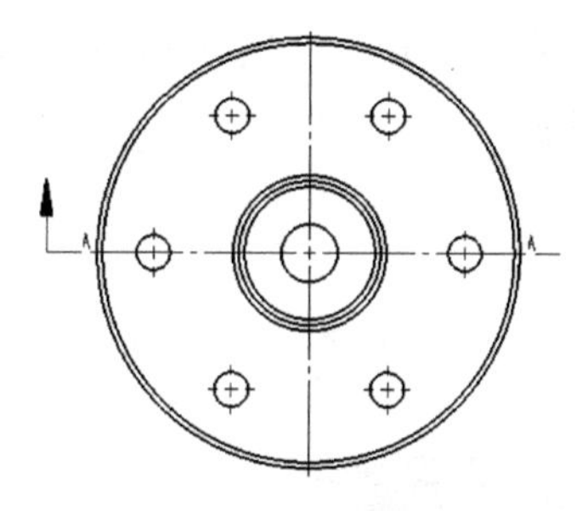

图 10-39　生成剖面视图

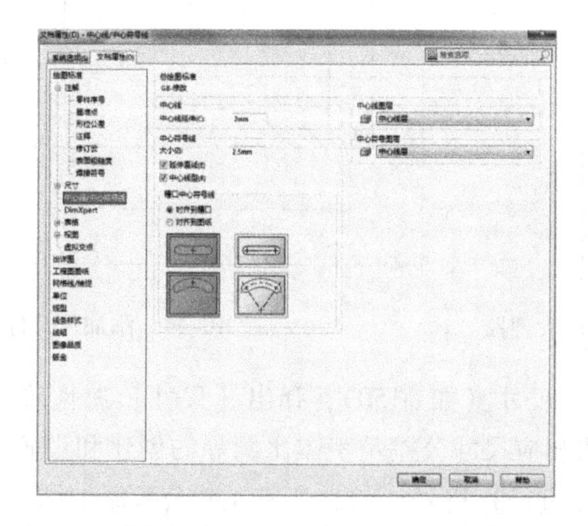

图10-40　【文档属性-中心线/中心符号线】对话框

3）在主视图上，单击需要添加中心线位置两侧的轮廓线，Solidworks2015 将自动为所选回转体特征添加中心线。最后，单击【确定】按钮✔即可生成图 10-42 所示的中心线。

3. 添加尺寸标注

1）单击【注解】工具栏中的【智能尺寸】按钮，或者选择菜单工具栏中的【工具】→【标注尺寸】→【智能尺寸】，系统弹出【尺寸】属性管理器，如图 10-43 所示。

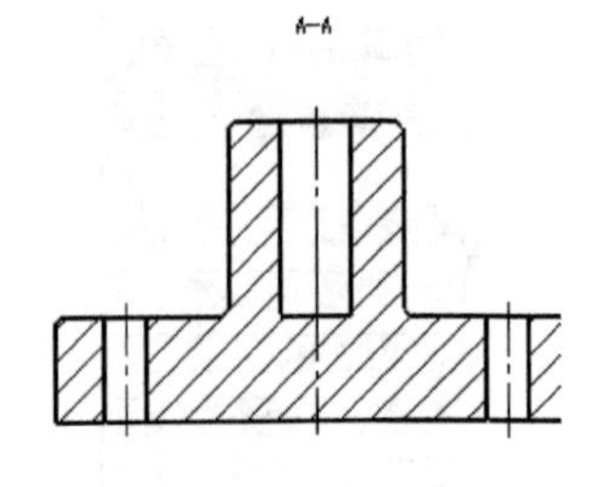

图 10-41 【中心线】属性管理器　　图 10-42 生成的中心线

2）对工程图进行尺寸标注，单击【确定】按钮✔，完成添加尺寸标注，如图 10-44所示。

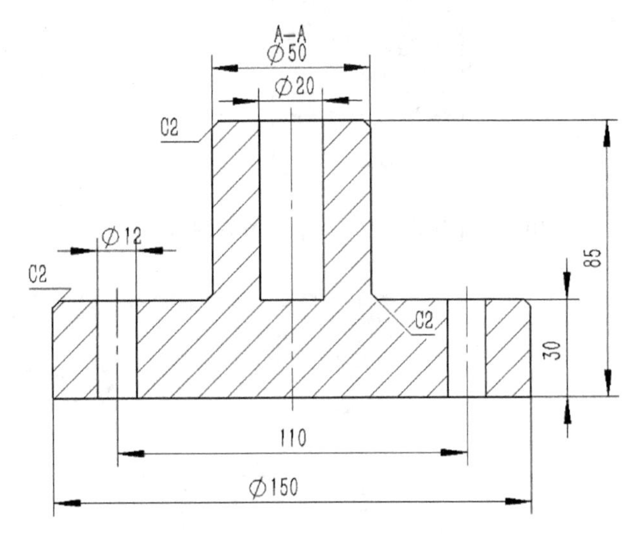

图 10-43 【尺寸】属性管理器　　图 10-44 添加尺寸标注

3）单击图中任一尺寸（如 ϕ150），弹出【尺寸】属性管理器，按照图 10-45 所示进行操作，完成相应尺寸公差及字体比例等的创建和设置（ϕ110 是在【标注尺寸文字】里单击【直径】符号∅,），所有尺寸公差添加结果如图 10-46 所示。

4. 添加表面粗糙度符号

1）单击【注解】工具栏中的【表面粗糙度符号】按钮√，或者选择菜单栏命令【插入】→【注解】→【表面粗糙度符号】，系统弹出【表面粗糙度】属性管理器，如图 10-47 所示。

2）在属性管理器中选择需要的符号并输入需要的表面粗糙度参数，在图纸区域单击鼠标左键，将表面粗糙度符号放置于指定的位置，根据需要可以多次改变符号的格式和参数，按照顺序多次单击鼠标左键，将表面粗糙度符号放于指定位置，单击【确定】按钮✔，生成图 10-48 所示的表面粗糙度符号。

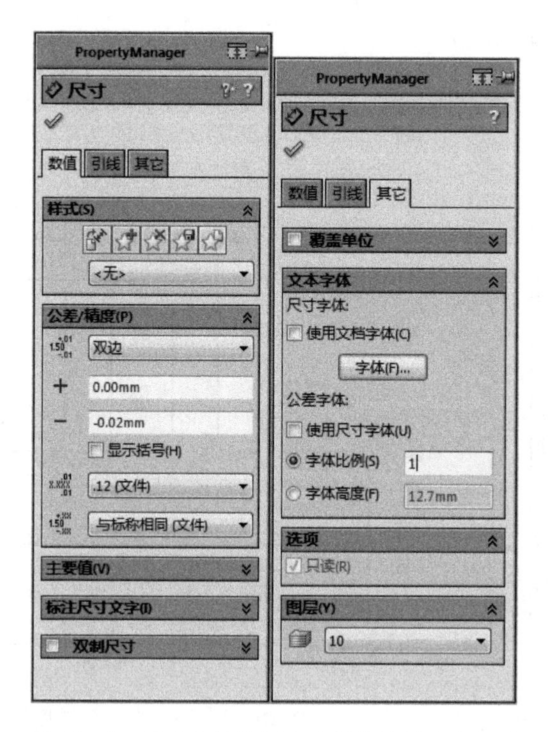

图 10-45　尺寸公差及字体比例等的创建和设置

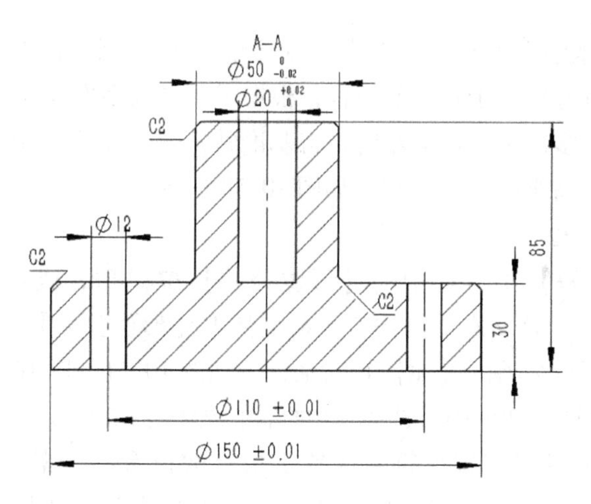

图 10-46　所有尺寸公差添加结果

5. 添加基准特征符号

1）单击【注解】工具栏中的【基准特征】按钮，或者选择菜单栏命令【插入】→【注解】→【基准特征符号】选项，系统弹出【基准特征】属性管理器，如图 10-49 所示。

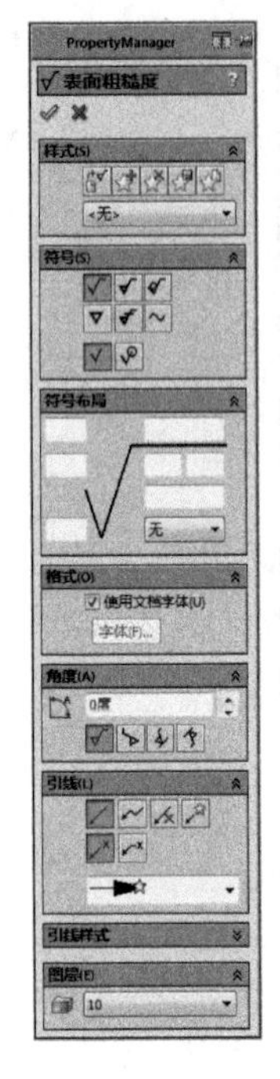

图 10-47　【表面粗糙度】属性管理器

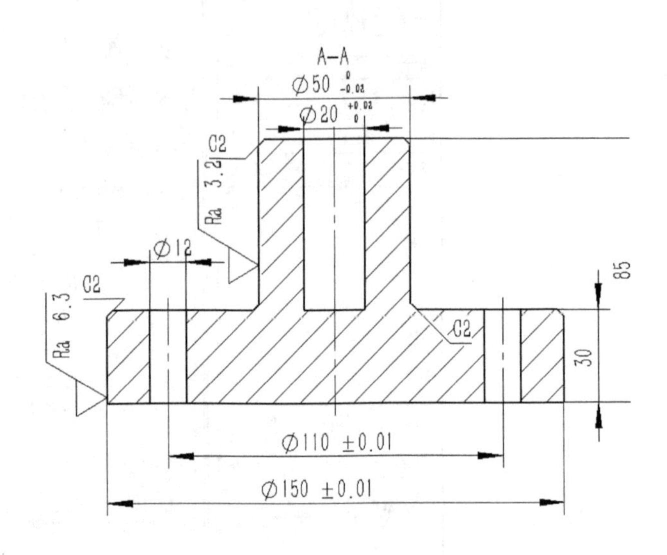

图 10-48　添加表面粗糙度符号

2）根据基准特征符号的标注要求设置参数，选择引线样式，在绘图区用鼠标左键将基准特征符号放置于指定的位置，根据需要可以多次改变引线的样式和标号设定等，按照顺序多次单击鼠标左键，将基准特征放置于指定位置，单击【确定】按钮✓，完成基准特征符号的添加，如图 10-50 所示。

6. 添加形位公差

1）单击【注解】工具栏中的【形位公差】按钮，或者选择菜单栏命令【插入】→【注解】→【形位公差】选项，系统弹出【形位公差】属性管理器，同时在图纸区域弹出形位公差的【属性】对话框，如图 10-51、图 10-52 所示。

2）在【属性】对话框中，选择需要标注的形位公差符号，输入公差数值，在绘图区用鼠标左键将基准特征符号放置于指定的位置，根据需要可以多次改变【形位公差】和【属性】里的参数及符号等，按照顺序多次单击鼠标左键，将形位公差符号放置于指定位置，单击【确定】按钮✓，完成形位公差符号的添加，如图 10-53所示。

7. 添加文字注释

1）单击【注解】工具栏中的【注释】按钮**A**，或者选择菜单栏命令【插入】→【注解】→【注释】，系统弹出【注释】属性管理器。

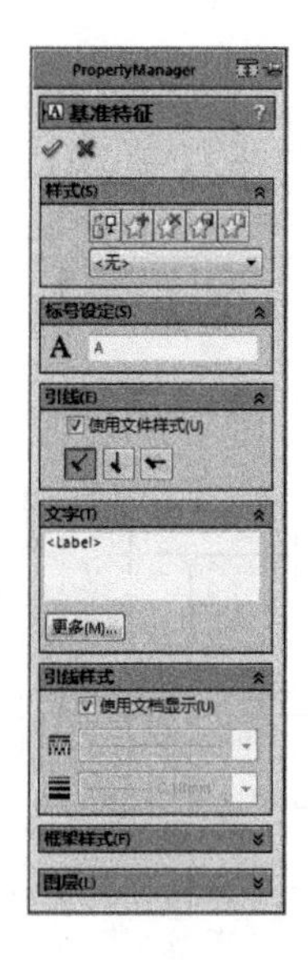

图 10-49 【基准特征】属性管理器

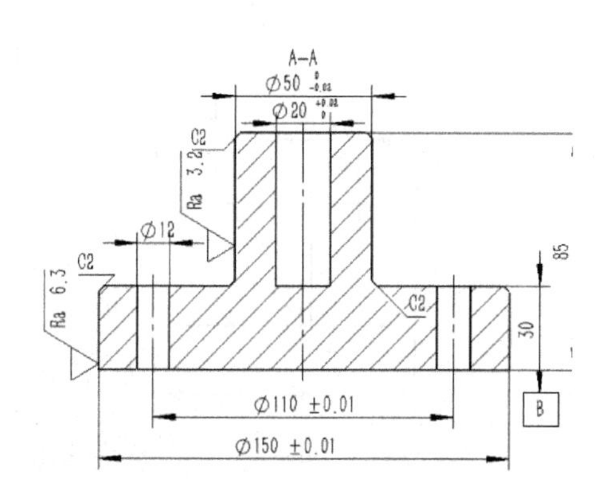

图 10-50　添加基准特征符号

图 10-51 【形位公差】属性管理器

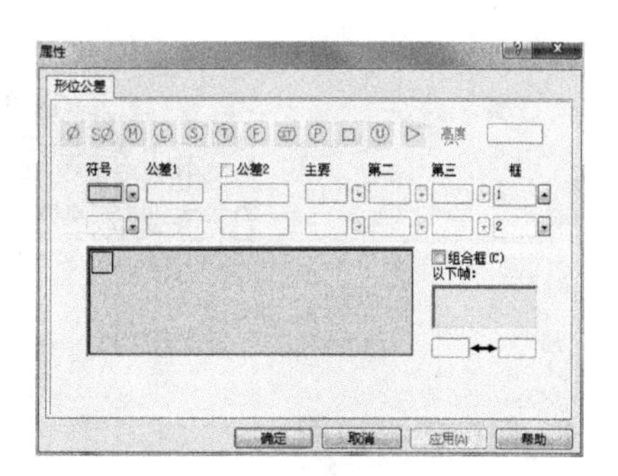

图 10-52 【属性】对话框

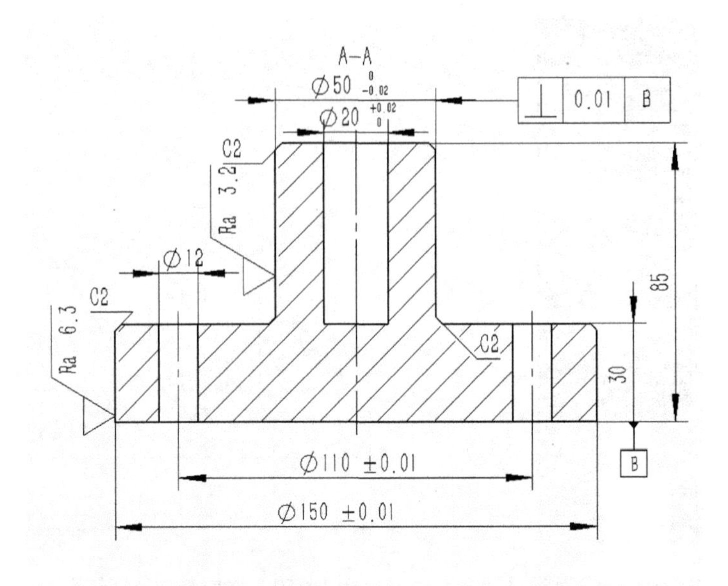

图 10-53　形位公差符号添加

2）在图纸区域中拖动鼠标指针定义文本框，在文本框中输入相应的技术要求文字，在【格式化】工具栏中设置文字字体、字号等，如图 10-54 所示。

图 10-54　【格式化】工具栏

3）添加的文字注释如图 10-55 所示。

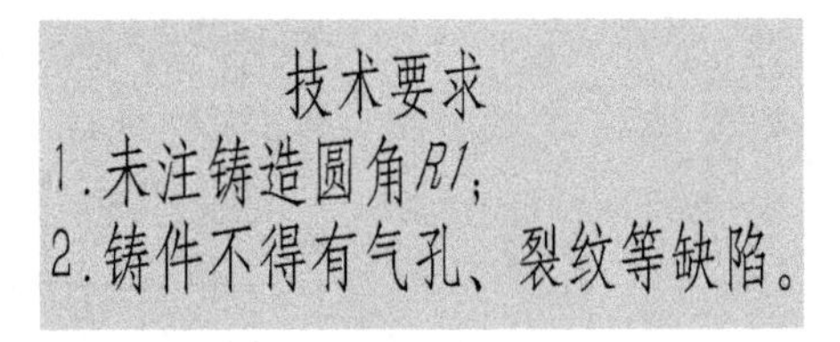

图 10-55　在零件图中添加技术要求

8. 保存工程视图

1）最后的工程视图如图 10-56 所示。

2）选择工具栏命令【文件】→【另存为】，弹出【另存为】对话框，在弹出的【另存为】对话框中的【文件名】中输入“法兰盘工程图”，单击【保存】按钮，完成工程图的保存。

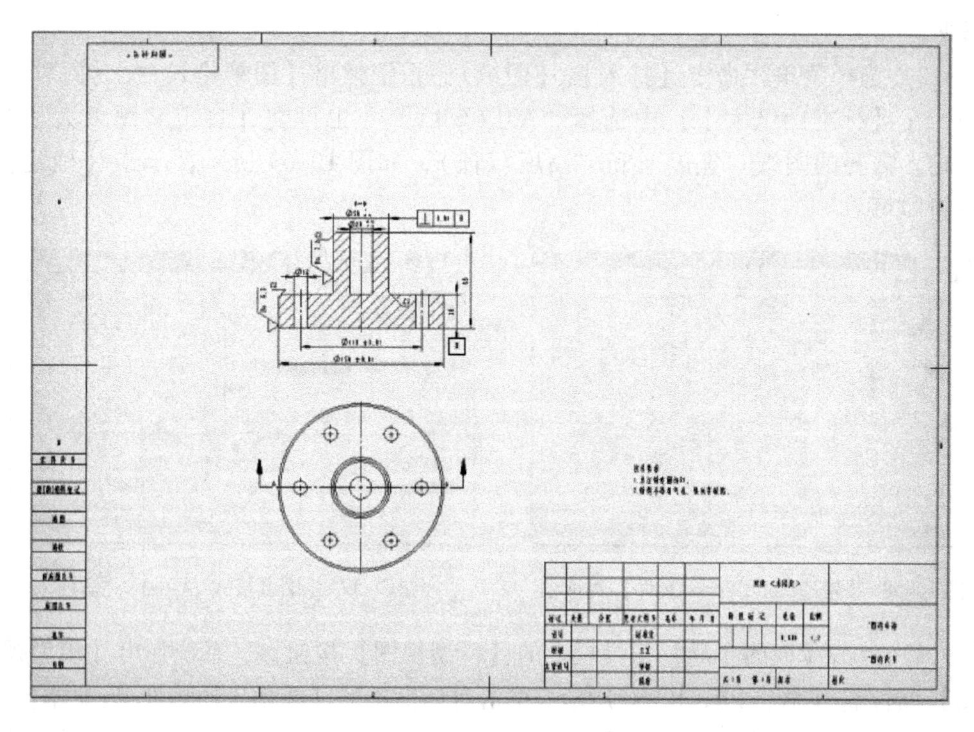

图 10-56　法兰盘工程图

10.3　叉架类零件工程图

叉架类零件包括拨叉、连杆、杠杆、拉杆、摇臂、支架等。主要使用在变速机构、操纵机构和支撑机构，用于拨动、连接和支撑传动零件。该类零件形体较为复杂，根据零件的作用及安装到机器上位置的不同而具有各种结构，有时倾斜，有时弯曲，一般具有肋、板、杆、筒、座、凸台、凹坑等结构。除基本视图外，常采用斜视图、斜剖视图、局部视图和断面图等来表达。现以图 10-57 所示支架模型，介绍叉架零件工程图的生成，具体步骤如下：

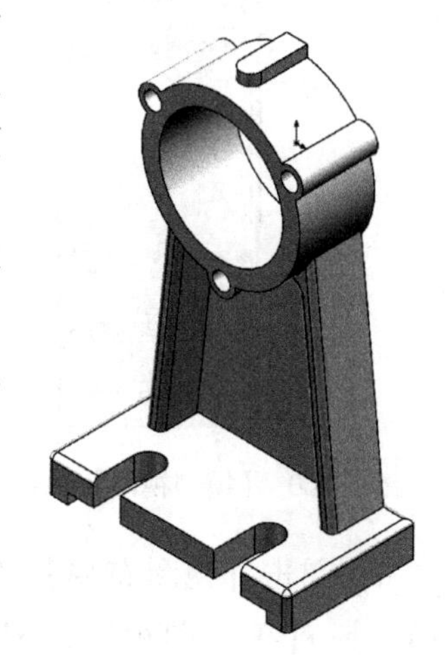

图 10-57　支架模型

1. 生成工程视图

1）启动 SolidWorks，单击工具栏中的【新建】按钮，系统弹出【新建 SolidWorks 文件】对话框，选中工程图 gb_a3 如图 10-58 所示，然后单击【确定】

按钮。

2）选择菜单栏命令【插入】→【图纸】，系统弹出【图纸格式/大小】对话框，在【标准图纸大小】中选择“A3（GB）”（也可在【自定义图纸大小】中输入需要的图纸“宽度”和“高度”值），如图 10-59 所示，单击【确定】按钮即可。

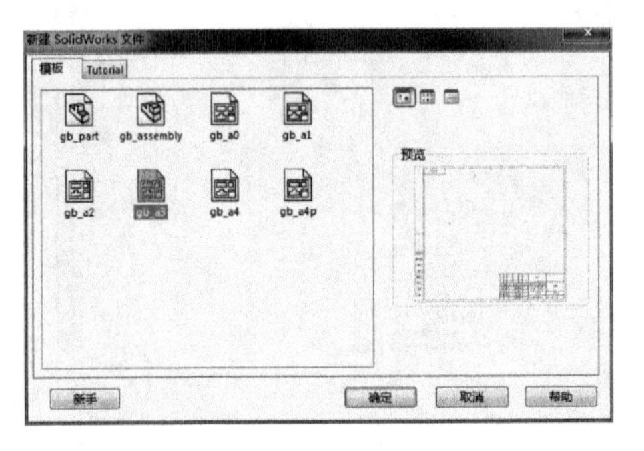

图 10-58　【新建 SolidWorks 文件】对话框

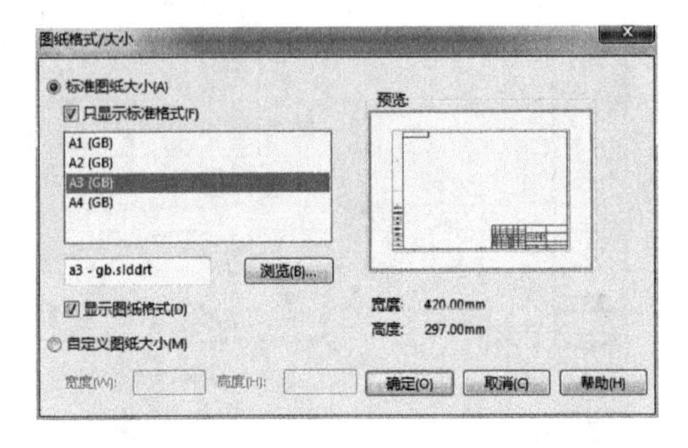

图 10-59　【图纸格式/大小】对话框

3）单击【视图布局】工具栏上的【模型视图】按钮，系统弹出【模型视图】属性管理器，如图 10-60 所示，单击对话框中的【要插入的零件/装配体】→【浏览】按钮，在【打开】对话框中选择需要打开的零件，如图 10-61 所示，选择“图 10-57”，单击【打开】按钮。将模型视图插入到工程图中，如图 10-62 所示。

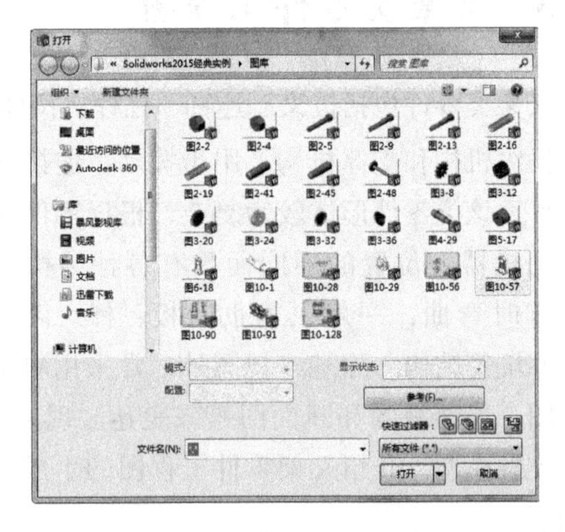

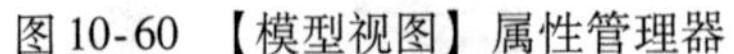

图 10-60　【模型视图】属性管理器　　　　图 10-61　【打开】对话框

4）单击【视图布局】工具栏中的【剖面视图】按钮或选择菜单栏命令【插入】→【工程图视图】→【剖面视图】，弹出【剖面视图辅助】属性管理器如图 10-63所示。在【切割线】类型中选择【竖直】剖切。

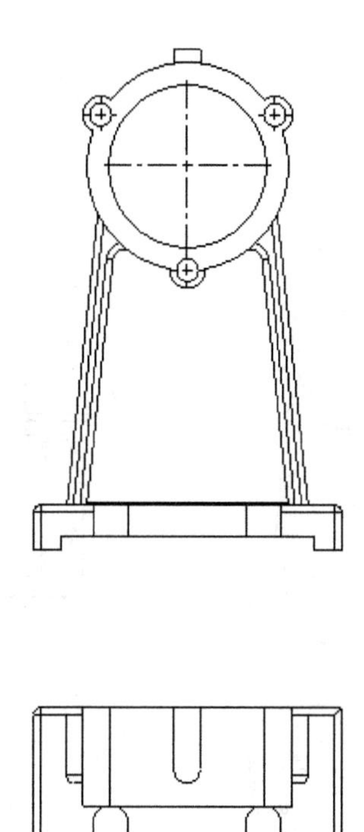

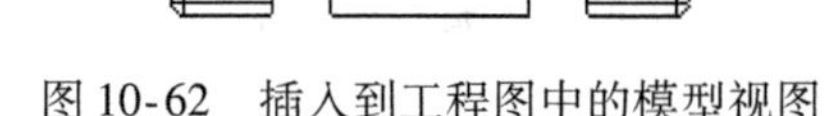

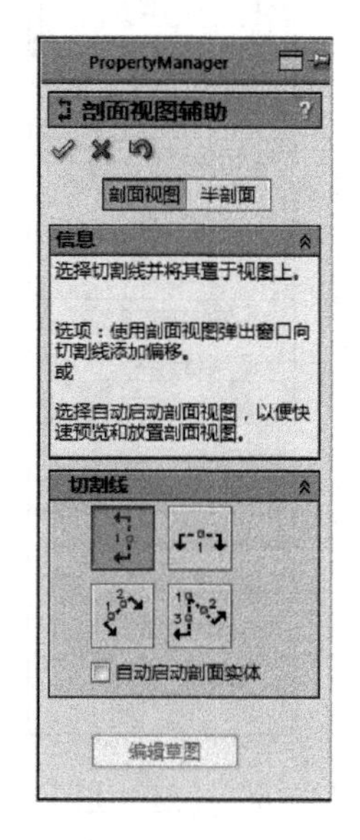

图 10-62　插入到工程图中的模型视图　　图 10-63　【剖面视图辅助】属性管理器

5）在图 10-64 所示位置放置剖切平面，出现剖切面线工具栏如图 10-65 所示，单击【确定】按钮✓，在弹出的【剖面视图 A-A】属性管理器中选择【剖切线】下方的【反转方向】复选框，改变剖切方向，最后选择【确定】按钮✓，如图 10-66所示，生成图 10-67 所示的剖面视图。

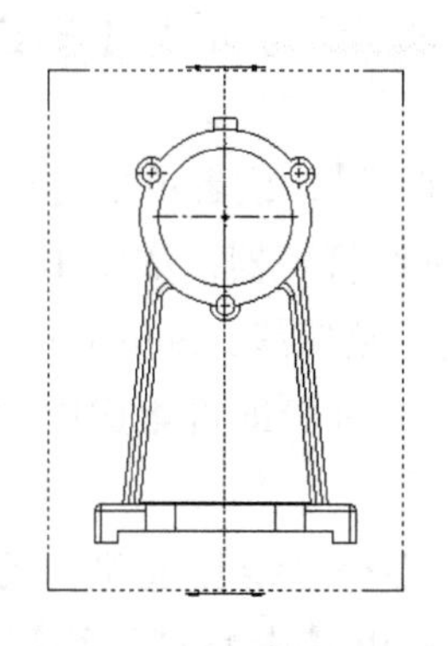

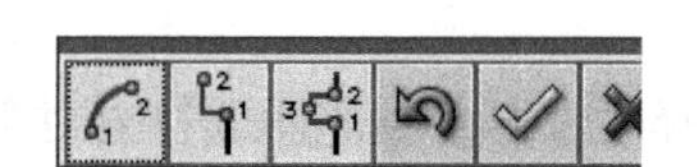

图 10-64　剖切面放置位置　　图 10-65　剖切面线编辑工具栏

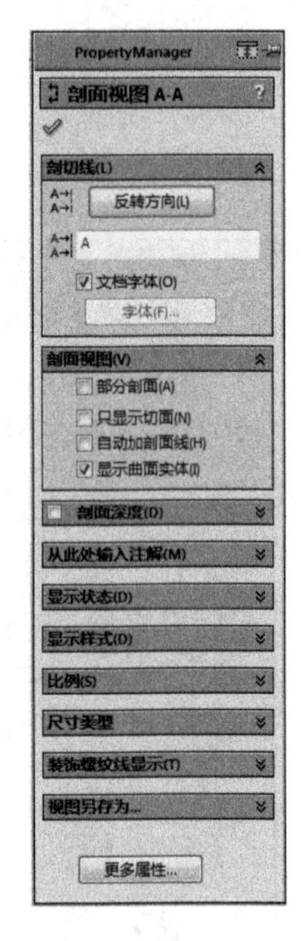

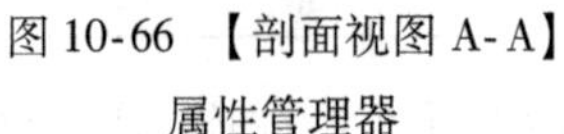
图 10-66 【剖面视图 A-A】属性管理器

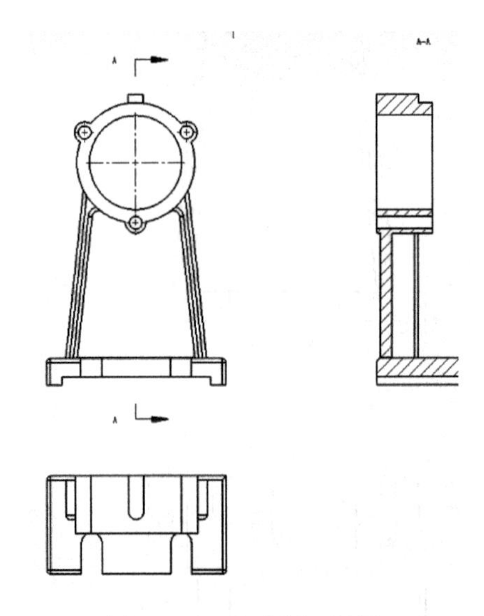
图 10-67　生成剖面视图

2. 添加中心符号线和中心线

1）选择菜单栏命令【工具】→【选项】命令，在弹出的【系统选项-普通】对话框中，选择【文档属性】选项卡，可以在【绘图标准】/【尺寸】中设置【中心线】、【中心符号线】及【槽口中心符号线】等相关参数，将【中心线图层】和【中心符号图层】均选为【中心线层】，如图 10-68 所示。单击【确定】按钮，完成设置。

2）选择菜单栏命令【插入】→【注解】→【中心线】，或者单击【注解】工具栏中的【中心线】按钮，系统弹出【中心线】属性管理器，如图 10-69 所示，在三个基本视图上，单击需要添加中心线位置两侧的轮廓线，Solidworks 将自动为所选回转体特征添加中心线。最后，单击【确定】按钮即可生成图 10-70 所示的中心线。

3）选择菜单栏命令【插入】→【注解】→【中心符号线】选项，或者单击【注解】工具栏中的【中心符号线】按钮，系统弹出【中心符号线】属性管理器（用于为圆形边线、草图实体添加中心符号线），如图 10-71 所示。

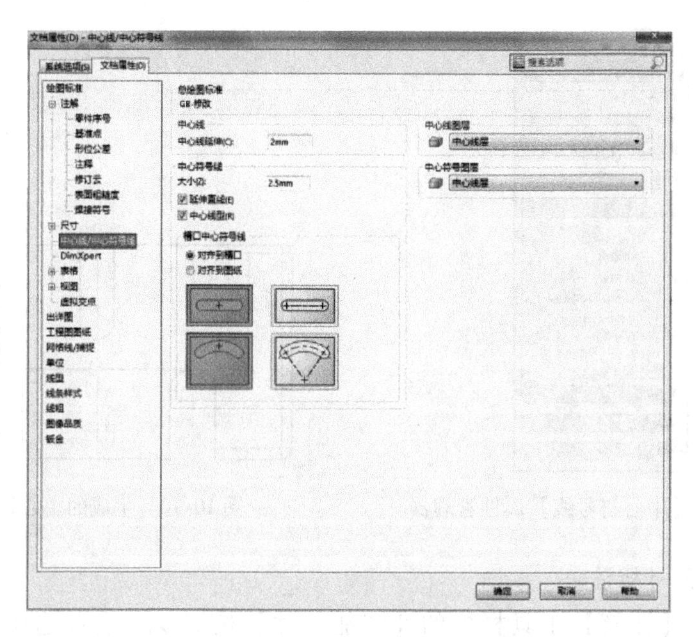

图 10-68　【文档属性- 中心线/中心符号线】对话框

图 10-69　【中心线】属性管理器

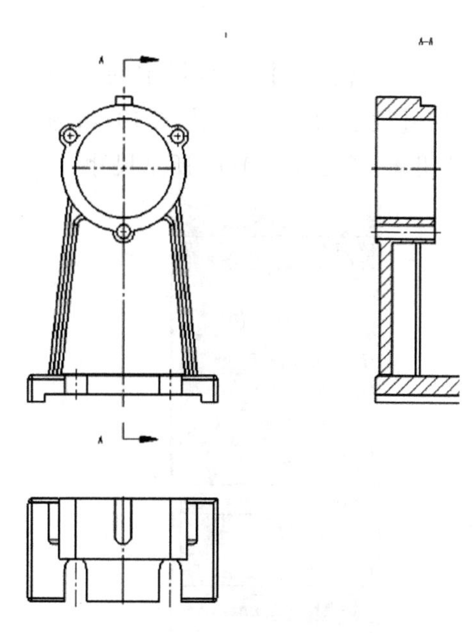

图 10-70　生成的中心线

4）在【手工插入选项】中单击【圆形中心符号线】按钮，在俯视图中选中圆的外形边界线，单击【确定】按钮即可生成图 10-72 所示的中心符号线。

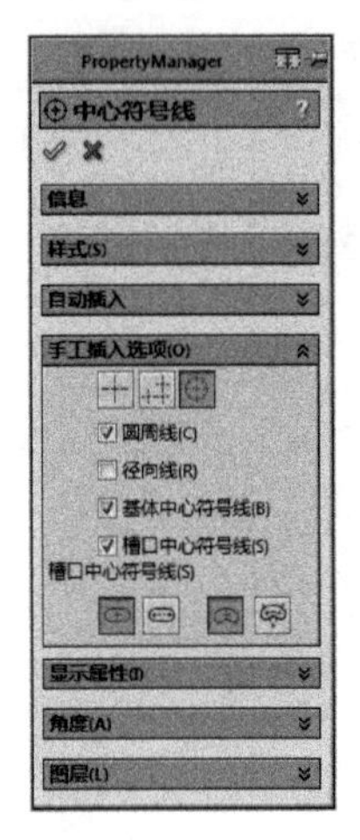

图 10-71　【中心符号线】属性管理器

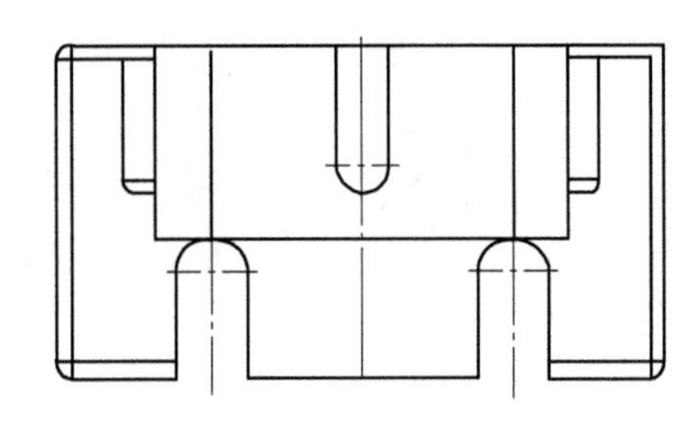

图 10-72　生成的中心符号线

3. 添加尺寸标注

1）单击【注解】工具栏中的【智能尺寸】按钮，或者选择菜单栏命令【工具】→【标注尺寸】→【智能尺寸】，系统弹出【尺寸】属性管理器，如图 10-73 所示。

2）单击【注解】工具栏中的【模型项目】按钮，或者选择菜单栏命令【插入】→【模型项目】，弹出图 10-74 所示【模型项目】属性管理器，单击【确定】按钮，得到图 10-75 所示尺寸。

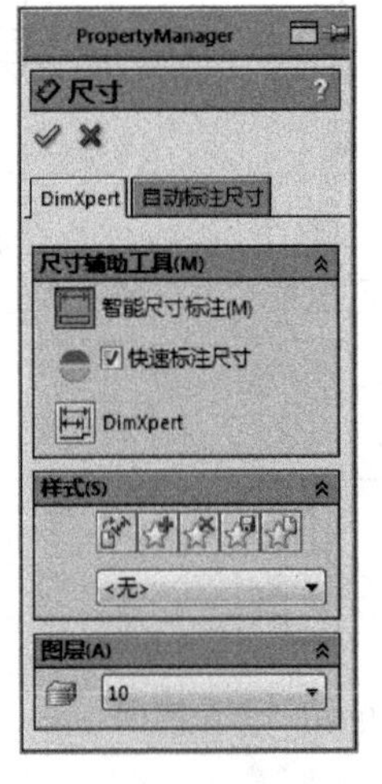

图 10-73　【尺寸】属性管理器

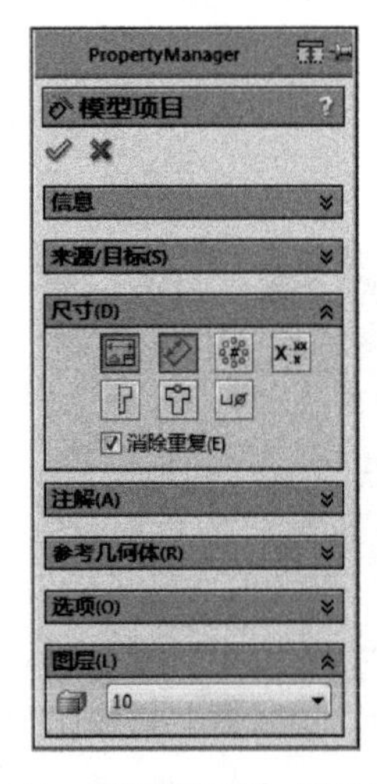

图 10-74　【模型项目】属性管理器

3）修改图 10-75 所示尺寸，得到图 10-76 所示尺寸。

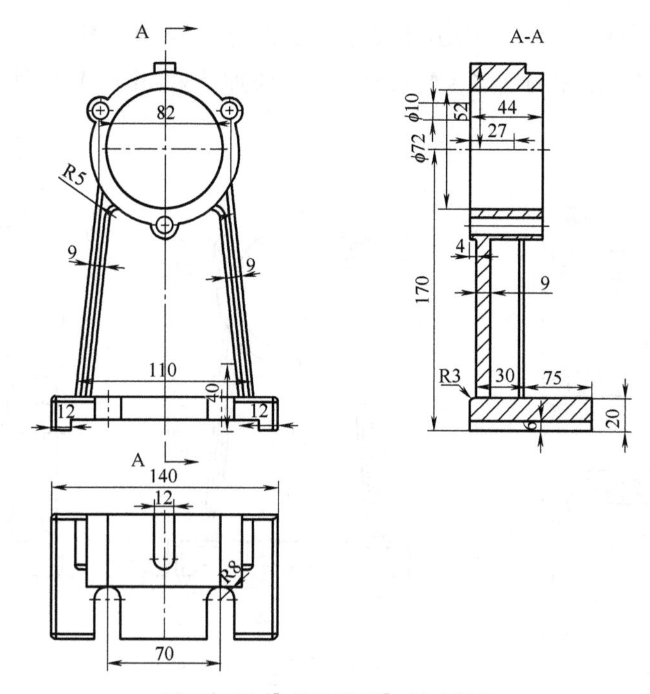

图 10-75 【项目模型】尺寸标注

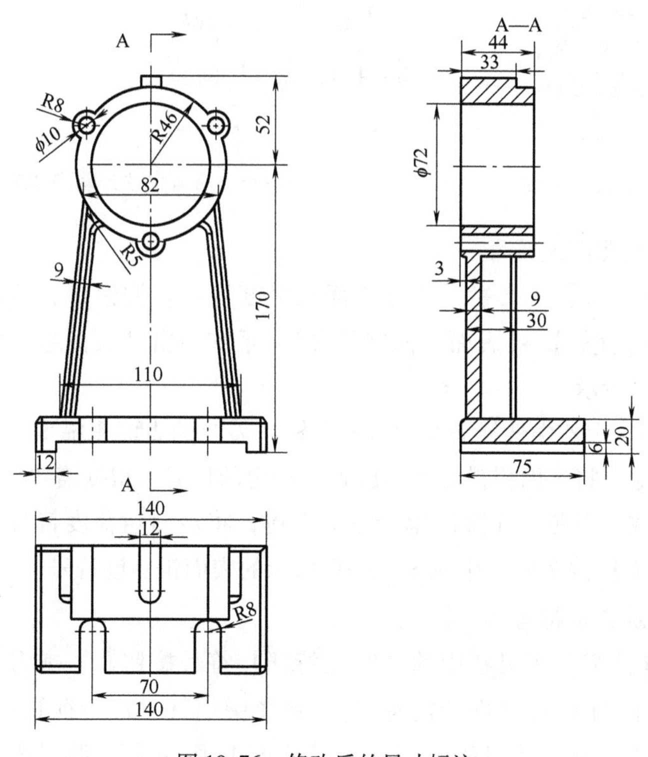

图 10-76 修改后的尺寸标注

4）单击图中任一尺寸，弹出【尺寸】属性管理器，按照图 10-77 所示进行操作，完成相应尺寸公差的创建，所有尺寸公差添加结果如图 10-78 所示。

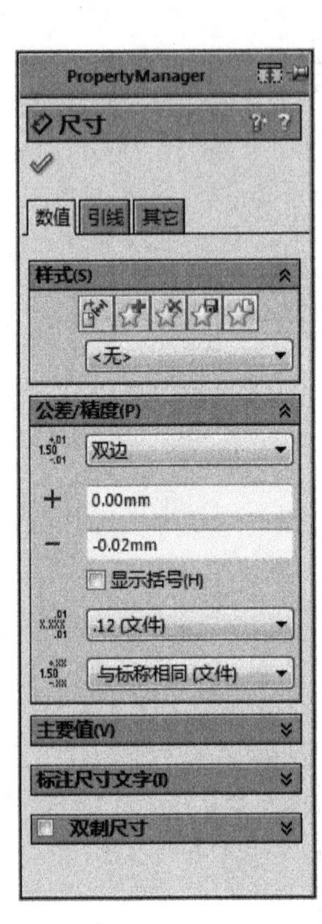

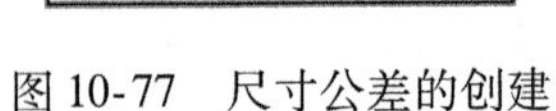
图 10-77　尺寸公差的创建

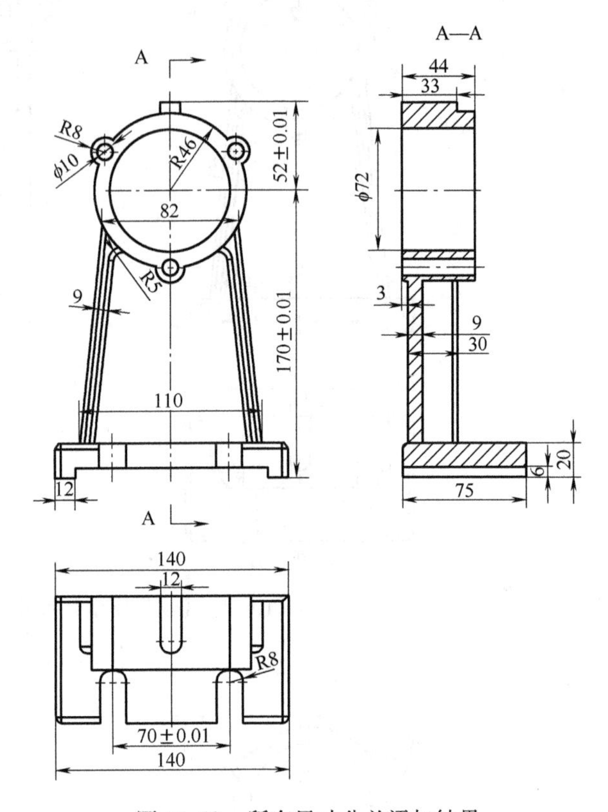

图 10-78　所有尺寸公差添加结果

4. 添加表面粗糙度符号

1）单击【注解】工具栏中的【表面粗糙度符号】按钮，或者选择菜单栏命令【插入】→【注解】→【表面粗糙度符号】，系统弹出【表面粗糙度】属性管理器，如图 10-79 所示。

2）在属性管理器中选择需要的符号并输入需要的表面粗糙度参数，在图纸区域单击鼠标左键，将表面粗糙度符号放置于指定的位置，根据需要可以多次改变符号的格式和参数，按照顺序多次单击鼠标左键，将表面粗糙度符号放置于指定位置，单击【确定】按钮，生成图 10-80 所示的表面粗糙度符号。

5. 添加基准特征符号

1）单击【注解】工具栏中的【基准特征】符号按钮，或者选择菜单栏命令【插入】→【注解】→【基准特征符号】，系统弹出【基准特征】属性管理器一，如图 10-81 所示，单击【引线】下面的【水平】按钮，得到图 10-82 所示的

【基准特征】属性管理器二，单击【引线】下面的【方形】按钮，得到图 10-83 所示的【基准特征】属性管理器三。

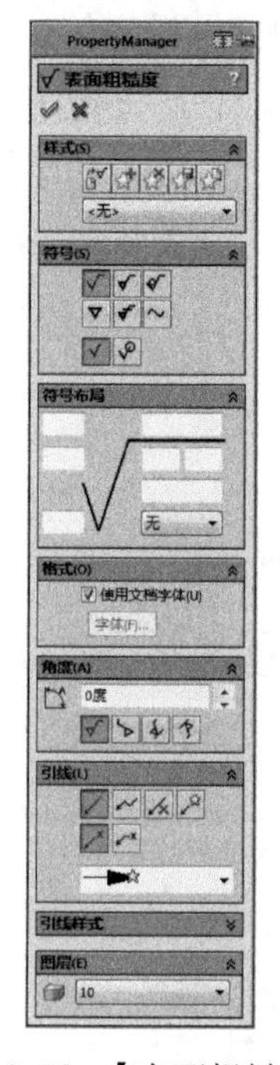

图 10-79　【表面粗糙度】属性管理器

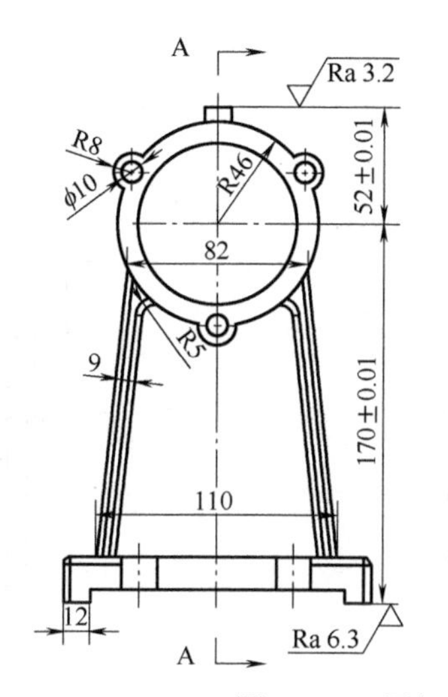

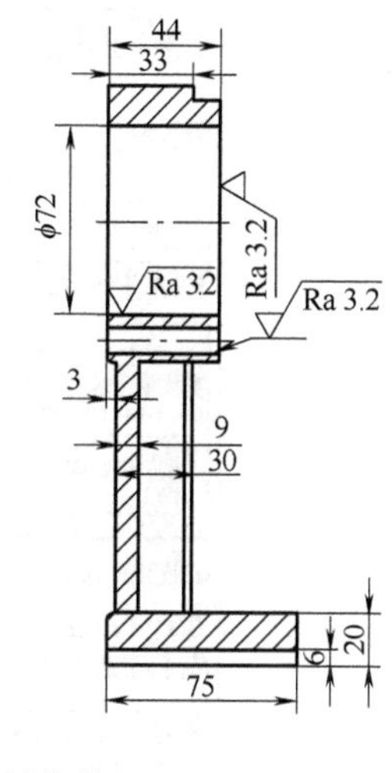

图 10-80　添加表面粗糙度符号

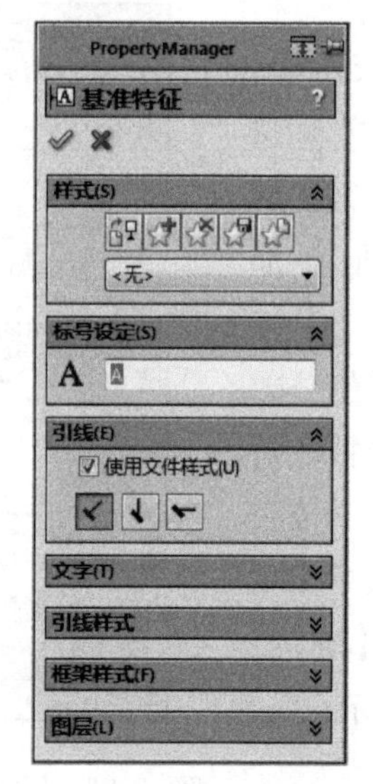

图 10-81　【基准特征】属性管理器一

图 10-82　【基准特征】属性管理器二

2）根据基准特征符号的标注要求设置参数，单击图 10-83 所示【基准特征】属性管理器三【引线】下面的【无引线】按钮，在绘图区用鼠标左键将基准特征符号放置于指定的位置，根据需要可以多次改变引线的样式和标号设定等，按照顺序多次单击鼠标左键，将基准特征放置于指定位置，单击【确定】按钮，完成基准特征符号的添加，如图 10-84 所示。

图 10-83 【基准特征】属性管理器三

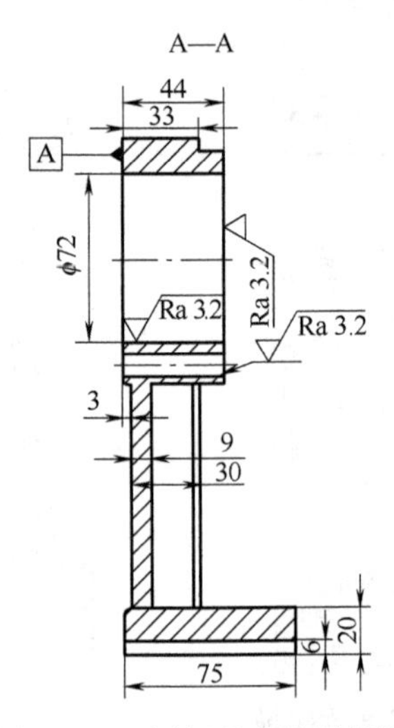

图 10-84 添加基准特征符号

6. 添加形位公差

1）单击【注解】工具栏中的【形位公差】按钮，或者选择菜单栏命令【插入】→【注解】→【形位公差】选项，系统弹出【形位公差】属性管理器，同时在图纸区域弹出形位公差的【属性】对话框，如图 10-85、图 10-86 所示。

2）在【属性】对话框中，选择需要标注的形位公差符号，输入公差数值，在绘图区用鼠标左键将基准特征符号放置于指定的位置，根据需要可以多次改变【形位公差】和【属性】里的参数及符号等，按照顺序多次单击鼠标左键，将形位公差符号放置于指定位置，单击【确定】按钮，完成形位公差符号的添加，如图 10-87 所示。

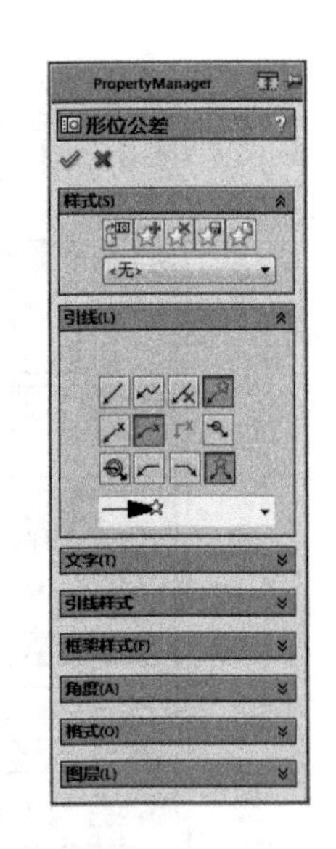

图 10-85 【形位公差】属性管理器

7. 添加文字注释

1）单击【注解】工具栏中的【注释】按钮 A，或者选择菜单栏命令【插入】→【注解】→【注释】，系统弹出【注释】属性管理器。

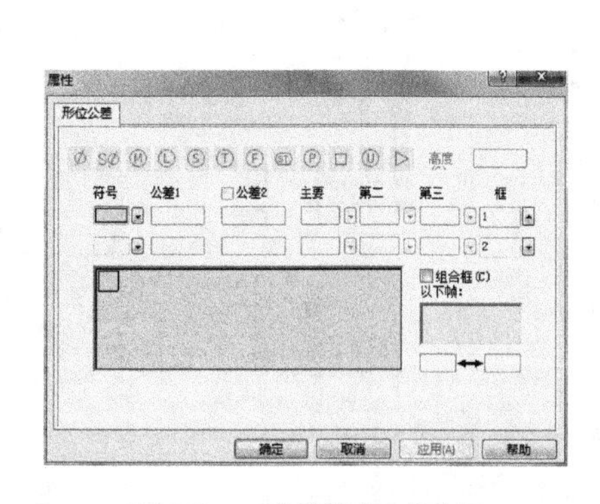

图10-86　【属性】对话框

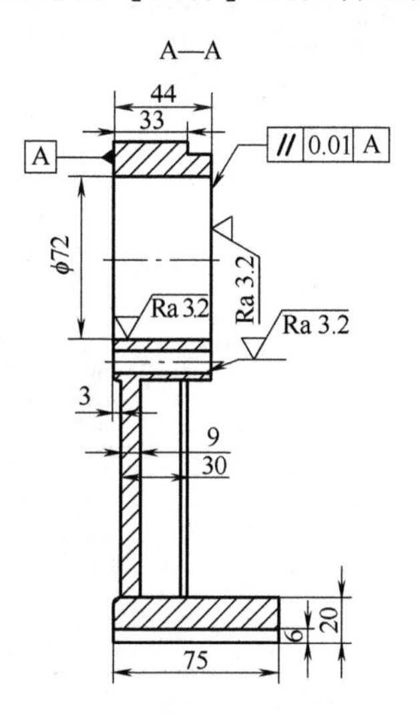

图10-87　形位公差符号添加

2）在图纸区域中拖动鼠标指针定义文本框，在文本框中输入相应的技术要求文字，在【格式化】工具栏中设置文字字体、字号等，如图10-88所示。

图10-88　【格式化】工具栏

3）添加的文字注释如图10-89所示。

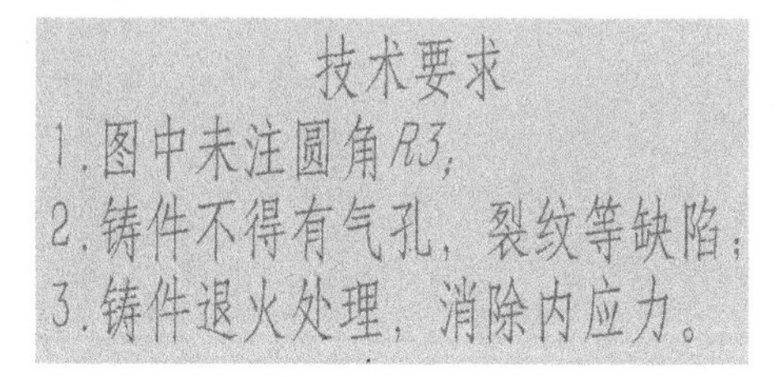

图10-89　在零件图中添加技术要求

8. 保存工程视图

1）最后的工程视图如图10-90所示。

2）选择工具栏命令【文件】→【另存为】，弹出【另存为】对话框，在弹出的【另存为】对话框中的【文件名】中输入“支架工程图”，单击【保存】按钮，完成工程图的保存。

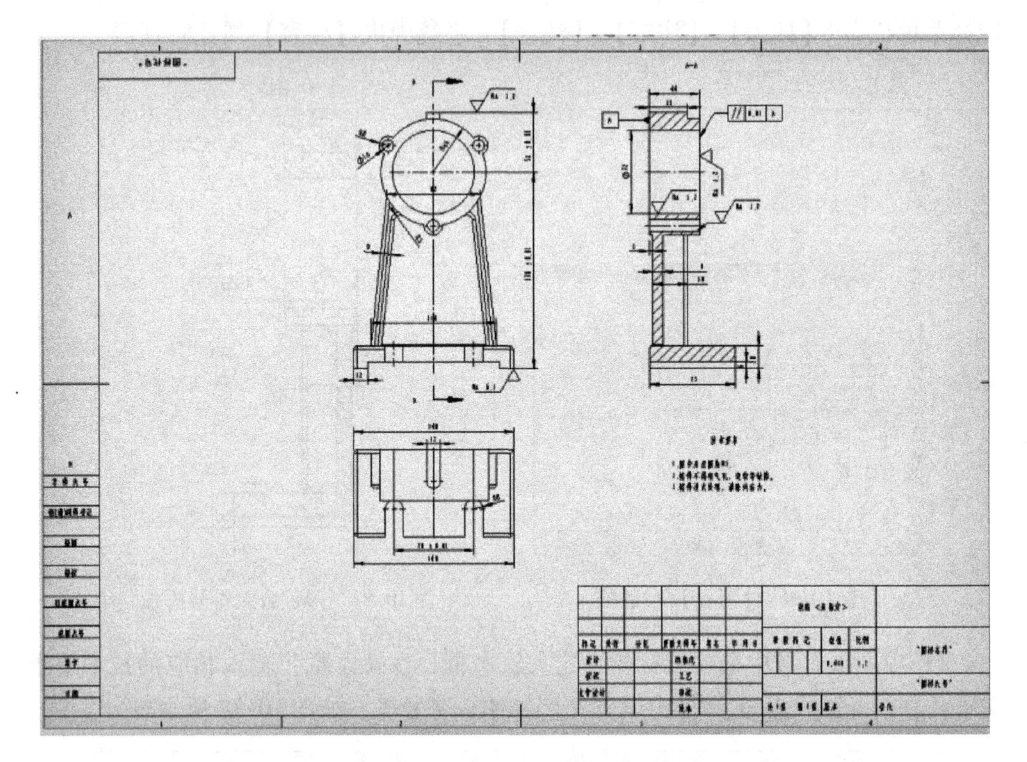

图 10-90　支架工程图

第 11 章　运动仿真及有限元分析

【内容提要】

机构是实现运动传递及实现力的转换的机械装置。使用软件对机构进行运动仿真和有限元分析，能够真实地模拟其工作状况，并得到对其改进和优化的建议，以达到减少设计时间和降低设计成本的目的。运动仿真可以利用计算机模拟机构的运动学和动力学状态，分析出如位置、速度、加速度、作用力等重要的决定机构性能的设计参数的物理数据；有限元分析可以通过设定研究对象的形状、材质、受力等信息，计算得到其应力、变形等物理参数，用以评估机构的使用安全性等性能。

【本章要点】

★ 机构装配配合
★ 爆炸动画
★ 运动仿真动画
★ 位移及速度等运动分析
★ 马达力矩和能源消耗分析
★ 有限元分析

11.1　凸轮机构运动仿真

11.1.1　凸轮机构

凸轮机构由凸轮、从动件和机架三个基本构件组成。凸轮是一个具有曲线轮廓或凹槽的构件，一般为主动件，做等速回转运动或往复直线运动；与凸轮轮廓接触，并传递动力和实现预定运动规律时，一般做往复直线运动或摆动，称为从动件。

凸轮机构在应用中的基本特点在于能使从动件获得较复杂的运动规律。因为从动件的运动规律取决于凸轮轮廓曲线，所以在应用时，只要根据从动件的运动规律来设计凸轮的轮廓曲线就可以了。

凸轮机构广泛应用于各种自动机械、仪器和操纵控制装置。凸轮机构之所以得到如此广泛的应用，主要是由于凸轮机构可以实现各种复杂的运动要求，而且结构简单、紧凑。简单的凸轮机构如图 11-1 所示，凸轮的旋转运动可以带动从动件做往返运动。

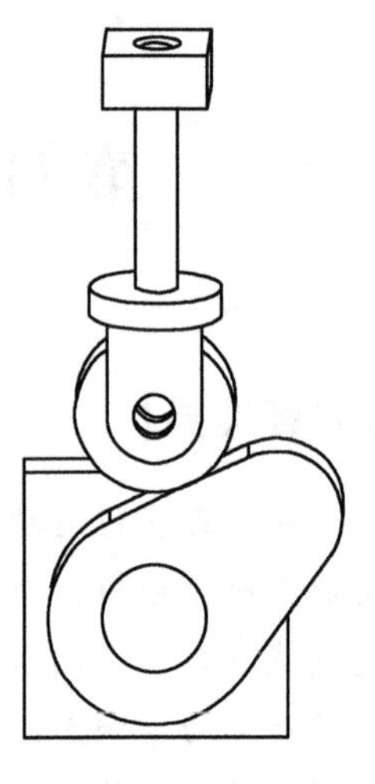

图 11-1　凸轮机构

11.1.2　凸轮机构的装配配合

SolidWorks Motion 假定所有在 SolidWorks 中固定的零部件都是接地零件，而所有浮动的零件都是可移动零件。这些零件的移动受限于 SolidWorks 的配合。配合用来约束通过物理连接的一对刚性物体的相对运动。配合可以分为两大类：

1）用来约束通过物理量连接的一对刚性物体的相对运动的配合。例如铰链、同轴、重合、固定、螺旋、凸轮等。

2）用于加强标准几何约束的配合。例如距离、角度、平行等。

下面列出了一些最常用的配合类型。

（1）同轴心配合　同轴心配合允许一个刚体相对于另一个刚体同时做相对旋转运动和相对平移。同轴心配合的原点可以位于轴线上的任何位置，而刚体之间可以相对于该轴线进行转动和平移。

（2）铰链配合　铰链配合在本质上就是两个零部件之间移动受限的同轴心配合。

（3）面对面的重合配合　该配合允许一个刚体相对于第二个刚体沿特定路径发生平移。刚体彼此之间只能平移，不能旋转。

除上述配合之外，还有点对点重合配合、锁定配合、万向节配合、螺旋配合、点在轴线上的重合配合、平行配合、垂直配合等。

下面将具体介绍图 11-1 所示凸轮机构的装配步骤。凸轮机构装配中除铰链等常见配合约束外，由于两个凸轮需保持互斥且伴随运动的机械关系，因此还应添加“凸轮”配合。

1）将本书提供的素材文件夹“图 11-1 凸轮机构”下的所有零件文件复制至工作文件夹。

2）启动 SolidWorks 软件后，单击【新建】按钮，打开【新建 SolidWorks 文件】对话框，如图 11-2 所示。单击【装配体】按钮，再单击【确定】按钮，进入 SolidWorks 的装配环境。

3）进入装配环境后系统自动打开【开始装配体】属性管理器，如图 11-3 所示，单击【浏览】按钮，在弹出的对话框中选择用于装配的零部件（此处选择素材文件“凸轮底座 . sldprt”），再在绘图区的适当位置单击放置此零件即可，如图 11-4所示。

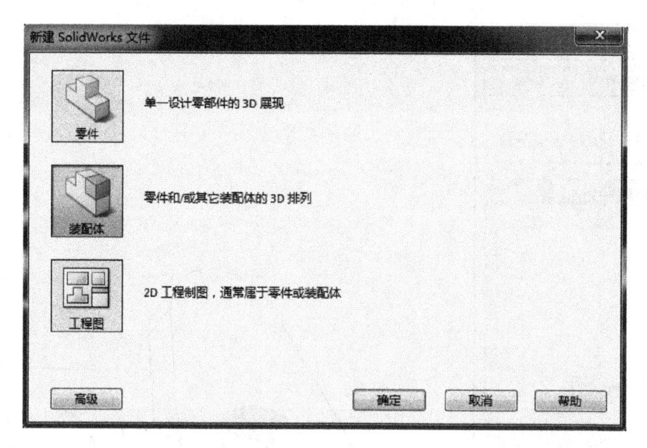

图 11-2　新建装配体

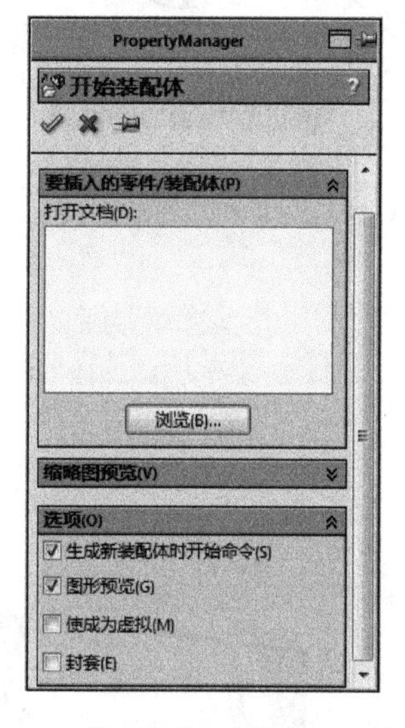

图 11-3 【开始装配体】属性管理器

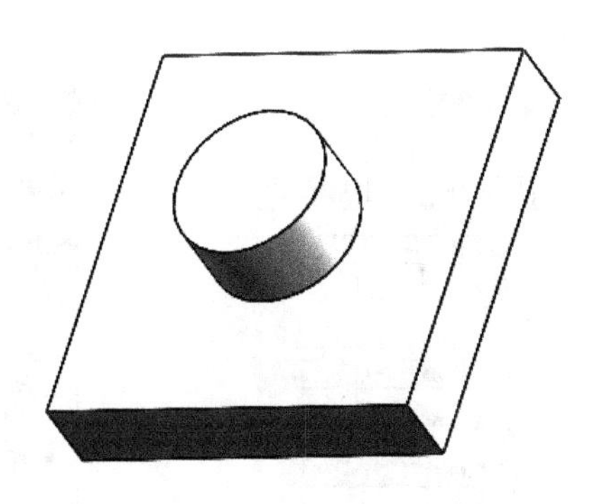

图 11-4　凸轮底座

4）单击【装配】工具栏中的【插入零部件】按钮，打开【插入零部件】属性管理器，如图 11-5 所示。单击【浏览】按钮插入素材文件“凸轮 . sldprt”，完成零部件的导入，如图 11-6 所示。

5）单击【装配体】工具栏中的【配合】按钮，打开【配合】属性管理器，如图 11-7 所示。在机械配合选框中，单击【铰链】选项，如图 11-8 所示。在【同轴心选择】框中，点击选择凸轮的内孔线和凸轮底座的凸台边线，然后在【重合选择】框中，点击选择凸轮的接触面（下表面）和凸轮底座的接触面（上表面），如图 11-9 所示，单击【确定】按钮，执行【铰链】的约束。

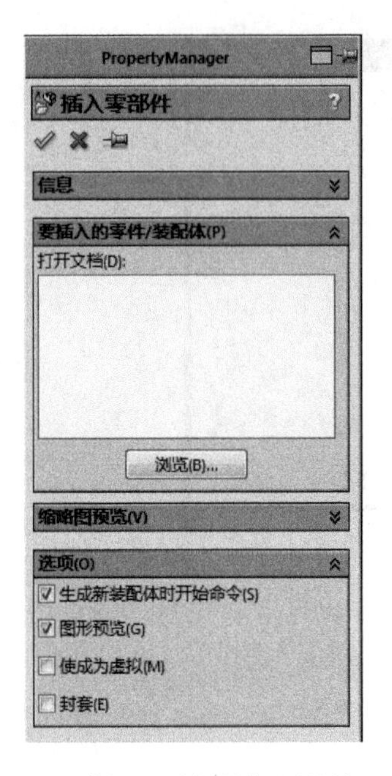

图 11-5 【插入零部件】属性管理器

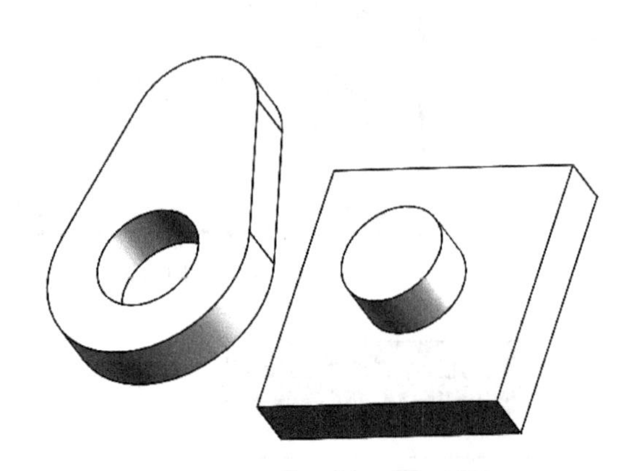

图 11-6 凸轮和凸轮底座

图 11-7 【配合】属性管理器

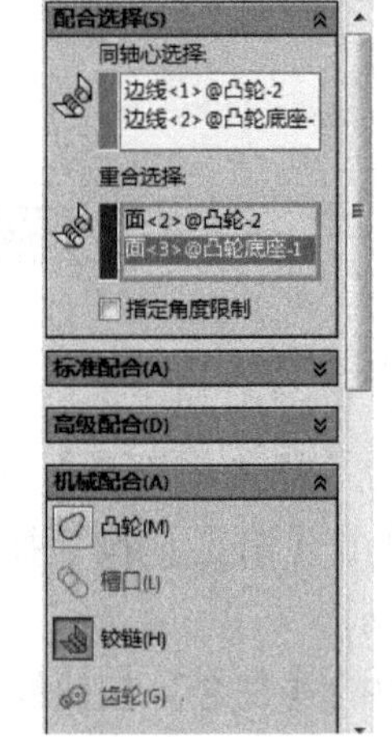

图 11-8 【铰链】选项

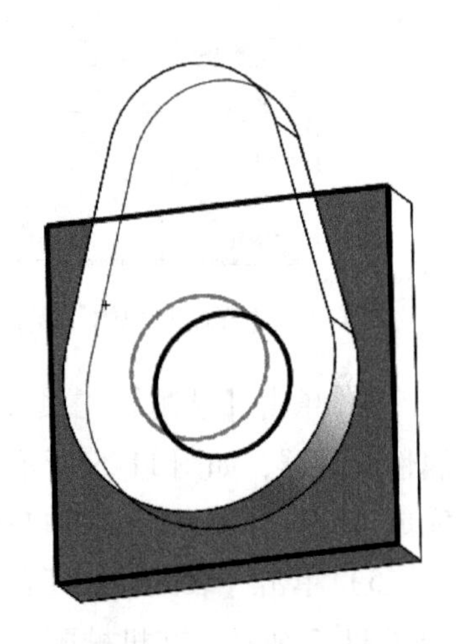

图 11-9 铰链的线、面选择

6）继续导入零件“凸轮从动轮 . sldprt”，单击【装配体】工具栏中的【配合】按钮，打开【配合】属性管理器。在【机械配合】卷展栏中，单击凸轮选项，如图 11-10 所示。在【凸轮配合相切】属性管理器中，顺序单击主动凸轮的滚动面，然后点击【凸轮推杆】选择框，单击凸轮从动轮的滚动面，如图 11-11 所示。单击【确定】按钮，执行【凸轮配合相切】的约束，如图 11-12 所示。

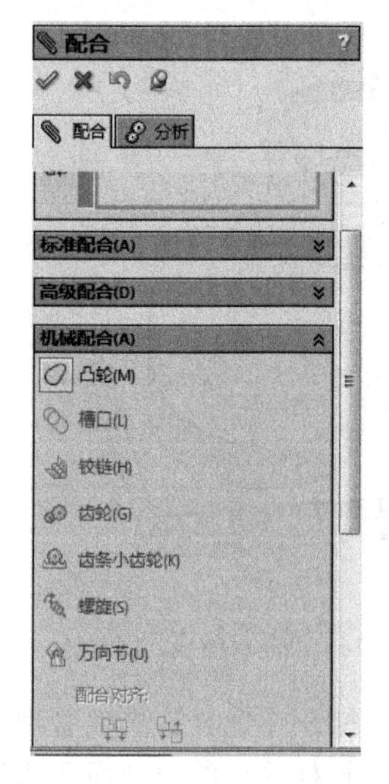

图 11-10　【机械配合】卷展栏

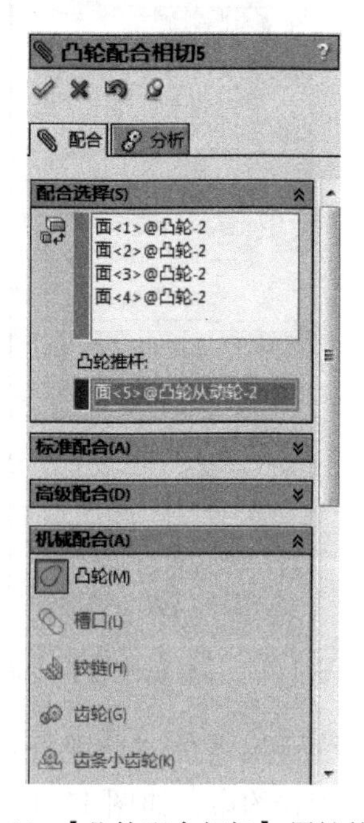

图 11-11　【凸轮配合相切】属性管理器

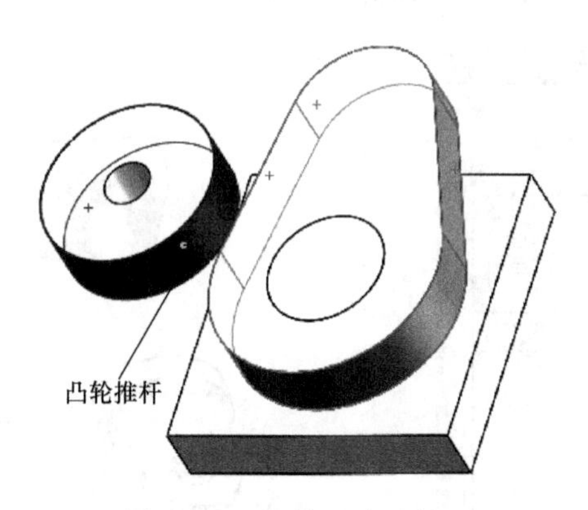

图 11-12　凸轮配合选择面

7）继续导入零件“凸轮杆 . sldprt”，打开【配合】属性管理器，在机械配合选框中，单击【铰链】选项，如图 11-13 所示。在【同轴心选择】框中，点击选择凸轮杆连接处的内孔线和凸轮从动轮的内孔线，然后在【重合选择】框中，点击选择凸轮杆连接处的接触面和凸轮从动轮的接触面，如图 11-14 所示。单击【确定】按钮，执行【铰链】的约束。

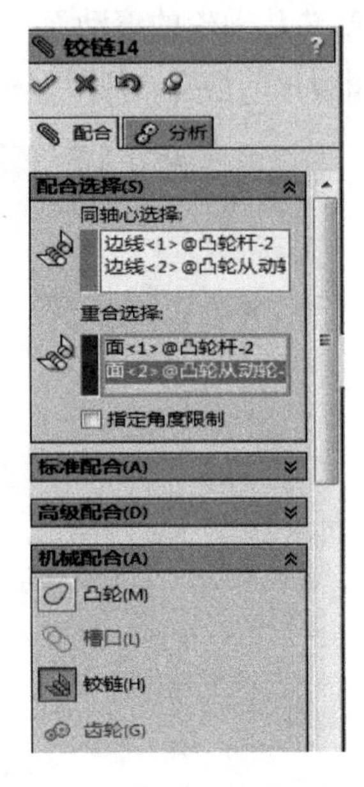

图11-13　【机械配合】卷展栏

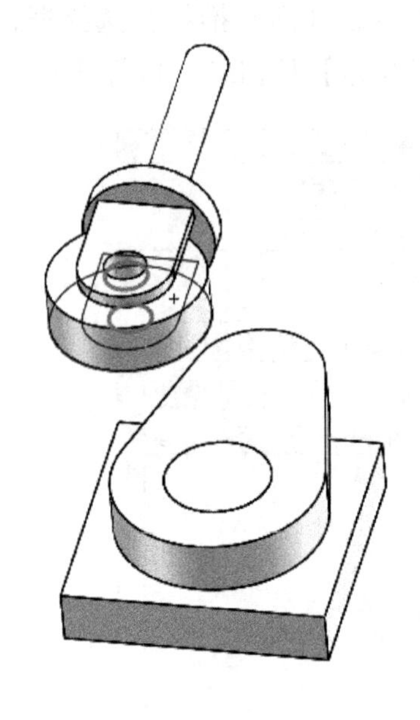

图 11-14　凸轮杆的线、面选择

8）继续导入零件“凸轮杆约束 . sldprt”，打开【配合】属性管理器，执行【同轴心】配合约束，如图 11-15 所示。选择凸轮杆约束的内圆面和凸轮杆的柱体，单击【确定】按钮✔，效果如图 11-16 所示。

图 11-15　【同轴心】配合

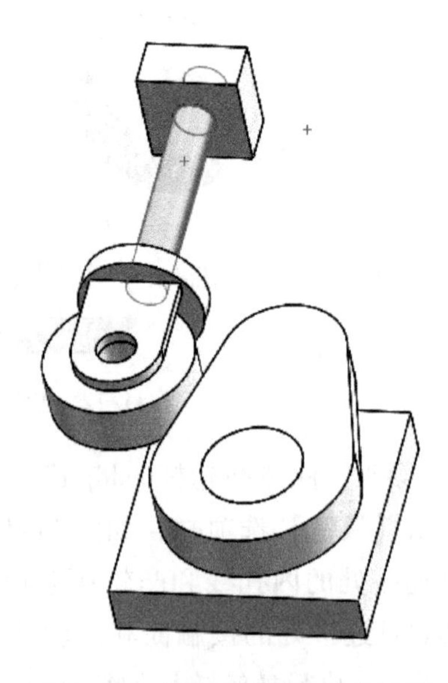

图 11-16　凸轮杆的同轴心选择面

9）选择凸轮杆约束的上视基准面和凸轮底座的前视基准面，单击【配合】按钮，选择【重合】配合约束，单击【确认】按钮，如图 11-17、图 11-18 所示。

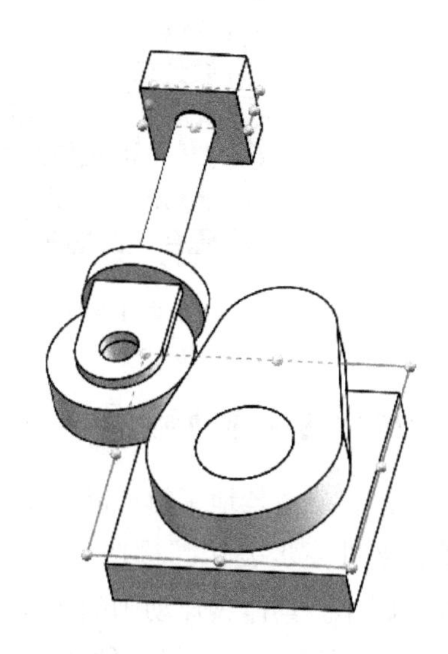

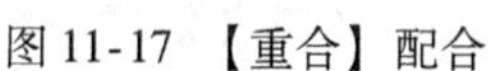

图 11-17　【重合】配合　　图 11-18　凸轮杆的重合面选择

10）选择凸轮杆约束的右视基准面和凸轮底座的右视基准面，单击【配合】按钮，选择【重合】配合约束，单击【确认】按钮，如图 11-19、图 11-20 所示。

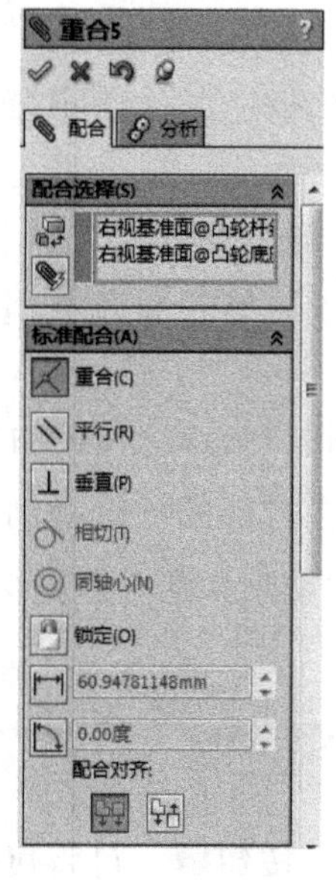

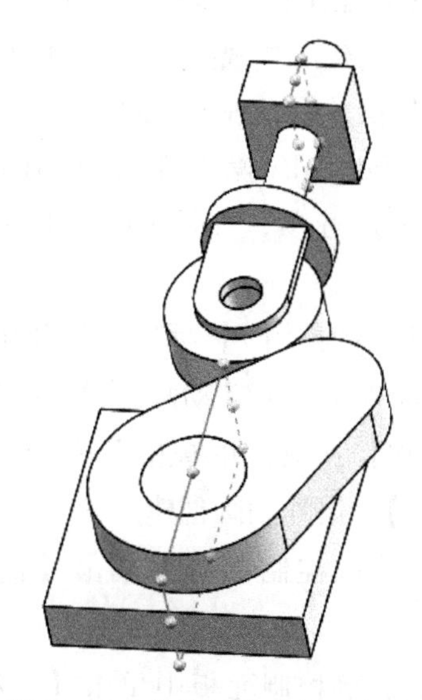

图 11-19　【重合】配合　　图 11-20　凸轮杆的重合面选择

通过图 11-21 所示 6 种配合约束的定义，我们完成了凸轮体的装配。凸轮体可以开始用于模拟真实的运动状态。

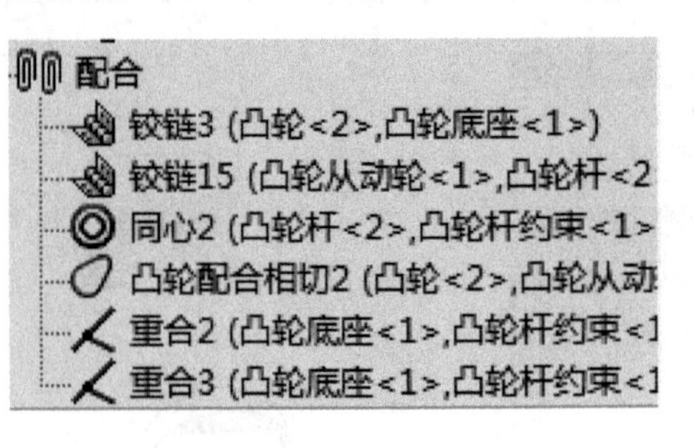

图 11-21　6 种配合

11.1.3　凸轮机构的爆炸动画

通常，为了让客户清楚地了解产品内部零部件的装配结构，设计师可以制作爆炸图或爆炸动画来进一步表达其构造。接下来，仍以图 11-1 所示简单凸轮为例，演示爆炸动画的制作。具体爆炸动画的操作步骤如下：

1）直接打开本书提供的素材文件“凸轮 . sldasm”（或者新建一装配体类型文件，顺次导入凸轮的所有零部件，并添加必要的标准配合，完成模型的初始装配操作），并单击底部的【运动算例 1】标签打开运动算例操作面板，再在【算例类型】下拉列表框中选择【Motion 分析】算例类型。

2）单击【装配体】工具栏中的【爆炸视图】按钮，依次拖动除“凸轮底座”外的所有零部件创建爆炸视图，如图 11-22 所示。在拖动时，应注意不要使零件间发生干涉，尽量摆放得合理、美观。

3）右击 SolidWorks 操作界面顶部的空白区域，在弹出的快捷菜单中选择【Motion Manager】选项，如图 11-23 所示，底部标签栏将新增【运动算例 1】标签。

4）单击【运动算例 1】标签，打开运动算例控制面板，如图 11-24 所示。在运动算例控制面板中单击【动画向导】按钮，在打开的【选择动画类型】对话框中选中【爆炸】选项，并单击【下一步】，设置动画长度为 5s，动画开始时间为 0，单击【完成】，爆炸动画创建完毕。

5）在运动算例控制面板中单击【播放】按钮，可观看刚才创建的爆炸动画。

6）在运动算例控制面板中单击【保存动画】按钮，可将爆炸动画保存为 AVI 视频文件。

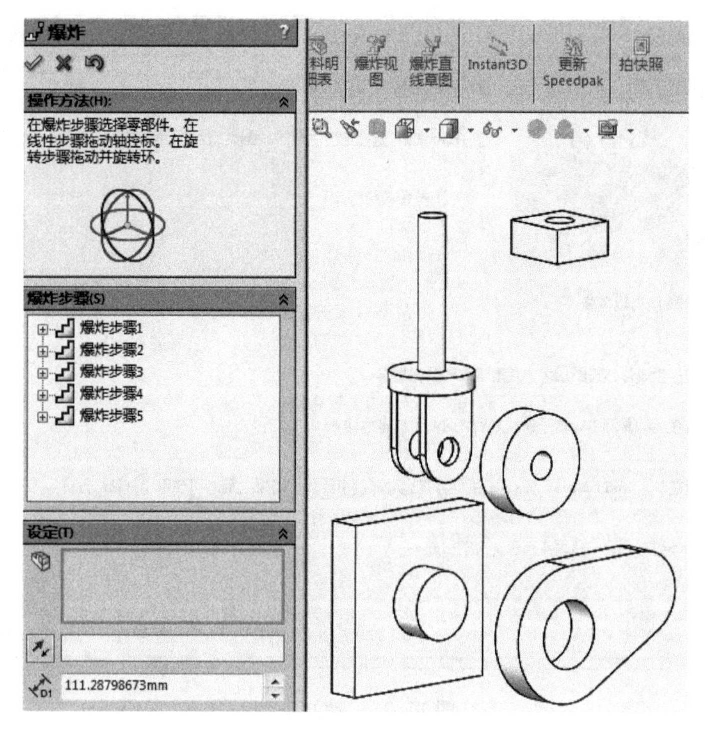

图 11-22　爆炸图

图 11-23　Motion Manager 选项

图 11-24　运动算例控制面板

除录制爆炸动画外，在运动算例控制面板中单击【动画向导】按钮，在打开的【选择动画类型】对话框中还可选择【解除爆炸】、【旋转模型】等单选项，以创建满足不同要求的动画，如图 11-25 所示。下面分别对这几种动画类型进行解释。

1）旋转模型：即创建绕模型轴向旋转的动画，可用于简单的商品展示。

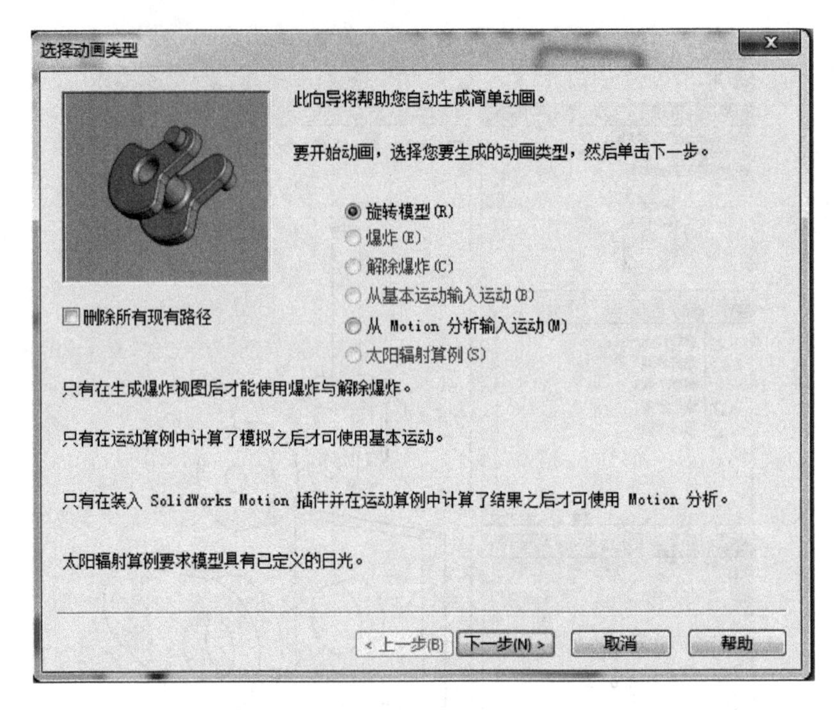

图 11-25　动画类型

2）爆炸动画：在事先创建好爆炸视图的基础上，可使用该选项创建从装配体到爆炸效果的动画。

3）解除爆炸动画：在事先创建好爆炸视图的基础上，可创建爆炸动画的反向动画，即装配动画。常用于模拟模型装配操作。

4）从基本运动输入运动：由于在【动画】类型的运动算例中，引力等很多效果无法模拟，而在【基本运动】算例类型中对关键帧的操作又有一定的限制，所以使用此功能可以将运动算例中生成的动画导入到【动画】算例，以进行后续的帧频处理。

5）从 Motion 分析输入运动：同【从基本运动输入运动】类型。

11.1.4　凸轮机构的运动仿真

运动算例（Motion Manager）是 SolidWorks 中用于制作动画的主要工具，可用于制作商品展示动画、机械装配动画以及模拟装配体中机械零件的机械运动等。其动画原理与 Flash 等常用动画制作软件的原理类似，均通过定义帧，并由系统自动插补来生成动画。动画在客户服务中，在产品讲解、展示、机构功能介绍及机械拆装说明等方面都起到了很好的辅助作用。

除实现动画动作外，运动算例与动画制作的不同之处在于其还可对对象进行真实的物理模拟，如可模拟马达、弹簧、阻尼及引力等物理作用，以测算出零件的运动轨迹或受力情况等。接下来，继续对上述凸轮案例进行运动仿真操作。

1）打开本书提供的素材文件“凸轮.sldasm”，进入【运动算例 1】。单击操作面板工具栏中的【马达】按钮，选择凸轮作为马达位置，选择凸轮底座为马达【要相对移动的零件】，然后在【运动】栏的下拉列表框中选择【等速】选项，速度设为 24RPM，如图 11-26 所示。

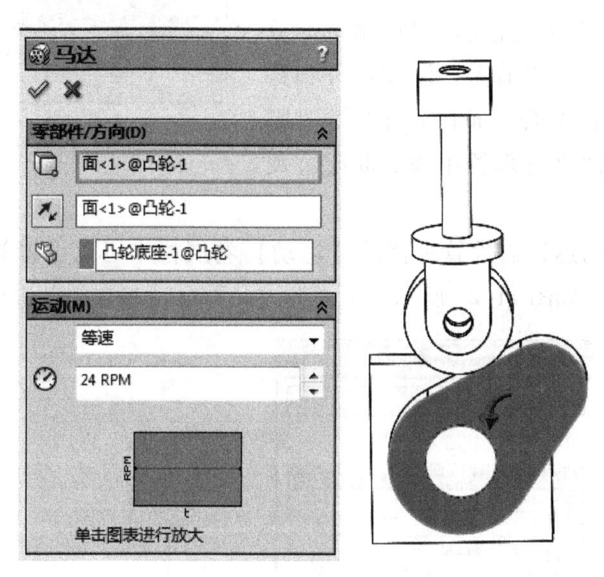

图 11-26　凸轮马达

2）单击操作面板工具栏中的【运动算例属性】按钮，设定每秒帧数为 100，键码区最顶部的键码为默认的 5s 位置，然后单击【计算】按钮生成凸轮动画。

运动可以通过引力、弹簧、力或马达来驱动。每一项都包含可以调控的不同特性。本案例中使用的运动驱动为马达。马达可以控制一个构件在一段时间的运动状况，它规定了构件的位移、速度和加速度为时间函数。马达可以创建线性、旋转或与路径相关的运动，也可以用于阻碍运动。可以通过不同的方式定义这个运动。

【马达】按钮可为选中对象添加默认 5s 驱动的马达动画，默认添加的马达类型为“旋转”“等速”、100r/min 的马达。添加马达后，可通过拖动【键码区】中马达对应的键码来加长或缩短马达运行的时间长度。另外，还可以创建【线性马达】和【路径配合马达】，如图 11-27 所示，接下来对这三种马达类型进行说明。

- 旋转马达：绕某轴线旋转的马达，应尽量选择具有轴线的圆柱面、圆面等为马达的承载面，如选择边线为马达承载面，零件将绕边线旋转。此外，当马达位于活动的零部件上时，应设置马达相对移动的零件。

图 11-27　马达类型

- 线性马达：用于创建沿某方向直线驱动的马达，相当于在某零部件上添加了一台不会拐弯的发动机，其单位默认为 mm/s。
- 路径配合马达：此马达只在 Motion 分析算例中有效，在使用前需要添加零件到路径的【路径配合】配合，而在添加马达时则需要在【马达】属性管理器中添加此配合关系为马达位置。

此外，在【马达】属性管理器的【运动】卷展栏中可以设置等速、距离等多种马达参数类型，如图 11-28 所示，下面对这几种马达参数类型进行说明。

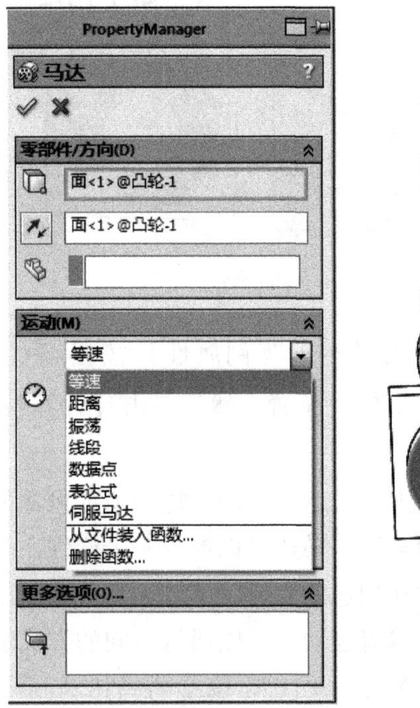

图 11-28　马达参数类型

- 等速：马达以恒定的速度进行驱动，如 r/min 或 mm/s。
- 距离：马达驱动零部件移动一个固定的距离或角度。
- 振荡：设置零部件以某频率在某个角度范围或距离内振荡。

- 线段：选中此项后，可打开一对话框，在此对话框中可添加多个时间段，并设置在每个时间段中零件的运行距离或运行速度。
- 数据点：与【线段】的作用基本相同，只是此项用于设置某个时间点处的零件运行速度或位移。
- 表达式：通过添加【表达式】可设置零件在运动过程中变形，也可设置零部件间的相互关系等。此方法与软件开发非常相似，可以在函数中引用其他零部件的某个尺寸值，此尺寸值位于此零部件某尺寸属性管理器的【主要值】卷展栏中。
- 伺服马达：该马达用于对基于事件引发的运动实施控制指令。
- 从文件装入函数和删除函数：用于导入函数或删除函数。

11.2　曲柄滑块机构运动仿真

11.2.1　曲柄滑块机构

曲柄滑块机构是用曲柄和滑块来实现转动和移动相互转换的平面连杆机构，也称曲柄连杆机构。曲柄滑块机构广泛应用于往复活塞式发动机、压缩机、冲床等的主机构中。活塞式发动机以滑块为主动件，把往复移动转换为不整周或整周的回转运动；压缩机、冲床以曲柄为主动件，把整周转动转换为往复移动。

11.2.2　曲柄滑块机构的运动仿真

典型的曲柄滑块机构如图 11-29 所示，摇臂的转动带动滑块做往返运动。本例中除对曲柄滑块机构进行运动仿真外，还将进行位移和速度的运动分析，并对马达力矩及能源消耗进行求解，具体操作步骤如下：

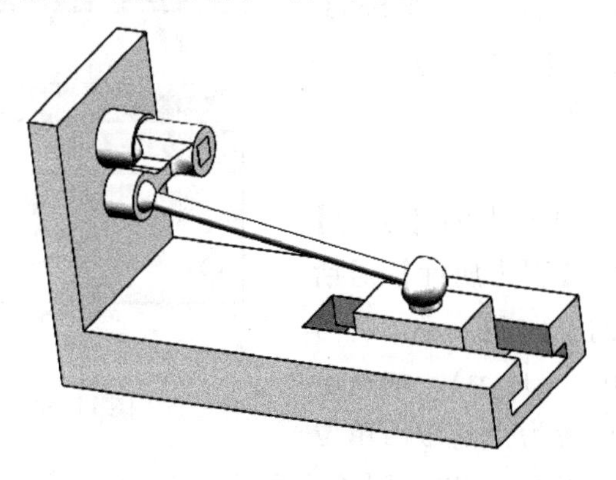

图 11-29　曲柄滑块机构

1）直接打开本书提供的素材文件“曲柄滑块机构 . sldasm”，并单击底部的【运动算例 1】标签打开运动算例操作面板，再在【算例类型】下拉列表框中选择【Motion 分析】算例类型。

2）单击操作面板工具栏中的【马达】按钮，选择摇把作为马达位置，选择曲柄滑块机构底座为马达【要相对移动的零件】，然后在【运动】栏的下拉列表框中选择【等速】选项，速度设为 30RPM，如图 11-30、图 11-31 所示。

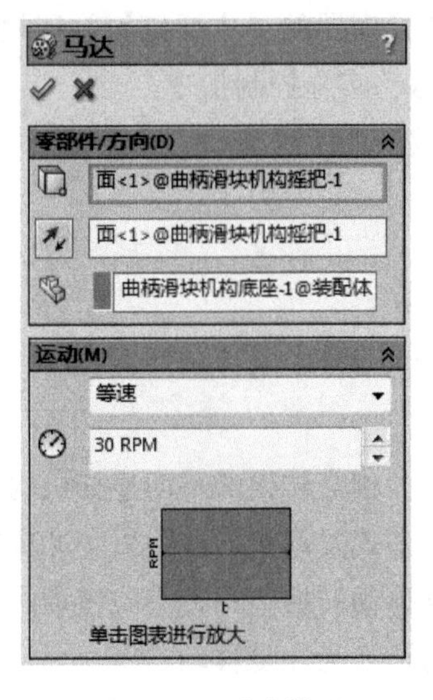

图 11-30　马达设置

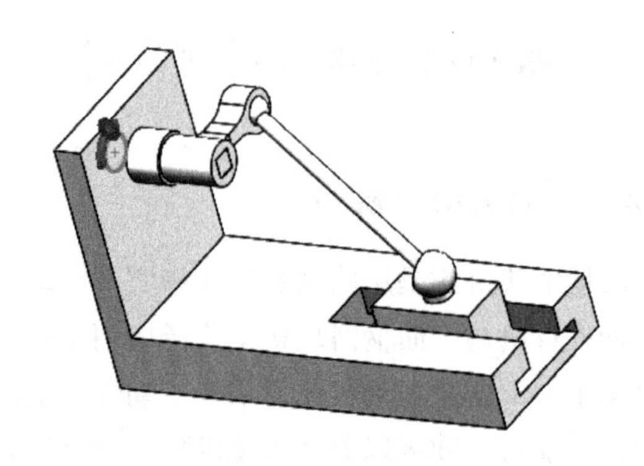

图 11-31　马达位置

3）单击操作面板工具栏中的【引力】按钮，在 Y 方向添加重力约束，如图 11-32所示。

当一个物体的重量对仿真运动有影响时，引力是一个很重要的量。在 SolidWorks Motion 中，引力包含两个部分：

- 引力矢量的方向。
- 引力加速度的大小。

单击操作面板工具栏中的【引力】按钮，可在出现的【引力属性】对话框中设定引力矢量的方向和大小。引力矢量的默认值为（0，－1，0），加速度大小为 9. 81m/s^2（或者为当前激活单位的当量值）。用户也可按需要修改引力矢量的方向和大小。可使用当前坐标系的某个轴线为引力方向，或选择某个参考面定义引力的方向，或直接在对话框中输入

图 11-32　重力约束

X、Y 和 Z 的值来指定引力矢量。引力值也可手动输入修改，为当前装配体添加【引力】模拟元素。

在定义引力时，要注意以下两点：①一个装配体中只能定义一个引力，即装配体仅受一个引力场的作用；②马达的运动优先于引力的作用，可将马达看成一个无限大小的作用力，所以在使用马达仿真时，零件将保持原有运动，而不受引力或其他接触物体的影响。

4）单击操作面板工具栏中的【运动算例属性】按钮，在弹出的【运动算例属性】中属性管理器设定每秒帧数为 100，如图 11-33 所示。键码区最顶部的键码为默认的 5s 位置，然后单击【计算】按钮生成曲柄滑块机构动画。

在【运动算例属性】属性管理器中可以对运动算例的帧数和算例的准确度等属性进行设置，以确保可以使用最少的时间计算出需要的仿真动画。接下来解释一下对话框中各参数的意思。

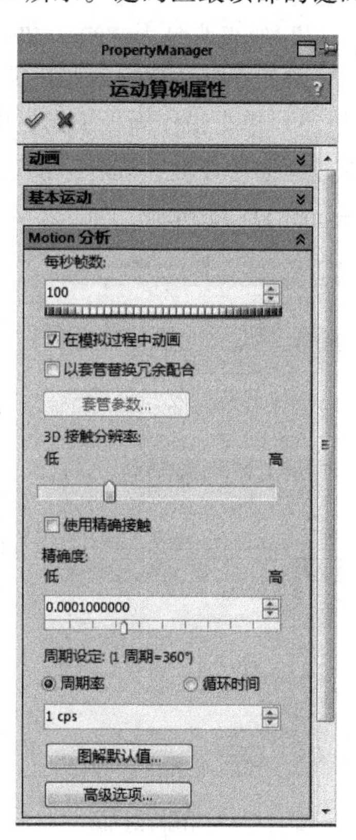

图 11-33 【运动算例属性】属性管理器

- 每秒帧数：在【动画】、【基本运动】和【Motion 分析】算例类型中都可以对此参数进行设置，用于确定所生成动画的帧频。此值越高，生成的动画越清晰，当然计算时间也较长，但是此值大小不会影响动画的播放速度。
- 几何体准确度：用于确定【基本运动】算例中实体网格的精度。精度越高，用于计算的网格将越接近于实际几何体，模拟更准确，但需要更多的计算时间。
- 3D 接触分辨率：设置实体被划分为网格后，在模拟过程中所允许的贯通量。此值越大，实体表面网格被划分得越细致，模拟时间可以产生更平滑的运动，模拟更逼真，当然计算更费时。
- 在模拟过程中动画：选中后将在计算模拟动画的过程中显示动画，否则在计算过程中不显示动画，减少计算时间。
- 以套管替换冗余配合：对于冗余的配合，将使用【套管】参数（相当于在配合处添加了一个很大的结合力和阻尼）来替换这些配合，以保证模拟更逼真。
- 精确度：用于设置模拟的数量等级，此数值越小，计算精度越高，计算越费时。

- 周期设定：用于自定义马达或力配置文件中的循环角度。循环角度可以定义马达在某点处的旋转角度（如“周期/秒”，即 CPS）。
- 图解默认值：设置所生成图解的默认显示效果。
- 高级选项：用于设置求解器的类型，有 GSTIFF、WSTIFF 和 SI2 GSTIFF 三种积分器可以使用。其中 GSTIFF 积分器最为常用，速度较快，但计算精度较 WSTIFF 和 SI2 GSTIFF 会稍差一些。
- 为新运动算例使用这些设定作为默认值：选中此选项后，会将此次设置的运动算例值作为每个新运动算例的默认值。
- 显示所有 Motion 分析信息：选中该选项后，在运动算例的计算过程中将显示算例的详细计算内容和反馈信息。

5）单击操作面板工具栏中的【结果和图解】按钮，在图 11-34 所示结果栏中分别选择【位移/速度/加速度】→【线性位移】→【幅值】，单击滑块，生成的图解如图 11-35 所示。

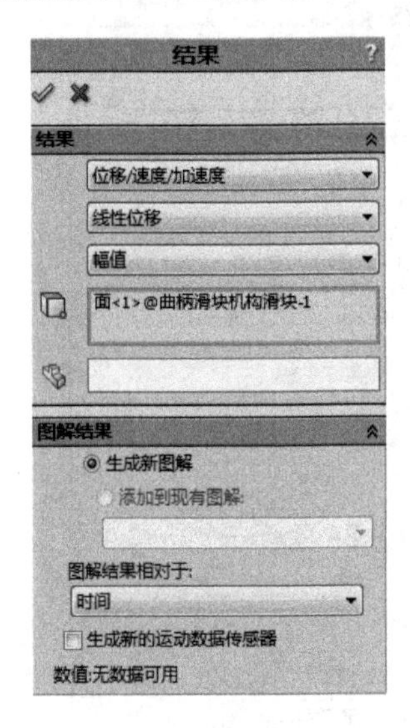

图 11-34　结果栏设置

图 11-35　线性位移-时间曲线

6）单击操作面板工具栏中的【结果和图解】按钮，在图 11-36 所示结果栏中分别选择【位移/速度/加速度】→【线性速度】→【幅值】，单击滑块，生成的图解如图 11-37 所示。

7）单击【运动算例 1】树中的，选中已使用的马达，然后单击操作面板工具栏中的【结果和图解】按钮，在图 11-38 所示结果栏中分别选择【力】→【马达力矩】→【幅值】，生成的图解如图 11-39 所示。

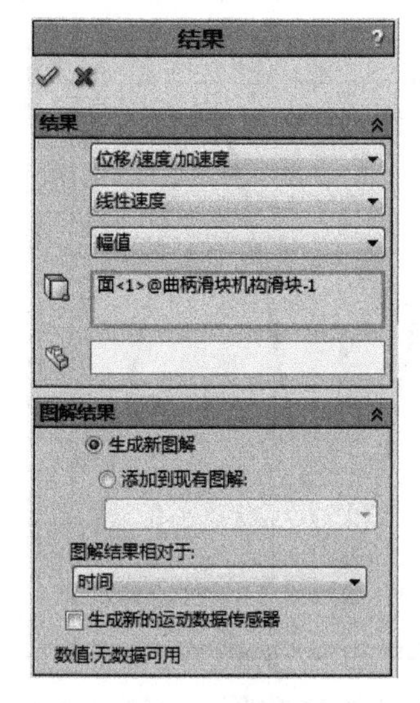

图 11-36　结果栏设置

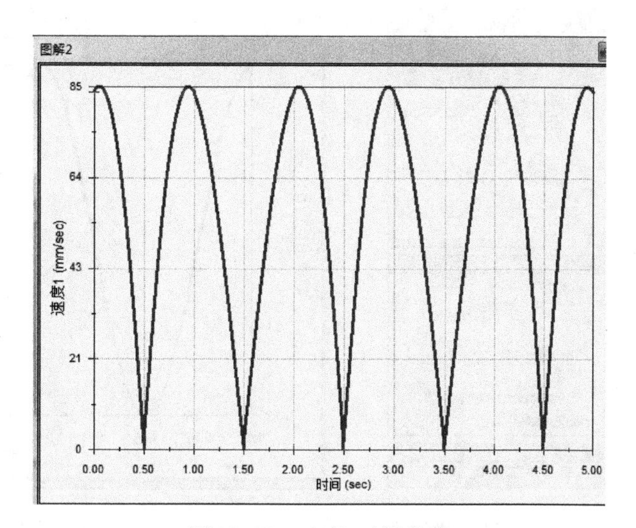

图 11-37　速度-时间曲线

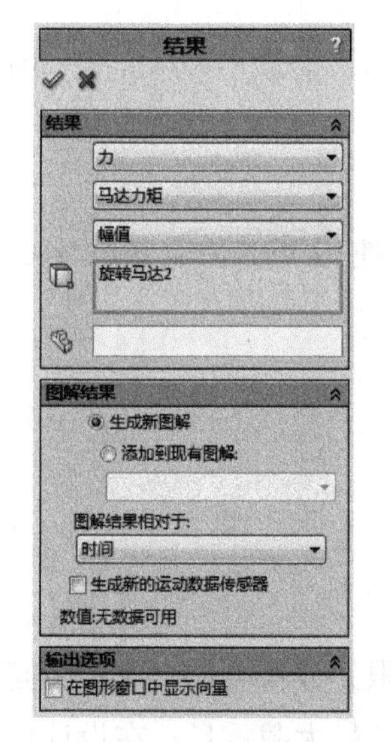

图 11-38　结果栏设置

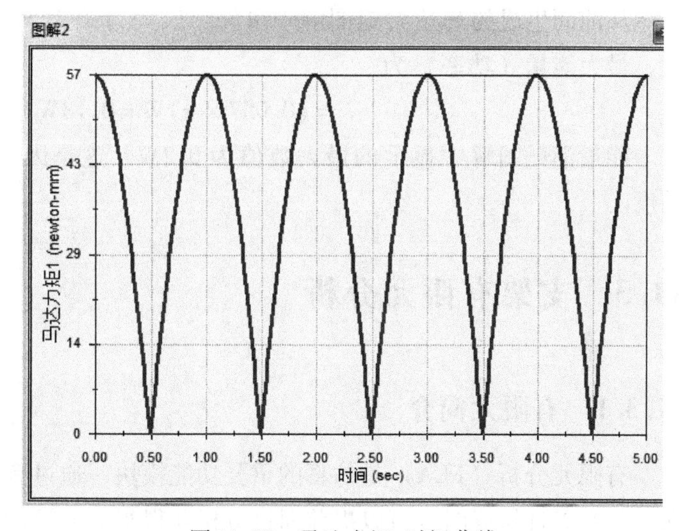

图 11-39　马达力矩-时间曲线

8）单击【运动算例 1】树中的，然后单击【结果和图解】按钮，在图 11-40所示结果栏中分别选择【动量/能量/力量】→【能源消耗】，生成的图解如图 11-41 所示。

能量（功率）是指功消耗的比率，或在 1s 内消耗的功的总量。力产生的功作用在距离、力矩、角位移上。对于旋转马达而言，能量（功率）为力矩与角速度的乘积：

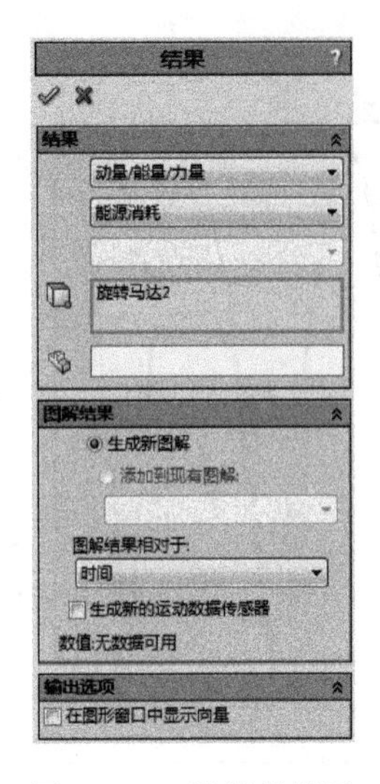

图 11-40　结果栏设置

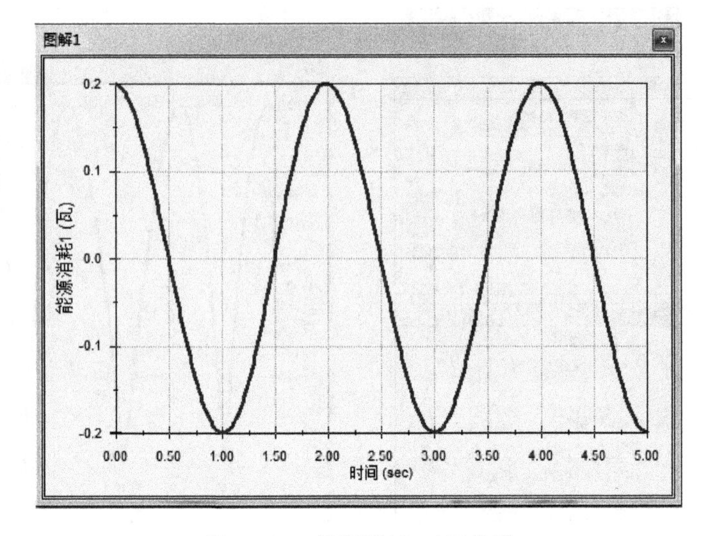

图 11-41　能源消耗-时间曲线

$$P[\mathrm{W}] = M[\mathrm{N \cdot m}] \times \omega[\mathrm{rad/s}]$$

从前面生成的马达力矩图解中可知，最大力矩为 57N · mm = 0.057N · m，因此，最大能量（功率）为

$$P = (0.057 \times \pi)\mathrm{W} = 0.18\mathrm{W}$$

能量消耗图解中显示的最大数值为 0.2W，这是因为使用了 1 位有效数字的精度。

11.3　支架有限元分析

11.3.1　有限元简介

有限元分析（FEA）是仿真的重要功能模块，通过有限元分析可以解决很多问题：如在设计桥梁时，可以提前通过分析获得当前所设计的最大载重量；在设计齿轮等零件时，可以通过有限元分析判断零件在当前受力条件下有没有足够强度等。

有限元分析的结果通常需要进一步实验来验证。但对于一些大型设计或某些零部件的前期设计来说，直接进行真实的破坏性实验检测不太现实。通过有限元分析，可以提前取得一些预测性的数据，来验证设计的合理性，达到节省设计时间、降低投入成本、提高产品性能的目的。

在工程领域的数值计算方法包括有限元方法、有限差分法及边界元法等多种方法。有限元技术是其中功能最强大、使用最频繁的分析技术。它的中心思想是将自然世界中物体，划分为有限个单元，然后进行模拟计算的技术。用有限个单元来模拟无限的物理量，看似仅能得到一个近似值，但此数值的精度是可以控制的。通过调整单元的数量，可以控制计算的精度及计算时间。这种技术在 ANSYS 等专业的通用分析软件中均得到了很好的应用。

SolidWorks Simulation 有限元分析软件是一款基于有限元分析技术的设计分析软件。其基本操作包括常用的有限元步骤：添加应用材料、设置夹具和分布载荷、进行分析来得到模型分析结果等。而 SolidWorks 另一款有限元分析软件 SolidWorks Flow Simulation 主要用于流体分析，在此不做探讨。

11.3.2　支架的有限元分析

支架作为支撑重物的构架，在生活中很常见。对于此类零件，其受力后的应力分布及变形效果将影响其使用性能，这是设计者最为关心的。下面取一个常见的不锈钢 L 形搁板支架来进行静力分析，如图 11-42 所示，使用时在三个开孔处用膨胀螺钉将支架的侧面固定在墙上，支架的上端面支撑重物。

1）直接打开本书提供的素材文件“支架 . sldprt”，启用 Simulation 插件后，单击【Simulation】工具栏中的【新算例】按钮，打开【算例】选择属性管理器，设置算例【类型】为静态，单击【确定】按钮，创建一新的有限元算例，如图 11-43所示。

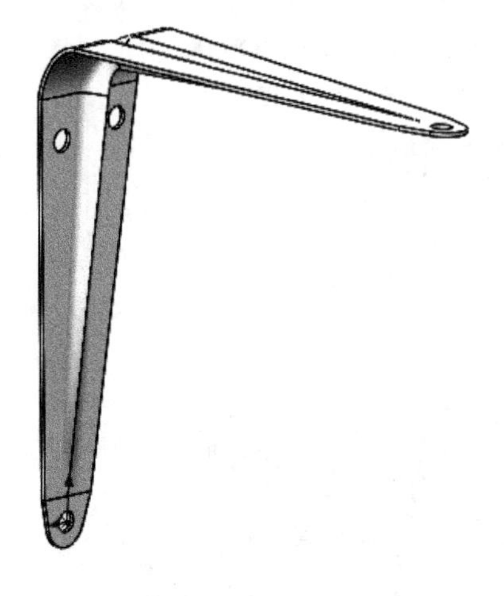

图 11-42　支架

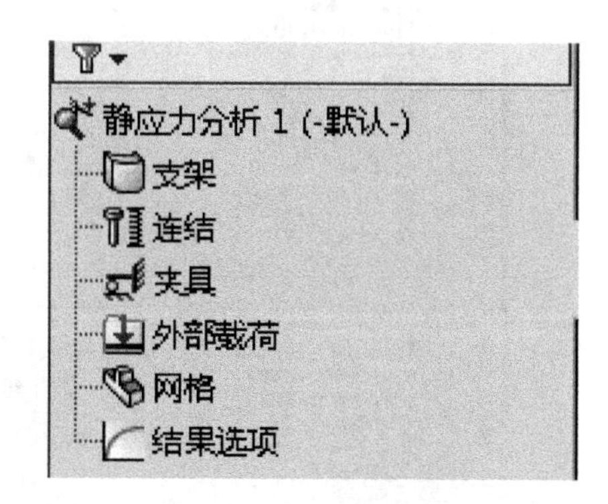

图 11-43　新算例

Simulation 有限元分析共提供了从静态到压力容器设计等 9 种有限元分析方法，其中【静态】算例是最常使用的分析算例，可以用于分析线性材料的位移情况、应变情况、应力及安全系数等。

所谓静态，即只考虑模型在此时间点处的状态，如受力状态、位移效果等，绝对没有动的因素，即使分析的是一个运动的装配体，例如链轮、带轮间力矩的传递，也应使用静的理念进行分析。

【静态】算例的算例树中，通常包含 5 项，下面解释一下这些算例项的含义。

- 零件：主要用于设置零件材料，未对零件设置材料，分析过程中会给出错误提示。
- 连接：用于在分析装配体时，添加零部件的连接关系，可以添加弹簧连接、轴承连接和螺栓连接等多种连接关系。添加连接关系后，可将原有的一些分析因素省掉。
- 夹具：设置模型固定位置的工具，为了分析方便，模型总有一部分是固定不动的，添加夹具后可以省去对原有夹具的分析，以进一步理想化分析模型。
- 外部载荷：设置模型某时间点的受力情况，可添加力、压力、扭矩、引力、离心力等，也可对温度等进行模拟。
- 网格：用于对模型划分网格，也可以控制模型个别位置网格的密度，以保证分析结果的可靠性。

2）右键单击【静应力分析 1】树中的零件【支架】项，在弹出的快捷菜单中选择【应用/编辑材料】菜单项，打开【材料】对话框，选择 201 淬火不锈钢，如图 11-44 所示。

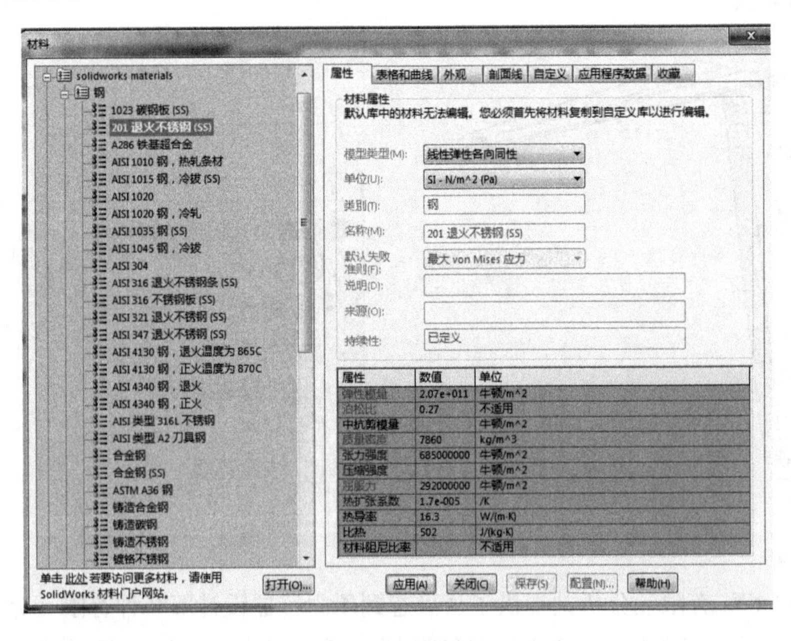

图 11-44　材料

用户无法对默认材料库中的材料属性进行编辑，只能够选用。如需要使用系统未定的材料，可以在下部的【自定义材料】分类中进行添加。添加自定义材料时需要注意，红色的选项是必填项，是必需的材料常数，在大多数分析中都会被用到；蓝色的为选填项，只在特定的载荷中才会被使用。

3）右键单击【静应力分析 1】树中的【夹具】项按钮，在弹出的快捷菜单中选择【固定几何体】菜单项，在【夹具】属性管理器中，选择支架的三个孔的内侧面作为固定面，如图 11-45 所示。

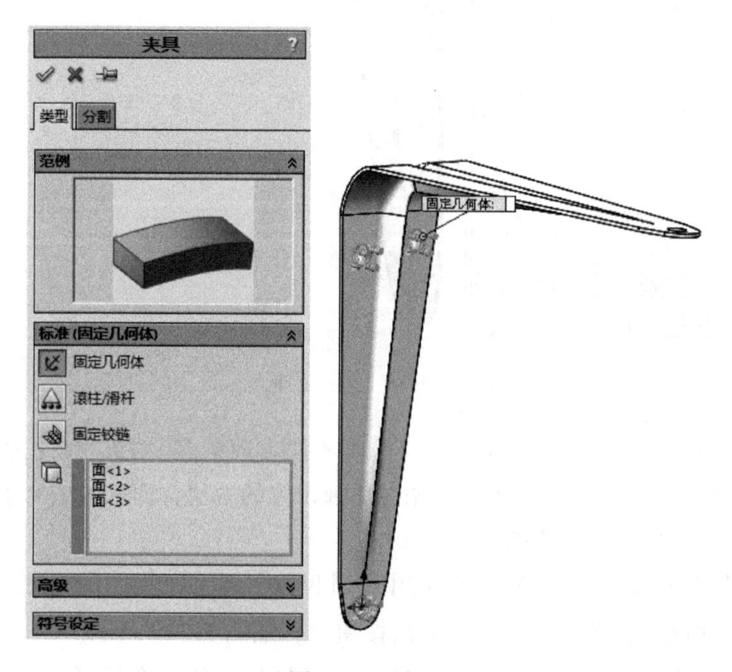

图 11-45　夹具

【固定几何体】是完全定义模型位置的约束，被约束的对象在没有弹性变形的情况下将完全无法运动，而被添加夹具的面或线上将显示夹具标记，标识对点的 6 个自由度做了限制。不同夹具所限制的自由度个数有所不同，标识也会不一样。

4）右键单击【静应力分析 1】树中的【外部载荷】项按钮，在弹出的快捷菜单中选择【力】菜单项，在【力/扭矩】属性管理器中，选择支架的上表面作为受力面，力的大小设为 250N，如图 11-46 所示。

在添加外部载荷的过程中，关键是对载荷的大小和方向的设置，如在上面【力/扭矩】属性管理器中，除了可以通过面的法向设置力的方向外，还可以通过选定的方向设置力的方向。在【单位】卷展栏中可设置力的单位为国际单位、英制或公制；在【符号设定】卷展栏中可以设置力符号的颜色和大小。

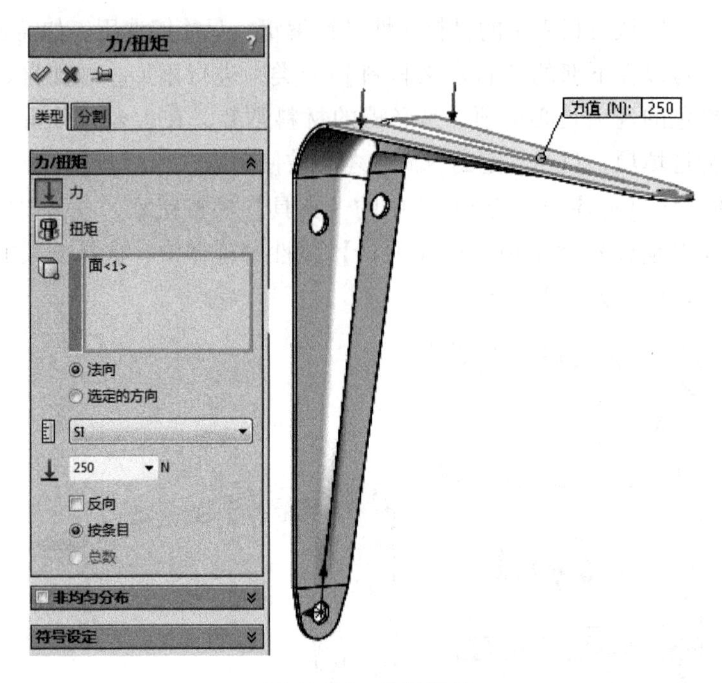

图 11-46　外部载荷

另外，一次可同时在多个不同面上添加不同方向的多个力，在【力/扭矩】卷展栏中，【按条目】是指在每个面上添加单独设置的力值，而按【总数】则是指在两个面上按比例分配所设置的力值。

5）右键单击【静应力分析 1】树中的【网格】项按钮，在弹出的快捷菜单中选择【生成网格】菜单项，点击确认按钮，如图 11-47 所示。

通过【网格】属性管理器【网格密度】卷展栏中的精度条可以调整网格的精度，网格精度越大，模型分析结果越接近真实值，但用时也越长。

SolidWorks 针对实体提供了两种网格单元：一阶单元和二阶单元。一阶单元（草稿品质）具有 4 个节点，二阶单元具有 10 个节点。系统默认选用二阶单元划分网格，如需选用一阶单元划分网格，可选择【网格】属性管理器【高级】卷展栏中的【草稿品质网格】复选框。

另外，【高级】卷展栏中的【雅可比点】用于设定在检查四面单元的变形级别时要使用的积分点数，值越大计算越精确，所用时间越长。【选项】卷展栏中的【不网格化而保存设置】复选框表示只设置新的网格数值而不立即进行网格化处理；选中【运行（求解）分析】复选框，可在网格化之后立即运行仿真算例分析。

6）单击【运行】按钮，进行仿真分析。

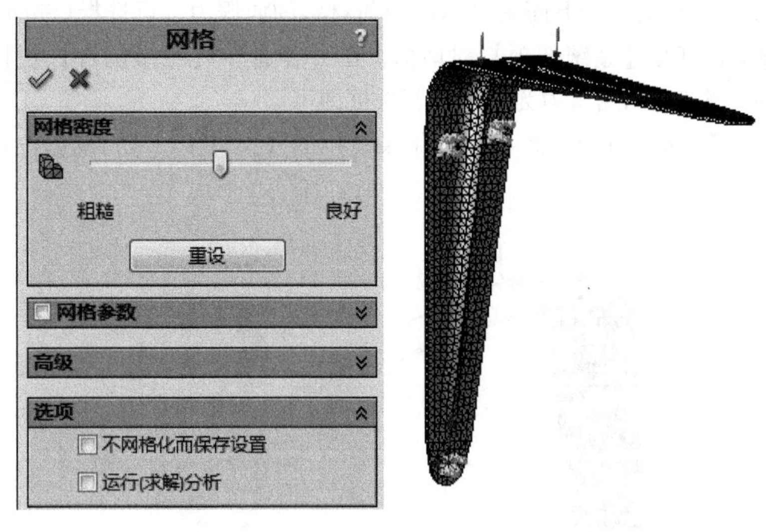

图 11-47　网格划分

7）单击【静应力分析 1】树中【结果】中的【应力 1】项，应力分布如图 11-48所示。

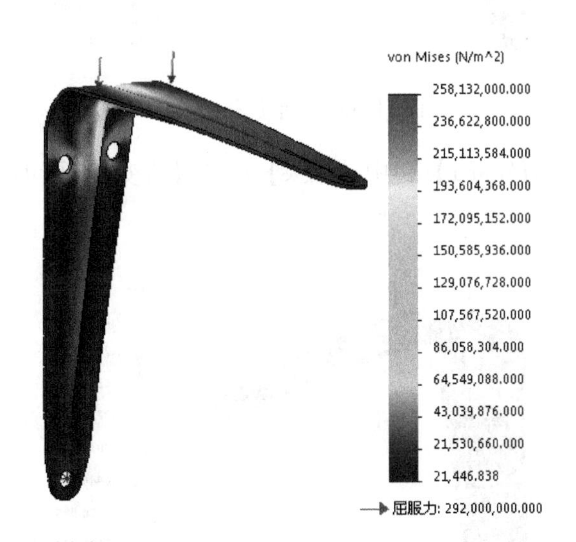

图 11-48　应力分布图

在有限元分析图解结果中，右侧的颜色条与模型上的颜色紧密对应，在【应力】图解中，默认使用红色表示当前实体上所受到的最大应力，使用蓝色表示所受到的较少应力，根据颜色条上的值可以读出应力大小，因此，可以看出上部两个孔周围存在最大应力。在颜色条的下端显示有当前模型的屈服力值，如实体材料已处于屈服状态，将在颜色条中用箭头标识屈服点的位置。

如果【应力】颜色条下面未显示出当前材料的屈服力，可选择【Simulation】→【选项】菜单，打开【系统选项】对话框，在【普通】→【结果图解】栏目中选中【为 vonMises 图解显示屈服力为标记】复选框即可。

8）单击【静应力分析 1】树中【结果】中的【位移 1】项，变形位移分布如图 11-49 所示。

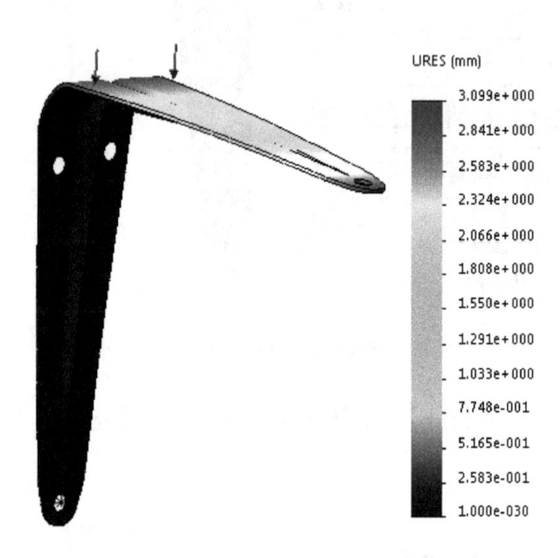

图 11-49　变形位移分布图

9）单击【静应力分析 1】树中【结果】中的【应变】项，应变分布如图 11-50 所示。

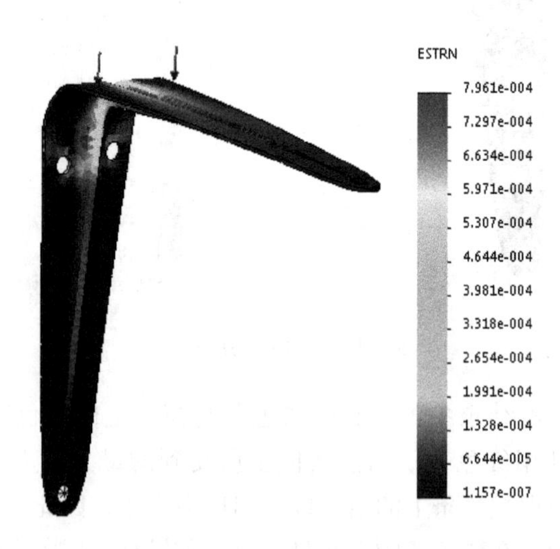

图 11-50　应变分布图

【静态】分析后，系统默认生成 3 个分析结果，分别为应力、位移和应变。应力就是模型上某点所受到的力，位移是指应力作用下的变形量大小，而应变是指在应力作用下，模型某单元的变形量与原来尺寸的比值。

右击算例树中的【结果】项，可在打开的快捷菜单中选择需要的菜单项，添加其他算例分析结果，如选择【定义疲劳检查图解】菜单项，在打开的对话框中选用转载类型，或保持系统默认单击确定按钮可添加疲劳检查图解。疲劳检查图解用于提醒模型的某些区域是否可能在无限次反复装载和卸载后发生失效，分析完成后，系统会使用红色区域标识可能会出现疲劳问题的区域。

除静态分析外，在 Simulation 中还可进行频率、扭曲、热力、掉落测试、疲劳分析、压力容器分析等多种分析。其操作方法与静态分析有类似之处，但分析的意义相差较大。

- 频率分析：每种物理结构都会有其固有的振荡频率。频率分析用于找出模型的这些固有频率，用以检测所设计机械的多个零部件间是否存在共振，或者利用共振现象生产产品。
- 屈曲分析：一个较长的材料在载荷作用下，可以在小于其屈服强度的前提下发生扭曲，通过屈曲分析可以计算出某材料的模型在发生屈服之前，是否已经产生了不可恢复的扭曲。
- 热力分析：热力分析用于模拟模型的受热情况。
- 跌落测试分析：设置跌落高度和引力方向等参数后，可进行跌落分析，对跌落进行简单验证。
- 压力容器设计分析：将压力容器受到的压力、温度和其他作用力、地震载荷及风载荷等多种因素复合在一起，进行压力容器的分析。

需要注意的是，有限元分析较为繁琐，需要耗费大量的计算机资源，所以在进行有限元分析时，往往需要对分析体进行一定的简化。

11.4　活塞连杆机构综合分析

活塞连杆是机械行业中常见的曲柄滑块机构，应用该机构最典型的实例就是发动机气缸，它可以将燃气能源转换为机械动能。其结构如图 11-51 所示。

本例中将汇集本章前面所有知识，对活塞连杆机构进行运动仿真、运动分析以及重要零件的有限元分析等综合分析，具体操作步骤如下：

1）直接打开本书提供的素材文件“活塞连杆机构 . sldasm”，并单击底部的【运动算例 1】标签打开运动算例操作面板，再在【算例类型】下拉列表框中选择【Motion 分析】算例类型。

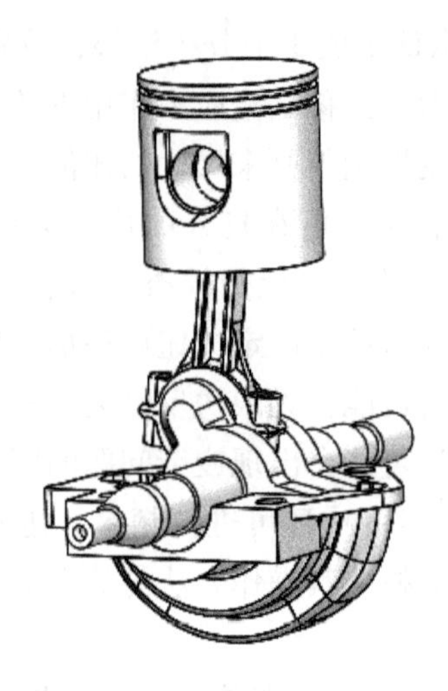

图 11-51　活塞连杆机构

2）单击操作面板工具栏中的【马达】按钮，选择输出轴作为马达位置，选择活塞缸为马达【要相对移动的零件】，然后在【运动】栏的下拉列表框中选择【等速】选项，速度设为 60RPM，如图 11-52 所示。

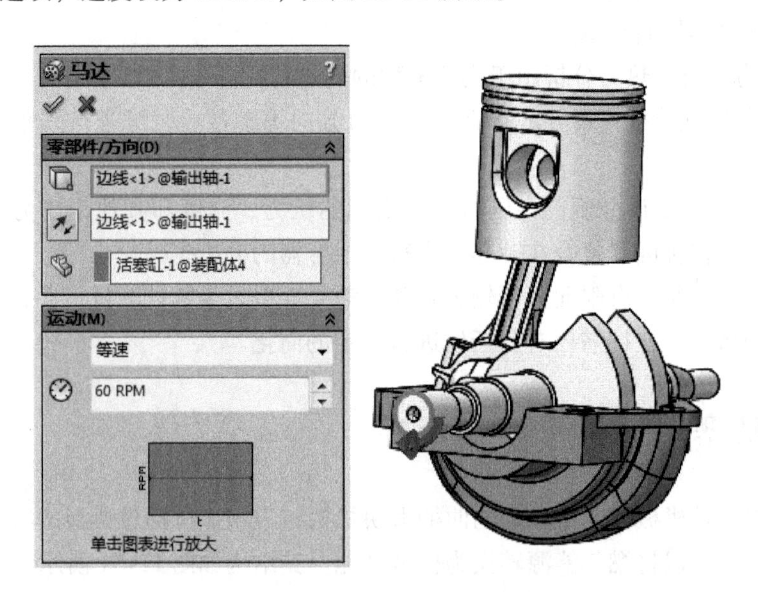

图 11-52　马达设置

3）单击操作面板工具栏中的【运动算例属性】按钮，设定每秒帧数为 100，键码区最顶部的键码为默认的 5s 位置，然后单击【计算】按钮生成活塞连杆机构动画。

4）单击操作面板工具栏中的【结果和图解】按钮，在结果栏中分别选择【位移/速度/加速度】、【线性位移】及【幅值】，再点击活塞作为研究对象，生成的图解如图 11-53 所示。

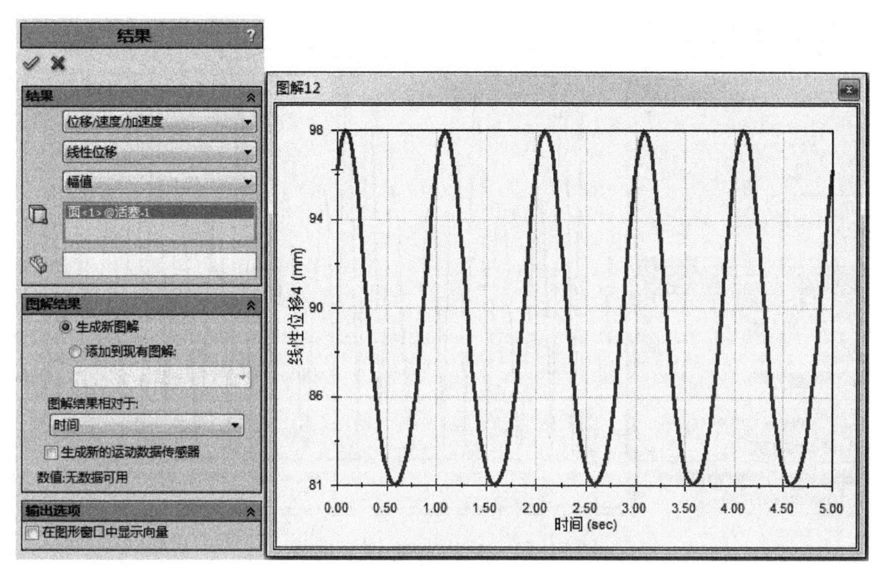

图 11-53　线性位移-时间曲线

5）单击【结果和图解】按钮，在结果栏中分别选择【位移/速度/加速度】、【线性速度】及【幅值】，再点击活塞作为研究对象，生成的图解如图 11-54 所示。

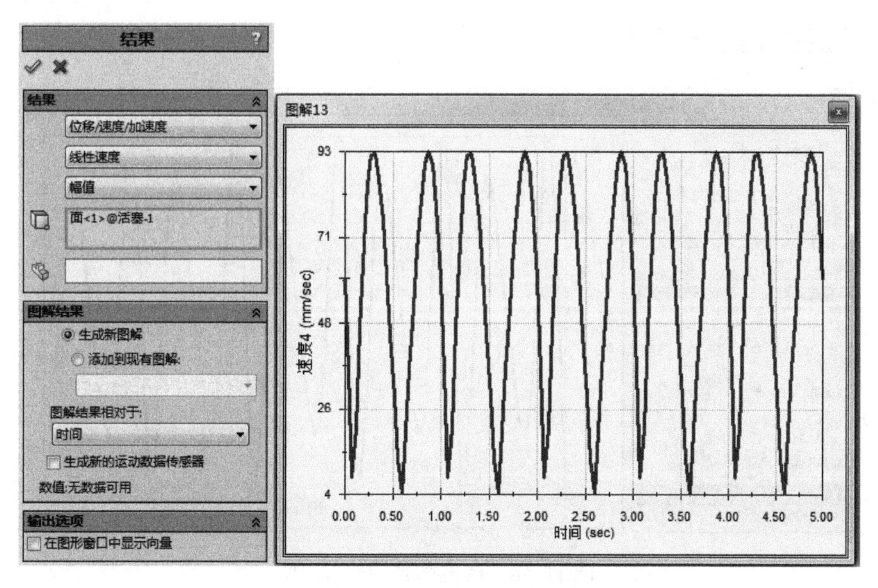

图 11-54　速度-时间曲线

6）单击【运动算例 1】树中的按钮，选中已使用的马达，然后单击操作面板工具栏中的【结果和图解】按钮，在结果栏中分别选择【力】、【马达力矩】及【幅值】，生成的图解如图 11-55 所示。

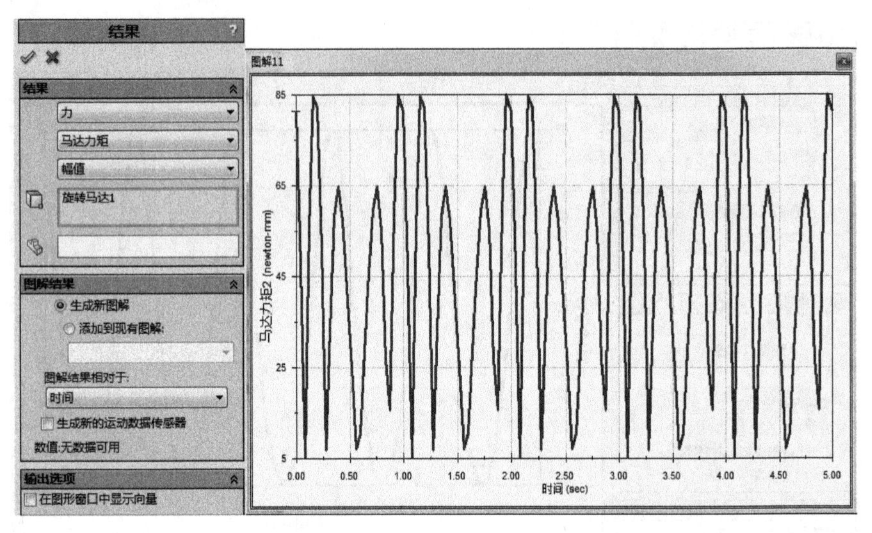

图 11-55　马达力矩-时间曲线

7）单击【运动算例 1】树中的按钮，然后单击【结果和图解】按钮，在结果栏中分别选择【动量/能量/力量】和【能源消耗】，生成的图解如图 11-56 所示。

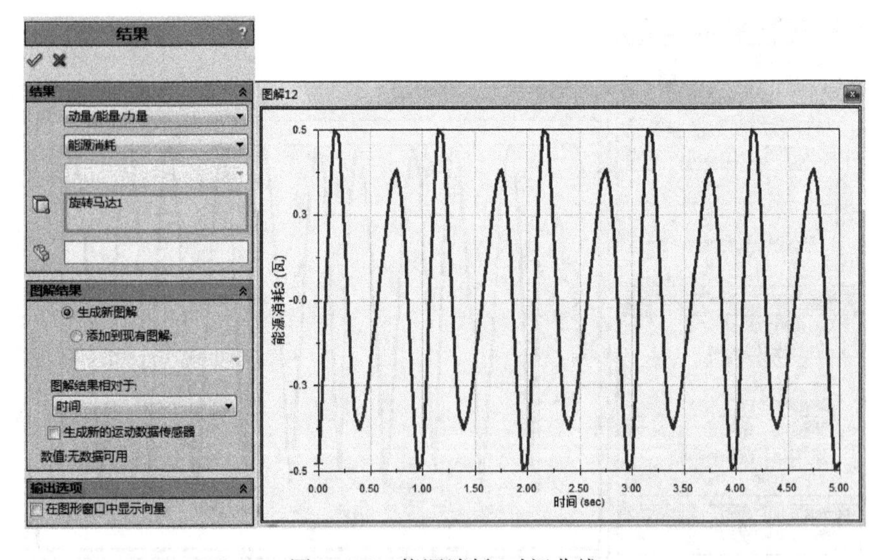

图 11-56　能源消耗-时间曲线

活塞是汽车发动机的【心脏】，它承受气体压力，并通过活塞销传给连杆驱使曲轴旋转。在做功行程中，活塞顶部承受气体压力很大，所以有必要对活塞进行结构应力分析。

分析条件：活塞顶部受到2500K、9MPa 高温气体作用。如图 11-57 所示取 1/4 的活塞模型进行结构应力分析，这样可以简化模型，节省运算时间。具体分析过程如下所示：

1）直接打开本书提供的素材文件“活塞局部 . sldprt”，启用 Simulation 插件后，单击【Simulation】工具栏中的【新算例】按钮，打开【算例】选择属性管理器，设置算例【类型】为静态，单击【确定】按钮，创建一新的有限元算例，如图 11-58 所示。

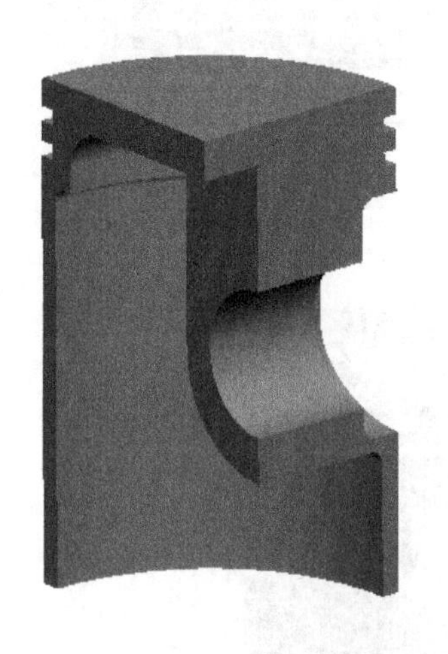

图 11-57　1/4 活塞模型

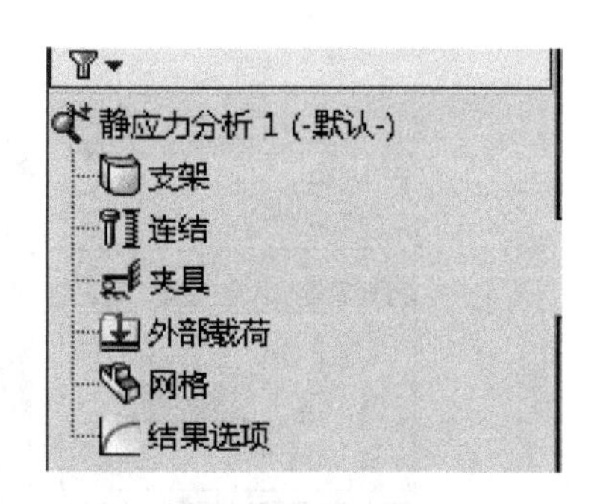

图 11-58　新算例

2）右键单击【静应力分析 1】树中的【活塞】项，在弹出的快捷菜单中选择【应用/编辑材料】菜单项，打开【材料】对话框，选择 6061-T6（SS）铝合金，如图 11-59 所示。

3）右键单击【静应力分析 1】树中的【夹具】项按钮，在弹出的快捷菜单中选择【标准（固定几何体）】菜单项，在【夹具】属性管理器中，选择活塞的内孔面作为固定面，如图 11-60 所示。

右键单击【静应力分析 1】树中的【夹具】项按钮，在弹出的快捷菜单中选择【高级夹具】菜单项，在【夹具】属性管理器中，点击对称选项，并选择活塞的两个侧面作为对称面，如图 11-61 所示。

4）右键单击【静应力分析 1】树中的【外部载荷】项按钮，在弹出的快捷菜单中选择【压力】菜单项，在【压力】属性管理器中，选择活塞的上表面作为

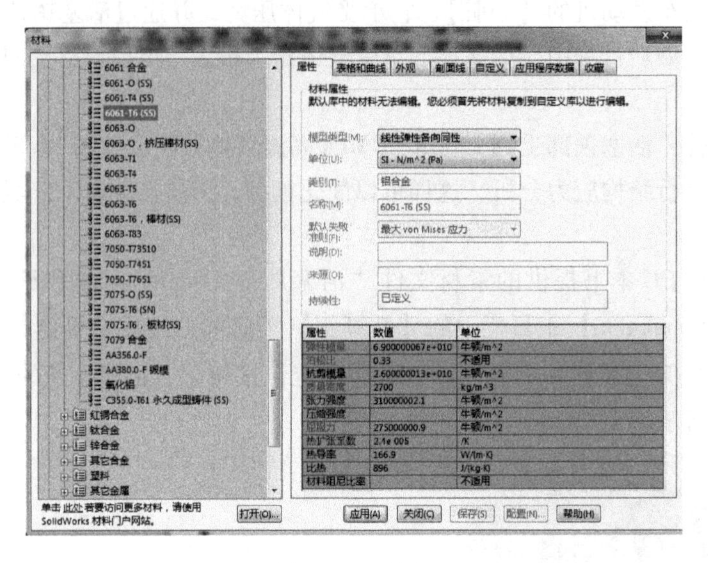

图 11-59　材料

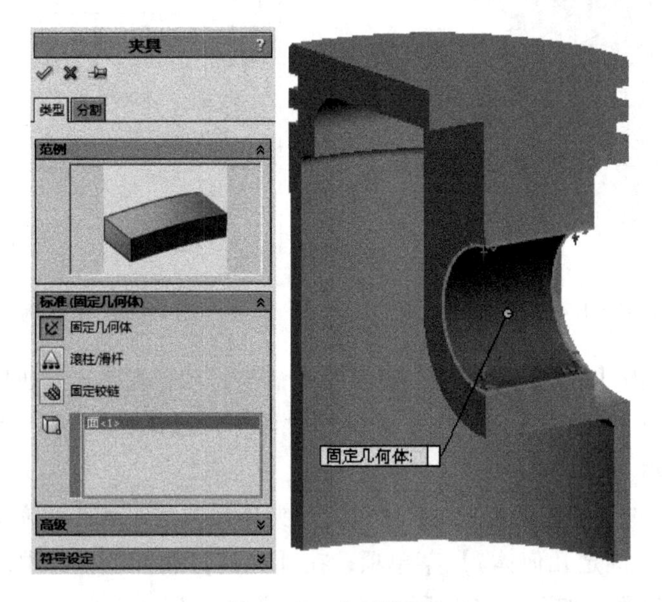

图 11-60　夹具设置 1

受力面，压力的大小为设为 9MPa，如图 11-62 所示。

5）右键单击【静应力分析 1】树中的【网格】项按钮，在弹出的快捷菜单中选择【生成网格】菜单项，点击【确定】按钮，如图 11-63 所示。

6）单击【运行】按钮，进行仿真分析。

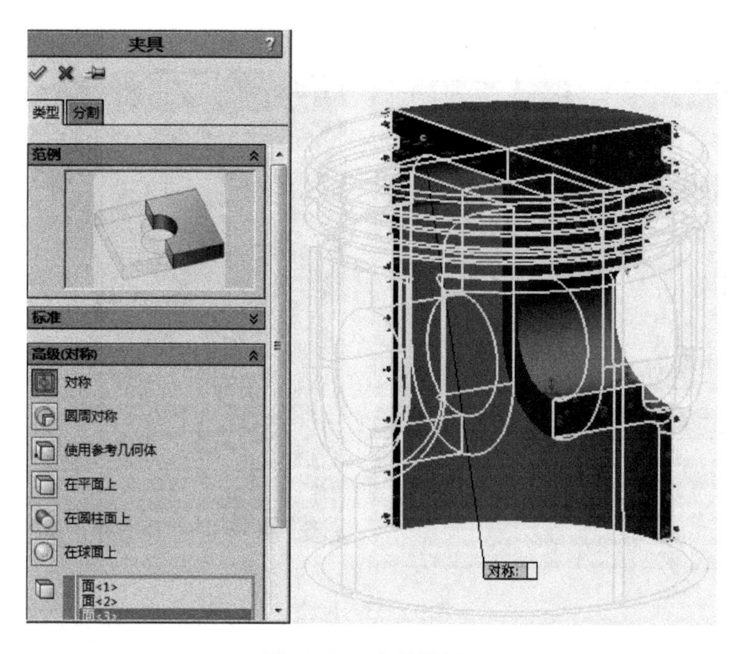

图 11-61　夹具设置 2

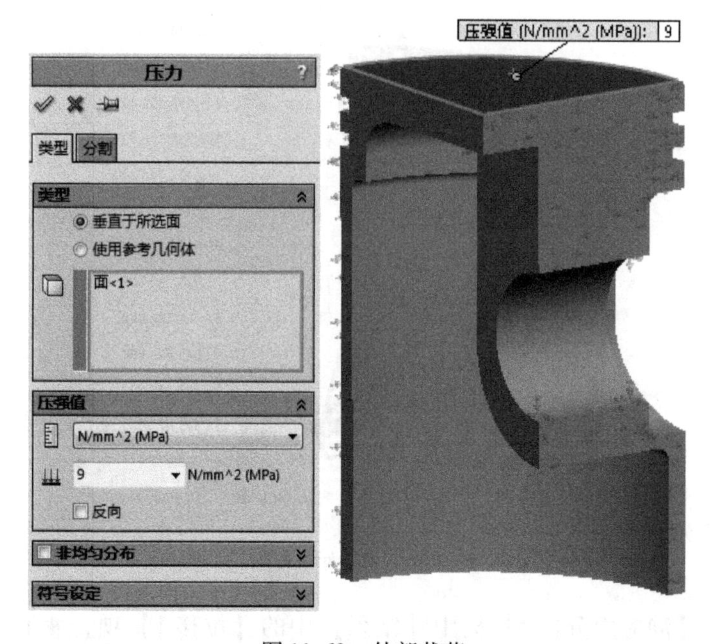

图 11-62　外部载荷

7）单击【静应力分析 1】树中【结果】中的【应力 1】项，应力分布如图 11-64 所示。

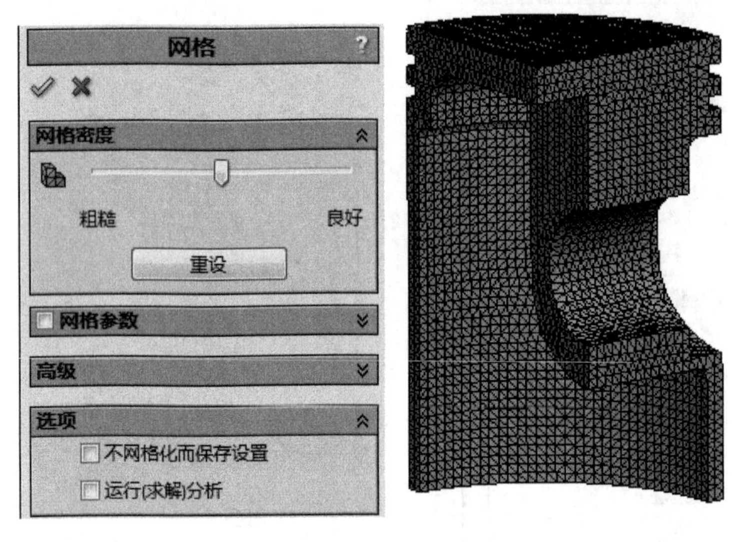

图 11-63　网格

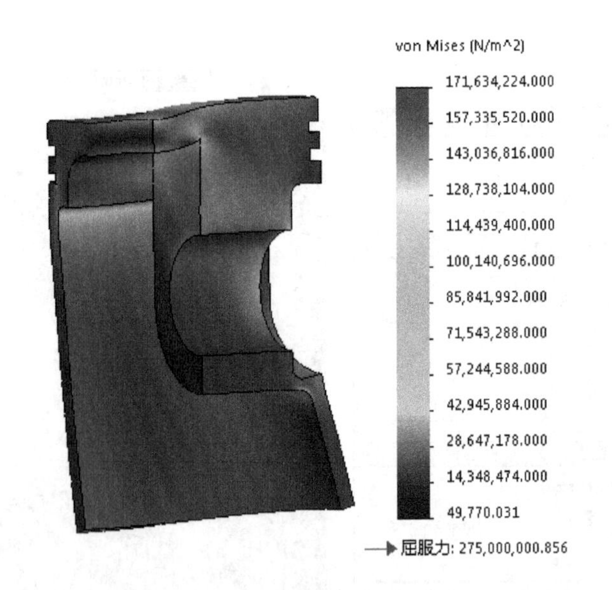

图 11-64　应力分布图

8）单击【静应力分析 1】树中【结果】中的【位移 1】项，变形位移分布如图 11-65 所示。

9）单击【静应力分析 1】树中【结果】中的【应变 1】项，应变分布如图 11-66所示。

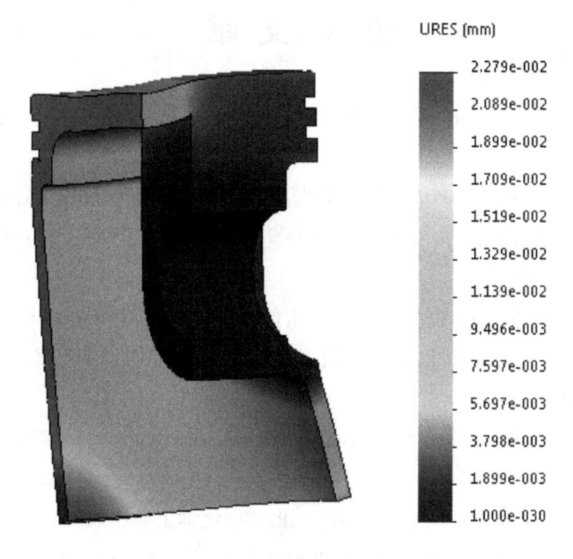

图 11-65　变形位移分布图

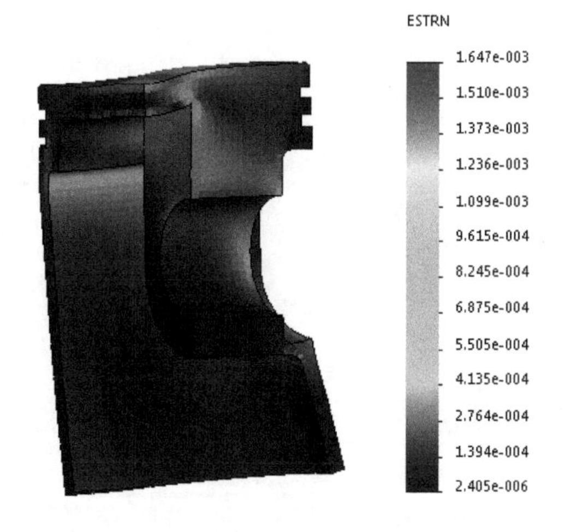

图 11-66　应变分布图

参 考 文 献

[1] 潘春祥，任秀华，李香．SolidWorks2014 中文版基础教程［M］．北京：人民邮电出版社，2014．

[2] 麓山文化．中文版 SolidWorks2013 从入门到精通［M］．北京：机械工业出版社，2013．

[3] 康士廷，胡仁喜，刘昌丽，等．SolidWorks2009 中文版机械设计从入门到精通［M］．北京：机械工业出版社，2009．

[4] 张忠将，等．SolidWorks2011 机械设计完全实例教程［M］．北京：机械工业出版社，2012．

[5] 蓝荣香，高翔，刘文，等．SolidWorks 零件设计技术与实践（2007 版）［M］．北京：电子工业出版社，2007．

[6] 赵秋玲，吕瑛波，孙学江，等．SolidWorks2009 机械设计行业应用实践［M］．北京：机械工业出版社，2010．

[7] 邢启恩．SolidWorks 三维设计一点通［M］．北京：化学工业出版社，2011．

[8] 王敏，王宏，等．SolidWorks2012 中文版曲面·钣金·焊接设计完全自学手册［M］．北京：机械工业出版社，2012．